ÉTUDES GÉOLOGIQUES

SUR

LA FRANCHE-COMTÉ SEPTENTRIONALE

LE

SYSTÈME OOLITHIQUE

. PAR

M. le docteur Albert GIRARDOT

PARIS

LIBRAIRIE DE SCIENCES GÉNÉRALES

(COMPTOIR GÉOLOGIQUE)

53, rue Monsieur le Prince, 53

1896

ÉTUDES GÉOLOGIQUES

FRANCHE-COMTÉ SEPTENTRIONALE

LE SYSTÈME OOLITHIQUE

ÉTUDES GÉOLOGIQUES

SUR

LA FRANCHE-COMTÉ SEPTENTRIONALE

~~~~~~~~~

LE

SYSTÈME OOLITHIQUE

PAR

M. le docteur Albert GIRARDOT

~~~~~~

PARIS

LIBRAIRIE DE SCIENCES GÉNÉRALES

(COMPTOIR GÉOLOGIQUE)

53, rue Monsieur le Prince, 53

—

1896

ÉTUDES GÉOLOGIQUES

FRANCHE-COMTÉ SEPTENTRIONALE

LE SYSTÈME OOLITHIQUE

INTRODUCTION

Le massif du Jura est entouré, de tous côtés, par une plaine ou plutôt par une bande de terrain peu accidenté, zone plus ou moins large suivant les lieux envisagés, qui l'isole et le sépare complètement des contrées montagneuses voisines. Massif et plaine constituent ce que plusieurs géologues ont appelé la région jurassienne, région bien délimitée entre les Vosges et la Forêt-Noire au nord, les Alpes à l'est, les Faucilles, le plateau de Langres et le plateau central au nord-ouest et à l'ouest, qui lui forment un cadre complet, sauf au nord, où il est entamé par la vallée du Rhin, et au sud par la vallée du Rhône.

Le terrain jurassique, toutefois, n'affleure guère en dehors du massif lui-même; il disparaît à peu près partout autour de lui, sous des formations plus récentes, mais dans la partie sous-vosgienne seulement, il se prolonge au nord-ouest pour se souder au terrain jurassique du bassin de Paris. Le Lias seul prend part à cette jonction, les assises oolithiques ne s'étendent pas aussi loin, et l'oolithe parisienne ne se rencontre nulle part au contact de l'oolithe jurassienne.

Nous nous sommes proposé d'étudier le système oolithique dans cette partie nord-ouest de la région, et notre champ d'étude comprend le territoire de Belfort, le département de la Haute-Saône et le département du Doubs presque en entier, avec une faible partie du département du Jura; il est limité au nord, à l'est et à l'ouest par les frontières mêmes de ces divisions territoriales, et au sud par une ligne partant de Leffond, vers Champlitte, et passant par Dole, Salins, Boujailles et Pontarlier.

La contrée, ainsi définie, est constituée au nord par des formations plus anciennes que le terrain jurassique; du massif vosgien part un affleurement triasique qui, des environs de Belfort et de Lure, s'étend comme un coin jusqu'au hameau de Morchamps, dans le Doubs; la direction générale de ce prolongement est parallèle à celle du Jura, la ligne qui le sépare du jurassique est rectiligne de Belfort à Morchamps d'un côté, et de Morchamps à Villersexel de l'autre, puis de Villersexel elle se dirige vers le nord jusqu'à Vy-lez-Lure; à partir de ce point, elle s'incline au nord-ouest, puis à l'ouest, embrassant tous les terrains jurassiques de la Haute-Saône, dans une courbe ouverte au sud-ouest. Du centre de cette courbe, un prolongement triasique, moins important que celui dont nous venons de parler, s'étend de Villers-lez-Luxeuil jusqu'à Breurey-lez-Faverney. Suivant tout ce parcours, sauf sur le trajet d'une grande faille qui de Morchamps gagne Villersexel, le Trias est bordé par le Lias, et celui-ci, à une certaine distance des formations triasiques, supporte lui-même l'Oolithe, dont les différentes assises sont toujours placées en retrait les unes sur les autres. Dans l'intérieur de la région, le Trias n'occupe que des places très restreintes autour de la Serre et de Salins, partout ailleurs il se montre seulement à l'état de points isolés, fort peu nombreux d'ailleurs. Le Lias n'est pas beaucoup plus développé, il forme cependant un affleurement assez considérable à l'ouest de Besançon, entre Miserey, Pouilley et Audeux, se rencontre aussi à la Serre, à Salins et dans quelques autres localités où il apparaît seul ou accompagné du Trias. L'Oolithe inférieure est surtout développée dans l'ouest ; elle affleure sur de vastes surfaces, vers Port-sur-Saône et surtout aux environs de Champlitte, puis au sud de Vesoul, entre Calmoutier et Gy ; elle forme plus à l'est une longue bande qui s'étend de Belfort à la Serre, et s'élargit beaucoup près de Baume et au sud de Besançon ; elle se montre aussi au fond des vallées, du Doubs, entre Vaufrey et Pont-de-Roide, et de la Loue, entre Mouthier et Quingey ; elle apparaît comme une ligne étroite, plus ou moins longue, constituant l'axe de quelques chaînons de la moyenne montagne, mais dans la haute montagne, on ne la voit plus guère que par points isolés. Partout ailleurs l'Oolithe supérieure se montre à la surface du sol, sauf dans les lieux où elle est recouverte par des dépôts plus récents. Ceux-ci sont de deux sortes : les uns appartiennent au terrain crétacé, et constituent seulement de maigres lambeaux, aux environs de Gray et de Gy, dans la vallée de l'Ognon, et à Rozet, près de Saint-Vit, ou des formations plus importantes, à l'est d'une ligne passant par Amancey, Vercel et Maiche ; les autres sont des assises alluviales complexes qui recouvrent la vallée de la Saône entre Gray, Gy, Port-sur-Saône, Fresne-Saint-Mamès, Dampierre-sur-Salon et Autrey, et la vallée de l'Ognon, sur la rive gauche de cette rivière, ou s'étendent plus au sud entre Dole, Boussières et Mouchard.

Cette région a été beaucoup étudiée déjà ; à la fin du siècle dernier elle fixait l'attention des curieux de la nature, comme le comte Grégoire de Razaumowski, le chevalier de Chantrans ou le Père Chrysologue ; depuis elle a été l'objet des investigations de nombreux géologues, parmi lesquels nous nous bornerons à citer : MM. Parandier, Thirria, Marcou, Étallon, Contejean, Résal, Vézian, Jourdy, Choffat, Henry, Petitclerc, Rollier, M. Bertrand, Rigaud, Kilian, Boyer, etc. Nous en omettons beaucoup d'autres, dont nous indiquerons les noms et les publications dans la liste bibliographique placée à la fin de cet ouvrage. Toutefois, nous ne pensons pas que ce soit ici le lieu de faire l'historique de tous les travaux géologiques publiés sur la région, historique que nous avons déjà commencé ailleurs [1], et que nous nous proposons de continuer ; nous nous contenterons de les envisager pour le moment d'une manière générale, d'ailleurs nous aurons souvent à les citer au cours de cet exposé.

L'étude de M. Vézian [2] embrasse toute la région jurassienne, mais elle a trait plutôt à la physique du globe et à l'orographie, qu'à la stratigraphie et à la paléontologie. Le livre de M. Thirria [3], ancien déjà de plus de soixante ans, expose à peu près complètement la géologie de la Haute-Saône, mais renferme quelques erreurs. La « Statistique, » de M. Résal [4], susceptible de la même observation, décrit d'une façon très générale les formations du département du Doubs. Les autres écrits sont des notices accompagnant les diverses cartes géologiques de la région, des monographies d'étages ou de portions d'étages, des tableaux de géologie locale, descriptions complètes des environs d'une ville ou d'un district plus étendu, enfin des études sur la faune de diverses assises. Tous renferment des observations nombreuses et des documents importants, au double point de vue de la stratigraphie et de la paléontologie.

Nous nous sommes proposé de réunir tous les documents et toutes les observations qui se rapportent au système oolithique de notre région, de les contrôler et de les compléter, en relevant nous-même de nouvelles coupes, en des points aussi rapprochés que possible les uns des autres, et en recueillant dans les auteurs toutes les indications paléontologiques qui le concernent, afin de le décrire minutieusement et complètement, de faire connaître surtout ses différents faciès et sa faune, et d'examiner à nouveau quelques-unes des questions qui s'y rattachent et qui n'ont pas encore reçu une solution définitive.

Nous divisons le système oolithique en huit étages qui se subdivisent eux-mêmes, comme l'indique le tableau sui-

1. Les premières études géologiques en Franche-Comté. — Académie de Besançon, 1890.

2. Le Jura franc-comtois.

3. Statistique géologique de la Haute-Saône.

4. Statistique géologique du Doubs.

vant, dans lequel les assises sont disposées en série descendante.

Système Oolithique	Oolithe supérieure.	**Portlandien** . . { Purbeckien. / Dolomie portlandienne. / Port. inférieur.
		Kimméridien . { Virgulien. / Ptérocérien.
		Astartien. . . { A. supérieur. / A. moyen. / A. inférieur.
		Rauracien . . { Diceratien. / Glypticien.
		Oxfordien . . { O. supérieur. / O. inférieur.
		Callovien. . . { C. supérieur. / C. moyen. / C. inférieur. Cornbrash.
	Oolithe inférieure.	**Bathonien** . . { Grande Oolithe. / Vésulien.
		Bajocien . . . { Calcaire à Polypiers. / Calcaire à entroques. / Oolithe ferrugineuse.

Tout en adoptant, d'une manière générale, ce mode de division accepté aujourd'hui par la plupart des géologues, nous accorderons, dans la description que nous allons faire de ces diverses formations, plus d'importance à certains sous-étages qu'à d'autres ; c'est ainsi que nous décrirons à part, comme s'ils étaient de véritables étages, le Purbeckien, le Virgulien, le Ptérocérien et le Cornbrash, parce que, dans notre région, et ce travail est exclusivement une étude de géologie locale, ils constituent, au point de vue stratigraphique comme au point de vue paléontologique, des niveaux d'une valeur plus considérable que les autres assises ; ajoutons que les trois premiers ont été considérés comme des étages distincts par tous nos géologues. Le Cornbrash a été réuni jusqu'ici au Bathonien, nous l'en séparerons pour le placer à la base du Callovien, car il représente en réalité la zone à *Ammonites macrocephalus*. On groupe quelquefois le Rauracien avec l'Astartien pour constituer le Séquanien ; nous ne suivrons pas cet exemple, parce que les affinités de notre Rauracien sont autant oxfordiennes qu'astartiennes. L'Argovien n'est chez nous qu'un facies de l'Oxfordien supérieur, nous l'étudierons avec lui.

Nous diviserons cet ouvrage en six chapitres : dans les cinq premiers, nous décrirons les formations que nous avons énumérées, en les groupant comme nous allons l'indiquer ; chacun d'eux renfermera d'abord l'exposé des coupes que nous avons relevées, et de nos observations relatives aux sujets traités dans ce chapitre, puis la description des étages ou assises importantes qu'il comprend, et le tableau de leur faune. Nous réunirons dans le sixième chapitre les faits les plus importants étudiés isolément dans les autres, et nous examinerons, comme conséquence de ces faits, dans quelles conditions se sont déposés les sédiments oolithiques, dans la Franché-Comté septentrionale. Le mode de groupement que nous avons adopté pour nos étages est surtout établi en vue de la commodité de l'exposition, il tient à la manière dont les coupes se sont présentées à notre observation, embrassant deux étages à la fois comme le Bajocien et le Bathonien, l'Oxfordien et le Rauracien, l'Astartien et le Kimméridien, ou un seul comme le Callovien et comme le Portlandien.

Pour abréger les citations, nous désignerons chaque chapitre par une ou deux lettres, comme il suit :

Chapitre 1er. — Bajocien et Bathonien (Oolithe inférieure) O I
    — 2e. — Cornbrash et Callovien proprement dit. . C K
    — 3e. — Oxfordien et Rauracien . . . . O R
    — 4o. —Astartien et Kimméridien . . . . . . A K
    — 5e. — Portlandien . . . . Po

Pour exposer nos observations aussi méthodiquement que possible, nous diviserons notre champ d'étude en sept régions secondaires ou sections, circonscrites, autant que faire se peut, par des limites géographiques naturelles et désignées par les qualificatifs de première, seconde, troisième, etc., ainsi qu'il suit :

PREMIÈRE SECTION, comprenant les localités situées dans l'est de la Haute-Saône, au nord de la vallée de l'Ognon.

Deuxième section, comprenant les localités situées dans l'ouest et le sud de la Haute-Saône, au nord de la vallée de l'Ognon.

Troisième section, comprenant la vallée de l'Ognon.

Quatrième section, comprenant Belfort et la vallée inférieure du Doubs.

Cinquième section, comprenant les localités situées à l'est de la vallée inférieure du Doubs et au nord de la vallée de la Loue.

Sixième section, comprenant la vallée de la Loue en amont de Quingey.

Septième section, comprenant les localités situées au sud de la Loue, y compris Quingey.

Les sections seront divisées, à leur tour, en districts que nous énumérerons et que nous étudierons successivement, en allant de l'ouest à l'est et du nord au sud, ils porteront comme repères les lettres *a*, *b*, *c*, etc. Nous avons relevé dans chacun d'eux des coupes plus ou moins nombreuses, que nous présenterons toutes, en série ascendante, même celles que nous avons empruntées à d'autres, et qui ont été exposées par leurs auteurs, en série descendante ; ces coupes seront numérotées en chiffres romains et par chapitre, et leurs assises en chiffres arabes. Parfois, soit dans les coupes, soit dans la description des étages, nous indiquerons la plus ou moins grande abondance de certains fossiles, par les chiffres 5, 4, 3, 2, 1 ; 5 correspondant au plus grand degré de fréquence, et 1 au moindre.

Ce travail étant une simple étude de géologie locale, nous ne donnerons que les synonymies d'assises, empruntées aux auteurs qui ont écrit sur la région, et nous citerons seulement, dans l'index bibliographique, les ouvrages qui lui sont consacrés.

Nous avons puisé nos renseignements à toutes ces sources, et nous avons mis à contribution la plupart des auteurs cités, pour dresser le tableau de la faune [1], mais nous n'avons pas

---

1. Nous avons surtout emprunté nos renseignements, pour dresser nos listes de fossiles, aux travaux de MM. M. Bertrand, Choffat, Contejean, Coquand, Etallon, Henry, Jaccard, Jourdy, Kilian, Lambert, de Loriol, Maillard, Marcou, Ogérien, d'Orbigny, Parisot, Petitclerc, Résal, Rollier, Thirria et Vézian.

accepté leurs assertions sans contrôle, et nous avons laissé de côté bien des espèces indiquées par eux, quand il nous a paru qu'il y avait eu, à leur sujet, erreur de détermination. Parmi celles que nous portons sur nos listes, plusieurs nous sont totalement inconnues, mais elles ont été signalées par des paléontologistes d'une compétence incontestable, et nous ne saurions nous dispenser de les inscrire; mais le nom générique sous lequel elles ont été citées n'est pas toujours en rapport avec les dénominations de la nomenclature actuelle, et comme nous ne pouvons le modifier, nous nous sommes décidé, pour conserver à nos listes un caractère d'uniformité absolue, à maintenir les anciennes divisions en grands groupes génériques, et les anciennes désignations. Toutefois, dans l'exposé des coupes et la description des étages, comme nous n'aurons guère à énumérer que des fossiles recueillis par nous, nous emploierons les dénominations génériques les plus usitées actuellement.

CHAPITRE PREMIER

OOLITHE INFÉRIEURE

DIVISION EN ÉTAGES (Série ascendante)

OOLITHE INFÉRIEURE . . . . . . $\left\{\begin{array}{l}\text{BAJOCIEN.} \\ \text{BATHONIEN.}\end{array}\right.$

COUPES ET OBSERVATIONS RELATIVES A L'OOLITHE INFÉRIEURE

PREMIÈRE SECTION

a) VESOUL

A neuf kilomètres à l'est de Vesoul, un peu au-dessous de Calmoutier, vis-à-vis le moulin de Chantereine, on peut observer les couches suivantes, en partant du niveau de la Colombine et en se dirigeant au nord-ouest vers Moncey :

Coupe N° 1

Oolithe ferrugineuse.

1. Calcaire spathique, gris noirâtre, cassure esquilleuse, taches ocreuses, quelques oolithes 1

2. Calcaire rouge brun, violacé, très ferrugineux, oolithes ferrugineuses miliaires 1

3. Calcaire spathique gris ou jaune, compact, à cassure esquilleuse, parties ocreuses dans la roche, taches rougeâtres à la partie inférieure 3

Pecten personatus. 5.

4. Recouvert 1

5. Calcaire grenu, gris rosé, spathique, débris de Crinoïdes, quelques oolithes 4

Pecten personatus. 5.

Calcaire à entroques.

6. Calcaire gris, grenu, spathique, nombreux débris de Crinoïdes 10

7. Calcaire jaunâtre, grenu, spathique, débris de Crinoïdes, structure feuilletée, bancs de 0,05 2

Calcaire à Polypiers.

8. Calcaire compact, gris noir, grenu, spathique, quelques débris de Crinoïdes. Polypiers très nombreux 12

Vésulien. — Grande Oolithe.

9 Calcaire gris, oolithique, oolithes miliaires, bancs de 0,40 . 13

10. Calcaire blanc, oolithique et spathique, oolithes miliaires, mélangées à des grains plus gros, pisiformes ou amygdalaires, irrégulièrement arrondis ; aspect de charriage, bancs primitivement massifs, mais se divisant, par exposition à l'air, en lits de 0,04 à 0,05. Environ 30

11. Calcaire compact, sublithographique, blanc pointillé de jaune ocreux, cassure conchoïde. Les Polypiers y sont très nombreux mais en partie altérés, sur certains points ils sont presque entièrement confondus avec la roche qui les entoure, et sur d'autres points, très voisins des premiers, ils ont en partie disparu, laissant à leur place un vide rempli par un calcaire marneux gris, tendre ou dur. . 2

12. Calcaire blanc oolithique comme 10, feuilleté en lames de 0,02 à 0,03.

Cette couche n'est pas recouverte, elle forme le sol du plateau au sud de Moncey.

A Calmoutier même, les assises inférieures du Bajocien sont plus nettes qu'au moulin de Chantereine, comme l'a indiqué M. Thirria [1]. Le banc ferrugineux n'a que 0,70 centimètres, il est séparé des marnes du Lias par 4 mètres de calcaire grisâtre, parsemé de taches rougeâtres, un peu oolithique, renfermant des débris de Crinoïdes, et il est recouvert par 7 mètres de cal-

---

1. *Statistique*, p. 213.

caire, oolithique à la partie inférieure puis compact plus haut, présentant aussi des lamelles de Crinoïdes. Cette couche devient un peu marneuse à la partie supérieure et supporte le Calcaire à entroques typiques.

Le chemin qui depuis Échenoz-la-Méline, à trois kilomètres au sud de Vesoul, vient rejoindre la route de Besançon, rencontre vers les Côtets l'Oolithe ferrugineuse; le banc de minerai n'a que 0,75 centimètres, il est constitué par un calcaire rouge brun violacé empâtant de très nombreuses oolithes ferrugineuses miliaires; il recouvre 2 à 3 mètres de calcaire compact, très dur, d'un gris violacé. A 8 ou 10 mètres au-dessus de ce niveau, se montrent des calcaires rouge sanguine, contenant quelques articulations d'Encrines, surmontés par le Calcaire à entroques. Ce sous-étage, puissant de 15 à 20 mètres, est formé par un calcaire gris, ocreux par places, pétri de lamelles de Crinoïdes, stratifié en lits de 0,04 à 0,05 centimètres à la partie inférieure et à la partie supérieure, et en bancs de 0,50 centimètres à la partie moyenne ; il passe par en haut au Calcaire à Polypiers, prend une teinte gris de fumée, et ne montre plus que quelques débris de Crinoïdes.

A six kilomètres au sud de ce point et à un kilomètre à l'est de Vellefaux, sur le chemin de la ferme Sainte-Anne, on voit affleurer le Calcaire à entroques avec les mêmes caractères qu'aux Côtets; il est visible sur 5 à 6 mètres et est recouvert par les couches suivantes :

COUPE N° II

Calcaire à Polypiers.

1. Calcaire compact, gris noirâtre; quelques débris de Crinoïdes, quelques Polypiers 3

2. Calcaire grumeleux gris, avec taches brunes; parties saccharoïdes, veines et nids de spath, très nombreux *Polypiers* . . . 15

3. Calcaire compact, gris à pâte fine 7

Vésulien. — Grande Oolithe.

4. Calcaire blanchâtre, un peu marneux, oolithique, oolithes miliaires, structure en bancs massifs de 0,40, alternant avec des bancs feuilletés très désagrégeables, de même épaisseur 10

5. Calcaire compact gris. 2

6. Calcaire grumeleux gris, avec veines de marne, oolithique, oolithes cannabines 3

7. Calcaire oolithique blanc, oolithes miliaires détachées de la roche, structure en feuillets minces, à la partie inférieure. . . 25

8. Calcaire blanc, tendre, crayeux, compact par places, oolithique ailleurs avec oolithes très ténues et très serrées 10

Cette couche forme le sommet de la colline sur laquelle est bâtie la ferme de Sainte-Anne.

A Dampvalley-lez-Colombe, à huit kilomètres à l'est de Vesoul, le Calcaire à Polypiers ne diffère pas de ce qu'il est à Vellefaux, et le Vésulien débute par une assise marneuse de 1 mètre sur laquelle reposent les mêmes calcaires oolithiques, schisteux, que nous avons vus à Vellefaux, mais ils renferment ici l'*Ostrea acuminata*. A Chariez, à 5 kilomètres à l'ouest de Vesoul, le Calcaire à Polypiers est recouvert par un dépôt marneux analogue à celui de Dampvalley et contenant, comme lui, des plaquettes de calcaire oolithique. Un autre banc marneux inférieur à celui-là s'observe au sein même des Calcaires à Polypiers [1].

Plus près de Vesoul, à Coulevon, MM. Kilian et Petitclerc ont observé [2] une série de 2^m25 de calcaires et de marnes fossilifères située entre deux masses de calcaire pétri de débris de Crinoïdes, et y ont recueilli : *Belemnites breviformis, gingensis, sulcatus, Harpoceras, Desori, discites, Rhynchonella angulata*, etc.

A Comberjon, ils ont recueilli dans la même assise, intercalée comme à Coulevon entre deux bancs de calcaire à entroques : *Belemnites gingensis, Trautscholdi, Harpoceras concavum, discites, laviuscula, propinquans, aff. Studeri, Stephanoceras nodosum, Terebratula globata*.

1. THIRRIA, *Statistique*, p. 196, 202, 203 et 206.
2. KILIAN et PETITCLERC, *Contribution à l'étude du Bajocien*.

b) PORT-SUR-SAONE

La partie inférieure du Bajocien se montre à découvert près de Purgerot, à dix kilomètres au nord-est de Port-sur-Saône, sur le flanc de la montagne qui domine le village du côté du sud.

La couche ferrugineuse, formée par un calcaire marneux rougeâtre, est chargée d'oolithes ferrugineuses miliaires avec : *Belemnites sulcatus*, *Pecten personatus*, *Ostrea Marshii*, et seulement séparée des marnes du Lias par 1 mètre de calcaire gris, en plaques entremêlées d'argile ocreuse. Cette assise supporte 9 mètres de calcaire schisteux avec débris de Crinoïdes, puis le calcaire à entroques typique, épais de 6 mètres et recouvert immédiatement par 12 mètres de roche oolithique [1].

Plus près et directement au nord de Port-sur-Saône, on reconnaît les mêmes couches sur la rive gauche de la Saône, vis-à-vis de la forge d'Amoncourt, où elles se présentent ainsi :

Coupe N° III

Oolithe ferrugineuse.

1. Calcaire compact, brun rougeâtre ou violacé, divisé en bancs de 0,40. 2

Immédiatement au-dessous de cette couche, au niveau du sol, apparaît une source qui décèle l'existence d'une assise marneuse supportant le calcaire brun rougeâtre.

2. Calcaire gris, compact, très dur, cassure esquilleuse. . . 1
3. Calcaire brun feuille-morte, compact avec parties rougeâtres, pâte fine, très dure, quelques débris de Crinoïdes. 3

Calcaire à entroques.

4. Calcaire compact, gris ou brun, avec taches ocreuses, très nombreux débris de Crinoïdes 6
5. Calcaire compact gris, spathique, débris de Crinoïdes ; structure en lits de 0,04 à 0,05. Visible sur. 2

---

1. Thirria, *Statistique*, p. 214.

Cette assise n'est pas recouverte, et on ne peut voir ici ni le Calcaire à Polypiers ni les strates qui le surmontent [1].

A quatre kilomètres au sud, sur le chemin de Chaux-lez-Port à Port-sur-Saône, on peut observer en partie la Grande Oolithe qui est ainsi constituée :

COUPE N° IV

Grande Oolithe.

1. Calcaire gris, grumeleux, oolithique 0.60
2. Recouvert 2
3. Calcaire blanc, crayeux, oolithique, oolithes miliaires détachées de la roche 6,50
4. Calcaire gris, rosé, oolithique, très dur, oolithes miliaires fondues dans la roche 3.50
5. Calcaire oolithique, blanc, crayeux, très tendre avec tendance à se diviser en feuillets minces. 2.50
6. Même roche très dure. 0,50
7. Marno-calcaire gris, grumeleux, très désagrégeable, divisé en bancs durs de 0,05 et en bancs tendres de 0,10 alternant avec les premiers 0,80
Lima impressa, Terebratula globata.
8. Calcaire blanc, oolithique, tendre, feuilleté 0.70
9. Marno-calcaire gris-jaune, grumeleux, devenant terreux par altération. 0.40
Homomya gibbosa Lima impressa.
10. Calcaire blanc grisâtre, oolithique, un peu marneux . 2
11. Marno-calcaire grumeleux, noduleux. 0.40
12. Calcaire gris, compact, un peu marneux, quelques oolithes 1
13. Calcaire grisâtre, grumeleux avec parties oolithiques . 1
14. Calcaire gris, dur, oolithique, oolithes miliaires [2]. . . 3,20

1. M. Thirria a donné (*Statistique*, p. 206) une coupe des couches de Conflandey, vis-à-vis d'Amoncourt, sur la rive droite de la Saône, qui consistent en deux masses de calcaire oolithique ou suboolithique séparées par une assise marneuse à *Ostrea Marshii* et qu'il rapporte au Calcaire à Polypiers. On peut facilement vérifier, dans les carrières à l'ouest du village, la parfaite exactitude de sa coupe ; toutefois nous ne la reproduisons pas, parce que la position de ces couches n'est pas assez bien définie, ni au point de vue stratigraphique, ni au point de vue paléontologique.

2. M. Thirria signale la présence de l'*Ostrea acuminata* au-dessus et au-dessous des marno-calcaires de cette coupe.

Forest Marble.

15. Calcaire gris, compact, rude au toucher 4
16. Calcaire compact, blanc, tendre, crayeux 1,50
17. Calcaire compact, blanc, cassure plane 4
18. Calcaire oolithique, oolithes miliaires. 4
19. Recouvert 4
20. Calcaire gris blanc, lithographique, cassure conchoïde, aspect éburné. 2

Les bancs inférieurs du Forest-Marble viennent affleurer au bord de la Saône, vis-à-vis de la pointe nord de l'île de Port-sur-Saône, les bancs moyens supportent la ville et les supérieurs se montrent sous le pont du chemin de fer, à deux ou trois cents mètres au sud de la gare. En tenant compte de la différence de niveau des deux points extrêmes et de l'inclinaison des couches, on peut estimer à 30 ou 40 mètres la puissance de cette assise.

DEUXIÈME SECTION

a) LEFFOND

Les couches suivantes se montrent à découvert, à quinze cents mètres au sud de Leffond sur la route de Champlitte.

COUPE Nᵒ V

Calcaire à Polypiers.

1. Calcaire compact, gris violacé, ocreux, désagrégeable par places 8
Pecten ambiguus 3, Waldheimia subbucculenta 5, Rhynchonella quadriplicata 5, Polypiers.

Vésulien.

2. Marno-calcaire gris de fumée, grumeleux, parcouru par des veines de marne jaune qui s'entrecroisent, facilement désagrégeable et se transformant par altération en marne terreuse avec nodules de calcaire irréguliers 4

Homomya gibbosa, Ostrea acuminata, O. reniformis.

3. Marne grise ou jaune, terreuse avec lits de marno-calcaire gris, grumeleux, intercalés de distance en distance dans la masse marneuse 8

Gresslya abducta 1, Pleuromya securiformis, Homomya gibbosa 4, Pholadomya bucardium 3, Ph. Deltoïdea 3, Anisocardia cf. nitida, Nucula suevica, Modiola tenuistriata, Pecten arcuatus, Lima rigidula, Ostrea acuminata 5, Terebratula globata, T. maxillata, Rhynchonella concinna, etc.

4. Calcaire grumeleux, grossier, en lits de 0,15 à 0,20. Même faune 2

Grande Oolithe.

5. Calcaire blanc, oolithique 4

Ces deux derniers bancs peuvent être suivis facilement jusqu'à Montarlot-lez-Champlitte, où on les voit recouvrir les marnes à *Ostrea acuminata*. A partir de ce point la coupe se continue ainsi, sur le chemin au nord-est de Montarlot :

Calcaire grumeleux et oolithique déjà indiqué.

6. Calcaire oolithique, blanc, tendre, crayeux, oolithes miliaires détachées de la roche, tendance à se diviser en lits minces . . 6

7. Calcaire crayeux, oolithique comme 6, structure massive . 8

8. Calcaire blanc, compact, tendre, crayeux, schistoïde. . . 10

9. Calcaire blanc, tendre, crayeux, oolithique, oolithes rares fondues dans la pâte 10

10. Calcaire blanc, oolithique, tendre ou dur 20

11. Calcaire blanc, crayeux, dur, oolithique, oolithes miliaires, structure massive 5

12. Calcaire blanc, tendre, crayeux, oolithique, oolithes miliaires mélangées à des grains plus gros amygdalaires et olivaires, aspect de charriage, très nombreux débris organiques roulés et brisés, structure en lits minces de 0,03 à 0,05 5

Pecten vagans, Terebratula maxillata.

Forest-Marble

13. Calcaire blanc, compact, cassure conchoïde, aspect éburné.

On rencontre de nouveau toutes les assises que nous venons d'énumérer, en suivant le chemin vicinal de Montarlot à Champlitte; en approchant de cette ville, on voit le Forest-Marble les surmonter ; la puissance de ce sous-étage ne peut être appréciée exactement, mais elle nous paraît se rapprocher beaucoup de celle de la Grande Oolithe. En gravissant le coteau au nord-ouest de Champlitte, on reconnaît que vers la partie supérieure les calcaires compacts, éburnés du Forest-Marble font place à des calcaires blancs, oolithiques, stratifiés en lits minces appartenant au Cornbrash.

TROISIÈME SECTION

a) LONGEVELLE

M. Petitclerc a publié une coupe de la colline de Longevelle [1], à cinq kilomètres au nord de Villersexel, que nous reproduisons ici en la présentant toutefois en série ascendante, mais en conservant les divisions de l'auteur.

Coupe N° VI

1. (j) Calcaire ferrugineux, oolithique, rougeâtre.
2. (i) Calcaire marneux, oolithique, rougeâtre.
Harpoceras cornu.
3. (h) Marne grise, rougeâtre en bas.
Harpoceras concavum, Desori, Rhynchonella angulata.
4. (g) Calcaire gris, taches ocreuses.
5. (f) Marnes grises.
Belemnites ellipticus, gingensis, subgiganteus.
6. (e) Calcaire compact, 0m30.
7. (d) Calcaire jaunâtre, en blocs disséminés dans une marne sableuse.
Belemnites breviformis, ellipticus, Harpoceras aff. discites, cf. furticarinatum, aff. Tessoni, Murchisonœ, aff. romanoïdes, Sphœroceras contractum.
8. (c) Recouvert, 11m.
9. (b) Calcaire à entroques, 3m.
10. (a) Terre végétale.

---

1. *Contrib. à l'étude du Bajocien*, p. 22-25.

2

QUATRIÈME SECTION

a) BELFORT

L'Oolithe inférieure est bien développée aux environs de Belfort, au-dessous de la montagne de la Miotte et dans la tranchée de la route à l'Espérance, où M. Parisot l'a étudiée déjà [1]. Dans la description que nous allons en faire, nous mettrons à profit ses observations et les nôtres. La constitution de ce groupe peut être résumée ainsi qu'il suit.

L'Oolithe ferrugineuse est formée de deux assises : l'inférieure de calcaire siliceux, gris bleuâtre ou jaunâtre avec deux bancs, de 2 mètres chacun, situés, l'un vers sa partie moyenne, l'autre vers son sommet, renfermant des concrétions arrondies d'oxyde de fer hydraté, de volume très variable, depuis la grosseur d'un grain de millet à celle du poing, et des fossiles siliceux ; la supérieure, épaisse de 10 mètres, de calcaire marneux, gris, brun ou bleu désagrégeable. La puissance totale du sous-étage serait de 50 mètres environ. M. Parisot a recueilli dans sa partie la plus inférieure : *Belemnites giganteus, B. abbreviatus, Harpoceras Murchisonæ, H. opalinum*, ce dernier ne s'élève pas plus haut, *Natica Zetes, Turbo capitaneus, Gresslya abducta, Pleuromya calceiformis, Trigonia costata, Lima duplicata, Pecten lens, P. personatus, Terebratula perovalis, Entalophora Tessoni, Serpula socialis, Cidaris Zschokkei*, etc. ; et plus haut, les mêmes Belemnites, *Harpoceras Murchisonæ, Hammatoceras insignis, Pleurotomaria armata, Pleuromya Jurassi, Homomya obtusa, Mytilus Sowerbyanus, Pecten lens, Ostrea Marshii*, etc.... pour citer seulement les espèces principales.

Le Calcaire à entroques est représenté par 17 ou 18 mètres d'une roche grise ou bleue, calcaire ou marneuse, massive ou schistoïde, renfermant en grande abondance, surtout à la base, des débris de Crinoïdes. Parmi les fossiles que M. Parisot y a

---

1. *Esquisse géologique des environs de Belfort.*

rencontrés, citons : *Bélemnites giganteus, Nautilus striatus, Bourguetia striata, Pleuromya Agassizii, Homomya obtusa, Trigonia costata, Mytilus compressus, Lima duplicata, Ostrea Marshii, Clypeus sinuatus.*

Le Calcaire à Polypiers peut être subdivisé en deux zones : l'inférieure constituée par des calcaires compacts gris ou bleuâtres en bancs de 0ᵐ40 à 0ᵐ50, avec intercalation de lits de marne de 0ᵐ20 entre ces bancs, mesure 10 mètres, et est moins riche en fossiles que la suivante. Celle-ci, puissante de 10 mètres également, est formée de calcaire grossier gris brunâtre, en masses de 4 mètres, séparées par des couches de marne ocreuse avec Polypiers. Cette assise renferme à Echenans, sous le mont Vaudois, des nodules siliceux qui manquent à la Miotte. Les fossiles recueillis dans ce sous-étage sont assez nombreux, citons seulement parmi eux : *Belemnites spinatus, Cerithium granulocostatum, Bourguetia striata, Pleuromya Jurassi, Trigonia costata, Mytilus asper, Pecten ambiguus, Ostrea Marshii, Entalophora Tessoni, Diastopora verrucosa, D. Terquemi, Clypeus sinuatus, Holectypus depressus, Isastræa Bernardi,* etc.

La Bathonien, qui recouvre cette dernière formation, est entièrement constitué par une masse d'au moins 50 mètres, d'après nos mesures, de calcaire oolithique, blanc ou bleu, avec intercalation de deux ou trois lits marneux entre les couches calcaires ; il ne peut être distingué en Vésulien et Grande Oolithe. En établissant, en ces dernières années, le chemin stratégique qui conduit de la Miotte à la route de Colmar, on a mis à découvert sa partié supérieure, tout au moins, qui renferme deux couches marneuses fossilifères : l'inférieure repose sur un banc de calcaire compact de 3 mètres, elle mesure 6 mètres et renferme : *Pholadomya Murchisoni, Ostrea Knorri, Terebratula globata, Rhynchonella concinna.* Elle est séparée de la supérieure par 16 mètres de calcaire oolithique, blanc ou bleu, en partie recouvert. Celle-ci est puissante aussi de 6 mètres et contient, en assez grand nombre : *Rhynchonella concinna, R. spinosa ;* elle est surmontée à son tour par 18 mètres de calcaire oolithique blanc, gris ou bleu, qui supporte immédiatement le Cornbrash. D'autres fossiles ont été recueillis dans le Bathonien, tant à la

Miotte qu'à l'Espérance, signalons parmi eux : *Belemnites canaliculatus*, *Nerinea axonensis*, *Natica canaliculata*, *Homomya
gibbosa*, *Pholadomya Murchisoni*, *Mytilus pulcher*, *Lima sulcata*, *Ostrea Marshii*, *Rhynchonella concinna*, *Terebratula
maxillata*, *Pseudo-diadema subcomplanatum*, etc.

b) MONTBÉLIARD

A Montbéliard, d'après M. Contejean [1], à qui nous empruntons la plupart des détails qui vont suivre, l'Oolithe ferrugineuse
est formée de calcaire jaune ou rouge, compact ou peu oolithique, renfermant des assises de fer hydroxydé, très finement
oolithique, en bancs minces au nord, le long de la falaise sous-
vosgienne, plus épais au sud. On y trouve : *Ammonites Murchisonæ*, *Pholadomya fidicula*, *Terebratula perovalis*. Le Calcaire
à entroques est compact ou oolithique, souvent spathique. Le
Calcaire à Polypiers est formé d'une roche grise, dure, renfermant des nodules siliceux, de nombreux Polypiers et d'autres
fossiles, parmi lesquels : *Belemnites giganteus*, *Trigonia costata*,
Mytilus Sowerbyanus, *Ostrea Marshii*. L'étage entier atteint
40 mètres de puissance. Le Vésulien est marneux, et mesure
20 mètres d'épaisseur [2] ? l'*Ostrea acuminata* s'y rencontre en
grande abondance.

La Grande Oolithe est constituée par une masse de calcaire
oolithique, terminée par des couches compactes (Forest-Marble)
assez bien développées au sud et à l'est, mais réduites au sud-
ouest. A Dampierre-sur-le-Doubs, par exemple, le sous-étage
tout entier n'a guère que 30 à 35 mètres de puissance.

---

1. CONTEJEAN, *Esquisse d'une description physique et géologique de l'arrondissement de Montbéliard*.
2. Nous n'avons pu vérifier l'assertion de M. Contejean au sujet des marnes
vésuliennes, ni les observer aux environs de Montbéliard. En 1891, nous avions
cru les reconnaître dans les assises marneuses sans fossiles de la gare de
Mathay, qui en réalité appartiennent à l'Oxfordien, comme M. Kilian l'a montré
depuis; l'aspect de la roche était le seul caractère qui nous guidait, ainsi que
nous l'avions fait remarquer (*Note sur l'Ool. inf.*, p. 8). C'est à cette erreur
que MM. Kilian et Petitclerc ont voulu faire allusion, en disant (*Contribution
à l'étude du Bajocien*, p. 14) que nous avions attribué ces marnes au *Bajocien*.

A Dampierre, les calcaires oolithiques de cet horizon sont entrecoupés d'assises marneuses fossilifères. La voûte oolithique
qui s'étend depuis ce village jusque près de Colombier-Fontaine
montre plusieurs de ces intercalations marneuses, dans lesquelles nous avons recueilli : *Homomya gibbosa, Lima pectiniformis, Pecten arcuatus, Ostrea costata, O. Marshii, Terebratula intermedia* 5, *Rhynchonella elegantula ;* elles sont surmontées par des calcaires oolithiques que l'on peut suivre jusque
près de Dampierre, où ils passent au-dessous du Cornbrash, dont
ils sont séparés seulement par un intervalle de peu d'importance.

c) NANS

Entre Nans et Fontenelle-lez-Montby, à cinq ou six kilomètres
à l'est de Rougemont, M. Kilian a relevé la coupe suivante [1] :

COUPE N° VII

1. Calcaire marneux, ferrugineux, alternant avec des marnes bleues.
Belemnites Renanus, Harpoceras aalense, insigne.
2. Au-dessus calcaire marneux, rouge sang, avec grains de limonite, 8m.
3. Calcaire à entroques.

d) CLERVAL

La route de l'Isle-sur-le-Doubs à Baume-les-Dames traverse,
immédiatement au sortir de Clerval, une voûte liasique, supportant la série que nous allons étudier.

COUPE N° VIII

Oolithe ferrugineuse.

1. La partie inférieure de cette assise est recouverte par la végétation, mais sa partie supérieure se montre à découvert et constitue la
couche suivante.

1. *Contribution à l'étude du Bajocien,* p. 28, 29.

Calcaire gris grenu, spathique par place, rosé ou ocreux, feuilleté en lits minces de 0m02 à 0m03. 5

Calcaire à entroques.

2. Calcaire gris noirâtre, spathique, pétri de débris d'Encrines. 10

Calcaire à Polypiers.

3. Calcaire gris, grumeleux, spathique, en bancs de 0m40 avec lits marneux très minces, intercalés entre les bancs 8
Polypiers.

4. Calcaire gris, compact, grenu, facilement désagrégeable, en partie recouvert 13

Vésulien.

5. Calcaire gris, grenu, débris organiques assez nombreux, lamelles de Crinoïdes, aspect de calcaire à entroques 6
6. Calcaire gris, grumeleux, noduleux, feuilleté, désagrégeable 4
7. Calcaire gris, grumeleux, spathique, avec quelques bancs oolithiques dans la masse 12
8. Calcaire blanc, oolithique, à oolithes miliaires 16
9. Calcaire gris compact homogène. 9

La végétation recouvre les couches supérieures à l'assise nº 9 sur la route de Baume, mais de l'autre côté du Doubs, sur le chemin de Pont-de-Roide, la série est plus complètement à découvert; on y retrouve facilement les calcaires compacts de la partie supérieure du Vésulien qui supportent la Grande-Oolithe, ainsi qu'il suit :

Grande Oolythe.

10. Calcaire gris oolithique, oolithes miliaires détachées de la roche, en bancs de 0,10 à 0,15. 22
11. Calcaire gris oolithique à oolithes miliaires comme plus bas, bancs de 0,30 à 0,40 18
12. Calcaire gris à pâte fine, très oolithique à la partie inférieure, mais le devenant de moins en moins à mesure que l'on s'élève, compact à la partie supérieure 4

Forest-Marble.

13. Calcaire compact, gris, pâte fine homogène, cassure raboteuse, bancs massifs 3
14. Calcaire compact gris, pâte fine, cassure raboteuse, structure massive en bancs de 1 à 2 mètres 9

15. Calcaire oolithique à oolithes très fines, couleur grise noirâtre 0.60

16. Calcaire compact gris foncé, un peu grumeleux 0.60

17. Calcaire compact, gris clair avec taches bleues et veines rosées,
pâte fine homogène, cassure raboteuse, bancs massifs de 1ᵐ à
1ᵐ50 19

e) BAUME-LES-DAMES

La route de Rougemont à Baume-les-Dames entame, à trois
kilomètres au nord-est de cette dernière ville, le Bajocien qui se
présente ainsi, sur la gauche de la route.

Coupe Nᵒ IX

1. Marne grise, terreuse, appartenant au Lias.

Oolithe ferrugineuse.

2. Calcaire rougeâtre, spathique, en lits minces de 0,04 à 0,05 18

3. Calcaire bréchoïde, formé d'éléments anguleux de grosseur variable, depuis le volume de la tête à celui d'une noisette, reliés par
un ciment spathique, rougeâtre ou ocreux 0.80

4. Calcaire gris, spathique, compact, très dur 3

Calcaire à entroques.

5. Calcaire spathique, grenu, en bancs de 0,80, articulations de
Crinoïdes 6

6. Même roche en bancs moins épais, articulations de Crinoïdes
plus nombreuses que dans l'assise précédente 3

Calcaire à Polypiers.

7. Calcaire gris, compact, bancs de 0,15 à 0,20 . . . . . 1.20

8. Même roche, quelques oolithes, bancs de 0,05. 2

9. Calcaire gris, compact, très dur, formant sur certains points des
nodules arrondis, gros comme des œufs, disséminés dans une pâte
de calcaire tendre, constituant ailleurs toute l'épaisseur de la roche.
Calcaire et nodules sont siliceux et font feu sous le marteau . 0.80

10. Même calcaire gris, dur, siliceux, en bancs de 0,20 séparés par
des lits de marne noire de 0,10. Visible sur 3

Pecten ambiguus, Polypiers.

Les couches disparaissent au delà sous la végétation et la

terminaison du Bajocien ne peut être vue dans les environs de Baume, sur la rive droite du Doubs. Sur la rive gauche, en allant de Baume à Pont-les-Moulins, on voit affleurer le Lias supérieur, puis l'Oolithe ferrugineuse, puis le Calcaire à entroques, et au-dessus de cette dernière assise le Calcaire à Polypiers, constitué par une masse grise ou rougeâtre, grumeleuse, qui, vers Pont-les-Moulins et entre ce village et Adam [1], est ainsi recouverte :

Coupe N° X

Calcaire à Polypiers.

1. Calcaire marneux, jaune clair, cassure conchoïde, aspect éburné, bancs de 0,30. 2

2. Calcaire marneux, gris, compact, schistoïde, bancs de 0,15 à 0,20. Nombreux silex dans la roche, les uns arrondis et nodulaires, les autres étalés en plaques, comme s'ils avaient rempli des parties laissées vides dans l'intervalle des bancs. 3

C'est à ce niveau qu'ont été recueillies les fougères fossiles du musée de Besançon.

3. Calcaire gris spathique et oolithique, les oolithes sont rares à la partie inférieure, elles deviennent plus communes à la partie supérieure, sans être abondantes nulle part. Un seul banc massif . 3

Vésulien et Grande Oolithe.

4. Calcaire blanc, oolithique, à pâte spathique et oolithes miliaires, détachées de la roche, mélangées sur certains points à des grains plus gros, pisiformes ou amygdalaires; débris organiques roulés et brisés en certaines places; structure feuilletée en lames de 0,03 à 0,05. 18

5. Calcaire jaunâtre, oolithique, oolithes miliaires plus nombreuses que dans la couche précédente, pâte spathique ; structure en bancs de 0,15 20

6. Calcaire blanc, oolithique, oolithes miliaires, empâtée, structure plus massive 10

Débris organiques brisés, *Trichites*, *Trigonia*.

7. Calcaire blanc, compact, avec quelques rares oolithes . . 10

Polypiers très nombreux.

8. Calcaire blanc, oolithique. 3

9. Marno-calcaire jaune, dur, feuilleté 0,60

1. Il s'agit d'Adam-lez-Passavant et non d'Adam-lez-Vercel, comme nous l'avons écrit par erreur dans la *Note sur l'Oolithe inférieure*.

Débris d'Echinodermes.

10. Calcaire blanc, oolithique, oolithes miliaires. 1

Polypiers nombreux.

La coupe ne peut être poursuivie plus loin ; mais en arrivant sur le plateau d'Adam, on reconnaît les calcaires compacts éburnés du Forest-Marble qui sont en grande partie recouverts et plongent dans la direction du village. Cette assise est recouverte par les couches oolithiques du Cornbrash.

f) LAISSEY

L'Oolithe ferrugineuse est facilement observable près de Laissey, à trois cents mètres environ au nord de la gare, dans une ancienne exploitation, où elle se présente ainsi :

COUPE N° XI

1. Calcaire jaunâtre, spathique et oolithique, oolithes miliaires, débris de Crinoïdes. Visible sur 6

2. Calcaire rougeâtre, lie de vin ou violacé avec oolithes ferrugineuses miliaires, très nombreuses. Assise anciennement exploitée sur 1,50 à la partie supérieure 3.50

3. Calcaire compact, gris violacé ou noirâtre pointillé de taches ocreuses, quelques oolithes diffuses, surtout à la partie inférieure. Articulations de Crinoïdes peu nombreuses partout, Polypiers. 12

4. Calcaire compact, gris violacé ou noirâtre, pointillé de taches de rouille, nombreux débris de Crinoïdes, quelques oolithes . . 5.20

5. Même roche grumeleuse avec parties jaunes, marneuses, désagrégeables, débris organiques fragmentés. 1.25

Ostrea Marshii. Crinoïdes.

6. Même roche grise violacée, pointillée de taches de rouille, débris de Crinoïdes, quelques oolithes 1

7. Calcaire à entroques, blanc typique.

Le Bajocien et le Bathonien se montrent à découvert non loin de là, à cinq cents ou six cents mètres plus au nord, sur le chemin de Laissey à Roulans.

Au nord de Laissey, l'Oolithe inférieure forme une voûte que le Doubs a érodée en creusant son lit. Le chemin dont il vient d'être question traverse d'abord une petite combe oxfordienne,

puis la retombée méridionale de cette voûte, et l'affleurement
liasique qui la supporte, enfin entame le cintre lui-même, dont
les couches s'offrent ainsi à l'observation.

Coupe N° XII

Oolithe ferrugineuse.

1. Calcaire rouge violacé, en partie recouvert. 12
2. Calcaire jaune, grumeleux, finement oolithique 1
3. Calcaire brun, oolithique et spathique, oolithes miliaires, en
partie recouvert 6

Calcaire à entroques.

4. Calcaire grenu, spathique, avec nombreux débris de Crinoïdes,
en bancs de 0,35 à 0,40 6
5. Même roche renfermant en plus quelques oolithes à sa partie
supérieure, divisée en bancs de 0,40 à 0,60 par de minces lits de marne
intercalés entre les assises calcaires. 7,35
6. Marno-calcaire grumeleux 0,50
7. Calcaire spathique, débris de Crinoïdes. 1,40

Calcaire à Polypiers.

8. Calcaire gris, noirâtre, grumeleux, un peu marneux, en lits de
0,40 à 0,50, alternant avec des couches minces de marne noire feuilletée ; le calcaire est spathique par places et renferme quelques débris
de Crinoïdes 5,50
9. Calcaire compact, gris, spathique, très nombreux débris de Crinoïdes 2
10. Marno-calcaire gris, grumeleux, en bancs de 0,40 à 0,50, séparés
par des lits de marne feuilletée de 0,10 à 0,20, nombreux nodules siliceux arrondis du volume du poing dans la roche calcaire. . 12
11. Calcaire compact, gris, grumeleux, spathique 4

Vésulien.

12. Marno-calcaire gris, rosé, grumeleux, très oolithique, nombreux
débris organiques roulés et brisés 0,25
13. Calcaire compact, gris, noirâtre, rose ou même blanc, percé
d'innombrables vacuoles microscopiques, grumeleux sur quelques
points, surtout à la partie supérieure, renfermant des parties saccharoïdes, des nids d'oolithes, des *Polypiers* nombreux, des *Crinoïdes* et
Pecten ambiguus 16

14. Calcaire gris, grumeleux, passant au rougeâtre, vacuoles microscopiques, parties saccharoïdes 3,20

15. Marno-calcaire jaunâtre grumeleux 0,60
    Terebratula globata.

16. Calcaire compact, grisâtre 0,60

17. Calcaire compact, un peu marneux, jaunâtre, nombreuses *Terebratula globata* 0,20

18. Calcaire gris, compact. Térébratules, Polypiers . . . 3

19. Calcaire compact, grisâtre, nodules siliceux gros comme le poing ou comme un œuf 0,60

Grande Oolithe.

20. Calcaire compact, gris jaunâtre, quelques oolithes, débris organiques nombreux, articulations d'Encrines 3

21. Calcaire compact, grisâtre, quelques oolithes, Polypiers nombreux. 2

22. Calcaire oolithique, blanc, gris ou jaune, oolithes miliaires 16

23. Marno-calcaire jaunâtre, grumeleux 0,60

24. Calcaire oolithique comme 22 10

25. Calcaire compact, brun ou rosé, spathique 4

26. Calcaire grisâtre, oolithique, oolithes miliaires très nombreuses, débris organiques roulés. 28

27. Calcaire jaune verdâtre à cassure conchoïde, oolithes très fines, assez abondantes à la partie inférieure, de plus en plus rares à mesure que l'on s'élève 6

Forest-Marble.

28. Calcaire blanc compact, pâte fine, cassure conchoïde, aspect de calcaire lithographique, bancs de 0,40 à 0,60. 24

29. Même roche feuilletée en lits minces de 0,05. 2

30. Même roche que 28. 13

31. Calcaire compact, brun jaunâtre, pâte fine comme 28 et 30, par places quelques oolithes miliaires 16

32. Calcaire brun compact 5

g) MISEREY. — POUILLEY

On peut voir le passage du Lias au Bajocien dans la tranchée du chemin d'Auxon-Dessus à Miserey, à quinze cents mètres

environ de ce dernier village, où se présente la série suivante :

Coupe N° XIII

1. Marne noire, terreuse. 2
2. Marne feuilletée, noire violacée 0,65
3. Marne terreuse, noire. 1,30
4. Marno-calcaire gris, grumeleux. Belemnites 0,40
5. Marne noirâtre, feuilletée 0,50
6. Calcaire dur, jaune ou bleuâtre par places, grumeleux et gréseux,
spathique, débris organiques brisés. Belemnites 0,30
7. Marne noirâtre, feuilletée, tendre et désagrégeable, alternant avec
des marno-calcaires bleus ou jaunes, d'aspect gréseux, en lits de
0,10 à 0,15. 3,50
8. Marno-calcaire dur, bleu ou brun 1
9. Marne brune, feuilletée ou terreuse 0,10
10. Calcaire grumeleux, rosé, spathique, pointillé de taches ocreuses
et renfermant des articulations de Crinoïdes, division en bancs de
0,05. 0,50
Pecten personatus, 5.
11. Marne brune, feuilletée, dure. 0,10
12. Calcaire rosé, spathique, pointillé de taches ocreuses et contenant
en grand nombre des débris de Crinoïdes. 5
Pecten personatus, 5.
13. Calcaire gris, oolithique, oolithes miliaires. 0,40
14. Calcaire spathique, violacé ou brunâtre, renfermant des cavités
vacuolaires remplies d'une fine poussière couleur rouille, et des débris très nombreux de Crinoïdes ; division en bancs de 0,20 . 2,50

A quelques kilomètres au sud-ouest de ce point, on peut observer, dans la tranchée du chemin qui conduit au fort de Pouilley, des couches d'un niveau très peu supérieur aux précédentes, qui se présentent ainsi :

Coupe N° XIV

Calcaire à entroques.

1. Calcaire compact, rougeâtre, divisé en lits de 0,05 à 0,07, débris
de Crinoïdes 2
2. Calcaire rosé, spathique, en bancs de 0,20, innombrables débris
de Crinoïdes 5
3. Calcaire gris oolithique, débris d'Encrines 3

4. Marne terreuse, verdâtre, fossiles nombreux brisés. Gros *Trichites*. *Pecten ambiguus*. *Polypiers* 0,80

5. Calcaire gris, noirâtre ou bleuâtre, cassure esquilleuse, renfermant des débris de Crinoïdes et par places des oolithes miliaires, divisé en bancs de 0,50 à 0,60 séparés par des couches de marne terreuse jaunâtre de 0,30 à 0,35 5

Pholadomya radiculata, *Pecten ambiguus*.
Ostrea Marshii.
Polypiers.

6. Calcaire grumeleux, rosé, spathique, débris de Crinoïdes, quelques oolithes 2

La route de Pouilley à Besançon entame encore, à huit cents mètres du village, le Bajocien ainsi constitué.

Coupe N° XV

Oolithe ferrugineuse.

1. Marne jaune.

2. Calcaire grumeleux, jaune, gris ou noirâtre, avec débris de Crinoïdes, division en bancs de 0,50 3

3. Calcaire jaune, compact, en lits de 0,10 à 0,15 1

4. Calcaire brun, rougeâtre ou noirâtre, grenu oolithique, oolithes ferrugineuses miliaires, noirâtres ; en grains irréguliers, se détachant facilement de la roche 1

5. Calcaire compact, rosé, renfermant quelques débris de Crinoïdes 5

Pecten personatus.

6. Même roche, débris de Crinoïdes très nombreux. *Pecten personatus* 3

Cette dernière assise appartient au Calcaire à entroques qui est exploité tout près de là, dans les carrières de la Coulue, où il montre une puissance de 6 à 7 mètres. Il y est recouvert par 0^m90 à 1 mètre de marnes vertes grossières, renfermant quelques fossiles, et plus spécialement des *Pecten*, *P. ambiguus*, *P. Dewalquei* entre autres, puis par 2 ou 3 mètres de calcaire gris noirâtre, grumeleux, contenant beaucoup de fossiles, appartenant au Calcaire à Polypiers. On y trouve avec les Pecten cités plus haut des Polypiers, des Serpules, et en outre : *Lima pectiniformis*, *Ostrea Marshii*, *Waldheimia subbucculenta*, *Rhynchonella quadriplicata*, *Cidaris cucumifera*.

h) BESANÇON

La partie inférieure du Bajocien a pu être observée très nettement, à quatre kilomètres de Besançon, près du village de Morre, à l'époque où on a creusé le tunnel de la route nationale. M. Vézian en a relevé alors une coupe qu'il a publiée depuis dans le compte rendu de l'excursion de la Société géologique de France à Besançon en 1860 [1]. Nous allons reproduire cette coupe dans ses parties essentielles.

Coupe N° XVI

1. Au-dessus des marnes supra-liasiques, calcaire marneux jaunâtre, en couches de peu d'épaisseur, séparées par des lits très minces de marnes de la même nuance 15

2. Marne grossière sans fossiles, formant un banc noir bleuâtre 1,50

3. Calcaire à entroques très compact, à texture inégale, brunâtre avec filets ferrugineux 6

4. Marnes bleuâtres, jaunâtres sur certains points, rudes au toucher, non schistoïdes, remplies de spiropores. Au milieu de ce banc marneux se trouve intercalée une couche d'un calcaire à texture micristalline, mi-oolithique, noirâtre, avec débris de bivalves à l'état spathique formant lumachelle 6

Avec les spiropores se trouvent : *Ammonites Humphriesianus, Lima proboscidea, Pholadomya gibbosa, Ostrea Marshii, Pholadomya Murchisoni.*

5. Calcaire jaunâtre, formé par juxtaposition de lamelles cristallines et de parties ferrugineuses dans une pâte de calcaire compact, à peine discernable, en couches assez minces, alternant avec des lits marneux jaunâtres peu puissants 12

6. Marne jaunâtre, grossière, formant un banc de. . . . 1,50

7. Calcaire à texture mi-grenue, mi-cristalline, brunâtre ou noirâtre, en bancs de 0^m1 à 0^m3 alternant avec des marnes schistoïdes noirâtres 10

8. Calcaire semblable au précédent, sans lits marneux alternants 15

---

1. *Bull. Soc. géol.* Réunion à Besançon, p. 15-16.

9. Calcaire grisâtre, terreux, formant une couche de 0m3 entre deux lits de marne schistoïde, jaunâtre 1,20

10. Calcaire grisâtre, grenu, puis avec lamelles cristallines et grains oolithiques; plus loin, accroissement de la texture cristalline et apparition de débris d'entroques; plus loin encore, cette roche se transforme en une lumachelle. Les couches de 0m2 à 0m3 au commencement, atteignent ensuite plus d'un mètre. 30

11. Calcaire compact, avec lamelles cristallines, esquilleux; tendance à la texture oolithique; texture qui finit par se dessiner nettement vers la partie supérieure de l'assise; stratification assez confuse. 40

Au delà de cette assise le terrain s'affaisse et la culture ne permet plus de continuer l'étude de la coupe.

Les couches N° 1 et N° 2 de cette coupe appartiennent certainement à l'Oolithe ferrugineuse, la couche N° 3 est le Calcaire à entroques; et dès lors il semble évident que l'assise N° 4 représente la partie inférieure du Calcaire à Polypiers, si M. Vézian l'a considérée comme Vésulienne, c'est parce qu'il range le Calcaire à Polypiers dans le Vésulien. La limite entre les deux formations est d'ailleurs ici des plus vagues et des plus incertaines.

Cette coupe du tunnel de la route nationale, au-dessus de Morre, n'est plus visible aujourd'hui, les assises qu'elle permettait d'examiner à découvert sont depuis longtemps masquées par des maçonneries; mais une autre, intéressant la partie inférieure du Bajocien, est observable sur le chemin stratégique qui conduit au fort de Montfaucon, tout près du point où la première a été relevée. On peut voir, entre la route nationale, à son entrée dans le tunnel, et ce chemin, à l'endroit où il passe au-dessus de lui, les premières assises de la coupe de M. Vézian. La masse marneuse N° 1 est en grande partie recouverte, cependant nous avons recueilli vers sa base : *Belemnites tripartitus*, *Pholadomya fidicula*. La couche N° 2 est bien visible au-dessus du tunnel, celle N° 3 est moins facile à observer, mais la marne N° 4 a été entamée par le chemin sur le bord duquel elle se montre à découvert, elle est assez fossilifère, et nous y avons rencontré : *Pholadomya reticulata*, *Ph. Murchisoni*, *Lima pectiniformis*, *Pecten ambiguus*, *Ostrea Marshii*, *Terebratula perovalis*.

En se dirigeant vers le fort à partir de ce point, on voit réapparaître, à soixante ou quatre-vingts mètres de là, l'Oolithe ferrugineuse (couche N° 1 de la coupe de M. Vézian) qu'une petite faille secondaire a relevée d'une trentaine de mètres. Elle se présente ainsi :

Coupe N° XVII

Oolithe ferrugineuse.

1. Marne terreuse, jaune 0,50
Belemnites abbreviatus, B. giganteus, Pholadomya reticulata, Mytilus Sowerbyanus, Pleuromya tenuistriata.
2. Calcaire brun, compact, spathique, cassure esquilleuse . 0,50
3. Marne grise, terreuse 0,20
4. Calcaire brun, compact, spathique 1
5. Marne brune, feuilletée 0,20
6. Calcaire brun, compact, spathique, en bancs de 0,35 à 0,40, séparés par des lits de marne brune de 0,10 1,30
7. Calcaire jaune, brun, spathique, avec parties gréseuses jaune roux, bancs de 0,45 à 0,50 3
8. Calcaire rosé ou blanc, compact, spathique, divisé en assises de 0,05 à 0,10. 3
Rhynchonella angulata, quelques articulations d'Encrines.
9. Marne jaune, feuilletée ou terreuse 1
Belemnites giganteus, Pholadomya fidicula, Ph. reticulata, Pleuromya tenuistriata, Lima subcardiiformis, Ostrea Marshii, Terebratula infraoolithica.
10. Calcaire blanc grisâtre, oolithique et spathique, oolithes miliaires mélangées à quelques grains plus gros . . . . . . 3.
11. Marne terreuse jaune ou grise. 1
Ostrea Marshii Terebratula conglobata.
C'est la couche 2 de M. Vézian.

Calcaire à entroques

12. Calcaire spathique, blanc ou gris, renfermant d'innombrables débris de Crinoïdes, divisé en lits de 0,15 à 0,20 12
Cette assise montre, vers son tiers inférieur, une surface taraudée et perforée par les mollusques lithophages.

Calcaire à Polypiers.

13. Marne jaune verdâtre, terreuse 1,50
Pholadomya reticulata, Lima pectiniformis, Pecten ambiguus, Ostrea Marshii.

14. Calcaire marneux, grumeleux, gris noirâtre, renfermant de nombreux Polypiers. Visible sur 3

On peut voir encore, à huit kilomètres au sud-ouest de Besançon, au village même de Larnod, sur le chemin de la Grange-Rouge, le passage du Lias à l'Oolithe ferrugineuse constitué comme il suit :

Coupe No XVIII

1. Marno-calcaire dur, bleu ou jaune par altération, en bancs massifs de 0,30 à 0,40 alternant avec des bancs feuilletés 6
2. Calcaire compact brun foncé, spathique, grumeleux . . . 5
Pecten personatus 5.
3. Calcaire compact, brun foncé, spathique, grumeleux, oolithique par places, divisé en bancs feuilletés de 0,05 à 0,10. Visible sur. . 7
Cette couche est exploitée dans les carrières de Larnod.

Vis-à-vis d'Avanne, sur la route de Besançon à Quingey, à la borne kilométrique n° 8, on voit des calcaires rougeâtres, appartenant à l'Oolithe ferrugineuse, former une voûte, à partir de laquelle les couches s'inclinent en deux sens opposés. En les suivant d'abord dans la direction du sud-ouest, vers Quingey, on rencontre, après avoir parcouru environ cent mètres sur la route, les assises suivantes.

Coupe No XIX

Calcaire à Polypiers.

1. Calcaire grumeleux, gris avec larges taches ocreuses, percé d'innombrables vacuoles microscopiques, remplies de poussière couleur de rouille ; parties saccharoïdes dans la roche. Polypiers . . 8
2. Marne verte 0,10
3. Même roche que 1. Polypiers 4,65
4. Calcaire gris noirâtre, oolithique et spathique, débris de Crinoïdes 1
5. Calcaire compact, gris foncé ou noirâtre, devenant grumeleux et désagrégeable par places 3,80
Pecten ambiguus. Polypiers.
6. Calcaire marneux, bleu noirâtre ou jaunâtre par altération, en lits de 0,10 à 0,15 sans interposition de marne ; nodules siliceux dans la roche 1

7. Calcaire blanchâtre ou gris clair, finement oolithique . 5

8. Calcaire marneux, gris clair, devenant blanc par altération, en bancs de 0,20 à 0,30 séparés par des lits de 0,05 de même roche, feuilletée en minces lamelles. Silex dans les roches feuilletées, en nodules arrondis ou en amas lenticulaires de 0,03 à 0,10 de diamètre . 3

Vésulien et Grande Oolithe.

9. Calcaire compact, gris-brun, massif. 3,80

10. Calcaire oolithique, gris, oolithes miliaires 2

11. Calcaire oolithique, jaunâtre ou blanc, oolithes miliaires 32

12. Calcaire gris clair, oolithique, un peu spathique, oolithes miliaires détachées de la roche 4,50

13. Calcaire oolithique, gris rosé, structure en lits de 0,30 à 0,40 8

On ne peut pas poursuivre l'étude de la coupe plus loin dans cette direction, parce que les couches sont recouvertes, mais en revenant au point de départ, et en se dirigeant depuis là en sens inverse, c'est-à-dire au nord-est, vers Besançon, on voit d'abord : 5 mètres de calcaire brun rougeâtre appartenant à l'Oolithe ferrugineuse, puis 10 mètres de Calcaire à entroques, puis le Calcaire à Polypiers grumeleux, grisâtre, avec intercalations marneuses. En ce point la série se prête difficilement à l'étude, parce que ses assises sont contournées et en grande partie recouvertes; mais à cent ou cent cinquante mètres plus loin, toujours dans la même direction, on observe sur le bord de la route un affleurement des calcaires schisteux blancs feuilletés avec nodules siliceux, identiques à ceux de l'assise N° 8 de la coupe précédente. Ces calcaires schisteux viennent butter, par suite d'une petite faille sans importance, contre une masse de 3 ou 4 mètres de calcaire gris-brun appartenant au Calcaire à Polypiers ou même au Vésulien et recouverte comme il suit.

Coupe N° XX.

Vésulien et Grande Oolithe.

1. Calcaire oolithique, gris jaunâtre, désagrégé à sa partie supérieure, oolithes miliaires fondues dans la roche 11

Ostrea reniformis.

2. Même roche, divisée en bancs de 0,70 à 0,80. 11,50

3. Même roche, en partie recouverte 13
4. Calcaire oolithique, blanc ou rosé, oolithes miliaires. . 34
5. Calcaire désagrégé, apparence marneuse 0,20
6. Calcaire oolithique comme 4, divisé en bancs de 0,40 à 0,50 19
7. Calcaire oolithique, blanc ou bleu, oolithes miliaires ; à la partie inférieure Térébratules très nombreuses formant lumachelle sur 0,05 5

Trichites, Terebratula globata, 5.

8. Calcaire compact avec nids d'oolithes 2
9. Calcaire compact, jaunâtre 4
10. Calcaire compact, blanc avec accidents oolithiques sur certains points 1
11. Calcaire blanc, oolithique, oolithes fines, miliaires détachées de la roche 4

Forest-Marble.

12. Calcaire compact, jaune grisâtre, massif. 3
13. Même feuilleté. 1,45
14. Calcaire compact, jaune verdâtre, cassure conchoïde, aspect lithographique, structure massive 21
15. Calcaire compact, blanc, lithographique. 5
16. Marne terreuse, grise. 0.10
17. Calcaire compact, blanc, comme 15 22
Cornbrash.

Plus près de Besançon, aux Papeteries bisontines, au-dessous du mont de Bregille, on peut encore observer à découvert la partie supérieure du Bathonien, le Cornbrash et le Callovien. La Grande Oolithe est formée d'une masse de 54 mètres de calcaire brun, oolithique, surmontée d'une assise de 16 mètres de calcaire blanc, oolithique avec interposition, entre les deux, d'un banc marneux de 0,30. Le Forest-Marble débute par une pareille couche marneuse de 0,30, et il est lui-même constitué par 55 mètres de calcaire blanc, compact, éburné, ponctué de taches rosées lenticulaires, avec quelques oolithes diffuses dans sa masse.

On peut résumer ainsi la constitution de l'Oolithe inférieure aux environs immédiats de Besançon.

L'Oolithe ferrugineuse, puissante de 15 à 20 mètres, est formée de calcaire compact, brun et spathique, en bancs peu épais, alternant avec des lits de marne jaune (Morre), ou en bancs épais sans interposition marneuse avec accidents oolithiques (Larnod). La couche de minerai de fer oolithique paraît y manquer. On y recueille : *Belemnites abbreviatus*, *B. giganteus*, *B. tripartitus*, *Pleuromya tenuistriata*, *Pholadomya fidicula*, *P. reticula 3*, *Mytilus sowerbyanus*, *Pecten personatus 5*, *Lima subcardiiformis*, *Ostrea Marshii 4*, *Terebratula conglobata 2*, *Rhynchonella angulata*, *Pentacrinus bajocensis 5*.

Le Calcaire à entroques, épais de 6 à 12 ou 15 mètres, présente une texture très uniforme, il est partout constitué par un calcaire compact, pétri d'articulations de *Pentacrinus bajocensis* et de quelques autres Crinoïdes ; on y a rencontré aussi le *Cidaris cucumifera*.

Le Calcaire à Polypiers débute par une assise marneuse, de puissance variable, surmontée de calcaires gris noirâtres, bruns ou jaunâtres, criblés de vacuoles microscopiques, ordinairement remplies d'une poussière rouge ferrugineuse, il présente souvent aussi des parties ocreuses, des accidents cristallins et oolithiques ; il est tantôt stratifié en bancs épais, tantôt en assises plus minces, séparées par de faibles zones marneuses, et suivant les points observés, on voit la formation marneuse prendre plus ou moins d'importance et se substituer plus ou moins à la formation calcaire. Il renferme à Avanne, à sa partie supérieure, dans une couche de marno-calcaire schistoïde, des nodules siliceux, qui manquent à Morre. Il contient partout, sauf au tunnel de Morre, des Polypiers en grand nombre ; ceux-ci ne sont pas toujours bien conservés, mais souvent transformés en calcaire saccharoïde. Avec ces fossiles on y a observé encore : *Belemnites spinatus*, *Coeloceras Humphriesianum*, *Phasianella Saemanni*, *Pholadomya reticulata*, *Ph. Murchisoni*, *Quenstedtia mactroïdes*, *Trigonia costata*, *Pecten ambiguus*, *P. Dewalquei*, *Lima pectiniformis*, *Ostrea Marshii*, *Rhynchonella quadriplicata*, *Thamnastræa tenuistriata*.

Le Calcaire à Polypiers mesure 30 mètres environ.

Le Vésulien, sur la route de Quingey, est entièrement oolithique, sauf peut-être sur 3 ou 4 mètres à sa base, où il est formé de calcaire brun compact, tandis qu'au tunnel de Morre, il semble former un passage entre le Calcaire à Polypiers et la

Grande Oolithe. La limite entre le Bajocien et le Bathonien y est fort difficile à tracer, on peut cependant la placer au-dessus des calcaires et des marnes schistoïdes de la couche n° 7, qui semblent correspondre aux marno-calcaires feuilletés avec nodules siliceux, de la route de Quingey (couche 8 de la coupe). Dès lors le Vésulien de Morre peut être considéré comme constitué inférieurement par des calcaires identiques à ceux qui terminent le Bajocien et, supérieurement, par des calcaires de plus en plus oolithiques qui finissent par se confondre entièrement avec la Grande Oolithe. Aucun fossile ne paraît spécial à ce sous-étage, l'*Ostrea acuminata* n'y a pas été rencontrée jusqu'ici.

La Grande Oolithe est entièrement formée de calcaire oolithique, blanc, brun ou bleu, elle présente souvent, mais non toujours, un petit lit marneux vers sa partie supérieure; ce faible banc de marne se montre en effet aux Papeteries bisontines, tandis qu'il fait défaut sur la route de Quingey, à ce niveau du moins. Sa puissance est considérable, elle mesure environ 60 mètres; réunie au Vésulien, dont il est difficile de la séparer nettement, elle forme une grande masse oolithique de 100 mètres d'épaisseur. Elle est peu fossilifère et ne contient guère que *Ostrea Marshii, Terebratula globata, T. intermedia, Rhynchonella obsoleta*.

Le Forest-Marble, assise supérieure de la Grande Oolithe, est constitué par un calcaire compact, un peu argileux, blanc pur ou blanc jaunâtre, ponctué de taches lenticulaires roses ou rouge lie de vin, à cassure conchoïde et esquilleuse tout à la fois; il mesure de 50 à 55 mètres et ne renferme guère en fait de fossiles que : *Natica Verneuili, Ostrea Marshii, Terebratula globata*, qui même n'y sont pas communs. Il présente vers sa partie moyenne une zone de charriage que l'on ne voit ni aux Papeteries ni sur la route de Quingey, mais que nous avons observée en d'autres points du territoire, à la Baume et à Tarragnoz entre autres. Cette zone de charriage est caractérisée par le mélange, dans le même banc, d'éléments roulés grossièrement arrondis, de tailles différentes, les uns atteignant et dépassant même le volume du poing, d'autres gros comme des grains de millet, avec tous les degrés intermédiaires. Tous ces éléments sont formés du même calcaire blanc compact que celui qui les empâte.

i) AMANGE

Sur le flanc oriental de la Serre, à un kilomètre au nord-ouest d'Amange, sur le chemin de Moisey, on observe les couches suivantes.

COUPE N° XXI

Calcaire à entroques.

1. Calcaire violacé, spathique, ocreux par places, lamelles de Crinoïdes, bancs de 0,10 à 0,15   5
2. Calcaire spathique, rosé, massif, lamelles de Crinoïdes .   4

Calcaire à Polypiers.

3. Calcaire gris, grumeleux, spathique par places, ocreux, facilement désagrégeable   6
4. Calcaire marneux à odeur bitumineuse, structure en lits de 0,10 séparés par des zones feuilletées de 0,05   2
Waldheimia subbuculenta.
5. Calcaire compact, gris, spathique, massif.   2
6. Calaire grumeleux, jaune, désagrégeable   0,60
7. Calcaire gris, veiné de rose, un peu grenu   0,90

Vésulien.

8. Calcaire blanc grisâtre, oolithique, oolithes miliaires, tendance à se diviser en lamelles   7,50
9. Calcaire marneux, oolithique, en partie désagrégé . .   3
10. Calcaire spathique, gris, grenu, fragments de Crinoïdes.   0,60
11. Marne jaune verdâtre, grossière, désagrégée   0,50
Ostrea acuminata.
12. Calcaire gris, spathique, grenu   1
13. Marne terreuse, grumeleuse, grossière   1,50
Terebratula globata. Rhynchonella concinna.
14. Calcaire gris comme 12.   4
15. Marne terreuse comme 13   3
16. Calcaire gris, compact, un peu spathique   3
17. Calcaire gris en lits de 0,10, séparés par des zones marneuses de 0,05.   1

18. Calcaire gris, compact comme 16   1,50
19. Calcaire compact, jaune ou violacé, spathique. . . .   1,50

Grande Oolithe et Forest-Marble.

20. Recouvert, environ   20
21. Calcaire blanc, compact, cassure plane, pâte fine, par places oolithes miliaires fondues dans la roche   18
22. Calcaire blanc, compact, éburné, accidents oolithiques comme plus bas, à diverses hauteurs.   50
Cornbrash.

j) RAINANS

Le village de Rainans, à huit kilomètres au nord de Dole, est divisé en deux parties, l'une à l'est située sur le Lias, l'autre à l'ouest sur l'Oolithe inférieure. Le contact des deux formations n'est pas visible, mais on peut observer le Bajocien inférieur, puis le Bathonien presque en entier, en se dirigeant de l'est à l'ouest à partir d'une source sortant de terre, au bord des vignes qui séparent le village en deux portions. Ces couches se présentent ainsi.

Coupe N° XXII

Oolithe ferrugineuse

1. Calcaire compact, spathique, un peu grenu, de couleur rosée, ou lie de vin ou même, par place, rouge sanguine; bancs de 0,15 à 0,20   3
2. Marne terreuse, rougeâtre, avec lames minces de calcaire blanc, spathique, intercalées entre les feuillets marneux   0,60
3. Calcaire compact, grenu, rouge lie de vin et rouge sanguine par places, texture grenue; structure en bancs de 0,15 à 0,20 . .   5,50
4. Calcaire compact, rosé avec taches de couleur rouge sanguine, en bancs de 0,15 à 0,20   4,50
5. Calcaire marneux, jaune, d'aspect gréseux, renfermant quelques débris de Crinoïdes, en feuillets de 0,05   1,50
6. Marne rougeâtre.   0,30

Calcaire à entroques.

7. Calcaire rouge, rempli de débris de Crinoïdes   5

La partie supérieure du Bajocien et les premières assises du Bathonien ne sont pas visibles, mais les couches supérieures de cet étage se montrent à découvert, près de l'extrémité ouest du village, comme l'indique la coupe suivante :

Coupe N° XXIII

Vésulien.

1. Calcaire rouge, grenu, compact. Visible sur 1
2. Marne grossière, jaune ou rouge, terreuse avec nodules marneux plus durs 4
Ostrea acuminata formant lumachelle à la partie supérieure.
3. Calcaire grumeleux, gris ou rouge 0,50
Ostrea acuminata.
4. Marno-calcaire, gris, gréseux, jaunâtre par places. . . 1,30
Ostrea acuminata.
5. Calcaire rouge, oolithique, oolithes miliaires. 3
6. Marne jaune, terreuse 1
7. Marno-calcaires grumeleux en bancs de 0,25, séparés par des marnes grossières plutôt grenues qu'oolithiques, pleines de débris et de grains roulés ; les calcaires sont jaunes ou rosés ou verts, les marnes sont rouges 2,20
Homomya gibbosa.
8. Marno-calcaire verdâtre ou rosé par places 1
9. Marno-calcaire grumeleux et marnes grossières comme 7, les marno-calcaires sont rosés et les marnes vertes. 1,30

Grande Oolithe.

10. Calcaire gris avec quelques oolithes détachées . . . 2,50
11. Calcaire oolithique, blanc, gris ou rosé par places, oolithes miliaires 16
12. Calcaire gris oolithique, oolithes cannabines ; innombrables débris roulés ; face supérieure taraudée et perforée 13,50
13. Marne jaune terreuse 7
Ostrea acuminata O. costata.
Terebratula cardium, Bryozoaires.
14. Calcaire oolithique rosé ou rouge par places, oolithes miliaires, régulières, détachées de la roche. 13
15. Calcaire compact, gris jaunâtre. 1
16. Calcaire marneux gris ou rougeâtre 1,80
17. Marno-calcaire grumeleux, gris, rouge ou verdâtre, en lits massifs de 0,30 alternant avec des lits désagrégés de même épaisseur. 1,20
18. Marne terreuse, rouge ou d'un gris verdâtre 1,90

Forest-Marble.

19. Calcaire compact, gris 2
20. Calcaire compact, blanc avec taches rosées 3
21. Calcaire compact, jaunâtre 0,60
22. Calcaire gris, compact 4
23. Calcaire gris, compact, un peu marneux. 0,60
24. Calcaire blanc, compact 3,50
25. Calcaire blanc, compact, cassure conchoïde 2

Cette couche vient affleurer sur la lèvre orientale d'une petite faille, dont la lèvre opposée est formée par l'Astartien supérieur.

k) SAMPANS

Les grandes carrières situées à l'est du village de Sampans, près de la route de Dole, permettent d'observer les couches suivantes :

Coupe N° XXIV

Grande Oolithe.

1. Calcaire oolithique d'un beau rouge sanguine, plus ou moins foncé, passant par places à une teinte jaune ou grise, oolithes cannabines diffuses dans la roche, très nombreux débris organiques roulés et brisés 5
   Pseudomonotis echinatus, Terebratula intermedia, Bryozoaires.
2. Même roche 5
3. Marno-calcaire oolithique, gris rougeâtre, à pâte grossière et oolithes cannabines, en bancs de 0,35 à 0,40 alternant avec des lits de marne feuilletée, oolithique, très désagrégeable ; de 0,25 à 0,30 . 4
   Homomya gibbosa, Ostrea reniformis, Terebratula globata, Bryozoaires.
4. Calcaire oolithique blanc, veiné de violet, oolithes cannabines, diffuses dans la roche ; structure massive, mais tendance à se subdiviser en bancs de 0,25 à 0,30 5

La partie inférieure de cette dernière couche est seule visible dans la grande carrière, sa partie supérieure se montre dans les carrières voisines.

En suivant toujours la route de Dole, à partir de ce point, on rencontre à douze cents ou quinze cents mètres plus au sud-est des calcaires compacts blancs qui appartiennent au Forest-Marble. Une exploitation ouverte à ce niveau, tout à côté du chemin du Mont-Roland, présente à la base 4 ou 5 mètres de calcaire compact, gris, un peu rugueux, puis une égale épaisseur de calcaire blanc, éburné, que l'on peut suivre jusque dans une carrière voisine, où il supporte une masse de 7 à 8 mètres de calcaire gris, à cassure conchoïde, rude au toucher, divisée par des fissures verticales rectilignes et régulièrement espacées. Ce banc est lui-même recouvert à peu de distance de là par le Cornbrash.

CINQUIÈME SECTION

a) FEULE

L'Oolithe inférieure se montre à découvert entre Villars-sous-Dampjoux et Feule. M. Kilian a déjà signalé [1] l'existence à Villars, sur la rive droite de la Barbèche, de calcaires ferrugineux renfermant : *Harpoceras decipiens, concavum, rude, Belemnites gingensis*, etc., et recouverts par le Calcaire à entroques. Sur la rive gauche du ruisseau, ces couches n'apparaissent pas, mais nous y avons observé les assises suivantes sur le chemin de Feule.

Coupe N° XXV

Calcaire à entroques.

1. Calcaire blanc grisâtre, pétri de lamelles de Crinoïdes, en bancs massifs. Environ 30

Calcaire à Polypiers et Vésulien.

2. Calcaire gris grumeleux, désagrégé en fragments irréguliers ; nodules siliceux dans la roche 17
Bourguetia striata, Pholadomya reticulata.

---

1. *Contribution à l'étude du Bajocien.*

3. Calcaire gris, compact, un peu grumeleux, massif . . . 8
4. Calcaire compact, blanc grisâtre, lamelles de Crinoïdes, aspect de calcaire à entroques 4
5. Calcaire marneux, jaunâtre, grumeleux, désagrégeable. . 1
6. Calcaire compact, blanc grisâtre 2

Grande Oolithe.

7. Calcaire oolithique en partie recouvert. 5
8. Calcaire oolithique, blanc ou rosé, oolithes miliaires. . 7
9. Calcaire oolithique, grisâtre, oolithes miliaires. . . . 10

Forest-Marble.

10. Marne blanche, tendre, grumeleuse et noduleuse. . . 1
Pholadomya bucardium, Terebratula globata, Terebratula maxillata 3, Waldheimia ornithocephala 4,
11. Calcaire blanc, crayeux, tendre, fossiles empâtés . . 1
Même faune que 10.
12. Marne blanche, tendre 0,20
Terebratula globata 4, Waldheimia ornithocephala 4.
13. Calcaire blanc, compact, dur, renfermant des débris de fossiles roulés et brisés : *Nérinées, Cidaris;* structure en bancs de 0,20. 1
14. Calcaire blanc, tendre, crayeux; fossiles empâtés . . 1,50
15. Calcaire blanc, compact, éburné, cassure conchoïde; structure en bancs épais et massifs 23
La partie supérieure de cette couche est recouverte par la végétation qui masque la continuation de la coupe.

Le Vésulien présente à Soulce, à neuf kilomètres plus à l'est, une constitution un peu différente, il est formé de calcaire marneux, grumeleux et désagrégeable, alternant avec des calcaires plus compacts et renfermant quelques fossiles mal conservés, entre autres : *Homomya gibbosa, Pholadomya deltoidea, Terebratula maxillata.* M. Kilian a recueilli l'*Ostrea acuminata* dans les calcaires compacts, à la partie supérieure du sous-étage.

b) SAINT-HIPPOLYTE.

A Saint-Hippolyte même, ou plutôt à cinq cents ou six cents mètres au sud de cette ville, sur la route de Maîche, on peut observer la terminaison du Bathonien, dont les couches se présentent ainsi :

Coupe N° XXVI

Grande Oolithe.

1. Marno-calcaire gris, grumeleux, oolithique, devenant jaunâtre par altération; stratifié primitivement en bancs de 0,20 à 0,30, mais se subdivisant davantage par exposition à l'air. 5

2. Calcaire compact, gris, oolithique, oolithes miliaires; bancs massifs de 1m à 1m50. 14

3. Calcaire gris, compact, feuilleté, en bancs de 0,05 à 0,10, par places désagrégé et terreux. 5

Terebratula globata 5, Waldheimia ornithocephala 3.

Forest-Marble.

4. Calcaire compact, gris; pâte fine homogène; bancs massifs de 1 à 2 mètres 17

5. Calcaire gris, noduleux, désagrégé 2

6. Même roche massive 1

7. Calcaire compact, en partie recouvert 12

8. Calcaire compact, gris ou bleu par places; pâte fine, homogène; en bancs de 1 à 1,50 8

Calcaire roux sableux.

9. Marne jaunâtre, grumeleuse 0,30

10. Calcaire gris ou brun, rougeâtre, spathique, pointillé de taches ocreuses, grumeleux et plus ou moins désagrégeable, d'où parfois aspect marneux de cette couche. 1,60

11. Calcaire feuilleté, jaune clair, un peu grisâtre extérieurement, gris plus ou moins foncé, passant au blanc, au bleu ou au bleu noir intérieurement; compact avec quelques bancs marneux, spathique, désagrégeable; structure en lits de 0,02 à 0,03 10

12. Calcaire feuilleté jaune roux, contenant des grains spathiques très fins et des vacuoles remplies de poussière ocreuse; structure en lits de 0,02 à 0,03 6

Cornbrash.

Dans cette région, un facies spécial du Forest-Marble, le calcaire roux sableux, apparaît à sa partie supérieure, entre les calcaires éburnés et le Cornbrash. A Soulce, le calcaire roux sableux, formé de calcaires feuilletés d'un jaune rougeâtre, mesure au moins 20 à 25 mètres; à Trémieux, cette même assise est séparée du Forest-Marble par un banc marneux de 1 mètre d'épaisseur.

c) GLÈRE ET BRÉMONCOURT

Aux environs de Glère et de Brémoncourt, d'après l'étude spéciale faite par M. Kilian [1] en 1885, le Bajocien ne se montre pas à découvert, mais le Bathonien est entièrement représenté. Le Vésulien est constitué par des bancs marno-sableux d'un jaune brunâtre, renfermant l'*Ostrea acuminata*. Le Bathonien moyen est composé ainsi :

1° A sa partie inférieure, de calcaires suboolithiques à parcelles spathiques et à taches bleues, avec lits de marne subordonnés ;

2° A sa partie moyenne, des marnes à Pholadomyes ;

3° A sa partie supérieure, de calcaire blanc oolithique par places, d'aspect coralligène ;

4° Du calcaire roux sableux épais de 1m à 1m50. Cette assise supporte la Dalle nacrée.

d) MAICHE

Aux environs de Maîche, d'après l'étude que M. Kilian a publiée sur cette localité en 1884 [2], le terrain jurassique n'est observable qu'à partir du Bathonien moyen; depuis ce niveau il est constitué comme il suit :

Bathonien moyen.

1. Calcaires et marnes grumeleuses intercalées.
Terebratula maxillata.

2. Au-dessus, banc de marne de 1 mètre.
Parkinsonia ferruginea. Pictonia cf. arbustigera. Pholadomya Murchisoni. P. deltoïdea, etc. Pholadomyes très abondantes.

3. Calcaire blanc, compact. *Polypiers.*

Cet ensemble mesure 30 mètres.

---

1. *Notes géologiques sur le Jura du Doubs*, IIe et IIIe parties.
2. Environs N. de Maîche.

Bathonien supérieur.

4. Calcaire roux, sableux, 2 mètres.

Gresslya peregrina, Pecten vagans, Terebratula intermedia, Rhynchonella varians.

Cette couche est recouverte par la Dalle nacrée.

e) LA GRACE-DIEU

En remontant la vallée de l'Audeux depuis la route de Besançon à Maiche, on rencontre d'abord le Calcaire à Polypiers qui se montre en différents points, en aval de la Grâce-Dieu, mais découvert sur quelques mètres seulement ; il est formé de calcaire marneux gris grumeleux en couches massives alternant avec des couches désagrégées, avec quelques assises oolithiques, intercalées dans les marno-calcaires grumeleux. Plus loin, vis-à-vis de la scierie, le Vésulien constitué par un calcaire compact bleu ou jaune grisâtre est exploité dans une carrière, et à quatre cents ou cinq cents mètres plus à l'est, près du Moulin, on peut observer les premiers bancs de la coupe suivante qui se poursuit ensuite sur le chemin d'Orsans.

Coupe N° XXVII

Grande Oolithe.

1. Calcaire oolithique, gris, jaunâtre ou bleu, oolithes miliaires ; bancs de 0,40 à 0,60. Visible sur 8

2. Calcaire oolithique, blanc, oolithes miliaires. 1

3. Calcaire grenu plutôt qu'oolithique à la partie inférieure, compact à la partie supérieure 2,30

4. Calcaire oolithique blanc, oolithes miliaires, structure en bancs de 0,10 2

5. Calcaire gris oolithique, bleu ou jaune par places . . . 4,50

6. Calcaire compact gris avec quelques oolithes miliaires diffuses 1

Forest-Marble.

7. Calcaire compact, gris rosé et dur à la partie inférieure, tendre, blanc et crayeux à la partie supérieure, où il renferme des *Nérinées* et des *Polypiers* 2

8. Calcaire compact, blanc, lithographique, veines roses et taches roses 4,70

9. Calcaire compact gris, rugueux au toucher, quelques oolithes. 2

10. Calcaire feuilleté, gris jaune, aspect marneux . . . 0,20

Cette couche ne présente pas le même aspect partout, elle n'est pas toujours feuilletée, et sur certains points se confond entièrement avec la précédente.

11. Calcaire blanc, crayeux, oolithique, oolithes miliaires fondues dans la pâte. 1,40

12. Calcaire gris, compact, rude au toucher, cassure plane. 0,85

13. Marno-calcaire feuilleté, désagrégeable 0,30

14. Calcaire compact, blanc, lithographique, aspect éburné, taches lenticulaires roses et veines roses 4,35

15. Calcaire compact jaune rosé 4

16. Calcaire blanc compact éburné . . . . 20 à 30

Cette dernière assise forme un escarpement à pic qui domine la route, au point où le chemin de Chaux-lez-Passavant s'en détache ; elle s'incline ensuite dans la direction de l'est, plonge sous une vallée oxfordienne puis reparaît dans les gorges de l'Audeux, en aval d'Orsans, et avec elle tout le Forest-Marble, puissant de 60 à 65 mètres, et une partie de la Grande Oolithe.

f) MORTEAU

Le Bathonien supérieur affleure à quatre ou cinq kilomètres de Morteau, sur la route de Pontarlier, à mille ou douze cents mètres en aval du Pont-de-la-Roche ; il se présente ainsi :

COUPE N° XXVIII

1. Calcaire blanc, oolithique, tendre et comme crayeux par places, oolithes irrégulières, miliaires et cannabines avec grains plus gros irrégulièrement arrondis ; visible sur 3

2. Calcaire gris, compact, massif à cassure plane, un peu blanchâtre et oolithique à la partie inférieure. 5

3. Calcaire jaune verdâtre, massif, cassure conchoïde . . . 5

Calcaire roux sableux.

4. Marne bleue noirâtre, feuilletée, en lits de 0,10, séparés par des

assises de même puissance de calcaire oolithique de même couleur,
dur et désagrégeable 3

5. Calcaire oolithique, blanc, tendre, marneux, facilement désagrégeable, en lits de 0,05 à 0,10, alternant avec des bancs de même épaisseur de calcaire plus dur, moins marneux, moins désagrégeable.
Nombreux débris organiques roulés et brisés 10

6. Calcaire oolithique, blanc rosé, gris ou bleu, en lits de 0,20 séparés par des marno-calcaires compacts ou oolithiques, blancs ou
gris, facilement désagrégeables. Les marno-calcaires renferment
quelques *Bryozoaires*, et les calcaires oolithiques des coquilles bri-
sées en très grand nombre 6

7. Calcaire oolithique, gris rougeâtre extérieurement, blanc ou bleu
à l'intérieur, oolithes miliaires très nombreuses ; débris organiques
en grande quantité, division en lits de 0,03 à 0,05. 5

8. Marne grise, sableuse, en bancs durs, massifs de 0,30, séparés
par des bancs feuilletés, les deux espèces d'assises se désagrègent
très facilement, donnant naissance à une marne terreuse. Lamelles
de gyps, pas de fossiles 6

9. Marne grise, feuilletée, avec parties jaunâtres, plus calcaire et
plus sableuse que la précédente 2

Cornbrash.

g) LES COMBETTES

Le chemin de fer de Besançon à Morteau traverse en tranchée,
entre Longemaison et Gilley, à cent mètres en avant du tunnel
du mont Chaumont, près du passage à niveau des Combettes, les
couches suivantes qui appartiennent au Bathonien supérieur.

COUPE N° XXIX

Calcaire roux sableux.

1. Marno-calcaire gris jaunâtre, gréseux et grumeleux, en bancs
massifs de 0,40, séparés par des lits de même roche désagrégée
de 0,30. 2

2. Marno-calcaire gréseux, bleu ou jaune, en lits de 0,10 à 0,15,
moins désagrégeable que plus bas 3

3. Marno-calcaire gréseux, jaune ou bleu, en bancs minces alternant avec des lits de marne grise feuilletée 2

4. Marne grise feuilletée, devenant terreuse par altération, en
assises de 0,40, et marno-calcaire dur, gréseux, en bancs de 0,10
intercalés entre les marnes. 10

5. Marne jaune, terreuse 1
Pholadomya Murchisoni.

6. Calcaire dur, rosé, oolithique en couches de 0,10 à 0,15 . . 6

7. Calcaire gréseux en lits de 0,05 à 0,10, avec intercalation de marne grise, feuilletée, en assises de même épaisseur. Environ 10 ou 12 Cornbrash.

Aux Combettes, le Calcaire roux sableux repose sur le Forest-Marble que l'on voit à découvert, sur une faible étendue, à un niveau inférieur à la première assise de notre coupe.

SIXIÈME SECTION

a) MOUTHIER-HAUTEPIERRE

A mille mètres environ de Mouthier-Hautepierre, sur la route de Pontarlier, on peut observer les couches suivantes, inclinées de l'est à l'ouest.

Coupe N° XXX

Calcaire à entroques.

1. Calcaire brun violacé, quelques oolithes cannabines, débris nombreux de Crinoïdes 3

2. Calcaire gris jaunâtre ou gris rosé, spathique, lamelles de Crinoïdes, quelques oolithes cannabines; structure en bancs de 0,35 à 0,40 7

Calcaire à Polypiers.

3. Calcaire compact, gris foncé, feuilleté en lames de 0,05 à 0,10, saccharoïde par places, un peu marneux ailleurs et passant sur certains points, latéralement et brusquement, à une véritable marne 2

Pecten ambiguus, gros *Trichites Polypiers.*

4. Calcaire gris jaunâtre, compact, cassure esquilleuse, nodules siliceux gros comme le poing ou comme un œuf très abondants dans la roche 3,60

5. Calcaire argileux, schistoïde, blanc ou jaune par altération,

4

nodules siliceux comme plus bas, odeur bitumineuse; bancs de 0,20. 1,55

6. Marne feuilletée, noirâtre 0,10

7. Calcaire argileux, schistoïde; bancs de 0,25 à 0,30, nodules siliceux 2

Vésulien?

8. Marne noire feuilletée. 0,20

9. Calcaire compact, gris noirâtre, facilement désagrégeable, devenant terreux par altération, odeur bitumineuse, quelques débris de Crinoïdes 3,60

10. Calcaire gris, massif 3

Vésulien et Grande Oolithe.

11. Calcaire oolithique formant une masse très puissante.

M. Kilian a signalé l'existence à Mouthier, à un niveau inférieur à l'assise N° 1 de la coupe précédente, des *Harpoceras rude*, *Desori*, *cornu*, *decipiens*, etc., et dans une assise plus inférieure encore la présence d'*Harpoceras opalinoïdes* [1].

SEPTIÈME SECTION

a) BYANS. — QUINGEY

En suivant la route de Byans à Quingey, on voit affleurer à cinq cents mètres du premier de ces villages des marno-calcaires gréseux d'un jaune clair, divisés en sphérites [2], recouverts par d'autres marno-calcaires gréseux de teinte plus foncée et de structure massive, qui, ceux-ci, appartiennent certainement au Bajocien; puis une masse rocheuse provenant de la partie supérieure de l'Oolithe ferrugineuse, et amenée au ni-

---

1. *Contribution à l'étude du Bajocien*, p. 36.
2. On appelle *sphérites*, depuis Thurmann, des nodules de calcaire siliceux, de forme plus ou moins régulièrement sphérique, de volume variable, mais atteignant généralement la grosseur de la tête. Nous indiquons plus loin leur mode de formation. — *Voir l'Oxfordien*.

veau du chemin par un glissement de terrain ; enfin les assises suivantes :

Coupe N° XXXI

Oolithe ferrugineuse et Calcaire à entroques.

1. Calcaire compact, grumeleux, noirâtre, rempli de débris organiques, irrégulièrement feuilleté 1

Pecten lens, P. personatus.

2. Calcaire grumeleux, jaunâtre, spathique, débris de Crinoïdes et de fragments de coquilles 1,50

3. Calcaire brun foncé, grenu, spathique, débris de Crinoïdes 5

4. Calcaire oolithique, rouge brique ou rouge violacé, oolithes miliaires ferrugineuses, quelques débris de Crinoïdes . . . 2

5. Calcaire spathique, jaune rougeâtre, oolithes miliaires peu nombreuses, débris de Crinoïdes 4

6. Calcaire spathique, grumeleux, brun, jaune ou bleu, divisé en bancs de 0,15 à 0,20, débris de Crinoïdes. 2,60

7. Calcaire jaune brun, spathique, grenu, lamelles de Crinoïdes 2,70

8. Calcaire brun foncé, oolithique, oolithes miliaires. . . 3,60

9. Calcaire rosé, oolithique, oolithes cannabines empâtées, quelques débris de Crinoïdes 3

La couche immédiatement supérieure à celle-ci, épaisse de 3 à 4 mètres, est masquée par la végétation, mais on rencontre à sa partie supérieure un banc offrant le type du Calcaire à entroques, surmonté par une masse puissante de calcaire grumeleux, d'un gris noirâtre, renfermant le *Pecten ambiguus* et de nombreux *Polypiers*. Cette masse est le Calcaire à Polypiers ; elle mesure 30 mètres et est surmontée par un lit de marne verte de 0ᵐ40 à *Waldheimia subbucculenta*, qui supporte 2 mètres d'un calcaire gris spathique pétri de débris de Crinoïdes, identique d'aspect au Calcaire à entroques.

Un peu plus loin, dans la direction de Quingey, d'autres calcaires grumeleux, gris ou jaunes se montrent encore sur la droite de la route, sans relations stratigraphiques ni indications paléontologiques bien précises. Ils ne renferment guère que *Gresslya peregrina, Pleuromya tenuistriata, Ostrea Marshii* et quelques *Polypiers;* ils semblent appartenir au Vésulien. Mais un peu plus loin, à partir de la faille d'Abbans-Dessus, on peut observer la succession suivante en descendant vers Quingey.

COUPE N° XXXII

Calcaire à Polypiers et Vésulien.

1. Calcaire compact, spathique, gris de fumée, avec taches ocreuses par places. *Polypiers.* 10
2. Calcaire compact, spathique, gris jaunâtre ou gris foncé . . . 11
3. Calcaire compact, débris de Crinoïdes. 10
4. Calcaire gris, grumeleux, débris organiques, quelques ooli- thes 5
5. Marno-calcaire grumeleux, feuilleté. 0,40
6. Calcaire compact, gris, pâte fine, homogène 6
7. Calcaire compact, gris, quelques rares nodules siliceux. *Tere- bratula globata* 5. 1
8. Calcaire compact, gris 9
9. Calcaire oolithique, blanc un peu grisâtre, oolithes miliaires diffuses 5
10. Marno-calcaire gris, jaunâtre, grumeleux, en bancs de 0,15 à 0,20, séparés par des lits de marne feuilletée de 0,10, désagrégeable . 9
11. Calcaire compact, gris, dur 3

Grande Oolythe.

12. Calcaire oolithique, gris, spathique, gréseux par places, un peu grumeleux 12

Celte couche peut être suivie facilement, depuis le bord de la route jusque sur le flanc de la colline qui domine Quingey, où elle vient se souder à la grande masse oolithique, puissante de 45 mètres environ. Celle-ci se termine par une assise de 8 à 10 mètres de calcaire blanc, compact, avec quelques oolithes miliaires diffuses dans la roche qui supporte elle-même les cal- caires blancs, éburnés du Forest-Marble, épais de 40 mètres et renfermant *Terebratula cardium*, à la partie supérieure de l'affleurement, car la terminaison du Bathonien n'est pas visible ici.

b) MYON

A mille ou douze cents mètres au nord-est de Myon, sur la rive gauche du Lison, on rencontre les couches suivantes au bord du chemin forestier qui vient déboucher près du pont.

Coupe Nᵒ XXXIII

Calcaire à Polypiers.

1. Calcaire gris, compact 0,40
2. Calcaire gris violacé, compact, cassure esquilleuse . . 4,90
3. Calcaire gris noirâtre, grumeleux, désagrégeable . . . 6,30
   Polypiers.
4. Calcaire grisâtre, en bancs de 0,15, avec lits de marne de 0,10, intercalés entre les couches calcaires 1,60
5. Calcaire gris noirâtre, violacé, taché de rouille, nodules de silex dans la roche 1,80
   Waldheimia subbucculenta 5.
6. Alternance de calcaires marneux en bancs de 0,20 à 0,25, et de marnes feuilletées comme 4 4,50
7. Calcaire gris, grumeleux, nodules siliceux 1
8. Calcaire compact, gris noirâtre, dur, en bancs de 0,25 séparés par des lits de marne feuilletée de 0,10. Nodules siliceux dans la roche 6,40

Vésulien.

9. Marno-calcaire gris, grumeleux 0,60
10. Calcaire gris, compact, massif 2,70
11. Marno-calcaire gris, grumeleux 0,40
12. Calcaire compact, gris noirâtre ou violacé, veiné de rouille 4,50
13. Marne jaune, terreuse 0,20

Vésulien et Grande Oolithe.

14. Calcaire gris violacé, oolithique 2
15. Marne jaune, terreuse 0,20
16. Calcaire oolithique, blanc, rosé ou bleu, oolithes miliaires ; bancs de 0,15 à 0,25 21,60
17. Marne grise 0,10
18. Calcaire oolithique, blanc ou bleu, oolithes miliaires ; structure massive, mais tendance à se diviser en bancs de 0,05 à 0,10. 13,50

A neuf cents mètres environ en amont du pont de Myon, sur la rive droite du Lison, on peut observer la série suivante qui débute au tournant de la route, au-dessous de Doulaize, et se termine sur le plateau près de ce village.

Coupe Nᵒ XXXIV

Vésulien et Grande Oolithe.

1. Calcaire compact, gris brunâtre, en bancs de 0,05 à 0,10 . 10
2. Calcaire gris, oolithique, oolithes diffuses dans une pâte grise ou rosée, un peu spathique massif 12
3. Calcaire gris, compact, massif, tendance à se diviser en lits de 0,05 à 0,10 5
4. Calcaire compact, grisâtre 2
5. Calcaire gris, oolithique 2
6. Recouvert . . . . 15 ou 20
7. Calcaire grisâtre, oolithique, oolithes miliaires, bancs de 0,15 à 0,20 ; quelques perforations arrondies à la partie supérieure de la couche 4
8. Calcaire oolithique, grumeleux, désagrégeable 2
9. Calcaire brun, oolithique, oolithes miliaires 10
10. Calcaire gris rosé, oolithes miliaires 4

Forest-Marble.

11. Calcaire compact, gris, rugueux 10
12. Calcaire compact, blanc, lithographique, aspect éburné . 10
13. Calcaire compact, rosé 1

c) SALINS

Le Bajocien est bien représenté aux environs de Salins, il est facilement observable à trois cents mètres à l'est de la ville, à la Roche-Pourrie, dont M. Marcou a donné la coupe [1]. L'Oolithe ferrugineuse s'y montre surtout bien à découvert : elle est constituée à la partie inférieure par des marnes et des calcaires marneux d'une couleur bleu noirâtre, avec taches ocreuses, et par des calcaires compacts de même teinte, séparés en assises distinctes par de minces lits de marne sableuse, contenant des rognons ferrugineux. Cet ensemble, qui mesure 7 mètres d'épaisseur, est surmonté par 8 mètres de calcaire jaune brun, un peu ferrugineux, avec deux bancs de minerai, l'un à sa partie inférieure, l'autre à sa partie supérieure. Cette couche moyenne

---

1. *Recherches sur le Jura salinois*, p. 81.

est recouverte à son tour par une masse de 8 mètres de calcaire jaune, sableux, renfermant quelques oolithes ferrugineuses, avec interposition de couches minces de marne noirâtre bitumineuse, qui supporte le Calcaire à entroques.

Sur la route de Cernans, on voit encore l'oolithe ferrugineuse, moins bien découverte qu'à la Roche-Pourrie; sa partie inférieure est formée de calcaires bruns ou violacés, spathiques, très ferrugineux et surtout très riches en oolithes ferrugineuses miliaires, divisés en strates de 40 à 50 centimètres par des lits de 10 à 20 centimètres de marne feuilletée ou terreuse. Cette assise mesure une épaisseur de 8 mètres; elle est surmontée par une couche de calcaire lie de vin très ferrugineux de 40 centimètres, sur laquelle reposent des calcaires spathiques, bruns, jaunâtres ou violacés, avec interposition de minces lits de marne feuilletée, qui correspondent à la zone moyenne de la Roche-Pourrie. Cet horizon se retrouve tout près de là sur le chemin de Clucy, au point où il rejoint la route de Cernans, formant la base d'une série assez puissante qui se présente ainsi.

Coupe N° XXXV

Oolithe ferrugineuse.

1. Calcaire compact, brun ou violacé, spathique, bancs de 0,10 séparés par de minces lits de marne   6
2. Calcaire gréseux, gris jaune.   1
3. Calcaire gréseux, gris, blanc ou jaune, renfermant des grains de sable fin, divisé comme la couche précédente en lits de 0,15 par des interpositions marneuses   3
4. Même roche, nombreux débris organiques   3
Belemnites Blainvillei, Hammatoceras insignis, Pecten personatus 5, *Pecten-lens...., Crinoïdes.*

Calcaire à entroques.

5. Calcaire spathique, pétri de débris de Crinoïdes, nombreux fragments de coquilles, radioles d'oursins.   3
Pecten personatus.
6. Même roche, renfermant des oolithes à la partie supérieure; même faune   4

Calcaire à Polypiers.

7. Calcaire compact, gris, grumeleux, avec parties marneuses entre les bancs de 0,35 à 0,40. . . . . 5 .

8. Calcaire compact, gris foncé. Crinoïdes 1,50

9. Calcaire argileux, gris, dur, feuilleté, désagrégeable. . 2,40

10. Marne grise feuilletée 0,40

11. Calcaire argileux, compact, massif. 1

12. Calcaire argileux, schistoïde, très dur, en bancs de 0,15 à 0,20 séparés par des lits de marne feuilletée, de 0,01 à 0,02. Nodules siliceux très nombreux dans la roche 4,35

Vésulien.

13. Calcaire gris, spathique et oolithique, oolithes cannabines très nombreuses 1,50

14. Calcaire grumeleux, gris noirâtre. Crinoïdes 1,50

15. Calcaire compact, gris, dur; tendance à se diviser en feuillets minces, sans interposition de marne entre les lits. 5,55

16. Calcaire gris blanchâtre, compact, noduleux, nodules durs siliceux. 2,45

17. Calcaire blanc, dur, grenu, se délitant en feuillets de 0,05   4

18. Calcaire blanc, oolithique, oolithes miliaires très nombreuses. Visible sur 1,50

Ostrea obscura.

Cette coupe, commencée sur le chemin de Clucy à Cernans, se continue sur la route de Salins à Pontarlier et se termine au point où cette route atteint le plateau de Levier; la couche 18 disparaît alors sous la végétation. A Cernans même, le Lias se montre dans l'intérieur du village, puis le Bajocien et le Vésulien apparaissent à leur tour. A la sortie du village, on peut observer, à découvert, des couches de calcaire oolithique, inclinées vers l'est, épaisses d'une trentaine de mètres, qui sont certainement supérieures aux assises précédemment citées et qui se terminent par un banc de 4 mètres de calcaire blanc, tendre, crayeux et oolithique pétri de Nérinées et d'autres fossiles empâtés.

La Grande Oolithe n'est pas entièrement observable, pas plus que le Forest-Marble; ces deux assises se voient au-dessous de la cascade de la Gouaille, mais ne peuvent y être étudiées; elle forment certainement une masse beaucoup plus considérable que M. Marcou ne l'indique dans ses *Recherches sur le Jura sa-linois* [1].

DESCRIPTION

BAJOCIEN

SYNONYMIE

Groupe de l'Oolithe inférieure. THIRRIA, 1833.

Étage jurassique inférieur, pp. PARANDIER, 1840.

Groupe oolithique inférieur, pp. RENAUD-COMTE, 1846.

Étage oolithique inférieur, pp. MARCOU, 1848-1856. ROLLIER, 1882.

Oolithe inférieure. N. BOYÉ, 1844. CONTEJEAN, 1862. BERTRAND, 1880, 1882. RIGAUD, 1885. KILIAN, 1891.

Étage inférieur des terrains jurassiques, pp. RÉSAL, 1864.

Bajocien. PARISOT, 1864. OGÉRIEN, 1867. JOURDY, 1871. BOYER, 1877, 1888. BERTRAND, 1885. KILIAN, 1894. KILIAN et PETITCLERC, 1894.

Lédonien. VÉZIAN, 1865.

Oolithe inférieure, pp. VÉZIAN, 1872, 1893. BOYER, 1890. Alb. GIRAR-DOT, 1891.

DIVISION

BAJOCIEN
{
INFÉRIEUR OU OOLITHE FERRUGINEUSE.

MOYEN OU CALCAIRE A ENTROQUES.

SUPÉRIEUR OU CALCAIRE A POLYPIERS.
}

SYNONYMIE DES DIVISIONS

Oolithe ferrugineuse.

Oolithe ferrugineuse, pp. THIRRIA, 1833.

Oolithe ferrugineuse. GRENIER, 1843. BOYÉ, 1844. RENAUD-COMTE,

---

1. P. 81. M. Marcou indique 15 mètres pour la puissance de la Grande Oolithe et du Forest-Marble. Ce chiffre doit être porté à 60 ou 80 mètres; à Poupet (4 kilomètres au nord de Salins), ces deux assises réunies mesurent 78 mètres, d'après M. G. Boyer

1846. MARCOU, 1848. CONTEJEAN, 1862. RÉSAL, 1864. PARISOT, 1864. OGÉRIEN, 1867. G. BOYER, 1877-1888. Alb. GIRARDOT, 1891. KILIAN, 1891, 1894. VÉZIAN, 1893.

Fer de la Roche-Pourrie. MARCOU, 1856.

Couches infraoolithiques. VÉZIAN, 1865.

Couches à minerai de fer et céphalopodes. JOURDY, 1871.

Couches de la Roche-Pourrie. ROLLIER, 1882.

Calcaire à entroques.

Oolithe ferrugineuse, pp. THIRRIA, 1833.

Calcaire à entroques. GRENIER, 1843. N. BOYÉ, 1844. CONTEJEAN, 1862. RÉSAL, 1864. PARISOT, 1864. VÉZIAN, 1865, 1893. OGÉRIEN, 1867. ROLLIER, 1882. G. BOYER, 1877, 1888. Alb. GIRARDOT, 1891. KILIAN, 1891.

Calcaire subcompact, pp. RENAUD-COMTE, 1846.

Calcaire lédonien. MARCOU, 1848. JOURDY, 1871.

Calcaires de la Roche-Pourrie. MARCOU, 1856.

Calcaire à Polypiers.

Sous-groupe moyen et sous-groupe supérieur de l'Oolithe inférieure. THIRRIA, 1833.

Calcaire compact inférieur. GRENIER, 1843.

Marne à Pecten, Calcaire compact à Polypiers, calcaire compact à Térébratules, Oolithe summo-inférieure, pp. BOYÉ, 1843. RÉSAL, 1864.

Calcaire subcompact, pp. RENAUD-COMTE, 1846.

Calcaire à Polypiers. MARCOU, 1848. PARISOT, 1864. VÉZIAN, 1860 et 1865. G. BOYER, 1877, 1888. Alb. GIRARDOT, 1891. KILIAN, 1891, 1894.

Roches de coraux du fort Saint-André. MARCOU, 1856.

Calcaire à Polypiers et calcaire à Nerinea jurensis. OGÉRIEN, 1867.

Couches à chailles et à Polypiers. JOURDY, 1871.

Calcaire à Polypiers, pp. ROLLIER, 1882.

Vésulien, pp. VÉZIAN, 1893.

Oolithe ferrugineuse. — L'Oolithe ferrugineuse doit son nom au banc de minerai de fer oolithique qu'elle renferme, et qui est exploité dans plusieurs localités de la région. Cette assise est constituée par un calcaire argileux, ferrugineux, passant, par endroits, à une véritable marne, de couleur ordinairement rougeâtre, violacée ou lie de vin, mais parfois jaune ou brune, contenant, en très grande abondance, des oolithes ferrugi

neuses miliaires. Ces oolithes sont formées de couches concentriques de fer hydroxydé, soutenu par un squelette siliceux,
groupées autour d'un corps microscopique, grain de sable ou
débris organique [1].

La puissance de ce banc varie d'un point à un autre ; dans
l'est, à Bournois (Doubs), elle ne dépasse pas 0^m45 ; au nord-
est, vers Vesoul, à Calmoutier, Echenoz-la-Méline, Levercey
et Noroy-l'Archevêque, elle varie de 0^m70 à 1^m ; à l'ouest de la
Haute-Saône, elle est de 1^m65 à Fleurey-lez-Faverney, de 1^m60 à
Oppenans et à Purgerot, de 2^m50 à Jussey, de 1^m50 à Pisseloup,
commune de Suaucourt, et de 4^m au sud de Vesoul, à Vellefaux.
Dans le Doubs, elle atteint 4^m à Rougemontot, 3^m50 à Laissey,
4^m50 à Deluz, mais elle n'est que de 1^m à Pouilley, de 2^m à
Byans ; elle mesure 4^m à Ougney, à Saligney et à Malange, dans
le nord du département du Jura, et 2^m seulement à Pagney, à
trois kilomètres d'Ougney. A Salins, la couche ferrugineuse se
subdivise en deux filons de 0^m40 à 0^m50 chacun, séparés par
7^m de calcaire jaune rougeâtre renfermant quelques oolithes
ferrugineuses, diffuses dans la roche. En d'autres endroits, ce
banc est rudimentaire ou fait défaut, comme à Belfort et à Miserey, Larnod et probablement aussi Morre, aux environs de
Besançon, tandis qu'il se montre tout près de là, à Pouilley, à
trois kilomètres de Miserey ; mais dans ces localités, le fer ne
manque pas absolument à ce niveau, il existe à l'état de concrétions à Belfort, et ailleurs à l'état d'infiltration dans la roche qui
prend alors une teinte brune plus ou moins foncée. Il est évident d'après cela que le minerai oolithique s'est déposé en
amas irréguliers, et que l'épaisseur du filon ne présente aucun
rapport avec le plus ou moins grand développement des étages
jurassiques.

En certains points, comme à Fleurey-lez-Faverney dans le
nord de la Haute-Saône, à Bournois et à Rougemontot dans le
nord-ouest du Doubs, à Ougney dans le nord du Jura, le banc
de minerai repose sur des couches marneuses que plusieurs

1, BLEICHER, *Structure microscopique des minerais de fer de Lorraine*. —
Comptes rendus, Académie des sciences, 1892, p. 592.

géologues ont considérées comme appartenant au Lias [1]. A Miserey, où ce banc manque, le passage se fait d'une façon insensible entre le Lias et l'Oolithe inférieure, par une alternance des marnes et des marno-calcaires sableux avec des bancs calcaires, au point de vue pétrographique du moins, car les indications paléontologiques y font défaut. A Larnod, où les fossiles et l'assise à grains ferrugineux manquent également, le passage entre les deux étages semble se faire brusquement; des calcaires en couches épaisses succèdent aux marnes, sans transition. Ailleurs, le filon de minerai est séparé des marnes inférieures par une masse plus ou moins puissante de calcaire ordinairement lamellaire, divisé en lits de 0m03 à 0m05, avec intercalations marneuses plus ou moins importantes, surtout vers·sa base. Les marnes sont grumeleuses et sableuses, d'aspect micacé; les calcaires sont quelquefois oolithiques, mais plus souvent encore spathiques, ils renferment alors des articulations de Crinoïdes (*Pentacrinus bajocensis*, etc.), parfois en telle quantité qu'on les a désignés sous le nom de Calcaire à entroques inférieur [2]. Ils contiennent aussi d'autres fossiles que nous indiquerons plus loin. L'épaisseur de cette masse est de 0m30 à Pisseloup, de 0m50 à Jussey, de 3m à Oppenans, de 4m à Calmoutier et à Noroy, de 10m à 12m à Laissey, où elle semble atteindre sa plus grande épaisseur, de 4m à 5m à Pouilley, de 8m à 10m à Byans et de 7m à Salins. D'une façon générale elle est moins considérable dans le nord et dans l'ouest, où elle présente son facies oolithique, que dans l'est, où elle montre plutôt son facies à entroques.

Le banc de minerai est recouvert par des assises de calcaire compact, spathique, avec débris de Crinoïdes ou de calcaire oolithique ou de couches plus ou moins marneuses ou grume-

---

1. Il est vraisemblable de considérer ces marnes comme réellement liasiques, d'après ce que nous savons du gisement de Pisseloup, où le banc de minerai paraît, d'après sa faune, appartenir autant au Lias qu'au Bajocien. M. Petit-clerc y a recueilli en effet, avec *Harp. Murchisonæ* et d'autres fossiles de son horizon : *Belemn. incurvatus* cf. : *B. compressus* Blain., *Ammon. Aalensis* Ziet., *A. radians* Schlot, *A. subinsignis* Opp., *A. serpentinus* Schlot, *A. Thouarsensis* d'Orb, qui sont des espèces certainement liasiques.

2. RÉSAL, *Statistique*.

leuses ; quelquefois aussi la formation présente ces divers caractères réunis, elle est constituée alors par des bancs alternativement spathiques, avec débris de Crinoïdes, puis oolithiques,
entrecoupés par des intercalations marneuses. La puissance de
ce dernier dépôt est de 8 mètres dans le nord de la Haute-Saône
(Purgerot, Vesoul, Calmoutier), elle est plus considérable dans
l'est et le sud de la région et mesure 19 mètres à Laissey, 16 à
Byans, 12 à Salins et seulement 8 ou 10 à Pouilley vers Besançon.

Dans les localités où le banc de minerai n'existe pas, les calcaires qui surmontent les marnes et les marno-calcaires sableux
offrent la même constitution compacte ou oolithique, avec ou
sans débris de Crinoïdes, et les mêmes intercalations marneuses.

On a rencontré *Harpoceras Murchisonæ* dans le banc ferrugineux même, en divers points de la région, à Pisseloup, Rougemontot, Nans près de Rougemont, Mouthier, Salins, etc. Il ne
saurait donc subsister aucun doute sur le véritable niveau de
cette assise ; mais on y a signalé aussi la présence d'*Harpoceras
opalinum* non seulement à Pisseloup, ce qui n'est pas surpre-
nant, vu la constitution probable de ce gisement [1], mais aussi
à Salins et à Belfort. La coexistence des deux espèces *H. Murchisonæ* et *H. opalinum* a été déjà indiquée d'ailleurs en dehors
de notre région [2]. S'agit-il d'un fait analogue, ou bien a-t-on
confondu *H. opalinum* avec *H. opalinoïdes* que M. Kilian a recueilli à Mouthier ? On trouve dans les couches inférieures avec
H. Murchisonæ et l'espèce douteuse que nous venons de citer :
*Hammatoceras insignis, Belemnites giganteus, abbreviatus, tri-
partitus, Chemnitzia turris, Natica Zetes, Turbo capitaneus,
Pleuromya elongata jurassi, Trigonia costata, Mytilus reniformis, Lima pectiniformis, Gervilia Zieteni, Pecten lens, personatus*, etc. De tous ces fossiles, les *Pecten* sont les plus répandus :
le *P. Personatus* est partout très abondant, surtout à la partie
inférieure ; le *P. lens* est un peu moins commun ; le *P. disci-*

1. Voir la note à la page 60.
2. A. RICHE, *Jurassique inférieur*, p. 54.

formis leur est souvent associé, ainsi que d'autres espèces du même genre que nous indiquerons plus loin.

Les assises supérieures au banc de minerai renferment surtout : *Belemnites giganteus, Harpoceras Murchisonæ, Pholadomya reticulata, Trigonia costata, Modiola gibbosa, Mytilus Sowerbyanus, Lima pectiniformis, Pecten lens, Ostrea Marshii, Terebratula conglobata, Rhynchonella quadriplicata.* Le *Belemnites giganteus* paraît être l'espèce la plus fréquente, et ses fragments, tout au moins, se rencontrent en beaucoup d'endroits ; quant aux autres espèces, elles se trouvent groupées dans quelques gîtes, et sont fort rares ailleurs.

Au nord de la région, dans les districts de Vesoul, Belfort, Montbéliard, Saint-Hippolyte, cette formation comprend vers sa partie supérieure des lits marneux fossilifères, au milieu desquels MM. Kilian et Petitclerc ont recueilli : *Belemnites Gingensis, Harpoceras Murchisonæ, H. cornu, Bourguetia striata, Pholadomya fidicula, Modiola plicata, Lima duplicata, Ostrea sublobata, O. Marshi, Rhynchonella oligacantha, Hyboclypeus subcircularis,* et qu'ils considèrent comme la première assise du Calcaire à entroques [1]. Nous préférons désigner seulement sous ce nom la masse rocheuse à caractère spécial, dont nous parlerons plus loin, et rattacher au sous-étage inférieur la zone à *Harpoceras cornu,* tout en reconnaissant qu'il y a lieu de la distinguer de la zone à *H. Murchisonæ.*

Calcaire à entroques. — Le calcaire à entroques, deuxième division du Bajocien, est ainsi nommé en raison des innombrables débris de Crinoïdes qu'il renferme. C'est une roche jaune, rosée ou grise, massive ou subdivisée en lits plus ou moins épais, séparés en certains lieux par des intercalations marneuses d'importance variable, d'une texture très uniforme, littéralement pétrie d'articulations d'Encrines, débris des *Pentacrinus bajocencis* et *cristagalli* principalement, et contenant aussi des oolithes, mais dans quelques rares endroits. Cette assise se présente partout, dans toute la région, avec les mêmes

---

1. *Contribution à l'étude du Bajocien.*

caractères, variant seulement sous le rapport de la puissance qui n'est jamais inférieure à 6 mètres, mais atteint sur certains points 25 ou 30 mètres, comme le montrent les chiffres du tableau suivant qui indiquent l'épaisseur du Calcaire à entroques dans quelques localités.

Calmoutier	12^m	Besançon	8 à 10^m
Les Côtets (Vesoul)	15	Feule	25 à 30
Purgerot	6	Amange	9
Belfort	8	Mouthier	10
Clerval	8	Salins	7
Baume	9	Byans	10 à 12
Laissey	16		

Ces chiffres indiquent seulement d'une manière approximative la puissance de ce sous-étage, parce que sa limite inférieure est très difficile à tracer au point de vue pétrographique; les bancs supérieurs de l'Oolithe ferrugineuse contiennent de nombreux débris d'Encrines et passent insensiblement, sur certains points, au Calcaire à entroques, et les fossiles caractéristiques ne s'y rencontrent qu'en quelques rares endroits. MM. Kilian et Petitclerc, qui ont fait une étude très complète de cette assise dans le nord de la région [1], où elle se montre fossilifère, distinguent trois niveaux :

1º Les marnes inférieures à *Harpoceras cornu*, dont nous avons déjà parlé ;

2º La masse moyenne formée de calcaires spathiques, en bancs minces, séparés par des lits grumeleux très fossilifères, renfermant : *Belemnites Trautscholdi, B. Gingensis, Harpoceras concavum, H. discites, H. propinquans, H. læviuscula, Pleurotomaria ornata, Avicula Münsteri, Pecten Dewalquei, Rhynchonella quadriplicata, R. Petitclerci, Cidaris Zschokkei, Rhabdocidaris horrida, Galeropygus Marcousi, Isastræa Bernardina, Thamnastræa Terquemi;*

3º Les calcaires spathiques ou subspathiques avec *Cœloceras vindobonense* et *Stephanoceras polyschides*.

Nous rapportons, comme nous l'avons dit plus haut, la zone

---

1. KILIAN et PETITCLERC, *Contribution à l'étude du Bajocien.*

H. Cornu au sous-étage inférieur, et nous ne considérons comme Calcaire à entroques que les zones 2 et 3.

La couche n° 2 : *H. concavum*, ne présente pas partout le même caractère ; dans le centre et dans le sud de la région, elle n'est pas aussi marneuse et ne renferme pas de fossiles caractéristiques.

Calcaire à Polypiers. — Cette assise se distingue nettement de la précédente ; elle est constituée à sa partie inférieure par des calcaires plus ou moins marneux, généralement grumeleux, d'un gris noirâtre, lavés de taches ocreuses, perforés d'innombrables vacuoles microscopiques, quelquefois oolithiques (Purgerot), et renfermant souvent, mais en petit nombre, des articulations d'Encrines. Dans certaines localités, elle débute par un banc de marne de 0m80 à 1m, désigné sous le nom de *Marnes à Pecten* [1] (Besançon) ; ailleurs elle présente à diverses hauteurs des formations de même nature, et dans certains endroits elle offre une structure en bancs plus ou moins épais, séparés par des zones de marne feuilletée. Des accidents oolithiques se montrent à différents niveaux, mais ils sont peu constants et peu importants ; quelquefois aussi, un banc ayant l'aspect du Calcaire à entroques s'observe au milieu de la masse. En beaucoup de lieux, le sous-étage tout entier est ainsi constitué, mais dans d'autres, et plus particulièrement dans l'est, les calcaires grumeleux ne forment que sa partie inférieure ; ils passent à des marno-calcaires schistoïdes, renfermant en grand nombre des nodules siliceux de la grosseur du poing. Ces nodules cependant ne sont pas constants et font défaut dans quelques endroits, très voisins d'autres où ils se montrent très nombreux.

La limite supérieure du Calcaire à Polypiers est fort difficile à tracer, comme nous le dirons plus loin, en raison des facies variés du Vésulien ; aussi pensons-nous qu'à défaut d'une limite naturelle qui manque souvent, nous devons nous borner à en tracer une artificielle que nous placerons à la partie supé-

1. Résal, *Statistique.*

rieure des couches à silex ; et encore ne pourrons-nous établir partout cette démarcation, en raison de l'absence sur bien des points de l'accident pétrographique indiqué.

La puissance de ce sous-étage, ainsi compris, varie de 10 à 30 et 35 mètres, comme l'indique le tableau suivant :

Calmoutier	12^m	Besançon	27^m
Vellefaux	24	Mouthier	10
Belfort	20	Myon	25
Laissey	20	Salins	14

La faune de cette assise est surtout riche en Polypiers qui s'y rencontrent en grand nombre, quelquefois entiers, mais généralement altérés, que le plus souvent même décèle seul l'état saccharoïde de la roche. En outre des Polypiers, on y trouve aussi d'autres fossiles, parmi lesquels nous signalerons plus spécialement : *Cœloceras Humphriesianum, Bourguetia striata, Gresslya abducta, Homomya obtusa, Quenstedtia mactroïdes, Mytilus asper, Lima pectiniformis, Pecten ambiguus, P. Dewalquei, Ostrea Marshii, Waldheimia subbucculenta, Rhynchonella quadriplicata, Entalophora Tessoni, Intricaria bajocensis, Cidaris glandifera, Pentacrinus bajocensis, Thamnastræa tenuistriata, Prionastræa Bernardana.*

Le calcaire à Polypiers n'a pas fourni seulement des fossiles appartenant au règne animal, on y a recueilli encore sur deux points du département du Doubs, à Pont-les-Moulins, près de Baume, et à Besançon, des débris de grandes fougères qui ont été déposés au musée d'histoire naturelle de Besançon et n'ont pas encore été déterminés.

Résumé. — Facies à Crinoïdes. Facies coralligène.

Le Bajocien présente, en résumé, cinq niveaux distincts qui sont, en ordre ascendant, les zones : 1° *Am. Murchisonæ;* 2° *Am. cornu ;* 3° *Am. concavus ;* 4° *Am. vindobonensis;* 5° *Am. Humphriesianus.* La troisième et la quatrième offrent un caractère pétrographique spécial, elles sont constituées par une prodigieuse accumulation de débris de Crinoïdes, empâtés dans une roche calcaire. Pendant que cette roche se déposait,

5

une véritable forêt de Pentacrines couvrait le fond de la mer, et sa texture indique un facies particulier, le facies à Crinoïdes ou à entroques. Ce facies n'occupe pas seulement les couches que nous venons d'indiquer, il empiète aussi sur les inférieures et sur la supérieure. C'est-à-dire que les Pentacrines ont apparu dans la région en même temps que l'*Am. Murchisonæ*, qu'ils se sont alors fixés sur quelques points seulement, qu'ils se sont peu à peu développés, s'étendant de plus en plus, qu'à l'époque de l'*Am. concavus*, et surtout à l'époque de l'*Am. vindobonensis*, ils ont envahi toute la région, puis qu'ils se sont éteints très rapidement, mais non brusquement, car ils ont persisté encore dans certaines localités pendant une partie de l'époque de l'*Am. Humphriesianus;* comme permettent de le croire et l'épaisseur inusitée du calcaire à entroques à Feule (30^m), et surtout la présence, signalée par MM. Kilian et Petitclerc [1], à la partie supérieure du Calcaire à entroques de Gouhenans, de l'*Am. Humphriesianus* que l'on trouve à Besançon dans le Calcaire à Polypiers (OI, XVI, 4).

L'Oolithe ferrugineuse ne semble pas être une formation corallienne, malgré les quelques bancs oolithiques qui entrent dans sa constitution; les Polypiers y sont très rares et sa structure, plus marneuse et sableuse que calcaire, ne paraît pas compatible avec l'existence des Coralliaires.

Le Calcaire à entroques renferme, en quelques lieux, des assises où les articulations d'Encrines se mélangent de grains oolithiques, et on y rencontre quelques Polypiers, mais nous ne le considérons pas cependant comme un dépôt coralligène proprement dit. Les Crinoïdes vivaient à proximité des agglomérations de Polypiers, vis-à-vis desquelles ils ont joué un certain rôle, soit en protégeant les constructions coralliennes, soit, dans quelques cas, en limitant leur extension [2].

Le sous-étage supérieur est par contre un coralligène des mieux caractérisé, les Polypiers y sont très abondants, mais généralement mal conservés; on a pu cependant en déterminer

1. *Loc. cit.*, p. 25.
2. A. Riche, *Jurassique inférieur*, p. 112.

26 espèces, appartenant à 14 genres. Ils sont empâtés dans un calcaire marneux noirâtre grumeleux et ferrugineux, comme nous l'avons indiqué, véritable boue corallienne solidifiée et pétrifiée, qui passe sur certains points à une marne grossière, et sur d'autres se charge d'oolithes sans perdre son aspect général. Les Polypiers rarement entiers, mais le plus souvent altérés, sont généralement disposés en bancs, mais à Salins, sur les glacis du fort Saint-André, ils forment des agglomérations que M. Marcou a comparées aux récifs de la Floride [1].

FAUNE DU BAJOCIEN

INDICATIONS DONNÉES PAR LES COLONNES : **1**, sous-étage inférieur; **2**, sous-étage moyen.; **3**, sous-étage supérieur; **I**, niveau inférieur; **S**, niveau supérieur du Bajocien.

ABRÉVIATIONS : Bf. = Belfort, Bs. = Besançon, F. = Fontenelle, G. = Gouhenans, Hs. = Haute-Saône, L. = Longevelle, M. = Montbéliard, Mouth. = Mouthier-Hautepierre, P. = Pisseloup, R. = Rougemont, S. = Salins, V. = Vesoul et ses environs : Coulevon, Calmoutier, Comberjon, etc.

	I	1	2	3	S
Belemnites. abbreviatus Mill. — partout [2].		+			
Blainvillei Voltz. — Bs. S.		+			
ellipticus Milt. — L. V.			+		
giganteus Schlot. — partout.		+	+	+	
Gingensis Opp. — V. L. M. Uzelle.		+	+		
spinatus Quenst. — Bf. Bs.		+			
subgiganteus Branco. — L.			+		
sulcatus Milt. — V.			+		
Trautscholdi Opp. — V.			+		
tripartitus Schl. — Bs.		+			
unicanaliculatus Hart. — partout		+			
Ammonites. Brongriarti Sow. — Bf. — Hs.		+			
concavus Sow. — V. L. M.			+		
contractus Sow. — L.			+		
cornu, Buckm. — L.		+			

1. *Lettres sur les roches du Jura*, 1857, p. 32.
2. Nous réunissons sous le nom de *Bel. abbreviatus* les espèces appelées *B. brevis* et *breviformis* par divers géologues.

	I	1	2	3	S
Ammonites decipiens Buckm. — M. Mout. . . .		+			
Desori Moesch. — V. Mout. L.		+	+		
discites Waag. — V. L.			+		
fimbriatus Sow. — V.	+	?			
cf. furticarinata. Quen. — L.			+		
Humphriesianus Sow. — G. Bs.			?	+	
insignis Schub. — Bs. S. Bf.	+	+			
laviuscula Sow. — V.			+		
Murchisonæ Sow. — partout		+			
nodosus Quenst. — V.			+		
opalinoïdes Mag. — Mout.			+		
opalinus Rein. — P. Bf. S.	+	+			
plicatissimus Quenst. — M.			+		
polyschides Waag. — V.			+		
propinquans Bayle. — V.			+		
romanoïdes (aff). Douv. — L.			+		
rude Backm. — Mout. Villars.		+			
Sowerbyi Mill. — S.		+			
subradiatus Sow. — S. M.		+			
aff. Sutneri Branco. — V.			+		
cf. Tessonianus, d'Orb. — L.			+		
vindobonensis Griesb. — G.			+		
Nautilus clausus d'Orb. — S.		+			
lineatus Sow. — V. M.			+		
striatus Sow. — Bs.			+		
Acteonina Benoiti, Cog. — Bs.				+	
Cerithium granulo-costatum Munst. — Bf. . . .				+	
sp. . . . . L.			+		
Nerinea jurensis d'Orb. — S. Bs.				+	
Bourguetia Sæmanni, Opp. — Bs. Accolans. . . .				+	
striata Sow. — partout.		+	+	+	+
Chemnitzia lineata, d'Orb. — Bf. V.			+	+	
turris d'Orb. Bf.		+			
Natica Lorieri, d'Orb. — Bf.				+	
Zetes d'Orb. — Bf.		+			
sp. . . . . V.			+		
Turritella aff inornata Terg. — V.			+		
Neritopsis sp. . . . . . . V.			+		
Eunema Bathis d'Orb. — L.		+			
Turbo ædilis Munst. — Bf.				+	
capitaneus Munst. — S. Bf.	+	+			

	I	1	2	3	S
Turbo ornatus Sow. — L.		+			
Pleurotomaria Actæa d'Orb. — L.		+			
armata Munst. — Bf. L.	+	+			
cf. conoïdea Desh. — Bf. V.	+	+			
circumsulcata d'Orb. — V.		+			
granulata Desl. — V.		+			
ornata Sow. — V.		+			
punctata d'Orb. — V.		+			
sublineata d'Orb. — V.		+			
subreticulata d'Orb. — Bf.	+				
Gastrochena sp. Bs.	+				
Thracia. sp. V.		+			
Gresslya abducta Sow. — M. Bf.	+				+
Erycina Ag. — S.	+				
major d'Orb. — P.	+				
Zieteni d'Orb. — S. V.	+	+			
Ceromya gregaria Rœm. — V. L.	+				
Pleuromya arenacea d'Orb. — L.	+				
Agassizii d'Orb. — Bf.	+				
calceiformis d'Orb. — Bf.	+				+
decurtata Phill. — L. V.	+				+
elongata Munst. — P. S. Bs. L. V.	+	+			
Jurassi d'Orb. — Bf. L.	+	+			+
pholadina Ag. — Bf.	+				
sinistra d'Orb. — Bf.	+				
subovalis d'Orb. — Bf.	+				
tenuistriata Ag. — Bs. S. P.	+				+
Mactromya sp. L.	+				
Homomya obtusa Sow. — Bs. L. V.	+	+			
Goniomya Duboisi. Ag. — P. V.	+				
Pholadomya angustata Sow. — Bf.	+				
fidicula Sow. — partout.	+	+	+	+	
Murchisoni Sow. — L. Bs. V. M.		+	+		+
reticulata Sow. — L. Bs. M.		+	+	+	
Quenstedtia mactroïdes Ag. — Bf. Bs.				+	+
acuta Ag. — S.		+			
Arcomya lateralis Ag. — S.		+			
Isocardia Aalensis Quenst. — V. M.		+			
bajocensis d'Orb. — V.		+			
minima Sow. — V. L.		+			
Cypricardia acutangula Phil. — Bf.		+			

	I	1	2	3	S
Cypricardia bathonica d'Orb. — Bf.		+			+
gibberula Phil. — Bf.		+			
Lebruniana d'Orb. — V.			+		
rostrata Sow. — Bf.			+		
Cyprina. sp. — V.			+		
Unicardium Calliope, d'Orb. — Bf.			+		
Lucina tenuis d'Orb. — Bf.		+	+		
Zieteni d'Orb. — V.			+		
Opis similis Phil. — Bf. V.			+		
trigonalis d'Orb. — Bf. S.		+			
Astarte Bajociana d'Orb. — M. V.			+		
detrita Goldf. — Bf. V.		+			
elegans Sow. — V.		+			
excavata Sow. — Bf. V.		+	+		
Voltzii Hoenning. — Bf.		+			+
Cardinia oblonga Ag. — S.		+			
Nucula nucleus Deslong. — L.			+		
Trigonia costata Parck. — partout.		+	+	+	+
duplicata Sow. — Bf.		?			
formosa Lycet. — L.		+			
sp. — Rougemontot.		+			
litterata Goldf. — V.			+		
Philipsii M. et L. — Bf. V.		+	+		
pulchella Ag. — Bs.				+	
signata Ag. — Bf. V.		+	+		
striata Sow. — S.		+			
Arca liasina Roem. — Bf. S.		+			
oblonga Goldf. — Bf. L. V.		+	+		
sublineata d'Orb. — Bf.		+			
Pinna cuneata Phil. — Hs.		+			
Trichites bathonicus d'Orb. — Bf.		+			
Lithophagus sp. — V.		+	+	+	
Modiola gibbosa d'Orb. — P. S. L. V.		+	+		
gigantea Quenst. — Bf.		+			
plicata Sow. — partout.		+	+		
Mytilus asper d'Orb. — Bf.			+	+	+
compressus Goldf. — Bf.			+		
gregarius Goldf. — P. V.		+	+		
reniformis d'Orb. — Bf. V.		+	+		+
Perna crassitesta Munst. — Bf.			+		
sp. — V.			+		

	I	1	2	3	S
Inoceramus dubius Sow. — V.			+		
fuscus Quenst. — L. V.			+		
Gervilia acuta Sow. — Bf.		+			+
aviculoïdes Sow. — V.		+			
consobrina d'Orb. — Bf.		+			
Hartmanni Munst. — P.		+			
lata Phill. — Bf. V.		+			
tortuosa Phill. — V.		+			
Zieteni d'Orb. — Bf.		+			
Avicula decussata Munst. — S.			+		
digitata Deslong. — M.			+		
elegans Goldf. — L. V.		+	+		
Munsteri Bronn. — M. V. G.			+	+	
Hinnites tuberculosus d'Orb. — Bf. V.			+	+	+
velatus d'Orb. — L. V.	+	+	+		
Pecten ambiguus Munst. — partout.			+	+	+
Dewalquei Opp. — partout			+	+	+
disciformis Ziet. — Bs. Bf. Laissey					
lens Sow. — partout		+	+	+	+
personatus Goldf. — partout.		+	+		
silenus d'Orb. — L. V. R.		+	+		
subspinosus Schlott. — V.			+		
subtextorius Munst. — V.			+		
textorius Schlot. — L. V.	+	+	+		
sp. aff. circinalis Buv. — V.			+		
Lima duplicata Sow. — M. Bf. V.		+	+		+
cardiiformis Sow. — Bf. Bs.		+			
gibbosa Sow. — Bf. V.			+		+
pectiniformis Schlot. — partout		+	+	+	+
semicircularis Goldf. — Bs. L. V.			+		
subcardiiformis Grepp. — Bs.				+	
sulcata Munst. — L. V.			+		
Plicatula armata Goldf. — V.			+		
Placunopsis Gingensis Quenst. — V.			+		
Ostrea calceola Ziet. — Bf. L. V.		+	+		
eduliformis Ziet. — Bs. Bf. V.			+	+	+
ferruginea Terq. — M.		+			
Kunckeli Goldf. — S.		+			
Marshii Sow. — partout		+	+	+	+
obscura Sow. — V.			+		+
Phædra d'Orb. — Hs.		+			

	I	1	2	3	S
Ostrea polymorpha d'Orb. — Bf. V.		+	+		
cf. rastellaris Munst. — L.			+		
subcrenata d'Orb. — S.		+			
sublobata Desh. — L. V. F.		+	+		
sulcifera Park. — Bf.		+			
Terebratula conglobata Desl. — Bs. L. V. 1 . . .		+	+		
infraoolithica Desl. — Bs.		+			
perovalis Park. — partout		+	+		
aff. punctata Sow. — Bs.		+		+	
simplex de Buch. — Bs.				+	
ventricosa Hartm. — V. Saint-Hippolyte . .			+		+
Waldheimia subbucculenta C. et D.— partout. . .			+	+	
Rhynchonella angulata Sow. — partout.		+	+		
oligacantha Brancó. — L.			+		
Petitclerci Haas. — V.			+		
quadriplicata Ziet. — partout			+	+	
aff. Royeri d'Orb. — V.		+			
spinosa d'Orb. — L. V.		+	+	+	+
stuifensis Opp. — Glères					
tenuispina Waag. — Voillans				+	
Zieteni d'Orb. — Bf.		+			+
Lingula Beanii Phil. — Uzelle		+			
Berenicea diluviana Lamx. — V.			+		
microstoma Mich. — V.			+		
Diastopora foliacea Lamx. — V.			+		
Terquemi Haim. — Bf.				+	
verrucosa Ed. — Bf.				+	
Heteropora conifera Haim. — Bf. V. L.			+	+	+
Ceriopora globosa Mich. — V.			+		
Spiropora bajocensis Lamx. — S.			+		
Entalophora Tessoni d'Orb. — Bf.		+	+	+	
Serpula convoluta Goldf. — Bf. L. V.		+	+		
flaccida Goldf. — Bf.		+			
filaria Goldf. — L. V.			+		
Gordialis Schlot. — L. V.			+		
grandis Goldf. — L. V.			+		+
limax Goldf. — Bf.		+			
lumbricalis Schlot. — L. V.			+		+

1. Nous rapportons à Tereb. conglobata les individus désignés comme Ter. globata par M. Petitclerc.

	I	1	2	3	S
Serpula medusida Etal. - V.			+		
plicatilis Munst. — L.			+		+
socialis Goldf. — Bf. M. L. V.		+	+		+
spiralis Munst. — Bf.		+			
tetragona Sow. — L. V.			+		
Dysaster ringens Ag. — S. Bs.			+	+	+
Hyloclypus canaliculatus Des. — S.		+			
Marcousi Des. — S. P. V. L.		+	+		
subcircularis Cott. — L. V.			+		
Galeropygus agariciformis Forbes. — V.			+		
cf. sulcatus Cot. — V.			+		
Echinobrissus clunicularis Lwyd. — V.			+		
Clypeus Ostervaldi Des. — V.			+		
patella Ag. — Hs.		+	+		+
Ploti Klein. — V.			+		+
sinuatus List. — Bf.			+	+	
Holectypus depressus Desor. — Bf. M.					+
Pygaster Trigeri Cott. — L. V.			+		
Heterocidaris Trigeri Cott. — Bf.				+	
Diadema mamillatum Ag. — S.				+	
Pseudodiadema depressum Ag. — Bf. V.			+	+	
sp. — V.			+		
Hemipedina Chalmasi Cott. — V.			+		
Stomechinus sulcatus Cott. — V.			+		
Cidaris Bathonica Cot. — Bf.				+	+
Courteaudiana Cot. — Bf. V.			+	+	
cucumifera Ag. — Bs.			+		
Desori Cot. — V.			+		
glandifera Goldf. — Bf. S.		+	+	+	
spinulosa Roem. — V.			+		
Zschokkei Des. — Bf. M. V.		+	+		
Rhabdocidaris horrida Mev. — S. M. V.		+	+		
maxima Des. — Bf.		+	+		
sp. — Vaufrey.			+		
Pentacrinus bajocensis d'Orb. — partout		+	+	+	
cristagalli Quenst. — partout			+		
scalaris Goldf. — Bf.			+		
Crenaster prisca d'Orb. — V.			+		
Stephanocoenia Bernardiana d'Orb. — Hs.			+		
Confusastræa Cottaldina d'Orb. — S.				+	
consobrina From. — Bf.				+	

	I	1	2	3	S
Confusastræa ornata d'Orb. — S.				+	
Aulophyllia? meandrina d'Orb. — Hs.				+	
Isastræa Bernardi d'Orb. — partout			+	+	
Conybeari Ed et H. — M. S.				+	
helianthoïdes Goldf. — V.		+	+		
socialis Ed. et H. — S.				+	
tenuistriata M. Coy. — V.			+		
Synastræa? jurensis d'Orb. — S.				+	
Prionastræa Bernardana Ed. et H. — M.				+	
ornata d'Orb. — Hs.				+	
Thecosmilia sp. — V.			+		
gregaria Ed et H. — M. S.				+	
ramosa d'Orb. — Bf.				+	
Cladophyllia Barbeauana Ed et H. — Bf.				+	+
Montlivaultia decipiens Goldf. — V.			+		
sessilis Munst. — V. L.			+		
trochoïdes Ed et H. — V. S.			+	+	
Ososeris elegantula Ed et H. — Bf.				+	
Agaricia? salinensis Marcou. — S.				+	
Thamnastræa Defranceana Ed et H. — Bf.				+	
fungiformis Ed et H. — Bf.				+	
heteromorpha Quenst.			+		
mammosa Ed et H. — S.				+	
Marcousi Koby. — S.				+	
Salinensis Koby. — S.				+	
scita Ed et H. — S.				+	
tenuistriata Quenst. — M. Bf.				+	
Terquemi Ed et H. — M. Bf.			+	+	
Thamnaræa granulosa Koby. — V.			+		
Comoseris vermicularis Ed et H. — S.				+	
Eudea clavata Lamk. — Bf.				+	
cribraria From. — Bf.				+	
Porospongia jurensis d'Orb. — S.				+	
Lymnorea mamillata d'Orb. — Bf.		+			
Achilleum sp. — S.		+			
Spongites? cribratus Quenst. — V.			+		
glomeratus Quenst. — V.			+		

BATHONIEN

1er, 2e, 3e et 4e groupes du premier étage jurassique. THIRRIA, 1833.

Étage jurassique inférieur (part. sup.). PARANDIER, 1840.

Marne interoolithique, Grande Oolithe, Forest-Marble. BOYÉ, 1844.

Groupe oolithique, pp. RENAUD-COMTE, 1846.

Étage oolithique inférieur, pp. MARCOU, 1848, 1856.

Grande Oolithe. RIGAUD, 1885. CONTEJEAN, 1862. BERTRAND, 1880 et
   1882.

Étage inférieur du terrain jurassique (part. sup.). RÉSAL, 1864.

Bathonien, pp. PARISOT, 1864. OGÉRIEN, 1869. JOURDY, 1871. BERTRAND,
   1885 et 1887. KILIAN, 1883, 1885, 1891, 1894. G. BOYER, 1877-1888.

Vésulien et Mandulien. VÉZIAN, 1865, 1893.

Étage oolithique (part. sup.). ROLLIER, 1882.

Oolithe inférieure, pp. ALB. GIRARDOT, 1891.

DIVISIONS

BATHONIEN $\begin{cases} \text{INFÉRIEUR OU VÉSULIEN OU FULLERS-EARTH.} \\ \text{SUPÉRIEUR OU GRANDE OOLITHE.} \end{cases}$

SYNONYMIE DES DIVISIONS

Vésulien.

4e groupe du premier étage jurassique ou marne inférieure ou Ful-
   lers earth. THIRRIA, 1833.

Marnes à foulon. GRENIER, 1842.

Oolithe summo-inférieure, pp. marne interoolithique et Grande
   Oolithe, pp. BOYÉ, 1844. RÉSAL, 1864.

Marnes à Ostrea acuminata. RENAUD-COMTE, 1846. CONTEJEAN, 1862.
   OGÉRIEN, 1867.

Marnes vésuliennes. MARCOU, 1848.

Marnes de Plasne. MARCOU, 1856.

Vésulien. VÉZIAN, 1860, 1865, 1893. ALB. GIRARDOT, 1891. KILIAN, 1894.

Oolithe subcompacte ? PARISOT, 1864.

Bathonien irisé ? JOURDY, 1871.

Calcaire vésulien. G. BOYER, 1877.

Fullers-earth. BERTRAND, 1880, 1882. RIGAUD, 1885. G. BOYER, 1888.

Calcaire à Polypiers, pp. ROLLIER, 1882.

Bathonien inférieur. KILIAN, 1885, 1891.

Grande Oolithe.

2e et 3e groupes du premier étage jurassique. THIRRIA, 1833.

Oolithe inférieure et Forest-Marble. GRENIER, 1843.

Grande Oolithe et Forest-Marble. BOYÉ, 1844. MARCOU, 1848. VÉZIAN, 1860, 1865, 1893. RÉSAL, 1864. BOYER, 1877, 1888. ALB. GIRARDOT, 1891.

Calcaire de la porte de Tarragnoz et de la citadelle de Besançon. MARCOU, 1856.

Grande Oolithe. CONTEJEAN, 1862. PARISOT, 1864. BERTRAND, 1880, 1882. RIGAUD, 1885.

Calcaire de la Grande Oolithe, etc. OGÉRIEN, 1867.

Bathonien irisé, pp. et Bathonien blanc. JOURDY, 1871.

Grande Oolithe, pp. et pierre blanche. ROLLIER, 1882.

Bathonien moyen. KILIAN, 1883, 1885, 1891, 1894.

Bathonien, pp. BERTRAND, 1885, 1887.

Vésulien. — En 1833, M. Thirria [1] désigna sous le nom de Marne inférieure ou *Fullers-earth* une assise de marne grossière, grumeleuse, mélangée de fragments de calcaire, renfermant en grande abondance l'*Ostrea acuminata*, qu'il croyait à peine épaisse de 2 mètres ; il reconnaissait en même temps que cette couche n'est pas constante, et qu'elle se présente seulement sur quelques points de la Haute-Saône. Dix ans plus tard, MM. Grenier [2] puis Numa Boyé [3] donnèrent le nom de *Terre à foulon* et de *Marne interoolithique* à un mince lit marneux, intercalé entre la Grande Oolithe et une autre masse oolithique, reposant directement sur le Calcaire à Polypiers. Enfin, en 1846, M. Marcou [4] appela *Marne Vésulienne* un faible banc de 0m20 qui recouvre immédiatement, aux environs de Salins, cette assise supérieure du Bajocien. M. Vézian, en 1860 [5], considéra les marnes à Spiropores comme représentant aux environs de Be-

---

1. *Statistique.*
2. *Recherches sur la disposition de la Chapelle-des-Buis.*
3. *Fossiles des terrains jurassiques,* 2e partie.
4. *Jura salinois.*
5. *Réunion extraordinaire de la Société géologique à Besançon.*

sançon les Marnes interoolithiques, et vit dans le Calcaire à Polypiers, qui repose sur le Calcaire à entroques, un simple
facies de ces marnes; plus tard [1], il comprit dans son *Vésulien* toutes les assises situées entre ce Calcaire à entroques
et la Grande Oolithe. En 1883, M. Rollier [2] adopta la même
division, mais substitua le nom de Calcaire à Polypiers à
celui de Vésulien. Vers la même époque, MM. Bertrand, pour
les feuilles de Gray (1880) et de Besançon (1882) de la carte
géologique détaillée, puis M. Rigaud pour la feuille de Langres
(1885), reprirent le nom de Fullers-earth, et lui assignèrent pour
limites, en haut la Grande Oolithe, en bas le Bajocien tel que
nous le comprenons. Plus récemment encore, M. Kilian, pour les
feuilles de Montbéliard (1891) et d'Ornans (1894), nomma Bathonien inférieur ou Vésulien le sous-étage ainsi défini. On voit par
là que les expressions de : *Terre à foulon, Fullers-earth, Marne
interoolithique, Marne vésulienne, Vésulien*, n'ont pas pour
tous les géologues de notre pays la même signification, et que
la limite inférieure du Bathonien n'est pas placée par tous au
même point. Ces différences d'interprétation tiennent en grande
partie à ce que l'*Ostrea acuminata*, considérée comme la caractéristique paléontologique du Fullers-earth, n'est pas uniformément répandue partout, ni cantonnée à la partie inférieure du
sous-étage, mais qu'elle se rencontre, à ce niveau, en quelques
localités seulement, et qu'ailleurs elle se montre dans toute la
hauteur du Bathonien, jusqu'à sa partie supérieure. MM. Desor
et Gressly [3] ont en effet désigné, comme Marnes vésuliennes,
les *Marnes à Discoïdées* situées entre la Dalle nacrée et la
Grande Oolithe. Ces différences d'interprétation tiennent aussi
aux facies différents que présente le Fullers-earth, parfois en
des lieux très rapprochés, et en outre à ce que bien souvent il
se lie intimement, soit aux couches qui le supportent, soit à
celles qui le surmontent, sans que l'on puisse tracer entre les
deux sortes d'assises une ligne de séparation bien nette.

Nous allons examiner ces divers facies dans les différents

1. *Jura franc-comtois*, 1872.
2. *Formations jurassiques des environs de Besançon.*
3. *Études géologiques sur le Jura neuchâtelois.*

points de notre région. La dénomination de Fullers-earth est la plus ancienne ; celle de Vésulien, la plus répandue chez nous, n'est pas inconnue au dehors, aussi les emploierons-nous concurremment toutes les deux.

Les Marnes à *Ostrea acuminata* sont bien développées à Leffond, à l'ouest de Champlitte (OI, V), dans la tranchée du chemin de fer, où elles atteignent 12 mètres de puissance, en y joignant les calcaires grumeleux qui les supportent, et ceux qui les recouvrent qui renferment la même faune qu'elles. L'assise repose sur les Calcaires à Polypiers bien caractérisés par leur aspect pétrographique spécial et leur faune ; on y trouve en abondance : *Waldheimia subbucculenta, Rhynchonella quadriplicata, Pecten ambiguus, P. Dewalquei,* etc. Elle est observable sur une assez grande étendue, et peut être suivie jusqu'à Montarlot-lez-Champlitte, où elle est surmontée par une masse puissante de calcaire oolithique blanc. Toutefois, sur ce point, elle se montre sous une épaisseur de 2 mètres seulement, parce que sa partie inférieure, recouverte par des éboulis et les alluvions du Salon, n'est pas accessible aux investigations, d'où l'indication de M. Thirria [1].

Ces marnes de Leffond et de Montarlot peuvent être considérées comme le type du faciès marneux du Fullers-earth, elles contiennent d'assez nombreux fossiles, entre autres :

Gresslya abducta, G. lunulata, Pleuromya securiformis, Homomya gibbosa, Pholadomya bucardium, P. deltoïdea, Anisocardia cf. *nitida, Nucula suevica, Modiola tenuistriata, Pseudomonotis echinata, Pecten arcuatus, P. clathratus, P. spathulatus, P. Wolastonensis, Lima rigidula, Ostrea reniformis, O. acuminata, Terebratula globata, T. maxillata, Rhynchonella concinna* et différentes espèces non déterminées appartenant aux genres : *Natica, Cardium, Cardinia, Lucina, Trigonia* et *Macrodon.*

Les marnes à *Ostrea acuminata* se retrouvent encore à Morey et aux environs de Vesoul, à Chariez, à Navenne, à Andelarrot et à Dampvalley, mais elles n'y offrent plus les mêmes carac-

1. *Statistique,* p. 199.

tères qu'à Leffond, elles sont fort réduites et ne reposent plus directement sur les calcaires grumeleux à Polypiers, mais en sont séparées par une couche de calcaire blanc, oolithique, épaisse de 5 à 6 mètres ; elles-mêmes sont entremêlées de plaquettes de la même roche, intercalées entre les lits marneux. Plus à l'est et plus au sud de Vesoul on ne les rencontre plus, mais elles semblent s'étendre très loin au sud-est de Champlitte ; elles se montrent à Rainans avec un banc de calcaire oolithique intercalé au milieu de la masse marneuse ; à Amange, où elles passent à des bancs calcaires, et ne renferment guère l'*Ostrea acuminata* qu'à l'état d'exception ; à Dole, où elles sont probablement très réduites, mais où l'*Ostrea acuminata* est très abondante. On les observe encore plus loin sur divers points du département du Jura, entre autres à Plane, où M. Marcou les a signalées ; mais dans notre région, on ne connaît pas le Fullers-earth avec le caractère franchement marneux, en dehors des localités énumérées plus haut, qui sont groupées dans l'ouest de la Haute-Saône et le nord du Jura, et y occupent une aire difficile à circonscrire, en raison de la rareté des affleurements.

A l'est et au sud de Vesoul, à Calmoutier et à Vellefaux, le Calcaire à Polypiers est immédiatement recouvert par une masse oolithique considérable, que l'on ne peut séparer de la Grande Oolithe. A Vellefaux, certains bancs situés à la partie inférieure de cette masse sont tendres et un peu marneux ; entre Calmoutier et Moncey, la formation oolithique tout entière renferme des Polypiers. A Belfort et à Pont-les-Moulins, près de Baume, le calcaire oolithique recouvre directement le Bajocien et se soude par en haut à la Grande Oolithe, sans distinction possible entre les deux sous-étages. Ces faits démontrent bien l'existence d'un Fullers-earth à faciès coralligène oolithique, qui occupe des points voisins de l'affleurement triasique du nord.

Dans d'autres parties de la région, il existe, entre le Calcaire à Polypiers et la Grande Oolithe, une couche très variable comme puissance et comme constitution. Cette zone intermédiaire qui représente le Vésulien, au moins partiellement, varie comme épaisseur de quelques mètres à 45 mètres ; elle est formée gé-

néralement d'une masse de calcaire grumeleux, d'un jaune grisâtre, passant par places au noir ou au jaune clair, plus ou
moins marneux, entrecoupé de minces lits de marne, en nombre très variable; de bancs de calcaire tantôt compact, tantôt
oolithique, tantôt pétri de débris de Crinoïdes, renfermant quelquefois des nodules siliceux alignés dans la roche, analogues à
ceux du Calcaire à Polypiers (Laissey, Cernans). Le banc à débris de Crinoïdes se rencontre en beaucoup d'endroits, son aspect est identique à celui du Calcaire à entroques, mais il forme
seulement une assise peu épaisse qui ne dépasse pas 1^m ou
1^m50. En bien des lieux on y rencontre aussi des Polypiers. Ces
couches, tout en conservant un fond de caractères communs,
présentent cependant des modifications assez fréquentes, suivant les points où on les observe. C'est ainsi qu'elles se montrent à Feule, près de Saint-Hippolyte, à l'est de Montbéliard,
à Clerval, Laissey, Besançon, Quingey, Myon, Cernans, etc....
Le Vésulien d'Amange semble offrir un intermédiaire entre ce
facies et les deux autres (OI, XXI); il débute par des calcaires
oolithiques, se continue par des calcaires compacts un peu marneux, divisés en plusieurs bancs par des intercalations d'assises
marneuses de 1^m à 3^m de puissance, renfermant quelques rares
Ostrea acuminata. A Soulce et à Glère, à l'est de Saint-Hippolyte, les calcaires grumeleux passent à une marne sableuse
contenant quelques fossiles : *Homomya gibbosa, Pholadomya
deltoidea, Terebratula maxillata*.

Partout où le Fullers-earth présente ce facies, sa distinction
avec le calcaire à Polypiers est des plus difficiles ; les caractères
pétrographiques des deux sous-étages sont souvent identiques,
et les fossiles assez rares, comme nous le dirons plus loin, ne
permettent pas toujours de tracer une limite naturelle ; aussi
avons-nous pensé que l'on pourrait, dans la pratique, faire débuter le Vésulien immédiatement au-dessus des assises à nodules siliceux du Calcaire à Polypiers ; mais ce n'est là assurément qu'une démarcation artificielle. Cette zone, intermédiaire
entre le Bajocien et la grande masse oolithique, est tantôt très
épaisse et représente alors le sous-étage tout entier, tantôt très
réduite et ne correspond plus qu'à sa partie inférieure, sa partie

supérieure offrant alors le facies oolithique et se soudant à la Grande Oolithe.

Le tableau suivant indique l'épaisseur de cette zone intermédiaire, dans les localités où nous avons pu l'observer en entier :

Clerval	22	Quingey	20 à 25
Laissey	28	Myon	10
Besançon	4	Salins (Cernans)	12
Feule	10 à 15		

Les marnes à *Ostrea acuminata* mesurent 12 ou 15 mètres à Leffond, et 19 à Amange.

Le Fullers-earth peut débuter aussi par le facies oolithique, puis se continuer par des couches grumeleuses ou marneuses, renfermant même l'*Ostrea acuminata ;* de là les indications différentes que l'on trouve dans les auteurs, sur la position de ces marnes.

En résumé, le sous-étage inférieur du Bathonien est ou marneux en totalité, ou entièrement oolithique, ou entièrement grumeleux, ou bien en partie grumeleux et en partie oolithique, ou encore en partie marneux et en partie oolithique ; sa puissance varie de 15 à 30 mètres, et dans les limites où nous le comprenons, il correspond exactement au Fullers-earth de M. Thirria.

Nous avons indiqué déjà les principales espèces du Vésulien marneux de Leffond ; la plupart d'entre elles se retrouvent dans les assises à facies grumeleux, associées à d'autres que nous allons faire connaître. Quant aux couches à facies oolithique, elles ne nous ont guère montré que des Polypiers, des Nérinées et des Brachiopodes. Nous donnons, ci-dessous, la liste des espèces les plus répandues du Bathonien inférieur : *Parkinsonia Parkinsoni, Nerinea Axonensis, Ceromya tenera, Gresslya abducta, G. lunulata, G. peregrina, Pleuromya securiformis, Homomya gibbosa, Pholadomya bucardium, P. deltoïdea, Nucula suevica, Modiola tenuistriata, Pseudomonotis echinatus, Lima rigidula, Pecten arcuatus, P. clathratus, P. spathulatus, Ostrea acuminata, O. reniformis, Terebratula globata, T. maxillata, T. ventricosa, Rhynchonella obsoleta, Dysaster analis, Clypeus Ploti, Diadema homostigma.*

6

L'*Ostrea acuminata* est, au point de vue stratigraphique, l'espèce la plus intéressante ; très abondante dans les marnes de l'ouest et du sud-ouest de la région, de Vesoul à Champlitte et à Dole, elle l'est beaucoup moins dans les assises grumeleuses de l'est et du nord-est, et manque même entièrement sur certains points, mais elle réapparaît dans les couches oolithiques, et s'élève jusqu'à la partie supérieure de la Grande Oolithe.

Grande Oolithe. — Le Fullers-earth est partout et toujours recouvert par une masse oolithique qui, lorsqu'il présente lui-même cette texture, s'unit à lui sans laisser entre eux de ligne séparative. Cette masse est la Grande Oolithe, formée de calcaire ordinairement.blanc, mais quelquefois brun, gris ou bleu à sa partie inférieure, avec oolithes miliaires très nombreuses, très serrées et très régulières habituellement, mais qui, sur certains points, se mélangent de grains gros comme des pois, des olives, des noix ou même de grains plus gros encore, et de débris de coquillages ; ce qui donne à certaines couches, toujours peu importantes, un aspect de charriage très prononcé. Ordinairement, la masse oolithique est coupée par un ou deux bancs de marne jaune, très fossilifère, situés l'un vers sa partie moyenne, l'autre vers sa partie supérieure, de puissance variable, depuis 0m40 ou 0m50 jusqu'à 6 ou 7 mètres.

Ces accidents marneux ne sont pas absolument constants, on les rencontre à Port-sur-Saône, à Belfort, à Vougeaucourt, à Feule, à Saint-Hippolyte, à Rainans, mais ils sont très réduits à Laissey et à Besançon et manquent à Clerval, à Pont-les-Moulins, à Salins, à Montarlot-lez-Champlitte, etc. Cependant le banc marneux supérieur existe toujours dans l'est ; il paraît correspondre aux *Marnes à Homomyes* du Jura bernois et du Jura neuchâtelois [1]. En bien des lieux aussi, on peut observer dans la Grande Oolithe des assises compactes, épaisses de 1 à 10 mètres et même davantage encore. A Montarlot, les zones compactes forment deux masses, l'une de 10, l'autre de 20 mètres, intercalées dans les bancs oolithiques ; elles sont tendres et

1. Desor et Gressly, 1859. — Grappin, 1870.

crayeuses et reconnaissent pour origine, comme les autres, la formation corallienne. Ailleurs, ces couches compactes ont moins d'importance ; elles ne mesurent que 7 mètres à Besançon et de 1 à 3 mètres en d'autres endroits.

Sur cette formation oolithique repose, à peu près partout, une autre masse de calcaire blanc, compact, à pâte fine, cassure éburnée, aspect lithographique, qui présente quelquefois, à titre accidentel, des bancs à oolithes miliaires ou même, en quelques localités, de véritables zones de charriage avec oolithes et nodules de calcaire compact, gros comme des œufs ou même comme le poing (La Baume et Tarragnoz près de Besançon), et qui montre aussi, mais plus rarement, des intercalations marneuses, situées vers son milieu (Saint-Hippolyte, la Grâce-Dieu), de peu d'épaisseur et de peu d'importance. Cette nouvelle masse est le *Forest-Marble* de nos géologues, que la plupart d'entre eux considèrent comme un sous-étage spécial, mais que nous regardons comme un simple facies de la partie supérieure de la Grande Oolithe. Il est en effet très développé en certains endroits, où la partie inférieure est fort réduite (Amange), et inversement dans le nord de la région, il perd de l'importance à mesure que le facies oolithique en prend davantage (Vougeaucourt) ; il manque même complètement à Belfort, où la formation oolithique s'élève jusqu'au contact du Cornbrash.

Dans l'est, à Saint-Hippolyte, à Maîche, à Longemaison, à Morteau, etc., le Forest-Marble n'est pas non plus en contact immédiat avec le Cornbrash, mais une autre masse, le *Calcaire roux sableux*, s'interpose entre eux. Cette nouvelle assise est encore un autre facies de la partie supérieure de la Grande Oolithe qui, dans le Jura bernois, se substitue complètement au Forest-Marble, mais qui, dans l'est de notre région, se superpose à lui, les deux facies existant simultanément en ce point.

A Saint-Hippolyte, les calcaires de la Grande Oolithe sont recouverts par une assise marneuse de quelques centimètres qui supporte une masse de 16 à 17 mètres de calcaire compact, jaune roux, massif à la partie inférieure sur 2 mètres, feuilleté à la partie supérieure ; c'est le Calcaire roux sableux que surmontent les couches oolithiques du Cornbrash. A Soulce, les calcaires jaune roux mesurent au moins 20 ou 25 mètres ; à Trémeux, à deux kilomètres au sud-est de Soulce, ils sont séparés du Forest-Marble par un banc de marne de 1 mètre ; à Maîche, aux environs de Suarce et de Brémoncourt, la disposition ést la même. Un peu au sud-ouest de ces points, entre Longemaison et Gilley, la constitution des assises qui les représentent est un peu différente ; on voit aux Combettes (OI, XXIX), entre le Forest-Marble et le Cornbrash, deux masses, l'inférieure de 17 mètres, la supérieure de 12, de marno-calcaire gréseux, grisâtre, feuilleté en lames alternant avec de minces lits de marne, séparées par deux couches, l'une de 1 mètre, marneuse, avec *Pholadomya Murchisoni*, l'autre, oolithique, de 6 mètres. A la Grand'Combe, vers Morteau (OI, XXVIII), la Grande Oolithe se termine, au-dessus du Forest-Marble, par une masse de 11 mètres de calcaire oolithique feuilleté, avec marnes en lits minces intercalées à sa base, comprise entre deux assises marneuses, l'inférieure de 3 et la supérieure de 8 mètres.

Comme on peut le voir par les exemples que nous venons de citer, le Calcaire roux sableux est représenté, dans notre pays, par des calcaires feuilletés, compacts, sableux ou oolithiques, alternant quelquefois avec de minces lits de marne et présentant souvent des zones marneuses plus importantes, à leur partie inférieure, à leur partie moyenne ou à leur partie supérieure ; sa puissance est comprise entre 17 et 35 mètres.

Le Forest-Marble est encore très développé à Saint-Hippolyte (41^m) ; il existe certainement aux Combettes, mais sa puissance ne peut y être appréciée ; à la Grand'Combe enfin, il est très réduit (10^m).

Quant aux Marnes à Discoïdées de quelques géologues suisses [1], elles ne sont elles-mêmes qu'un faciès de la partie supérieure du Calcaire roux sableux, qui nous paraît représenté à la Grand'Combe par l'assise marneuse, épaisse de 8 mètres, supportant le Cornbrash (Ol, XXVIII, 8 et 9), mais nous n'y avons recueilli aucun fossile.

1. Desor et Gressly, 1859.

Le Calcaire roux sableux ne nous a guère fourni que *Phola-domya Murchisoni* et *Rhynchonella concinna*.

La Grande Oolithe et le Forest-Marble sont, d'une façon géné-rale, des assises peu fossilifères ; les espèces n'y sont pas très nombreuses, elles sont cantonnées dans les bancs marneux que nous avons indiqués, où, par contre, les individus, les Brachio-podes surtout, sont assez abondants.

Parmi les fossiles les plus répandus nous citerons :

Perisphinctes arbustigerus, Parkinsonia ferruginea, Cero-mya concentrica, Homomya gibbosa, H. crassiuscula, Pholado-mya bucardium, P. deltoïdea, P. Murchisoni, Pecten vagans, Ostrea reniformis, O. acuminata, O. Knorri, Terebratula glo-bata, T. maxillata, T. intermedia, T. cardium, Waldheimia ornithocephala, Rhynchonella concinna, R. decorata, R. spinosa.

Le tableau suivant indique la puissance de la Grande Oolithe dans les divers points de la région :

LOCALITÉS	G. O.	F. M.	TOTAL
Port-sur-Saône	25	35	60
Belfort.	40	0	40
Clerval.	44	32	76
Laissey	66	60	126
Besançon	70	55	125
Quingey	60	40	100
Amange	20	68	88
Feule	24	25	49
Myon (Doulaise)	61	25	86
Poupet [1]	35	43	78

Ajoutons encore que la puissance du sous-étage tout entier est de 80 mètres à Montbéliard et à Gray et de 30 à Maiche, et que sa partie visible à Saint-Hippolyte est de 83 mètres (Gr. Oolit., 25 ; For.-Mar., 41 ; Calc. roux, 17), et à la Grâce-Dieu de 66 mètres (Gr. Oolit., 25 ; For.-Mar., 41), et que les chiffres donnés par M. Thirria pour la Haute-Saône, en général, concor-dent exactement avec ceux que nous indiquons pour Port-sur-Saône.

1. G. BOYER, *Mont Poupet.*

FAUNE DU BATHONIEN

Indications données par les colonnes : **1**, Vésulien; **2**, Grande Oolithe et ses facies; **I**, niveau inférieur; **S**, niveau supérieur ou Bathonien.

Abréviations : Bf. = Belfort, Bm. = Baume-les-Dames, Bs. = Besançon. Cler. = Clerval, D. = Amange, district de Dole, G. = Gray, Hs. = Haute-Saône. Lf. = Leffond, M. = Montbéliard, Ma. = Maîche. Or. = Ornans, Q. = Quingey, S. = Salins.

	I	1	2	S
Belemnites canaliculatus Schl. — S. Bf.		+		+
Ammonites cf. arbustigerus Sow. — Ma.			+	
ferrugineus Sow. — Ma. M.			+	
Parkinsoni Sow. — M. Or.		+		
Nerinea axonensis d'Orb. — Bf.		+		+
Natica adducta Phill. — S.		+		
canaliculata M. et. L. — Bf.			+	
Ceromya concentrica Sow. — Bf. Bs.			+	+
plicata Ag. — Ma.		+		
tenera Ag. — S.		+		
Gresslya abducta Ag. — Bf.	+		+	+
latirostris Ag. — S.		+		
lunulata Ag. — Lf. D. Cler		+	+	
peregrina Phil. — Qg.		+		+
Pleuromya calceiformis d'Orb. — Bf.	+		+	+
tenuistriata Ag. — Qg.	+	+		+
Homomya crassiuscula M. et L. — Bs.			+	
gibbosa Sow. — partout		+	+	
Pholadomya bucardium Ag. — Lf. M.		+	+	+
crassa Ag. — partout		+	+	+
deltoïdea Sow. — Lf. Ma. M.		+	+	+
Murchisoni Sow. — partout	+		+	+
Quenstedtia sinistra Ag. — S.		+		
securiforme Phill. — Lf. Bs. Bf.		+	+	+
Anisocardia cf. nitida Phill. — Lf.		+		
Lucina jurensis d'Orb. — S.			+	
Præconia rhomboïdalis Phil. — Bf.			+	+
Trigonia costata Park. — M. Bs.	+	+		
Nucula suevica Opp. — Lf.		+		
Trichites bathonicus d'Orb. — Bf.	+	+	+	+
Modiola tenuistriata Munst. — Lf.		+		
Mytilus asper d'Orb. — Bf.	+	+		

	I	1	2	S
Mytilus pulcher Goldf. — Bf.		+	+	+
reniformis d'Orb. — Bf.	+		+	+
Avicula Bramburiensis Sow. — Lf. Bf.		+		+
echinata Sow. — Lf.		+		+
Pecten arcuatus Sow. — Lf. Bm.		+	+	
ambiguus Munst. — Bf. Qg.	+	+	+	+
clathratus Roëm. — Lf. Bf.		+	+	
lens Sow. — M. Or.	+		+	
cf. spathulatus Roëm. — Lf.		+		
Wolastonnensis Lyc. — Lf.		+		
Hinnites abjectus Phill. — M.		+		
Lima gibbosa Sow. — Hs.	+	+	+	+
impressa M. et L. — Bs. Hs.			+	+
pectiniformis Br. — partout.	+	+	+	+
semicircinalis Goldf. — Ma.			+	
sulcata Munst. — Bf.		+	+	+
ovalis d'Orb. — Bf.		+	+	+
rigidula d'Orb. — Lf. Bf.		+		
Placunopsis jurensis Roem. — M.		+		
Ostrea acuminata Sow. — Lf. Hs. D.		+	+	
bathonica d'Orb. — S.		+		
Knorri Voltz. — M. Bf.		+	+	
Marshii Sow. — partout.	+	+	+	+
obscura Sow. — Bf.	+	+		+
reniformis Goldf. — Lf. Bs.		+	+	
Waldheimia ornithocephala Sow. — M. Bs.		+	+	
cardium Samk. — Bs. Gr. D. Qg.		+	+	
Terebratula globata Sow. — partout.		+	+	+
intermedia Sow. — partout.		+	+	+
maxillata Sow. — partout.	+	+	+	
submaxillata Dav. — M.		+		
ventricosa Ziet. — M.	+	+		
Rhynchonella concinna Sow. — partout.		+	+	
decorata d'Orb. — Bs. Gr.		+		
obsoleta Sow. — M. Bs.		+		
spinosa Smith. — M. Bf.	+		+	+
Zieteni d'Orb. — Bf. M.	+		+	+
Serpula grandis Goldf. — Bf.	+		+	+
lumbricalis Schl. Bs. Bf.	+		+	+
plicatilis Munst. — Bf.	+		+	+
Dysaster analis Ag. — S.		+		

	I	1	2	S
Dysaster ringens Ag. — S.	+	+		
Clypeus Hugii Ag. — S.		+		
patella Ag. — S. Bf.	+	+		+
sodolorinus Ag. — Bs.			+	
Ploti Klein. — M. Gr.	+	+		
Holectypus depressus Lesk. — Ma. Bf. S.	+	+		+
Pseudodiadema subcomplanatum Des. — Bf.			+	
homostigma Ag. — S.		+		
Cidaris Kœchlini Cott. — Bf.				+

Quelques espèces ont été recueillies à la fois dans le Bajocien et dans le Cornbrash, sans avoir été jusqu'ici rencontrées dans le Bathonien proprement dit ; on peut cependant, croyons-nous, les porter à l'actif de sa faune. Ce sont : *Pleuromya decurtata* Phill., *P. Jurassi* d'Orb, *Quenstedtia mactroïdes* Ag, *Cypricardia bathonica* d'Orb., *Gervilia acuta* Sow, *Lima duplicata* Sow, *Hinnites tuberculosus* d'Orb, *Pecten Dewalquei* Op., *Serpula socialis* Goldf., *Cidaris bathonica* Cott., *Cladophyllia Barbeauana* Ed et Haim.

FAUNE DE L'OOLITHE INFÉRIEURE

Le Bajocien renferme 296 fossiles, qui se répartissent ainsi : 40 céphalopodes, 26 gastropodes, 46 pélécypodes siphonés et 72 non siphonés, 17 brachiopodes, 9 bryozoaires, 12 serpules, 30 échinides, 4 crinoïdes, 33 polypiers et 7 spongiaires ; il ne reçoit que bien peu d'espèces du Lias, mais on compte parmi elles 3 céphalopodes. La faune du Bathonien est bien moins riche, elle ne comprend guère que 96 espèces ; parmi lesquelles on compte 4 céphalopodes, 3 gastropodes, 26 pélécypodes siphonés, 36 non siphonés, 12 brachiopodes, 4 serpules et 11 échinides ; 35 d'entre elles, plus du tiers de la faune, se trouvaient déjà dans le Bajocien. Il faut ajouter que le Bathonien contient aussi un grand nombre de polypiers qui n'ont pas été déterminés encore, et ne se prêtent guère à l'étude, parce qu'ils sont généralement enclavés dans la roche et détériorés.

CHAPITRE II

CORNBRASH ET CALLOVIEN

COUPES ET OBSERVATIONS RELATIVES A CES DEUX ASSISES

PREMIÈRE SECTION

a) PORT-SUR-SAONE

A Port-sur-Saône, la partie inférieure du Cornbrash n'est pas visible, les dernières assises du Forest-Marble se montrent bien nettement sous le pont du chemin de fer, près de la gare (OI, sect. I *b*, IV), mais leur terminaison et le début de l'étage qui les surmontent sont masqués par la végétation; cependant, dans une carrière située non loin de là, on peut en observer la partie supérieure, sur une épaisseur de 4 à 5 mètres. Elle est formée d'un calcaire oolithique, feuilleté, grisâtre, à oolithes miliaires, divisé en lits de 5 centimètres et recouvert par un placage ferrugineux de 2 à 3 centimètres qui, sur certains points, se détache de la roche sous-jacente, et ailleurs y adhère et même la pénètre; il adhère aussi au dépôt qui le recouvre, constitué par un marno-calcaire jaune pâle, un peu gréseux, avec *Belemnites hastatus, Terebratula dorsoplicata* qui appartient au Callovien proprement dit. Celui-ci est à peine représenté à découvert par un lambeau insignifiant, et disparaît entièrement sous la végétation.

Aux environs de Combeaufontaine, à dix ou douze kilomètres à l'ouest de Port-sur-Saône, la partie supérieure du Cornbrash se montre, en bien des points, à la surface du sol, avec le même caractère de roche feuilletée et oolithique. On ne peut voir ses assises inférieures, mais il est à présumer qu'elles sont marneuses, en raison des puits forés dans ce sous-étage, et qui prennent l'eau à une profondeur de quelques mètres seulement.

b) SORANS-LEZ-BREUREY

La Grande Oolithe est surmontée, au sud de Vellefaux, par le Forest-Marble qui est lui-même recouvert, à quelques kilomètres de là, par le Cornbrash tout d'abord, puis par les premières assises de l'Oolithe supérieure. Vers Authoison, un monticule composé à la base par le Callovien et à la partie supérieure par quelques mètres de marnes oxfordiennes, mérite d'être signalé, en raison de l'extrême abondance des fossiles que l'on y rencontre. Les couches qui le constituent ne peuvent y être étudiées, parce qu'elles sont entièrement recouvertes par des argiles sableuses, produit de leur désagrégation, et que les débris organiques qui en proviennent se trouvent mélangés à la surface du sol, sur les flancs et surtout à la partie inférieure de la petite colline ; c'est pourquoi M. Petitclerc a désigné ce gisement, en publiant sa faune, sous le nom de Kelloway-Oxfordien [1]. Cependant l'existence du Callovien, comme couche distincte, ne peut y être mise en doute, ainsi que le prouve la présence, au pied du monticule, de marno-calcaires de couleur jaune pâle, un peu gréseux, empâtant des céphalopodes de ce niveau, *Belemnites latesulcatus* entre autres. Nous reviendrons plus loin sur cette faune.

Le Callovien, qui ne peut être observé à Authoison, se montre un peu plus accessible aux investigations à Sorans-lez-Breurey, à onze kilomètres plus au sud ; il repose sur les calcaires blancs oolithiques du Cornbrash, remplis de fragments de fossiles roulés et brisés, et est lui-même composé de 2 mètres de marno-calcaire jaune clair, un peu gréseux, désagrégeable, devenant terreux par altération et renfermant :

Belemnites hastatus, Harpoceras hecticum, Stephanoceras co-

---

1. P. Petitclerc, *Note sur les couches Kelloway-Oxfordiennes d'Authoison*, 1884.

ronatum, Cosmoceras Jason, C. calloviense, Reineckia anceps,
Rynchonella spathica ; R. minuta, Waldheimia pala.

Cet affleurement se montre au milieu des champs, à mille
mètres au nord-ouest du village, et à trois cents mètres au sud-
ouest de la tuilerie de Sorans ; il n'y est recouvert que par la
terre végétale, mais vers la tuilerie, on voit ses calcaires jaunes
supporter les marnes grises de l'Oxfordien.

c) VELLOREILLE

La rectification de la route de Gy à Besançon, par Oiselay,
traverse le Callovien en deux endroits très voisins, à cent mètres
environ avant d'atteindre le village de Velloreille, en un point
où cet étage constitue la base d'une butte oxfordienne. L'affleurement situé le plus au nord a été entamé plus profondément
que l'autre, et on peut y reconnaître la succession suivante, au-
dessus du Bathonien supérieur.

Coupe N° I

Cornbrash.

1. Calcaire gris rosé, finement oolithique, oolithes miliaires et ciment spathique; bancs de 0,50 à 0,60, subdivisés par places, en lamelles de 0,03 à 0,05 1,50
  Pecten cf. intertextus, Ostrea Marshii.

2. Même roche oolithique que plus bas, divisée en bancs de pareille
épaisseur, en outre nombreuses tubulures ; coloration bleue, diffuse
à la partie inférieure, s'étendant à mesure que l'on s'élève, et enva-
hissant toute la roche à la partie supérieure. 1,50
  Crinoïdes Polypiers.

Callovien.

3. Mince placage ferrugineux, renfermant des débris organiques
brisés, inclus dans la roche. 0,03

4. Marno-calcaire grisâtre, ou plutôt gris jaunâtre, d'apparence
gréseuse, assez tendre, très désagrégeable, donnant naissance par altération à une terre marneuse jaunâtre. 2
  Belemnites hastatus 5, B. latesulcatus 2, Harpoceras hecticum 5,
  Stephanoceras coronatum, Cosmoceras Jason, Duncani, Calloviense,

Perisphinctes curvicosta, funatus, plicatilis? *Peltoceras arduennense, Reineckia anceps, Greppini, Rostellaria Danielis, Pholadomya ovulum ? Cardium sp. indét. Pecten fibrosus 2, Rhynchonella spathica 5, Terebratula dorsoplicata 5. Waldheimia pala 5.*

5. Marno-calcaire grisâtre plus désagrégé ; concrétions calcaires arrondies, distinctes des boules géodiques, environ 4

Belemnites hastatus 5, latesulcatus, Harpoceras hecticum 5, Amalteus (Cardioceras) Lamberti, Oppelia oculatus, Cosmoceras Duncani, Calloviense, Perisphinctes curvicosta, funatus 4, Peltoceras arduennense, athleta, Aptichus berno-jurensis 4, Chemnitzia misis, Terebratula dorsoplicata, Balanocrinus pentagonalis.

Oxfordien. Marne grise, faune de ce niveau.

d) MALBUISSON

M. Thirria a décrit quatre coupes du Cornbrash de la Haute-Saône [1], une seule, celle de Malbuisson, près de Bucey-lez-Gy, appartient réellement à ce sous-étage, les autres doivent être rapportées au Rauracien (Rupt et Vauchoux) ou au Forest-Marble (la Malachère).

A Malbuisson, l'assise supérieure de la Grande Oolithe est recouverte par des calcaires marneux, feuilletés, renfermant des oolithes miliaires, de petits noyaux oblongs de calcaire compact, et des *Polypiers* (7^m) ; elle est surmontée par des calcaires compacts, un peu oolithiques (oolithes oviformes) à leur partie supérieure, avec *Polypiers Crinoïdes* et *Nérinées* (12^m) ; et le sous-étage se termine par des calcaires schisteux, grisâtres, oolithiques, empâtant de petits noyaux oblongs de calcaire compact, et des articulations de *Crinoïdes* (4^m). Cette couche disparaît sous les marnes éboulées de l'Oxfordien.

1. *Statistique.*

DEUXIÈME SECTION

a) CHAMPLITTE

Nous avons vu que le Bathonien est complet aux environs de Champlitte, et qu'il se termine au nord de cette ville, sur la route de Leffond, par les calcaires blancs, éburnés, typiques du Forest-Marble. Ceux-ci sont recouverts par des calcaires blancs, oolithiques, avec oolithes miliaires, stratifiés en lits minces de 0,05 à 0,10 centimètres, appartenant au Cornbrash. Cette couche mesure 10 ou 15 mètres d'épaisseur ; à cent mètres plus au sud, elle est recouverte par une assise de marne jaune sans fossiles, feuilletée ou terreuse, de 0,60 centimètres, qui supporte elle-même des calcaires blancs ou gris, feuilletés, oolithiques, un peu marneux à leur partie moyenne. Ce dernier banc ne doit pas dépasser 6 ou 7 mètres, il est exploité à l'est et à l'ouest de la route de Gray, et disparaît bientôt vers le sud, sous les marnes oxfordiennes. Dans quelques carrières, on voit à 1 mètre au-dessous de la surface du sol, sous une couche de calcaire oolithique, un lit marneux de 0,30 centimètres très fossilifère, renfermant : *Ostrea Parandieri*, *O. costata* 5, *O. reniformis*, des *Crinoïdes* et des *Bryozoaires*, et qui nous paraît appartenir à un niveau plus élevé que l'assise de marne stérile indiquée plus haut, et correspondre aux parties marneuses du banc de 6 ou 7 mètres qui les recouvre, et dont il vient d'être question.

Le Callovien n'est pas visible aux environs immédiats de Champlitte, mais à sept et à neuf kilomètres à l'ouest de cette ville, se trouvent les localités d'Orain et de Percey-le-Grand, signalées par divers géologues, en raison des mines de fer qu'on y exploitait autrefois. Le banc de minerai appartient au Callovien ; il consiste en une assise de marne schisteuse, grisâtre, pétrie d'oolithes ferrugineuses, miliaires, de couleur brune, formées de couches concentriques et renfermant une faune assez riche que M. Étallon a déjà fait connaître [1] et que nous indique-

---

1. **Jura Graylois.** — Signalons la présence parmi ces fossiles des *Am. Dun-*

rons plus loin. M. Thirria a publié une coupe du mont Cierge, près de Percey-le-Grand [1], d'après laquelle nous allons exposer la constitution des couches que l'on y rencontre, en y joignant nos propres observations.

Le Callovien, d'après M. Thirria, mesure environ 3 mètres; sa zone inférieure, de 1^{m}60, est une marne argileuse, schistoïde, avec quelques lits minces de calcaire marneux suboolithique; sa zone moyenne renferme le minerai, comme nous l'avons dit plus haut; elle est épaisse de 1 mètre; et sa zone supérieure est composée de 50 centimètres de marne grise, dure et schisteuse.

Nous exposerons plus loin la constitution de l'Oxfordien qui la recouvre.

———

TROISIÈME SECTION

(Pas d'affleurements.)

QUATRIÈME SECTION

a) BELFORT

Sur le chemin stratégique qui conduit de la Miotte à la route de Colmar, le Bathonien, que nous avons étudié précédemment (Ol, sect. 4 a), est recouvert par les assises suivantes :

COUPE N° II

Cornbrash.

1. Calcaire marno-sableux, grumeleux, jaunâtre; fossiles empâtés 0,20

tani et *bicostatus*, espèces exclusivement calloviennes, et l'absence des *Am. macrocephalus, anceps, athleta*. Le reste de la faune offre plutôt le caractère oxfordien; il est certain qu'elle n'a pas été recueillie *in situ*, mais probablement au pied d'un escarpement, où les fossiles des deux horizons se trouvaient mélangés.

1. *Statistique,* p. 182.

2. Calcaire blanc jaunâtre, oolithique . . . . , 0,30
3. Calcaire spathique, blanc, compact, en lits de 0,05 à 0,07   2
4. Calcaire compact, blanc, massif   0,55

Dans une carrière très voisine de la route de Colmar, on peut encore observer le passage de la Grande Oolithe au Cornbrash ; une masse de 10 mètres de calcaire oolithique, blanc ou bleu, y est surmontée par une mince couche de marne sableuse, renfermant *Pseudomonotis echinatus* et *Pecten vagans;* c'est notre assise n° 1 de la coupe précédente, plus tendre et plus marneuse.

Le Cornbrash est exploité dans plusieurs carrières, sur le territoire de Bavilliers; dans l'une d'elles, située près du chemin d'Essert, nous avons observé les couches suivantes :

COUPE N° III

Grande Oolithe.

1. Calcaire oolithique, miliaire, blanc ou bleu; bancs de 0,35 à 0,40   4

Cornbrash.

2. Marne grise, terreuse, avec lits de marno-calcaire gris jaunâtre, irrégulièrement intercalés dans la marne   1,50
Avicula Munsteri, Ostrea Sowerbyi.
La puissance de cette couche est de 1^m50 en moyenne, mais elle varie d'un point à l'autre de la carrière, et atteint à certains endroits 2^m35.

3. Calcaire blanc ou gris, grenu, avec de rares oolithes, en bancs de 0,10 à 0,15. Dans la carrière, cette couche est visible sur 0,50, mais sur le chemin d'Essert elle mesure   2

4. Calcaire blanc, oolithique, feuilleté en lits minces de 0,02 à 0,03   4

Dans les carrières au sud de Bavilliers et au sud d'Argiésans, ces deux dernières assises se montrent à nu sur une grande étendue ; l'inférieure, qui mesure de 2 à 3 mètres, est formée d'un calcaire grenu sans oolithes, blanc grisâtre, divisé en bancs de 0^m15 à 0^m20 ; la supérieure, puissante de 3 à 4 mètres, est constituée par un calcaire oolithique, blanc, feuilleté en lits minces de 0^m03 à 0^m05. A Banvillars, l'épaisseur des deux cou-

ches réunies est de 8 mètres, leur constitution est la même ;
nous y avons recueilli, dans la zone supérieure, deux nodules de
calcaire compact arrondis du volume du poing.

Autrefois, le Callovien apparaissait entièrement à découvert
dans la tranchée de Banvillars, où M. Parisot l'a observé ; aujourd'hui, pareille observation n'est plus possible, la couche
étant absolument recouverte ; mais nous avons pu étudier cet
étage et voir son contact avec le Cornbrash, non loin de là, sur
la voie du chemin de fer stratégique nouvellement construit,
entre ce village et Argiésans, à cent mètres au sud de la route,
où il se présente ainsi :

Coupe N° IV

Cornbrash.

1. Calcaire blanc, oolithique, miliaire, en lits minces de 0,02 à
0,03 0,50
2. Calcaire spathique, blanc grisâtre intérieurement, jaunâtre à
l'extérieur, quelques rares oolithes ; *Crinoïdes*, débris organiques
nombreux. 1

Callovien.

3. Marno-calcaire grumeleux, jaune rougeâtre, en lits massifs de
0m15, séparés par des lits désagrégés. Les zones massives sont formées de parties marno-calcaires, gréseuses, rougeâtres, cimentées
par des parties plus dures, plus calcaires et d'un jaune plus clair.
Nombreux fossiles. 1
*Nautilus hexagonus 5, Perisphinctes sulciferus 3, Cosmoceras
Duncani 3, Jason, Reineckia anceps 5, Greppini 3, Macrocephalites macrocephalus, Stephanoceras coronatum, Harpoceras hecticum 5.*
4. Marno-calcaire jaune pâle, un peu gréseux, en lits massifs de
0,10 à 0,15 séparés par des lits désagrégés ; texture plus homogène
que 3 ; fossiles nombreux 1,50
*Belemnites hastatus 5, Perisphinctes sulciferus 3, Reineckia
anceps 3, Greppini 3, Harpoceras hecticum 4.*
5. Marne terreuse d'un jaune grisâtre 2,50
Belemnites hastatus.

Ces couches plongent vers l'est sous un angle de 15° environ.

b) DAMPIERRE

A Dampierre-sur-le-Doubs le Cornbrash se montre à découvert dans la tranchée du chemin de fer, il est ainsi constitué :

COUPE N° V

1. Marne terreuse grise, avec fragments de calcaire marneux bleuâtre, et lamelles de gypse. Visible sur 2
Pas de fossiles.
2. Calcaire oolithique, jaune rougeâtre, un peu grumeleux en bancs de 0,15 à 0,20, séparés par de minces lits marneux . . . 2
3 Calcaire oolithique blanc intérieurement, jaune rougeâtre extérieurement, grumeleux par places, spathique ailleurs, oolithique partout, feuilleté en dalles de 0,10 à 0,15. Environ 8
Cette couche disparaît sous les assises marneuses, recouvertes elles-mêmes, du Callovien et de l'Oxfordien.

M. Contejean [1] cite parmi les fossiles du Cornbrash de Montbéliard : *Ammonites macrocephalus* et *Ostrea costata*.

Le Callovien, d'après le même géologue, est formé de marne bleue ou jaune, et alors ferrugineuse, avec grains de fer pisiformes renfermant : *Belemnites latesulcatus, hastatus, Ammonites anceps, coronatus, hecticus macrocephalus* et dont l'épaisseur est de plusieurs mètres.

c) CLERVAL

La coupe de l'Oolithe inférieure aux environs de Clerval (OI, sect. 4 *d*, VIII) se continue ainsi :

COUPE N° VI

Cornbrash.

1. Marno-calcaire gris jaunâtre, noduleux, désagrégeable en bancs de 0,15 à 0,20, alternant avec des marnes feuilletées en lits de 0,25 à

1. *Esquisse d'une description du pays de Montbéliard,*

0,30. Cette assise donne naissance, par désagrégation, à de véritables *sphérites* et à une marne terreuse jaune. 3

   Terebratula globata.

  2. Calcaire oolithique et spathique un peu grumeleux, articulations de *Crinoïdes* 2

La partie supérieure du Cornbrash et le Callovien ne sont pas visibles.

d) BAUME-LES-DAMES

Nous avons vu, en étudiant l'Oolithe inférieure des environs de Baume-les-Dames, que près du village d'Adam-lez-Passavant, le Forest-marble se termine par une couche de calcaire gris, oolithique, à oolithes miliaires très nombreuses, au delà de laquelle une petite combe indique l'existence de la couche marneuse du Cornbrash, reposant sur ces calcaires oolithiques ; quelques débris marneux visibles à ce niveau, dans le fossé d'un chemin, confirment cette interprétation. Cette marne supporte un calcaire d'un jaune roux, avec oolithes miliaires très nombreuses et parties sableuses, en bancs de 0,15 à 0,20, découvert sur 2 mètres d'épaisseur.

Le Cornbrash est plus facilement observable à la sortie de Baume même, sur la route de Clerval, où il est ainsi composé :

Coupe N° VII

  1. Calcaire gris blanchâtre, gréseux, oolithique et spathique

  2. Marne sableuse, d'un gris bleuâtre, en lits massifs de 0,15 à 0,20, séparés par des lits feuilletés de 0,05 à 0,10. 3

  3. Calcaire marneux, sableux, blanchâtre ou brunâtre, désagrégeable 1

  4. Calcaire jaune brun, un peu marneux et un peu sableux, creusé d'innombrables vacuoles microscopiques. 0,20

  5. Calcaire spathique, brunâtre, criblé de vacuoles microscopiques, quelques oolithes miliaires ; bancs de 0,20 1

  6. Calcaire rouge lie de vin, spathique, sableux, feuilleté . 0,10
Cette couche ne peut être suivie que sur une faible étendue.

  7. Calcaire gris blanchâtre, compact spathique, bancs de 0,15 à 0,20 2,20

8. Calcaire blanc grisâtre, oolithique, oolithes miliaires adhérentes; lits de 0,10 à 0,20 2,50

9. Calcaire brun jaune, spathique, oolithes miliaires diffuses dans la roche 0,50

10. Calcaire blanc gris, feuilleté en lits de 0,05, très oolithique, avec oolithes miliaires détachées de la roche 2,50

La partie supérieure du Cornbrash est recouverte ici, mais on peut voir son contact avec le Callovien, ainsi que cet étage tout entier, non loin de ce point, à quinze cents mètres environ à l'ouest de la ville, sur l'ancien chemin de Cendrey, où il se présente ainsi :

COUPE N° VIII

Cornbrash.

1. Calcaire gris grenu très oolithique, oolithes miliaires mélangées de grains cannabins et de grains pisiformes, par place la roche devient blanche et feuilletée 1

Callovien.

2. Calcaire rougeâtre, grenu spathique, comme formé d'innombrables cristaux de spath agglomérés par un ciment rouge ferrugineux   0,10

3. Calcaire gris spathique avec quelques oolithes diffuses dans la roche et veiné de spath, offrant sur certains points l'aspect d'un conglomérat et renfermant des nodules ferrugineux, gros comme un œuf ou comme le poing, et des fossiles ferrugineux 0,60
Perisphinctes funatus, Backeriæ, Cosmoceras Duncani, Calloviensis, Reineckia anceps, Harpoceras hecticum 5, Pecten vitreus, Waldheimia obovata, Rhynchonella varians.

4. Couche presque entièrement ferrugineuse et un peu calcaire avec nodules et fossiles ferrugineux 0,05
Même faune.

5. Marno-calcaire très dur, gris ou jaune clair par places, fossiles nombreux 0,40
Perisphinctes sulciferus, Cosmoceras Jason, Duncani, Reineckia anceps, Harpoceras hecticum, Goniomya aff. trapezina, Pecten vitreus, Waldheimia obovata, Rhynchonella varians.

6. Marne grise, terreuse, en partie recouverte 5
Cosmoceras Duncani, Reineckia Fraasi, Harpoceras hecticum, Aptychus sp., Terebratula dorsoplicata.

7. Marne oxfordienne recouverte.

e) LAISSEY

La coupe de l'Oolithe inférieure de Laissey (OI, sect. 4 f, XII) se constitue ainsi, au point où le chemin de Laissey à Roulans atteint le plateau de Roulans.

Coupe N° IX

Forest-Marble.

Cornbrash.

1. Calcaire gris, finement oolithique, un peu spathique. . .   2
2. Calcaire jaune clair, oolithique, oolithes miliaires, débris organiques abondants, empâtés, structure en bancs massifs de 0,90 à 1,20, avec tendance à se diviser en lames minces de 0,05 à 0,10 . .   6

Grandes huîtres. *Ostrea Parandieri.*

3. Calcaire gris rosé, spathique et oolithique, oolithes irrégulières ; débris organiques roulés, aspect de charriage, structure en lames de 0,05 à 0,06.   2
4. Terre végétale et marne à fossiles oxfordiens.

Au village de Laissey, à moins de deux kilomètres du point où se termine notre coupe, on peut observer, entre les calcaires compacts du Forest-Marble et les assises oolithiques du Cornbrash, une couche de marne bleue de 1m50 d'épaisseur, renfermant *Pseudomonotis echinatus.* Ce banc marneux est recouvert de 3 à 4 mètres de calcaire grenu, plutôt qu'oolithique, puis de 6 mètres de calcaire oolithique, supportant une mince assise de marno-calcaire avec : *Pecten vagans, Ostrea costata, Waldheimia digona* et nombreux *Bryozoaires,* qui est elle-même recouverte par 2 ou 3 mètres de roche grenue, feuilletée, spathique et riche en lamelles de Crinoïdes. M. Henry a déjà publié la coupe du Cornbrash du village de Laissey, et fait connaître les fossiles qu'il contient [1]; nous l'exposerons plus loin dans tous ses détails.

1. J. HENRY, *Bathonien supérieur,* p. 2.

f) BESANÇON

La coupe de l'Oolithe inférieure sur la route de Quingey, vis-à-vis d'Avanne (OI, sect. 4 *h*, XX), se continue ainsi :

Coupe N° X

Cornbrash.

1. Calcaire blanc jaunâtre, oolithique et spathique, oolithes miliaires 2
2. Calcaire noirâtre, spathique, très dur 2
3. Marne jaune, stérile 0,10
4. Calcaire compact, gris foncé ou noirâtre, spathique, très dur ; bancs de 0,10 1
5. Marno-calcaire grisâtre, gréseux en plaquettes minces, appartenant au Callovien, visible sur quelques centimètres.

Plus près de Besançon, aux Papeteries Bisontines, on peut observer à découvert le Cornbrash et le Callovien, comme nous l'avons déjà dit. Ils se présentent ainsi :

Coupe N° XI

Forest-Marble.

Cornbrash.

1. Calcaire gris de fumée, un peu oolithique à la partie supérieure, compact à la partie inférieure 1,50
2. Calcaire gris, oolithique, oolithes miliaires, division en bancs de 0,25 à 0,30 0,80
3. Calcaire gréseux, jaunâtre ou bleu, pétri de débris organiques brisés 1
Polypiers.
4. Calcaire gris, oolithique en bancs de 0,20 à 0,25, passant à un calcaire gréseux, à oolithes ferrugineuses, à la partie supérieure de l'assise 1

Callovien

5. Placage ferrugineux 0,02
6. Marne oolithique, brune, ocreuse, très ferrugineuse . . 0,30
7. Marne grise, feuilletée, blanchâtre 0,20

8. Marne oolithique d'un gris jaunâtre avec oolithes ferrugineuses, noirâtres 1,50

Reineckia anceps, Stephanoceras coronatum.

9. Marne grise blanchâtre, non oolithique et stérile 3

Oxfordien.

10. Marne grise, en partie recouverte 52

A moins d'un kilomètre à l'ouest de ce point, sur le flanc de Bregille, au milieu des vignes, on constate l'existence, entre le *Forest-Marble* et le *Cornbrash*, d'une couche de marne grise, très fossilifère, épaisse de 1^{m}50 à 2 mètres, dans laquelle nous avons recueilli : *Waldheimia obovata, Terebratula intermedia, T. cf. maxillata, Rhynchonella elegantula.*

Cette formation marneuse, intercalée entre le Cornbrash et le Forest-Marble, était autrefois très distincte dans les fossés du fort de Champforgeron, à mille ou douze cents mètres à l'ouest de Besançon, où elle a été déjà étudiée par MM. Choffat [1], Henry [2] et Rollier [3], qui ont fait connaître sa faune.

Cette assise manque sur d'autres points du territoire bisontin, notamment à la Combe du Pont de Secours, à l'est de la citadelle, et à Palente, à quatre kilomètres au nord de la ville.

Près de cette localité, dans une carrière située à gauche de la route de Lure, on voit le Forest-Marble surmonté directement par le Cornbrash. Ce dernier sous-étage est formé ici de 4 ou 5 mètres de calcaire oolithique, divisé en lits de 0,05 à 0,10 centimètres ; il renferme *Pecten annulatus, P. vagans, Terebratula dorsoplicata, T. coarctata.* A 50 mètres environ à l'ouest de ce point, on voyait autrefois, dans la tranchée de la route, le Callovien et son contact avec le Cornbrash. La zone à *Ammonites anceps,* épaisse de 1 mètre, a fourni de nombreux fossiles, que nous indiquerons plus loin, à M. le docteur Cavaroz. Elle est aujourd'hui entièrement recouverte, mais la zone à *Ammonites athleta* est plus accessible aux investigations ; elle est constituée par des marnes grises, tendres ou dures de 1,50 à 2 mètres de

1. *Esquisse.* 1878.
2. *Bathonien supérieur.* 1881.
3. *Formations jurassiques.* 1883.

puissance, au milieu desquelles on recueille : *Belemnites Clucyensis, latesulcatus, Peltoceras athleta, Perisphinctes sulciferus, Cosmoceras aff. Jason, Oppelia bicostata, Harpoceras punctatum, Cardioceras Lamberti, Aptychus berno-jurensis, Plicatula subserrata, Terebratula dorsoplicata, Waldheimia subrugata.*

Le chemin d'exploitation de la marnière de Palente, situé à quatre ou cinq cents mètres plus à l'est, entame le Callovien. La zone à *Ammonites anceps*, visible sur 0,80 centimètres, est formée d'un marno-calcaire gréseux jaune clair, désagrégeable, contenant entre autres fossiles : *Perisphinctes sulciferus* 4, *Reineckia anceps* 3, *Terebratula dorsoplicata* 5, *Rhynchonella spathica* 4. Cette assise est recouverte par des marnes grises terreuses avec : *Belemnites hastatus* 5, *latesulcatus, Peltoceras athleta, Harpoceras hecticum* 5, *Amaltheus Lamberti* 3, *Terebratula dorsoplicata* 5, qui passent aux marnes oxfordiennes, sans que l'on puisse établir entre elles de séparation distincte. Cependant nous avons recueilli, sur le sol de la grande marnière, *Ammonites athleta* d'une teinte noire brillante, particulière aux fossiles phosphatés, qui indique, d'après M. Choffat, le niveau le plus élevé du Callovien ; la zone à *Ammonites athleta*, mesurerait, d'après cela, de 2 à 3 mètres d'épaisseur.

g) AMANGE

La coupe de l'Oolithe inférieure à Amange (OI, sect. 4 *i*, XXI) se continue ainsi :

Coupe N° XII

Cornbrash.

1. Calcaire oolithique, gris, massif 3
2. Calcaire marneux, un peu oolithique, grumeleux, désagrégeable. 2
3. Calcaire blanc, oolithique, oolithes miliaires ; structure en lits de 0,05 3
4. Calcaire marneux, jaunâtre. 0,50
Pecten vagans, Waldheimia digona.
5. Calcaire blanc, oolithique, pâte spathique 2

6. Calcaire blanc,. oolithique comme 5, très nombreux débris organiques roulés. 3,50

7. Calcaire jaune blanchâtre, gréseux, un peu marneux . . 0,25

8. Même roche, feuilletée.

La végétation recouvre la couche n° 8, et ne permet pas de voir
la terminaison du Cornbrash. Ce sous-étage peut être encore observé, en partie au moins, à cinq ou six kilomètres d'Amange,
près de Rochefort, dans une carrière à l'entrée du village. On y
voit :

COUPE N° XIII

1. Calcaire oolithique blanc, oolithes miliaires 6

2. Marno-calcaire gris, jaunâtre, gréseux, très désagrégeable,
feuilleté ou terreux. 0,60

3. Marno-calcaire gris, jaune ou blanchâtre massif, tendance à se
diviser en lames irrégulières . . . . . · 10

Dans la tranchée du chemin de fer, près de la gare de Rochefort, cette même couche n° 3 se rencontre encore, mais elle renferme là des plaquettes siliceuses de couleur blanche, rubanées
et comme feuilletées.

h) DOLE

Aux environs de Dole, les couches les plus inférieures du
Cornbrash se montrent à découvert, près de l'usine Besson, sur
le bord du chemin de fer, à deux kilomètres à l'ouest de Dole,
et à cinq cents mètres de la bifurcation des lignes de Dijon et
de Châlons, dans la direction de Dijon. Elles se présentent
ainsi :

COUPE N° XIV

1. Au niveau de la voie ferrée, Calcaire jaunâtre rosé, oolithique,
oolithes miliaires ; massif 2

2. Marno-calcaire grisâtre, très désagrégeable et prenant en des
points très voisins, tantôt l'aspect d'une roche massive, tantôt celui
d'une marne terreuse 2

*Macrocephalites macrocephalus, Pecten vagans, Echinobryssus
clunicularis* [1].

1. Fossiles recueillis et communiqués par M. Pernet.

3. Calcaire jaune rosé, oolithique, massif; quelques silex rubanés 8

Cette couche est recouverte, et on ne peut pas poursuivre l'étude du Cornbrash plus avant dans cet endroit, mais ce sous-étage affleure aux environs de Dole, en divers points topographiquement plus élevés, et les assises qui sont entamées dans diverses exploitations appartiennent à un niveau stratigraphique supérieur à celui de la coupe précédente.

Une grande exploitation ouverte au nord-ouest de Dole, vers la Grange-Truchenne, montre les couches suivantes :

COUPE Nº XV

1. Calcaire gris, oolithique, oolithes miliaires très serrées .   0,60
2. Calcaire gréseux et oolithique, jaune clair avec taches, veines et arborisations violacées, parties bleues dans la roche, silex rubanés 4,35
3. Calcaire gréseux et oolithique, jaune clair, oolithes miliaires 3,50
4. Calcaire gréseux, comme plus haut, un peu marneux, tendre et désagrégeable 0,30
Ostrea costata, *Waldheimia digona*, *Bryozoaires*, *Polypiers*.
5. Calcaire gris oolithique, oolithes miliaires très nombreuses ; structure en lits minces de 0,03 à 0,05. Visible sur 2

Une autre carrière, située sur la route de Champvans, offre la succession suivante :

COUPE Nº XVI

1. Calcaire oolithique gris, oolithes miliaires et cannabines très serrées, détachées de la pâte. Aspect gréseux 4
2. Calcaire marneux jaune, spathique gréseux, un peu oolithique, facilement désagrégeable, formée de lits de 0,10, massifs ou désagrégés. Cette assise varie beaucoup d'un point à un autre de la carrière, dans certains endroits elle paraît entièrement massive, dans d'autres, entièrement désagrégée, ailleurs elle présente l'état intermédiaire que nous avons décrit 1
Pecten vagans 3, *Ostrea costata* 5, *O. Parandieri* 3, *Waldheimia digona* 5, *Bryozoaires*.
3. Calcaire compact, jaune brun, gréseux, un peu spathique avec quelques oolithes, massif 1,80

4. Même roche divisée en feuillets de 0,03 à 0,05. Un banc de silex rubané se montre au milieu de cette couche dans toute la carrière 1

Une autre carrière, près de la gare de Champvans, permet encore de reconnaître la même série d'assises ; elle est composée de 5 mètres de calcaire oolithique, puis de 1 mètre de calcaire gréseux très fossilifère, d'un jaune brun clair, mais massif et non désagrégé, puis de 4 mètres de calcaire gréseux de même nuance, un peu oolithique. Des silex rubanés se rencontrent dans les trois couches, ils sont plus nombreux dans la dernière.

La partie supérieure du Cornbrash se voit au-dessus de Champvans, à cinq cents mètres du village ; elle est formée du même calcaire gréseux jaune brun, très oolithique et séparée seulement des marno-calcaires de l'Argovien par une distance verticale peu importante. Plus près de Dole, sur le chemin de Champvans, on voit aussi des couches appartenant à la partie supérieure du Cornbrash et qui sont formées de calcaires stratifiés en lits minces, à oolithes de différentes tailles et de formes arrondies mais irrégulières (oolithes oviformes de M. Thirria).

On peut admettre, d'après ces diverses observations, que le Cornbrash offre à Dole la composition suivante :

1. Calcaire oolithique jaune rosé de structure massive (Usine Besson, couche inférieure).

2. Marno-calcaire désagrégeable, 2 mètres (Usine Besson).

3. Calcaire oolithique jaune rosé ou gris. Quelques silex. Environ 8 à 10 mètres.

4. Calcaire gréseux et oolithique jaune clair, veiné de violet. Quelques silex. 8 mètres.

5. Calcaire gréseux plus ou moins marneux, suivant les endroits, désagrégeable, renfermant des silex rubanés. Niveau fossilifère à *Pecten vagans*, *Ostrea costata*, *Waldheimia digona*, *Bryozoaires*, etc. 2 à 3 mètres.

6. Calcaire gréseux et oolithique, massif ou feuilleté, avec oolithes de formes irrégulières et de tailles différentes. Environ 6 à 8 mètres. Silex rubanés.

La puissance du Cornbrash de Dole peut être évaluée à 30 ou

35 mètres ; il présente deux niveaux fossilifères et renferme des silex rubanés à tous les niveaux au-dessus de la marne inférieure.

Le Cornbrash se montre encore en partie à découvert entre l'usine Besson et Dole, sur le bord de la voie ferrée, au point de bifurcation des lignes de Dijon et de Chalon. Sa partie inférieure n'est pas très nette, mais sa partie supérieure est bien caractérisée et elle est recouverte par un banc de 1 à 2 mètres d'épaisseur d'un calcaire compact, un peu marneux, jaune rougeâtre, taché d'ocre et de sanguine, un peu spathique et renfermant : *Peltoceras arduennense, Perisphinctes funatus, Harpoceras hecticum, H. punctatum, Cardioceras Lamberti* 5, *C. Mariæ*, représentés par des individus entiers ou des fragments suffisamment caractérisés et d'autres ammonites plus déformées que nous rapportons, avec moins de certitude, aux espèces : *Peltoceras athleta, P. Constanti* et *Aspidoceras perarmatum*. On trouve aussi dans ces calcaires : *Belemnites hastatus* 5, *Rostellaria Danielis, Pholadomya ovulum* (?), *Lima pectiniformis, Pecten fibrosus, Plicatula subserrata, Terebratula dorsoplicata, Rhynchonella obtrita*.

Cette assise n'est pas la couche à *Ammonites anceps ;* ce fossile y fait absolument défaut. Nous examinerons plus loin à quel niveau elle correspond ; bornons-nous pour le moment à rappeler que M. Jourdy hésite d'abord à admettre [1], puis n'admet pas l'existence du Callovien aux environs de Dole [2], et que M. Bertrand s'est rangé à ce dernier avis [3].

---

1. JOURDY, *Bull. Soc. géol.*, 2e série, t. XXVIII, p. 256. — (Coupe du palier Argovien de Dole).

2. JOURDY, *Bull. Soc. géol.*, 2e série, t. XXVIII, p. 285.

3. M. BERTRAND, *Notice explicative de la feuille de Besançon de la carte géologique.*

CINQUIÈME SECTION

a) SAINT-HIPPOLYTE

Dans les districts de Saint-Hippolyte, Glère, Brémoncourt, Maîche, Morteau et Gilley, où le Calcaire roux sableux s'intercale entre le Forest-Marble et le Cornbrash, la limite inférieure de ce dernier sous-étage est des plus difficiles à tracer, en l'absence de données paléontologiques et pétrographiques précises et uniformément répandues. Aussi, avons-nous pensé qu'une ligne de séparation artificielle s'imposant nécessairement, il était préférable de la placer au point où le caractère lithologique des couches se modifie, et où elles prennent la texture ordinaire de notre Cornbrash, et deviennent oolithiques. Nous reviendrons plus loin sur cette question.

A Saint-Hippolyte, le Cornbrash, ainsi défini, est constitué par une assise de calcaire gris rosé, oolithique et spathique, avec oolithes miliaires diffuses dans la roche, à cassure esquilleuse, primitivement massive, mais se divisant par exposition à l'air en lames de 0,05 centimètres, visible sur 2 mètres et recouverte par des éboulis oxfordiens avec fossiles de ce niveau (*Ammonites annularis, Arduennensis, hecticus, Lamberti, lunula, Renggeri, Waldheimia impressa*).

A Maîche, aux environs de Brémoncourt et de Glère, le Cornbrash est composé, d'après M. Kilian qui le désigne sous le nom de Dalle nacrée, par des calcaires en plaquettes un peu spathiques, remplis de Bryozoaires, de radioles de *Cidaris* et d'articles d'Encrines, à la base, et par des dalles plus spathiques et presque entièrement formées d'articulations de Crinoïdes à la partie supérieure ; sa puissance est de 10 à 15 mètres.

Le Callovien, très réduit dans ces trois localités, consiste en une assise de calcaire marneux jaunâtre, avec grains de limonite, mesurant de 0,30 à 0,50 centimètres et renfermant : *Reineckia anceps, Harpoceras hecticum*. A Glère et à Brémoncourt, ce banc marno-calcaire est recouvert de 0,50 centimètres de marne grise qui contient *Belemnites hastatus, Harpoceras hecticum*, et qui représente peut-être la zone *Ammonites athleta*.

b) TARCENAY

Le chemin de Tarcenay à Foucherans entame le Cornbrash au sortir du premier de ces villages ; le découvert n'atteint pas un mètre, mais il est intéressant cependant, parce qu'il montre deux minces assises marneuses fossilifères, l'inférieure de 0,10 centimètres avec *Echinobryssus clunicularis 5*, l'autre de 0,20 centimètres avec *Waldheimia digona 5* et *Bryozoaires* séparées par un banc de 0,30 centimètres de calcaire oolithique, présentant de nombreuses perforations arrondies et de grandes huîtres plaquées à sa surface.

c) ÉPEUGNEY

M. J. Henry a publié la coupe du Cornbrash d'Épeugney [1] qui est constitué, à la partie inférieure, par 1ᵐ20 de calcaire compact, un peu oolithique, reposant sur le Forest-Marble, puis par 1ᵐ20 de marne grossière, blanche ou bleue, avec quelques lits de calcaire oolithique intercalés dans la masse, renfermant beaucoup de fossiles, entre autres : *Pecten vagans, Ostrea costata, Terebratula intermedia, T. coarctata*, etc., et de nombreux *Bryozoaires*. Cette marne est recouverte par une assise oolithique de 1ᵐ50 surmontée elle-même par une couche de marno-calcaire, plus ou moins facilement désagrégeable, de 0ᵐ30 à 0ᵐ40, assez fossilifère et contenant : *Ostrea costata, Waldheimia digona, Bryozoaires*, que nous y avons recueillis. Une épaisseur de 3 à 4 mètres de calcaire gris, grumeleux, grenu, spathique mais non oolithique, taché de rouille à l'intérieur, divisé en bancs de 0,15 à 0,20, termine le sous-étage.

Cette coupe a été relevée sur la route entre Épeugney et Cléron vis-à-vis du chemin de Cademène ; plus loin sur la même route, à l'embranchement du chemin de Scey-en-Varais, les

---

1. *Bathonien supérieur*, p. 10-11.

mêmes couches réapparaissent moins nettes, mais recouvertes par des marno-calcaires jaunes à *Reineckia anceps*, aujourd'hui presque entièrement dissimulés par la végétation.

d) MORTEAU

A la Grand'Combe près de Morteau, le Calcaire roux sableux que nous avons étudié précédemment (OI, sect. 5 *f*, XXVIII) est recouvert par les calcaires oolithiques du Cornbrash qui forment deux assises : l'inférieure de 2 mètres, spathique et feuilletée en lits de 0ᵐ03 à 0ᵐ05 ; la supérieure mesurant aussi 2 mètres, moins oolithique, se divise en bancs de 0ᵐ10, elle est remplie de débris organiques roulés et brisés. La couche qui la surmonte est masquée par la végétation, mais elle est de faible épaisseur. Par suite de l'existence d'une petite faille au point où se termine notre coupe (OI, XXVIII, Cornbrash compris), ses dernières assises réapparaissent une seconde fois, puis disparaissent sous l'Oxfordien, à faciès Argovien, à quelques mètres de là. La ligne de contact est dissimulée par la végétation, mais la distance qui sépare le Cornbrash, tel que nous venons de le décrire, de la partie la plus inférieure de l'Oxfordien, ne dépasse pas 2 mètres. Le Callovien n'est pas visible.

e) LES COMBETTES

Le coupe près du passage à niveau des Combettes (OI, sect. 5 *g*, XXIX) se continue ainsi [1] :

Coupe N° XVII

Calcaire roux sableux déjà étudié.

---

[1]. Nous n'avons pu, en 1891 (*Note sur l'Oolithe inférieure*, etc.), n'ayant pas accès sur la voie ferrée, donner la puissance exacte des deux dernières couches de la coupe des Combettes, au-dessous des marnes exfordiennes, représentant le Cornbrash et le Callovien (nᵒˢ 6 et 7); nous avons pu depuis les mesurer exactement, grâce à l'obligeance de M. Kilian. Ce sont ces mesures que nous indiquons ici.

Cornbrash

1. Calcaire brun jaunâtre, oolithique, à oolithes miliaires, un peu spathique, feuilleté en lits de 0,02 à 0,03; quelques bancs prennent une teinte bleue prononcée. 10
  Bryozoaires.

Callovien.

2. Calcaire marneux, gréseux, jaune roux, facilement désagrégeable 3
  Reineckia anceps, R. Greppini, Harpoceras lunula, H. punctatum, Waldheimia pala, Terebratula dorsoplicata.

La partie supérieure de cette couche ne change pas d'aspect pétrographique, mais renferme *Peltoceras athleta.*

Oxfordien, marnes grises à fossiles pyriteux (*Ammonites sulciferus, cordatus heclicus, oculatus, perarmatus Renggeri*).

SIXIÈME SECTION

a) ORNANS

Le Bathonien supérieur et le Cornbrash se montrent à découvert, près de la station de Maizières, à trois kilomètres à l'ouest d'Ornans; leurs couches se présentent ainsi, à partir de la chapelle de Notre-Dame du Chêne.

COUPE N° XVIII

1. Forest-Marble. Calcaire gris, compact, à cassure esquilleuse 15

Cornbrash.

2. Calcaire bleu ou blanc, oolithique, à cassure esquilleuse, se divisant par exposition à l'air en lames de 0,05 à 0,10; peu oolithique d'abord à la partie inférieure, puis le devenant de plus en plus, à mesure que l'on s'élève 4,50
3. Calcaire oolithique, gris, bleu ou blanc, oolithes miliaires   1
4. Calcaire oolithique, bleu ou blanc rosé, oolithes miliaires, bancs de 0,35 à 0,40 1,10

La face supérieure de cette couche présente des stries et des perforations, dues à des empreintes de bivalves et de Bryozoaires.

5. Même roche 0,20
6. Marne noire, terreuse 0,20
7. Calcaire gris, dur, oolithique, désagrégeable 0,30
8. Marne noire, feuilletée 0,10
Empreintes de Pecten et de Bryozoaires à la partie supérieure.

9. Calcaire oolithique, gris, bleuâtre ou blanc, crayeux par places, oolithes très nombreuses et de différentes tailles, miliaires et canna-bines régulières, avec grains plus gros irréguliers, débris de Crinoïdes et d'Oursins, structure en bancs de 0,25 à 0,30. 1,70

10. Marne grise, noirâtre, grossière et grumeleuse en deux bancs, séparés par une assise de calcaire noir de 0,05, ce calcaire est spa-thique, nullement oolithique, pétri de fossiles 0,80

Ostrea Marshii, O. Parandieri, O. reniformis, Terebratula inter-media, Waldheimia digona 5, Bryozoaires, Crinoïdes, Serpules.

Cette couche était primitivement formée de lits de calcaire noir, séparés par des marnes feuilletées, elle a pris par désagrégation l'as-pect sous lequel nous la voyons. On trouve au milieu des marnes, des fragments de calcaire couverts de perforation de 0,01 centimètre de diamètre et d'une égale profondeur, régulièrement arrondies et sépa-rées les unes des autres par des intervalles de 0,01 à 0,02 centimètres.

11. Calcaire gris jaune, spathique, rempli de débris organiques et d'articulations de Crinoïdes, feuilleté en lames de 0,02 à 0,03.   0,50

Ce banc affleure près de la gare et n'y est pas recouvert, mais plus loin, du côté d'Ornans et du côté du Puits de la Brème, il est surmonté ainsi :

12. Calcaire jaune, spathique, grenu, rempli de débris organiques roulés et brisés. 1
13. Calcaire blanc ou bleu, oolithique, oolithes miliaires . . 2
14. Calcaire gris, compact, spathique 2

Au passage à niveau voisin de la gare d'Ornans, sur la route de Maizières, on voit les marnes du Cornbrash (assise n° 10 de la coupe précédente) former comme une lentille placée entre deux couches calcaires. Elles mesurent, à l'endroit dont nous parlons, 1 mètre d'épaisseur, puis elles s'atténuent graduelle-ment et finissent par disparaître complètement, dans la direc-tion de Maizières, comme dans la direction d'Ornans.

Ces marnes, qui semblent manquer à Ornans même, se re-trouvent à son extrémité opposée, dans une carrière où elles recouvrent les mêmes calcaires oolithiques que nous avons vus à

Maizières (N°s 3, 4 et 5), mais qui renferment ici de nombreux nodules de silex blanc, gros comme un œuf ou comme le poing.

Le Callovien ne peut être observé aux environs d'Ornans.

SEPTIÈME SECTION

a) MYON

La coupe du Bathonien sur la rive droite du Lison, au-dessous de Doulaise (OI, sect. 7 *b*, XXXIV), se termine par une assise oolithique appartenant au Cornbrash qui, sur ce point, est seulement visible sur 1 mètre d'épaisseur et ne permet pas de se rendre compte de la constitution de ce sous-étage. Mais il en est différemment de l'autre côté du plateau, sur le chemin de Doulaise à Refranche, où il se montre à découvert. On voit vis-à-vis d'Alaise le Forest-Marble, avec ses caractères habituels, situé, par suite d'une faille, au même niveau que la couche de marne formant la base de cette coupe.

Coupe N° XIX

Cornbrash.

1. Calcaire marneux, gréseux, jaunâtre 0,60
2. Marne grise, terreuse, en bancs de 0,50 à 0,60 séparés par des couches de calcaire marneux, gréseux, jaunâtre, se désagrégeant en nodules (sphérites) du volume des deux poings, de 0,30 à 0,40   3,30
   Pholadomya crassa.
3. Calcaire gris, grumeleux, oolithique, pétri de débris de coquilles et de tubes de serpules 0,20
4. Marne terreuse 0,20
5. Calcaire gris rosé, blanc ou bleu, spathique et oolithique, oolithes miliaires, tendance à se diviser en lits de 0,05 à 0,10. Très nombreux débris organiques roulés et brisés à la partie inférieure   3,80
6. Calcaire blanc, oolithique et spathique, oolithes miliaires, bancs de 0,50 à 0,60. 4

Cette couche, par suite d'une faille, est située sur le même niveau que la suivante.

8

7. Marne grise, terreuse 1
Ostrea costata, Waldheimia digona.
8. Calcaire oolithique, à oolithes miliaires, feuilleté en lits de 0,05
à 0,10. Visible sur 2

Malgré l'existence des deux petites failles que nous avons
signalées, la position stratigraphique de ces couches n'est pas
douteuse, elles appartiennent au Cornbrash, comme nous
l'avons indiqué.

b) SALINS

A Salins, d'après M. Marcou [1] comme d'après M. Choffat [2], le
Cornbrash est représenté par 4 mètres de calcaire oolithique,
passant souvent à une lumachelle et prenant alors l'aspect
nacré ; il renferme à la Gouaille : *Rhynchonella elegantula, Echinobryssus clunicularis.* M. Choffat, à qui nous empruntons ce
dernier détail, a donné une coupe du Callovien relevée au même
endroit [3]. Cette formation est constituée, à la partie inférieure,
par une mince couche de 0^m50 de marno-calcaire gris avec :
Serpula socialis, Pentacrinus Nicoleti, Bryozoaires ; et à la
partie supérieure, par une marne jaunâtre à oolithes ferrugineuses, contenant beaucoup de fossiles, entre autres *Ammonites anceps.*

c) DOURNON

On peut résumer ainsi la constitution du Cornbrash et du Callovien de Dournon, d'après M. Choffat [4].

La DALLE NACRÉE est formée d'un calcaire oolithique en dalles
plus ou moins épaisses.

Le CALLOVIEN présente ses deux niveaux à *Ammonites anceps*
et à *Ammonites athleta :* le premier renferme des oolithes ferrugineuses et beaucoup de fossiles ; parmi eux : *Ammonites
anceps, hecticus, Rhynchonella Royeriana ;* il mesure 1^m20 ; le
second, épais de 0^m70, est riche aussi en oolithes ferrugineuses

1. *Jura salinois.*
2 et 3. *Esquisse du Callovien et de l'Oxfordien.*
4. *Loc. cit.*

et contient : *Ammonites athleta, ornatus, Belemnites hastatus, Pholadomya Escheri.*

DESCRIPTION

CORNBRASH

SYNONYMIE

Calcaire à oolithes oviformes : THIRRIA, 1833.
Cornbrash : PARANDIER, 1839 ; BOYÉ, 1844 ; MARCOU, 1848 ; RÉSAL, 1864 ; VÉZIAN, 1865 ; BERTRAND, 1880, 1882 ; BOYER, 1877, 1888 ; RIGAUD, 1885 ; ALB. GIRARDOT, 1891.
Dalle nacrée : LEBLANC, 1838 ; GRENIER, 1843 ; RENAUD-COMTE, 1846 ; CONTEJEAN, 1862 ; ROLLIER, 1882 ; KILIAN, 1883, 1885, 1891, 1894 ; VÉZIAN, 1893.
Calcaire de Palente : MARCOU, 1856.
Bradford-Clay : PARISOT, 1864.
Calcaire de la Dalle nacrée : OGÉRIEN, 1867.
Bathonien jaune : JOURDY, 1871.
Bathonien supérieur : HENRY, 1880.

Entre les calcaires compacts, à aspect éburné, du Forest-Marble et les couches à *Reineckia anceps*, dont nous parlerons plus loin, on rencontre une série d'assises que nos géologues désignent sous le nom de Cornbrash ou sous celui de Dalle nacrée, et qu'ils rangeaient tous, il y a quelques années encore, dans le Bathonien ; lorsque M. Choffat, en 1878 [1], émit l'opinion que cette formation n'est qu'un facies de la zone à *Macrocephalites macrocephalus*, et qu'elle doit être en conséquence placée dans le Callovien. Plusieurs géologues ont adopté cet avis, mais d'autres n'ont pas cru pouvoir y adhérer sans réserve ; aussi nous proposons-nous d'examiner quelle place il convient d'assigner à ces couches ; mais auparavant nous étudierons séparé-

---

1. *Esquisse du Callovien et de l'Oxfordien.*

ment, bien que dans un seul chapitre, et ce Cornbrash et le Callovien.

Les assises que nous désignons sous le nom de Cornbrash sont de constitution variable ; certaines d'entre elles manquent ou paraissent manquer, dans des points très voisins de ceux où elles se présentent avec un grand développement ; d'autres se montrent avec un facies différent suivant les lieux où on les examine. Leurs variations sont si fréquentes qu'il nous semble nécessaire de choisir, pour lui comparer ensuite les coupes que nous avons relevées dans la région, un type présentant au complet toutes les formations du sous-étage. Or ce type ne se rencontre guère qu'à Laissey, M. Henry l'a déjà fait connaître [1], et nous résumerons ici la coupe qu'il a donnée et dont nous avons vérifié l'exactitude, en la disposant seulement en série ascendante, suivant l'ordre que nous avons adopté d'une façon générale, et sans suivre toutes ses divisions.

On y observe sur les calcaires compacts à pâte lithographique du Forest-Marble :

I. Calcaire gris, compact, grenu, perforations très nombreuses et débris d'huîtres adhérents à la face supérieure du banc, quelques noyaux de calcaire compact et quelques oolithes. 4

II. Marne bleue à *Avicula (Pseudomonotis) echinata* . . 1,50

III. *a)* Calcaire roussâtre à grains de calcaire compact.

b) Marne jaunâtre.

c) Calcaire roux grenu à grains de calcaire compact agglutinés par un ciment rouge, présentant un lit de cailloux plats, arrondis, perforés, situé à 1m30 au-dessus de la partie inférieure de la couche.

d) Calcaire roux à grains de calcaire compact, cimenté, lamelles spathiques, quelques oolithes ; banc de calcaire gris à la base (2m).

e) Calcaire gris oolithique, perforations à la partie supérieure du banc (6m20). Épaisseur totale de la couche 3 9,50

IV. Marno-calcaire très fossilifère 0,20

V. Calcaire gris ou gris jaunâtre plus ou moins ferrugineux, grenu, non oolithique, renfermant des lamelles spathiques miroitantes et de nombreux débris d'Échinodermes. Épaisseur de quelques mètres.

L'assise 1 de cette coupe est à peine oolithique à Laissey ; à

---

1. *Bathonien supérieur.*

Baume, où elle se réduit à 1 mètre d'épaisseur, elle est formée d'un calcaire sableux et oolithique ; à Amange, elle est oolithique et mesure 2 mètres ; il en est de même à Dole, où elle est épaisse de plusieurs mètres, et probablement aussi à Champlitte, où elle est plus puissante encore. A Belfort, la Grande Oolithe étant entièrement oolithique, on ne peut savoir si cette couche existe réellement, mais on ne l'observe pas à Clerval ni à Besançon. A Laissey, cette formation se termine par une surface perforée par les lithodomes et plaquée de grandes huîtres adhérentes, ailleurs elle ne renferme pas de fossiles.

La couche II est plus importante à considérer, elle est formée de marne grise passant au bleu ou au jaune, ordinairement sableuse, primitivement feuilletée, mais se désagrégeant facilement à l'air et devenant terreuse. En certains lieux elle est divisée en bancs distincts séparés par des zones de marno-calcaire qui se découpent en *sphérites*, sous l'influence des agents atmosphériques (Clerval, Doulaise) ; quelquefois elle passe à des marno-calcaires plus ou moins désagrégeables. Elle renferme partout des fossiles qui deviennent très abondants aux environs de Besançon, dans les gisements de Champforgeron et de Bregille. Fait singulier, cette marne manque en des points très voisins d'autres où elle se présente avec un beau développement. C'est ainsi qu'elle existe à Laissey, et qu'elle fait défaut à Roulans, à deux kilomètres de là, qu'elle se trouve bien représentée à Champforgeron, près de Besançon, et qu'elle ne se rencontre pas à Palente, à cinq kilomètres au nord-est de ce point, ni au Pont du Secours, à trois kilomètres à l'est ; qu'elle a été tout dernièrement mise à jour sur le flanc de la montagne de Bregille, dans la banlieue de Besançon, et qu'elle manque absolument aux Papeteries bisontines, à moins d'un kilomètre de là. Elle paraît exister à Combeaufontaine, dans l'ouest de la Haute-Saône, elle existe en réalité à Malbuisson, dans le même département, puis à Belfort, Bavilliers, Bavans, Dampvillars, Clerval, Baume, Adam-lez-Baume, Laissey, Miserey, Champforgeron, Bregille, Amange, Dole et Doulaise. Elle fait encore défaut à Beure, à Salins, probablement aussi à Épeugney et certaine-

ment à Maizières. M. Choffat et M. Henry ont déjà fait connaître
une partie de ces faits.

Cette assise marneuse renferme partout quelques fossiles,
mais ceux-ci sont surtout abondants à Champforgeron et à Bregille, deux localités de la banlieue de Besançon distantes de trois
kilomètres l'une de l'autre. Nous donnons ici la liste des principales espèces qui y ont été recueillies par MM. Choffat, Henry,
Rollier, Georges Boyer et par nous-même.

*Ceromya concentrica, Pholadomya Murchisoni, P. crassa,
Pseudomonotis echinatus, Avicula costata, Perna rugosa, Lima
impressa, Pecten demissus, P. vagans, Ostrea costata, O. grega-
rea, O. Knorri, O. Marshii, O. obscura, Terebratula cardium,
T. coarctata, T. intermedia, T. maxillata, Waldheimia obovata, Rhynchonella elegantula, R. Morieri, R. obsoleta, R. pli-
catella, Berenicea diluviana, B. lucensis, B. microstoma, Serpula lumbricalis, S. tricarinata, Holectypus depressus, Hemicidaris Langrunensis, Acrosalenia spinosa, Apiocrinus elegans,
A. Parkinsoni, Microsolena exelsa.*

D'autres fossiles ont encore été rencontrés dans cette assise,
en différents endroits ; nous nous bornerons à signaler ici
Macrocephalites macrocephalus, que M. Pernet y a recueilli à
Dole.

La couche III qui surmonte les marnes inférieures, ou qui
constitue la première couche du Cornbrash, en quelques localités, varie d'aspect suivant les lieux où on la considère : elle
est formée par des calcaires compacts à Malbuisson, Bavilliers
et Banvillars ; par des calcaires sableux d'abord, puis compacts,
puis oolithiques à Baume ; par des calcaires grumeleux et faiblement oolithiques à Clerval ; par des calcaires oolithiques en
bancs massifs à Belfort, Roulans, Amange, Dole, Maizières,
Épeugney et Doulaise ; par des calcaires rougeâtres empâtant
des nodules de calcaire compact gris ou blancs, ce qui donne à
la roche un certain faciès de charriage, surmontés par des calcaires oolithiques à Laissey et à Champforgeron. Elle paraît
manquer sur les autres points du territoire de Besançon, ainsi
qu'à Salins ; elle présente enfin un caractère spécial à Dampierre, près de Vougeaucourt, où elle est formée de calcaire

grumeleux et oolithique d'un jaune rougeâtre, disposé en bancs minces de 0^m10 séparés par de minces lits de marne feuilletée, de 0^m02 à 0^m03.

A Maizières et à Épeugney, cette couche renferme, vers son milieu, un banc de marne que sa faune rapproche plus de l'assise marneuse inférieure II, que de l'assise marneuse supérieure IV, le *Waldheimia digona* ne s'y montre pas encore. A Maizières on observe à ce niveau une surface taraudée. La puissance de la zone III, dans les diverses localités de la région, est indiquée par le tableau suivant :

Malbuisson.	7	Baume	7,50
Belfort	5	Champforgeron	5
Banvillars	5	Amange.	3
Bavilliers	5	Dole	12
Dampierre	2	Epeugney	3
Roulans.	2	Maizières	6
Laissey	9,50	Myon.	8

A Laissey et en quelques autres lieux, cette couche calcaire est recouverte par un banc marneux IV, de 0^m50 à 1^m ou 1^m50 d'épaisseur, massif ou terreux, renfermant en général une riche faune de Bryozoaires, de bivalves Monomyaires et Brachiopodes, entre autres : *Pecten fibrosus, P. vagans, Ostrea costata, Terebratula coarctata* et surtout *Waldheimia digona*, etc. Cette assise se rencontre à Rupt, Belfort, Laissey, Maizières, Épeugney, Doulaise, Dole, Amange, etc..., elle manque à Banvillars, Dampierre, Baume, Champforgeron, etc. Entre Maizières et Ornans on la voit s'atténuer de plus en plus et finir en biseau entre deux bancs calcaires.

Sur cette couche marneuse, reposent à Laissey quelques mètres de calcaire compact, c'est l'assise N° V ; il en est de même à Épeugney, Belfort et Beure. A Maizières, le dernier lit marneux est surmonté par 6 mètres de calcaire, compact à la partie inférieure et à la partie supérieure, oolithique à la partie moyenne.

Ailleurs, à Rupt, à Dole, à Doulaise, cette marne est recouverte par des calcaires oolithiques et spathiques qui se divisent, par exposition à l'air, en feuillets de quelques centimètres d'épaisseur, identiques d'aspect à la *Dalle nacrée* de l'est, dont il sera question plus loin. L'apparence miroitante qu'offre la cassure fraîche de la roche est due aux débris de Crinoïdes qu'elle renferme en grande quantité, entre autres à ceux de *Pentacrinus Nicoleti* caractéristique de ce niveau. Partout où manque le banc marneux dont nous venons de parler (IV), cette couche oolithique repose sur la couche qui la précède (III), comme on le voit à Banvillars, Dampierre, Malbuisson, Baume, Roulans. A Palente et au Pont du Secours, dans la banlieue de Besançon, ces calcaires oolithiques, feuilletés, épais de 5 mètres, constituent seuls le Cornbrash et recouvrent directement le Forest-Marble ; il en est de même à Salins. Aux Papeteries bisontines la troisième couche existe seule, représentée par une masse de calcaire compact avec deux bancs oolithiques, l'un à la partie moyenne, l'autre à la partie supérieure. A Beure, le sous-étage est formé de trois couches : l'inférieure, oolithique à la base, puis compacte plus haut, correspond à la couche III de la coupe de Laissey, elle mesure 4 mètres ; la moyenne est marneuse, rudimentaire (0^m10) et stérile, et la supérieure, mieux développée (1^m), est calcaire et ne renferme pas d'oolithes. Ces deux dernières représentent certainement les quatrième et cinquième bancs de la même coupe.

Nous devons encore signaler, à propos de la constitution variable du Cornbrash, l'existence en certains lieux de silex inclus dans la roche. A Ornans, ce sont des nodules blancs et arrondis, gros comme le poing, que l'on rencontre à sa base ; et aux environs de Dole, de Rochefort à Champvans, des silex rubanés formant dans la roche des amas lenticulaires de 0^m10 à 0^m15 d'épaisseur et de 0^m30 à 0^m40 et même 0^m50 de diamètre, qui se trouvent dans la troisième et la cinquième couche du sous-étage.

D'autres phénomènes plus importants encore doivent aussi fixer notre attention, nous voulons parler des surfaces perforées et taraudées, et des cailloux roulés observés à différents niveaux.

A Laissey, la couche I présente des perforations à sa partie supérieure, et des débris d'huîtres adhérents à cette surface, et la couche III, lit *c*, renferme, dans son intérieur, des grains qui paraissent avoir été enlevés à des couches plus anciennes, et vers son niveau supérieur un lit de cailloux roulés, ovales, aplatis, perforés eux-mêmes par des lithophages. A Champforgeron, l'assise sur laquelle repose la marne inférieure II est ravinée, et la couche III renferme des grains arrondis de calcaire compact, et des fragments de calcaire compact, grenu ou oolithique, arrondis sur leurs bords et perforés par les lithodomes, souvent des deux côtés à la fois. Ces fragments sont empâtés dans une roche, formée de grains agglomérés par un ciment ferrugineux, qui remplit souvent les perforations des lithodomes. A ces faits, indiqués déjà par M. Henry [1], nous pouvons ajouter les suivants : à Maizières, le banc qui supporte la marne inférieure présente des stries et des perforations de 0^m01 à 0^m02 de profondeur, et la marne supérieure renferme des fragments de calcaire, couverts de perforations arrondies de 0^m01 de profondeur, avec un égal diamètre, séparées les unes des autres par des intervalles de 0^m01 à 0^m02 ; en outre, la couche qui la recouvre est remplie de débris organiques roulés et brisés.

A Banvillars nous avons recueilli deux fragments roulés et arrondis de calcaire compact, chacun du volume d'un gros œuf, dans l'assise supérieure feuilletée du Cornbrash. A Tarcenay, l'assise sous-jacente à la marne supérieure est criblée de perforations arrondies et recouverte d'huîtres, plaquées à sa surface. Dans la Haute-Saône, en diverses localités, la couche supérieure du sous-étage renferme de grosses oolithes oblongues, d'où le nom de *couche à oolithes oviformes* que lui a donné M. Thirria ; il en est absolument de même à Dole.

La présence de véritables cailloux roulés à différents niveaux fait voir que pendant le dépôt du Cornbrash, des courants doués d'une certaine force sillonnaient la mer et érodaient le fond de son lit ainsi que les roches nouvellement formées ; les zones perforées et taraudées, situées à diverses hauteurs, montrent, de leur côté, que les assises récemment constituées ont, à plusieurs reprises, émergé plus ou moins complètement, puis ont été submergées de nouveau. Au moment où elles affleuraient la surface de l'eau, la puissance érosive des courants a été,

---

1. *Loc. cit.*

croyons-nous, suffisante pour faire disparaître en bien des points des sédiments déposés depuis peu, surtout des marnes toujours friables et tendres. Pendant la période de submersion suivante, d'autres couches se sont constituées, ne présentant pas partout le même facies, ne reposant pas partout sur le banc formé immédiatement avant elles, mais parfois sur un autre plus ancien, dans les lieux où l'érosion avait agi antérieurement. Ainsi s'expliquent facilement, par le seul jeu de forces qui ont laissé une trace manifeste de leur action, la constitution si variable du Cornbrash, et les lacunes qu'il présente en beaucoup d'endroits. Ces lacunes sont même si fréquentes, qu'il est peu de localités où ne manque l'une ou l'autre de ses assises, et que très souvent plusieurs font défaut à la fois.

Le tableau que nous venons de tracer du Cornbrash ne s'applique pas à l'est de la région; là en effet, le remplacement du facies Forest-Marble par le facies Calcaire roux sableux rend assez difficile la distinction entre les couches qui appartiennent à la Grande Oolithe, et celles qui lui sont propres; il semble cependant y être uniquement constitué par des calcaires feuilletés, oolithiques et spathiques, de 10 à 15 mètres de puissance, que beaucoup d'auteurs désignent sous le nom de Dalle nacrée, et qui correspondent exactement à la formation décrite, sous ce nom, par les géologues suisses (Desor et Gressly, Aug. Jaccard, Greppin, etc.).

On peut dire, d'une façon générale, que notre Cornbrash présente entièrement, dans l'est, le facies Dalle nacrée, tandis que partout ailleurs, ce facies se montre seulement à son sommet, sa base en offrant un autre, en partie marneux, en partie calcaire, que nous avons fait connaître. La présence, dans les calcaires feuilletés supérieurs du centre, du *Pentacrinus Nicoleti*, qui caractérise les bancs les plus élevés de la Dalle nacrée du Jura bernois [1], prouve le synchronisme de ces deux dépôts. Quant aux couches sous-jacentes à nos calcaires feuilletés, oolithiques et spathiques, elles appartiennent bien au Cornbrash et non au Forest-Marble ou au Calcaire roux sableux, comme l'in-

---

1. Greppin, *Jura bernois*.

dique la présence, dans leurs lits fossilifères, des : *Macrocephalites macrocephalus*, *Waldheimia obovata* et *W. digona* entre autres.

La faune des assises du Cornbrash, supérieures aux marnes de Champforgeron à *Waldheimia obovata*, est très riche, mais surtout en individus; les Huîtres, les Peignes, les Brachiopodes et les Bryozoaires s'y rencontrent en grand nombre. Les espèces les plus répandues ou celles qui méritent plus spécialement de fixer l'attention sont :

Belemnites canaliculatus, Perisphinctes procerus, Nerinea axonensis, N. cf. fasciata, Ceromya concentrica, Pholadomya Murchisoni, Trigonia undulata, Mytilus Lonsdalei, Pseudomonotis echinatus, Pecten vagans, P. fibrosus, P. Dewalquei, P. annulatus, Lima duplicata, L. pectiniformis, Plicatula subserrata, Ostrea costata, O. Marshii, O. Knorri, O. obscura, O. Parandieri, O. rastellaris, Waldheimia digona, Terebratula coarctata, T. globata, T. maxillata, T. intermedia, T. dorsoplicata, Rhynchonella concinna, R. elegantula, R. varians. A cette liste il faut encore ajouter de nombreux Bryozoaires, des Serpules, des Échinodermes, *Echinobryssus clunicularis* et *Pentacrinus Nicoleti*, entre autres, trois Polypiers et huit Spongiaires qui tous figurent au tableau de la faune.

FAUNE DU CORNBRASH

INDICATIONS DONNÉES PAR LES COLONNES : **1**, Couches inférieures à *Wald. obovata* (marnes de Champforgeron); **2**, Couches supérieures à *Wald. digona*; **I**, espèces provenant d'un niveau inférieur; **S**, espèces passant à un niveau supérieur.

ABRÉVIATIONS : Bf. = Belfort, Bs. = Besançon, Cler. = Clerval, D. = Dole, Ép. = Épeugney, Gr. = Gray, Hs. = Haute-Saône, La. = Laissey, M. = Montbéliard, Ma. = Maîche, Or. = Ornans, Tar. = Tarcenay, Vel. = Velloreille.

	I	1	2	S
Belemnites canaliculatus Schlot. — S. Bf.	+		+	
Ammonites macrocephalus Schlot. — D.		+		+
procerus Seab. — D.			+	
subbackeriæ d'Orb. — M. Bs.			+	+

	I	1	2	S
Ammonites subdiscus d'Orb. — Bf.			+	
Nautilus Baberi M. et L. — D.			+	
Nerinea acicula Arch. — Bs.			+	
axonensis d'Orb. — Bf. Bs.	+		+	
cf. fasciata Voltz. — Bs.			+	
Natica Verneuilli d'Arch. — Bs.			+	
Ditremaria globulus d'Orb. — Bf.			+	
Ceromya concentrica Sow. — Bf. Bs.	+	+	+	
Sysmondii M. et L. — Bf.			+	
undulata M. et L. — Bf.			+	
Gresslya abducta Ag. — Bf.	+		+	+
peregrina Phil. — M. Qg.	+		+	
recurva Phil. — Bf.			+	
Pleuromya decurtata Phil. — Hs. Bf.	+		+	
Jurassi d'Orb. — Bf.	+		+	
Pholadomya bucardium Ag. — M.	+		+	
crassa Ag. — partout.	+	+	+	
deltoïdea Sow. — M.	+		+	
Murchisoni Sow. — partout	+	+	+	
rugata Quenst. — Bf.			+	
Quenstedtia mactroïdes Ag. — M.	+		+	
securiforme Phill. — Bf. Bs.	+		+	
Cypricardia lathonica d'Orb. — Bf.	+		+	
Isocardia minima Sow. — Bf. Ep.			+	
Cyprina depressiuscula. M. et L. — Bf.			+	
Præconia rhomboïdalis Phill. — Bf.	+		+	
Astarte pumila Sow. — Hs.			+	
Trigonia costata Parck. — Bf.	+		+	
undulata. Ag. — Bf. Bs.			+	
Nucula variabilis Sow. — Bf.			+	
Arca rudis d'Orb. — Bf.			+	
Trichites bathonicus d'Orb. — Bf.	+		+	
Mytilus imbricatus d'Orb. — Bf.			+	
pulcher Goldf. — Bf.	+		+	
reniformis d'Orb. — Bf.	+		+	
Lonsdalei M. et L. — Or.			+	
Perna rugosa Munst. — Bs.		+	+	
Gervilia acuta Sow. — M.	+		+	
aviculoïdes Sow. — Bf.			+	
Pteroperna costulata Sow. — Bf.			+	
Pseudomonotis echinatus Sow. — partout.	+	+	+	

	I	1	2	S
Avicula Bramburiensis Sow. — Bf.	+		+	
costata Sow. — Bs.		+	+	
Munsteri Goldf. — Bf.			+	+
Pecten ambiguus Munst. — Bf.	+		+	
annulatus Sow. — Bs.			+	
comatus Munst. — Ma.			+	
demissus Bean. — Bf. Ep.		+	+	+
Dewalquei Opp. — Or. Ep.	+		+	
fibrosus Sow. — Bf. Ep. D.			+	+
hemicostatus M. et L. — Bf.			+	
cf. intertextus Lesueur. — Vel.			+	
lens Sow. — M. Or.	+		+	
luciensis d'Orb. — Ep.			+	
Palinurus d'Orb. — Bf.			+	
cf. peregrinus Sow. — Bs.		+	+	
rhetus d'Orb. — Bs.		+	+	
vagans Sow. — partout	+	+	+	
Hinnites tuberculosus d'Orb. — Bs.	+		+	
Lima aciculata Munst. — Bs.		+	+	
duplicata Sow. — Bs. Ep.	+	+	+	+
gibbosa Sow. — Hs. Ep.	+		+	
impressa M. et L. — Bs. Hs.	+	+	+	
lirata Munst. — Bs.		+	+	
pectiniformis Br. — partout.	+		+	
punctata Sow. — Bs.			+	
sulcata Munst. — Bf.	+		+	
ovalis d'Orb. — Bf.			+	
Plicatula Chavanni Chof. — Bs.		+	+	+
subserrata Goldf. — Ep. Bf. S.			+	+
Ostrea costata Sow. — partout.		+	+	
explanata Sow. — Ma.	+		+	
gregarea Sow. — Ma.	+	+	+	+
Knorri Voltz. — M. Ep. Bf.	+	+	+	
Marshii Sow. — partout.	+	+	+	
obscura Sow. — Bs. Bf. D.	+	+	+	
Parandieri C. et P. — partout.			+	
rastellaris Mü. — Ep. M. Bs.			+	
Sowerbyii M. et L. — D. Bf.			+	
Waldheimia digona Sow. — partout.			+	
obovata Sow. — Bs.		+		+
ornithocephala Sow. — M.	+		+	

	I	1	2	S
Terebratula Cardium Lamk. — Bs.	+	+		
coarctata Park. — Bs. La. Ep. Or.		+	+	
dorsocurva Et. — Tar.			+	
dorsoplicata Suess. — Ep. Bs.			+	+
Faivrei Cog. et Pid. — Mouillevillers.			+	
Fleischeri Opp. — M. Or.			+	
globata Sow. — Cler.	+		+	
intermedia Sow. — partout	+	+	+	
maxillata Sow. — partout	+	+	+	
orbicularis Sow. — Tar.			+	
Sæmanni Opp. — Ep.			+	+
Rhynchonella concinna Sow. — partout.	+		+	
cuneata Cog. et Pid. — Bs.			+	
Fischeri Rouil. — Ep.		+	+	+
elegantula Bouch. — Bs. Or. M.		+	+	
minuta Buv. — Ep.			+	+
Morieri Dav. — Bs.		+	+	
obsoleta Sow. — M. Bs.	+	+	+	
plicatella Sow. — Bs.		+	+	
Rotpletzi Haas. — Or.			+	
Royeriana d'Orb. — Ep.			+	
spinosa Schl. — M. Gle.	+		+	+
varians Schl. — Bf. M. Gle.			+	
Zieteni d'Orb. — Bf. M.	+		+	+
Stomatopora dichotoma Haim. — Or.			+	
Heteropora corymbosa Haim. — Or.			+	
conifera Haim. — Or. Tar.			+	
dumetosa Mich. — Ep. Tar.			+	
Reticulipora dianthus Haim. — Ep.			+	
Berenicea diluviana Lamour. — Bs.		+	+	
luciensis Haim. — Bs. Ep. La.		+	+	
microstomata Haim. — Ep. La.		+	+	
striata Haim. — Ep.			+	
Diastopora Eudesana Haim. — Ep.			+	
Michelini Haim. — Ep.			+	
luciensis Haim. — Bs.			+	
Serpula conformis Goldf.— Bs. Ep.			+	+
flaccida Goldf. — Or.	+		+	
gordialis Goldf. — Bf. Ep.			+	+
grandis Goldf. — Bf.	+		+	
lombricalis. Schl. — Bs. Bf.	+	+	+	+

	I	1	2	S
Serpula plicatilis Munst. — Bf.	+		+	
quadrilatera Goldf. — Bf.			+	
tricarinata Goldf. — Ep. Bs.		+	+	
vertebralis Sow. — Me.			+	
Pygurus depressus Ag. — Ep.			+	+
Clypeus patella Ag. — S. Bf.	+		+	
Nucleolites latiporus Ag. — S.			+	
Thurmanni Des. — S. Bs.			+	
Echinobryssus clunicularis d'Orb. — Bf. Gr. D.		+	+	
orbicularis d'Orb. — Ma. Bf.			+	
Holectypus depressus Lesk. — partout.		+	+	+	+
Hemicidaris langrunensis Cott. — Bf. S. Bs.		+	+	
luciensis d'Orb. — Bf.			+	
Stomechinus bigranularis Des. — Bf.			+	
Acrosalenia decorata Des. — Bf.			+	
spinosa Ag. — Bs. Bf.		+	+	
Cidaris bathonica Cott. — Ep.	+		+	
Isocrinus Andreæ. Des. — S. Bs.			+	
Pentacrinus Nicoleti Des. — partout.			+	+
nodosus Quenst. — Bf.			+	
Apiocrinus elegans d'Orb. — Bf. Bs.		+	+	
Parkinsoni d'Orb. — Bs.		+	+	
Cladophyllia Barbeaunana Ed. et Haim. — Bf.	+		+	
Anabatia orbulites d'Orb. — Bf.			+	
Microsolena excelsa Ed. et Haim. — Bs.		+	+	
Sparsispongia tuberosa d'Orb. — Ep. Tar.			+	
Discoelia? pistiloïdes From. — Bf.			+	
Eudea cymosa Lamour. — La. Or.			+	
lagenaria d'Orb. — Tar.			+	
lycoperdoïdes Mich. — Ep. Or.			+	
pistiliformis d'Orb. — Ep. Tar.			+	
Stellispongia stellata d'Orb. — Tar.			+	
Cupulospongia helvelloïdes d'Orb. — Bf.			+	

CALLOVIEN

SYNONYMIE

Marne moyenne avec minerai de fer oolithique, pp. THIRRIA, 1833.
Étage jurassique moyen, pp. PARANDIER, 1839.

Marnes oxfordiennes, pp. GRENIER, 1843.

Minerai de fer oxfordien. BOYÉ, 1844.

Marne et calcaire marneux oxfordien, pp. RENAUD-COMTE, 1846.

Fer oolithique sous-oxfordien ou kellovien. MARCOU, 1848.

Fer de Clucy. MARCOU, 1856.

Minerai de fer sous-oxfordien ou kellovien. RÉSAL, 1864.

Fer sous-oxfordien. ÉTALLON, 1862.

Callovien. CONTEJEAN, 1862 ; PARISOT, 1864 ; JOURDY, 1871 ; CHOFFAT,
1878 ; BERTRAND, 1880, 1882, 1885, 1887 ; RIGAUD, 1885 ; KILIAN,
1883, 1885, 1891, 1894.

Kellovien. VÉZIAN, 1865, 1893.

Callovien, pp. OGÉRIEN, 1867.

Étage inférieur de l'Oxfordien. BOYER, 1877, 1888.

Couches de Clucy. ROLLIER, 1882.

DIVISION

CALLOVIEN $\begin{cases} \text{INFÉRIEUR. Zone à } Amm. \ anceps. \\ \text{SUPÉRIEUR. Zone à } Amm. \ athleta. \end{cases}$

A Velloreille, dans le canton de Gy, un peu à l'est de ce bourg, le Callovien débute par un placage ferrugineux de 0ᵐ03, qui revêt l'assise supérieure oolithique du Cornbrash et qui empâte quelques fossiles, *Belemnites hastatus* et *Harpoceras lunula* entre autres. Cette première couche est recouverte par deux mètres de marno-calcaire jaune pâle, gréseux, passant par désagrégation à une marne terreuse, jaune, renfermant une faune assez riche : *Belemnites hastatus, B. latesulcatus, Peltoceras arduennense, Perisphinctes funatus, P. curvicosta, P. sulciferus, Cosmoceras ornatum, C. Jason, C. calloviense, Reineckia anceps, Stephanoceras coronatum, Harpoceras lunula, Rostellaria Danielis, Pecten fibrosus, Terebratula dorsoplicata, Waldheimia pala, Rhynchonella spathica.* Ces marno-calcaires jaunes sont recouverts à leur tour par 4 mètres de marno-calcaire grisâtre, devenant facilement terreux par désagrégation, renfermant des concrétions arrondies de calcaire compact et une faune ressemblant beaucoup à celle de l'assise précédente, avec *Reineckia anceps, Stephanoceras coronatum* et *Waldheimia pala* en moins, et *Peltoceras athleta, Cardioceras (Amal-*

theus) *Lamberti*, *Aptychus berno-jurensis*, *Balanocrinus penta-*
gonalis en plus. Ces deux assises correspondent, l'inférieure à
la zone à *Reineckia anceps*, la supérieure à la zone à *Peltoceras*
athleta du Callovien classique. Ce type que nous venons de décrire se rencontre dans la plus grande partie de la région, au
centre et à l'ouest particulièrement.

Le placage ferrugineux est fréquent mais non constant; à
Port-sur-Saône, il adhère intimement aux calcaires oolithiques
de la partie supérieure du Cornbrash, et les pénètre ; à Baume,
il englobe des nodules de calcaire, et toute l'assise callovienne
inférieure, sur 0m75, est ferrugineuse ; aux environs de Besançon, il se rencontre au Pont du Secours, à Chalezeule et aux
Papeteries bisontines tout au moins. Mais il fait défaut dans
beaucoup de localités, à Sorans, à Salins, à Dournon, à Glère
et à Maîche entre autres.

Les marno-calcaires inférieurs à *Reineckia anceps*, qui peuvent s'observer identiques au type que nous avons décrit, à
Port-sur-Saône, Sorans, Glère, Palente, au Pont du Secours, etc.,
sont remplacés par des marnes grises, à oolithes ferrugineuses,
aux Papeteries bisontines, et par des marnes, avec une assise
de minerai de fer à leur partie supérieure, au Mont-Cierge. A
Baume, à Salins et à Dournon, la partie inférieure de cette
couche est marno-calcaire avec infiltrations, oolithes et nodules
ferrugineux, et sa partie supérieure est marneuse. Quelle que
soit la nature pétrographique de l'assise, sa faune est toujours
la même et indique le niveau à *R. anceps*.

Les couches à *Peltoceras athleta* sont partout constituées par
des marnes grises, primitivement feuilletées, mais devenant
rapidement terreuses, par exposition à l'air ; elles renferment la
faune que nous avons indiquée, mais sont moins régulièrement
fossilifères que l'assise précédente ; aussi ne se distinguent-
elles pas toujours très nettement des marnes oxfordiennes
d'aspect identique, auxquelles, en bien des lieux, elles passent
insensiblement. Le lit de fossiles phosphatés, que M. Choffat a
signalé à la partie supérieure de la zone à *P. athleta* [1], est un

---

1. CHOFFAT, *Esquisse.*

excellent point de repère pour les délimiter par en haut, mais il n'est pas constant et nous ne l'avons guère observé qu'aux environs de Besançon.

Le Callovien se présente tel que nous venons de le décrire dans toute la région, sauf à Dole, où il offre une disposition spéciale que nous étudierons plus loin ; mais partout ailleurs, il montre les deux horizons fossilifères que nous avons indiqués, et n'en montre pas d'autres. Le niveau marneux à *Macrocephalites macrocephalus*, assise inférieure du Callovien classique, ne se rencontre pas chez nous, bien qu'il s'observe non loin de nos limites, dans certaines parties du Jura suisse et du Jura méridional. Tous nos géologues avaient reconnu ce fait et croyaient à une lacune dans la sédimentation, lorsque M. Choffat, en 1878, émit l'opinion que, dans la réalité, aucune couche ne manque à la série, mais que le Cornbrash est un faciès des marnes à *M. macrocephalus*, appuyant son avis sur des observations positives [1]. Il avait reconnu, en effet, avec M. F. Mathey à Glovelier et à Malvie, près de Saint-Ursanne, la présence, entre la Dalle nacrée et le Calcaire roux sableux, d'un banc marneux de 6 mètres d'épaisseur, renfermant : *A. macrocephalus, Herweyi, Moorei, funatus, curvicosta* et *sulciferus ;* il citait, en outre, une observation analogue faite par M. Mathey à Esserfallon (Jura bernois). Mais la présence à Belfort, d'après M. Parisot [2], d'un Cornbrash bien développé et d'une assise à *M. macrocephalus* d'une quinzaine de mètres de puissance, surmontée elle-même du niveau à *R. anceps* typique, sans être en contradiction formelle avec l'interprétation de M. Choffat, commandait cependant une certaine réserve. L'assertion de M. Parisot était difficile à vérifier, parce que la coupe de la tranchée du chemin de fer à Banvillars, sur laquelle elle s'appuyait, masquée entièrement par la végétation, ne pouvait plus être relevée de nouveau ; lorsque, en 1892, la construction d'un chemin de fer stratégique, qui entama le Cornbrash et le Callovien à mille mètres tout au plus de cette tranchée, nous fut signalée par

1. *Esquisse*, p. 19 et 20.
2. Parisot, *Esquisse géologique du territoire de Belfort.*

M. Kilian et nous permit de reprendre l'étude de cette question.

Nous avons exposé déjà (CK, sect. 4 *a*, IV) la succession des couches que nous avons observées en ce point ; nous la résumons ici brièvement :

1 et 2. Calcaire oolithique, puis spathique, appartenant au Cornbrash.

3. Marno-calcaire jaune rougeâtre (1ᵐ).

Perisphinctes sulciferus, Cosmoceras Jason, C. ornatum, Reineckia anceps, R. Greppini, Stephanoceras coronatum, Macrocephalites macrocephalus, Harpoceras hecticum, Nautilus hexagonus.

4. Marno-calcaire jaune pâle (1ᵐ50).

Belemnites hastatus, Perisphinctes sulciferus, Reineckia anceps, R. Greppini, Harpoceras hecticum.

5. Marne terreuse jaune pâle ou grise (2ᵐ50).

Belemnites hastatus.

La coupe de M. Parisot a été relevée, à mille mètres plus à l'est ; elle diffère assez de la nôtre, et nous allons l'exposer ici, en modifiant seulement la forme sous laquelle il l'a présentée [1]. La succession des assises s'y montre ainsi :

A. Marne bleue avec nodules siliceux, sans stratification apparente, n'existant qu'à Banvillars (8ᵐ).

Serpula gordialis, S. lumbricalis, Belemnites hastatus, Ammonites anceps, A. macrocephalus, A. Lamberti, Turbo Meriani, etc. (p. 31 et 32).

B. Calcaire jaunâtre ou bleu vers la base, sans fossiles (8ᵐ).

C. Argile calcaire avec minerai de fer oolithique (4ᵐ).

Belemnites hastatus, Nautilus hexagonus, Ammonites discus, A. macrocephalus, A. anceps, A. subbacteriæ, A. hecticus, A. coronatus, A. Jason, A. Duncani, A. Lambert, A. Herweyi, A. pustulatus, etc., p. 33 [2].

Notre coupe de Belfort ne diffère pas sensiblement de celle de Velloreille ; elle atteste un passage continu et sans interrup-

---

1. M. Parisot ne présente pas cette succession (p. 31) sous la forme de coupe, comme nous le faisons ici, et n'en distingue pas, comme nous, les diverses couches par des lettres ou des numéros.

2. A l'étang de la Maiche et à Bavilliers, l'assise inférieure paraît manquer, mais sa faune se retrouve dans l'assise moyenne. — PARISOT, *loc. cit.*

tion sédimentaire, du Cornbrash au Callovien (CK, sect. 4, IV)
qui débute là, comme dans toute la région, par l'assise à *Reineckia anceps*. La présence de l'*Am. macrocephalus* dans cette
couche n'infirme en rien notre conclusion, nous le verrons
plus loin. Les indications de M. Parisot ne l'infirment pas davantage ; la zone inférieure A de Banvillars renferme des céphalopodes de trois niveaux : *Am. macrocephalus, A. anceps, A.
Lamberti*, ce qui indique qu'elle est un produit de remaniement
des marnes et des marno-calcaires des deux assises supérieures
du Callovien. La couche B est sans fossiles, mais la troisième C
contient bien nettement la faune de la zone à *Rein. anceps*,
sauf les *Macrocephalites macrocephalus* et *Herweyi*, qui ne s'y
rencontrent pas habituellement, mais accidentellement. *M. macrocephalus* a été recueilli dans l'horizon même de *Reineckia anceps*, à Dournon, par M. Choffat, et à Baume et à Belfort par
nous-même ; quant à *M. Herweyi*, il a été signalé à ce dernier
niveau par M. Choffat dans trois localités du Jura. En admettant
même que la marne bleue de Banvillars (A) soit en place et non
remaniée, on ne pourrait pas en conclure, pour autant, que la
zone à *M. macrocephalus* existât à Belfort, en raison des fossiles
qui s'y trouvent associés (*Am. anceps* et *Lamberti*) à cette Ammonite.

Ainsi rien ne s'oppose, dans notre région, à ce que l'on considère le Cornbrash comme un facies du Callovien inférieur à
Ammonites macrocephalus ; nous dirons même que la présence
de ce *Macrocephalites* dans les marnes du *Cornbrash* de Dole
constitue une preuve de plus à l'appui de l'opinion de M. Choffat.

A Dole, à l'extrémité opposée de la région, le Cornbrash,
puissant de 25 à 30 mètres, est immédiatement recouvert par
un banc de 1 à 2 mètres d'épaisseur, de calcaire compact, un
peu marneux, jaune rougeâtre, taché d'ocre et de sanguine, un
peu spathique, renfermant d'assez nombreux fossiles, qui indiquent un niveau plus élevé que celui de *Reineckia anceps*.
Cette ammonite elle-même y fait défaut, et on y trouve : *Belemnites hastatus, Peltoceras arduennense, Perisphinctes funatus,
Harpoceras hecticum, H. punctatum (Amaltheus) Lamberti,*

celui-ci très abondant ; en outre de ces espèces représentées par des individus assez nombreux et bien conservés, on en rencontre d'autres, moins nombreuses et plus déformées, que nous rapportons à *Peltoceras athleta*, *P. Constanti*, *Aspidoceras perarmatum*, *Amaltheus Mariæ*. On y recueille encore : *Rostellaria Danielis*, *Pholadomya ovulum ?* *Lima pectiniformis*, *Pecten fibrosus*, *Plicatula subserrata*, *Terebratula dorsoplicata*, *Rhynchonella obtrita*.

Cette assise n'est certainement pas la zone à *Reineckia anceps*, est-elle même callovienne, ou est-elle oxfordienne ? Les indications paléontologiques ne sont pas très précises, mais elles sont plutôt cependant en faveur de la première interprétation. Elle nous semble donc représenter la zone à *Peltoceras athleta*, et même probablement aussi le passage de cette couche à l'Oxfordien, comme tend à le prouver la présence de certains fossiles oxfordiens qui s'y montrent déjà (*Pelloc. Constanti*, *Aspidoc. perarmatum*, *Rhynch. obtrita*).

Quoi qu'il en soit, l'absence à Dole de l'assise à *Reineckia anceps* paraît certaine, et on peut admettre que le Cornbrash y représente, non seulement la zone à *Ammonites macrocephalus*, mais encore cette zone à *Ammonites anceps*.

Le Callovien proprement dit ne constitue partout qu'une assise peu puissante, il atteint sa plus grande épaisseur à l'ouest et au centre, entre Velloreille, Besançon et Belfort, puis diminue à partir de ces points, vers le sud-ouest, le sud et l'est, comme l'indique le tableau suivant :

LOCALITÉS	Zone à R. anceps	Zone à P. athleta	TOTAL
Mont-Cierge	2,60	0,50	3,10
Velloreille	2	4	. 6
Besançon	2	3	5
Belfort.	2,50	2,50	5
Baume.	1,15	4	5,15
Glère	0,50	0,50	1
Dournon	1,50	0,35	1,85

FAUNE DU CALLOVIEN

Indications données par les colonnes : **1**, zone à *Am. anceps.*; **2**, zone à *Am. athleta*; **I**, Cornbrash; **S**, Oxfordien.

Abréviations : Bf. = Belfort, Bm. = Baume, Bs. = Besançon, Co. = les Combettes, D. = Dole, Ép. = Épeugne⁻, Gr. = environs de Gray et Champlitte, Hs. = Haute-Saône, M. = Montbéliard, S. = Salins et environs (Dournon), V. = Velloreille.

	I	1	2	S
Belemnites calloviensis. Opp. — Gr.		+		
cluçyensis May. — Ep. S.		+	+	+
hastatus Blain. — partout.		+	+	+
latesulcatus. Voltz. — Gr. S. M. Bs.		+		
sauvanausus d'Orb. — Bs.			+	+
subhastatus Ziet? — S.		+		
Ammonites anceps Rein. — partout		+	+	
Arduennensis d'Orb. — Bs. D.			+	+
athleta Phill. — partout.			+	
Baugieri d'Orb. — Bs.		+		
bicostatus Stahl. — Gr. S. Bs. Ep.		+	+	
Brightii Pratt. — Bs. Ep.		+	+	+
calloviensis Sow. — Bs. S. Gr. V.		+		
Constanti d'Orb ? — Gr. D.			+	+
coronatus Brug. — partout		+		
cristagalli d'Orb. — Bs.			+	+
curvicosta Opp. — S. Bs.		+	+	+
Dunkani Sow. — Bs. Bf. Gr.		+		
Fraasi Opp. — Bs. S. Ep.		+		
Goliathus d'Orb. — Gr. S.			+	+
Greppini Opp. — partout		+		
hecticus Hartm. — partout		+	+	+
Herweyi Sow. — Bf.		+		
Hommairei d'Orb. — Morteau		+		
Jason Ziet. — partout		+		
Lamberti Sow. — partout.			+	+
macrocephalus Schl. — S. Bf. Bm. M.	+	+		
Mariæ d'Orb. — Bs. D.			+	+
Mathayensis Kil. — M.		+		
modiolaris Lwyd. — M.		+		+
oculatus Bean. — Bs. S.		+	+	+
Odysseus May. — Bs.		+		

	I	1	2	S
Ammonites Orion. Opp. — Gr. S.		+		
ornatus Opp. — Gr. S.		+		
Pottingeri Sow. — S.		+		
punctatus Schlot. — partout		+	+	+
pustulatus Haan. — Bf. M.			+	+
refractus Haan. — Bf. M.		+		
subbacteriæ d'Orb. — partout	+	+		
subcostarius Opp. — Bs.			+	
sulciferus Opp. — partout.		+	+	+
tumidus Ziet. — Bs. S.		+		
Wurtembergicus Opp. — Bs.		+		
Aptychus berno-jurensis Thurm. — Bs. V.		+		
Nautilus aganiticus Schl. — Gr.		+		
aff. callovienvis Opp. — S		+	+	+
hexagonus Sow. — Bs. S.			+	+
Rostellaria bispinosa Thurm. — Bf.		+		+
Danielis Thurm. — Bs. V.		+		+
Pteroceras armigera d'Orb. — Gr.		+		
cassiope d'Orb. — Bf.		+		
Cerithium nodoso-costatum Munst. — Bf. M.		+		
Chemnitzia Bellona d'Orb. — Bf. Gr.			+	+
Misis d'Orb. — V.		+		
Natica Zangis d'Orb. — Gr.		+		
Turbo Meriani Goldf. — Bf.		+		+
Trochus Halesus d'Orb. — Gr.		+		
Magneti Thurm. — Bs.		+		
Pleurotomaria Cydippe d'Orb. — Gr.			+	+
Cyprea d'Orb. — Bf. S.		+	+	+
Cypris d'Orb. — Gr.			+	+
Cytherea d'Orb. — Bf.			+	+
Granulata d'Orb. — Bf. S.		+		
Nerea d'Orb. — Gr.		+		
Nyphe d'Orb. — Gr.		+		
Nysa d'Orb. — partout		+		
Vielbranchi d'Orb. — Gr.			+	+
Goniomya aff. trapezina Buv. — Bm.		+		
Pholadomya carinata Goldf. — M.		+		+
Escheri Ag. — S.			+	
Murchisoni Sow. — Bs.	+	+		
ovulum Ag. — S. D. V.		+		
Isocardia tener Sow. — Bf.		+		

	I	1	2	S
Cardium subdissimile d'Orb. — Gr.		+		
Unicardium globosum d'Orb. — Gr.		+		+
Trigonia clavellata Parck ? — Bf.		+		+
elongata Sow. — Bf. Gr.		+		
interlævigata Qu. — S.		+		
Nucula intermedia. Mer. — V.		+		+
lacryma Sow. — Gr.		+		
Calliope d'Orb. — Bf.		+		
Cucullea concinna d'Orb. — V. Gr.		+	+	+
Isoarca striatissima Qu. — Gr.		+		
Arca Haliæ d'Orb. — M.		+	+	+
subdecussata Gdf. — S.		+		+
Modiola gibbosa Sow. — Bf.		+		
Mytilus asper d'Orb. — Bf.	+	+		
imbricatus d'Orb. — Bf.		+		
Posidonomya ornati Quenst. — Bf.		+		
Avicula inæquivalvis Sow. — S.		+		
Munsteri Gdf. — S. V. Co.	+	+		
Gervilia aviculoïdes Sow. — Bf.		+		
Pecten demissus Bean. — Bf.	+	+		+
fibrosus Sow. — partout	+	+		+
Lima duplicata Desh. — Gr.	+	+		+
obscura d'Orb. — Bf.		+		
tegulata Mü. — Gr.		+		
tenuistriata Mü. — Gr.		+		
Plicatula impressa Quenst. — Bf.		+		
peregrina d'Orb. — Gr.		+		
subserrata Quenst. — partout	+	+	+	+
Ostrea Alimena d'Orb. — Gr.		+		
archetypa Phill. — Gr.		+		
eduliformis Schl. — Bf.	+	+		
gregarea Sow. — Bf. M.		+		+
undosa Bean. — Bf.		+		
sandalina Gdf. — Bf.		+		+
Waldheimia biappendiculata E. D. — Gr. Or.		+		
hypocrita. E. D. — Gr.		+		
obovata Sow. — Bm. Co.		+		
pala de Buch. — partout		+		
subrugata Desl. — Bs.		+		
umbonella. E. D. — Gr.		+		
Terebratula coarctata Parck. — Bf. Gr.	+	+		

	I	1	2	S
Terebratula dorsoplicata Suess. — partout	+	+	+	+
Julii Opp. — S.		+		
Sæmanni Opp. — S.	+	+		
subcanaliculata Opp. — Gr.		+		
Rhynchonella Bertschingeri Haas. — Bs.		+		
Ferryi Desl. — S.		+		
Fischeri Rouil. — Bs.	+	+		
minuta d'Orb. — Sor. Ep. Gr.	+	+		+
Royeriana d'Orb. — S.	+	+		
spathica Sow. — partout		+		
spinosa Smit. — S. Bf.	+	?		
spinulosa Opp. — Gr.		+		+
triplicosa Quenst. — M. Bs. Bf. Co.		+		+
cf. varians Schlot. — Bm. Bf.	+	+		
Stomatopora Bouchardi. — Haime. — Gr.		+		
Heteropora coalescens Ferry. — Bf.		+		
Berenicea laxata d'Orb. — Gr.		+		
orbiculata d'Orb. — Gr.		+		
Serpula conformis Goldf. — Bf.	+	+		
gordialis Goldf. — Bf.	+	+		+
lumbricalis Schlot. — Bf.	+	+		
quadristriata Goldf. — Gr.		+		
Collyrites acuta Des. — Gr.		+		
elliptica Des. — Bf.		+		+
Pygurus depressus Agas. — Bf.	+	+		
Holectypus depressus Desor. — Bf.	+	+		
Stomechinus apertus Desor. — Bf.		+		
Pseudodiadema inæquale Des. — Gr.		+		
homostigma Agas? — Bf.		+		
Rhabdocidaris copepoïdes Des. — Gr.		+		
remus Des? — Gr.			+	+
Balanocrinus pentagonalis Goldf. — Gr. Bf.		+	+	+
Pentacrinus Nicoleti Des. — Bf.	+	+		
punctiferus Quenst. — Bf.		+		
Millericrinus Archiacinus d'Orb. — Gr.		+		
echinatus d'Orb. — Bf. Gr.			+	+
Goupilanus d'Orb. — Gr.		+		
Richardeanus d'Orb. — Gr.		+		
Mespilocrinus macrocephalus Quenst. — Bf.		+		
Thamnastræa sp. — Gr. Bf.		+		

FAUNE DU DEUXIÈME GROUPE

La faune du Cornbrash, riche de 160 espèces, compte : 6 céphalopodes, 5 gastropodes, 20 pélécypodes siphonés, 52 non
siphonés, dont 35 monomyaires, 27 brachiopodes, 12 bryozoaires, 9 serpules, 13 échinides, 5 crinoïdes, 3 polypiers et
8 spongiaires ; elle est formée, pour un tiers environ, d'espèces
provenant du Bathonien (53), mais elle fournit seulement au
Callovien proprement dit 25 fossiles. Celui-ci en renferme 153,
parmi lesquels : 47 céphalopodes, 20 gastropodes, 8 pélécypodes siphonés et 32 non siphonés, 21 brachiopodes, 4 bryozoaires, 4 serpules, 9 échinides et 8 crinoïdes. Les faunes de ces
deux divisions du même étage diffèrent beaucoup entre elles ;
celle du Cornbrash se rapproche de celle du Bathonien par le
nombre de ses pélécypodes, surtout des siphonés et des monomyaires, par ses polypiers et aussi par la rareté de ses céphalopodes et de ses gastropodes. Le Callovien proprement dit
(zone à *A. anceps* et zone à *A. athleta*) présente au contraire de
nombreux céphalopodes et de nombreux gastropodes, mais il
est pauvre en pélécypodes, surtout en siphonés, et manque de
polypiers ; par ses caractères paléontologiques, comme aussi
par ses caractères pétrographiques, il se rapproche de l'Oxfordien et s'éloigne du Cornbrash. Ainsi s'expliquent les raisons
qui ont déterminé la plupart de nos géologues à ranger ce dernier sous-étage dans l'Oolithe inférieure. D'après ce que nous
avons exposé précédemment, il devient évident qu'on doit le
placer à la partie inférieure du Callovien.

CHAPITRE III

OXFORDIEN ET RAURACIEN

COUPES ET OBSERVATIONS RELATIVES A CES DEUX ÉTAGES

PREMIÈRE SECTION

a) PORT-SUR-SAONE

Près du hameau de Scye, à quatre kilomètres au sud de Port-sur-Saône, on voit affleurer, sur le chemin qui conduit à cette ville, des calcaires marneux compacts, grisâtres, intercalés au milieu de marnes de même couleur, sur une épaisseur de 12 mètres. Les marnes ne renferment pas de fossiles, mais les calcaires marneux montrent à leur surface des empreintes de petits bivalves. Cette assise appartient à l'Oxfordien ; elle est recouverte par 10 mètres environ d'argile terreuse, offrant à sa surface des fragments de calcaire marneux jaune-roux et des *chailles* ou nodules siliceux. Cette dernière couche peut être suivie facilement jusqu'à Grattery, à l'est, et jusqu'à Vauchoux, à l'ouest ; elle se retrouve aussi à Ferrières, sur la rive droite de la Saône, où elle est entamée sur 3 à 4 mètres par le chemin de Scey-sur-Saône, et s'y montre sous son aspect normal, c'est-à-dire formée de bancs de 0,50 à 0,60 centimètres de calcaire marneux, jaune-roux, gréseux, séparés par des zones de 0,80 centimètres à 1 mètre d'argile jaune terreuse, avec : *Trigonia aspera, Terebratula insignis, Collyrites bicordata.* Quant au caractère entièrement argileux qu'elle présente à Scye, il est dû à un remaniement sur place du dépôt primitif.

Cette assise supérieure de l'Oxfordien est recouverte à Vauchoux [1] (carrières au nord-est du village) par 12 mètres de calcaire oolithique, un peu marneux et de couleur grise, avec oolithes miliaires à la base ; de teinte plus claire avec oolithes miliaires, mélangées à d'autres plus grosses, allongées ou aplaties, au sommet ; renfermant, surtout vers le haut, de nombreux débris organiques roulés et brisés pour la plupart, Polypiers, Échinodermes, Bivalves, Nérinées, et parmi eux : *Pecten subtextorius, Ostrea dilatata, Cidaris florigemma*. A Rupt, à trois kilomètres au sud-ouest de Scey-sur-Saône, ces calcaires oolithiques grisâtres sont surmontés par une autre masse de 7 à 8 mètres d'une roche plus blanche, très oolithique à sa partie inférieure, le devenant beaucoup moins à sa partie supérieure, où elle présente des nodules de silex de la grosseur du poing, des géodes tapissées de cristaux de quartz, des Nérinées et des Diceras nombreux, mais enclavés dans la pierre. Cette couche supporte, à son tour, des calcaires argileux, blanchâtres, plus ou moins oolithiques, rudimentaires à Rupt, mais mieux développés à Fedry, à trois kilomètres à l'ouest, et à Ovanches, près de Scey-sur-Saône, au-dessus du tunnel du canal. Ces deux dernières stations sont très riches en fossiles ; on trouve à Fedry en abondance des Polypiers, des Nérinées, des *Diceras arietina*, et à Ovanches les mêmes Polypiers et avec eux : *Nerinea Defrancei, N. Clymene, Chemnitzia cæcilia, Lima pectiniformis, Pecten subtextorius*, d'autres Nérinées et des Diceras indéterminables.

Toutes ces assises appartiennent au Rauracien, comme leur faune l'indique ; elles sont exploitées et facilement observables dans les diverses localités que nous venons d'énumérer, et elles se retrouvent en outre toutes groupées et superposées entre Vauchoux, Scye et Grattery, sur la rive gauche de la petite rivière qui traverse ces villages.

Entre Vauchoux et Scye, on peut voir le commencement de la coupe suivante qui se continue et se termine à Grattery même.

1. M. Thirria attribue par erreur les couches de Vauchoux à l'Oolithe inférieure (*Statistique*, p. 188), leur position stratigraphique et leur faune indiquent clairement le niveau auquel elles appartiennent.

Coupe Nº I

Oxfordien.

1. Calcaire marneux, jaune-roux, avec nodules siliceux et lits d'argile jaune.

Rauracien.

2. Calcaire marneux gris, avec taches couleur rouille, oolithique et pétri de débris de coquilles à la partie inférieure, compact à la partie supérieure 7

Cette couche peut être suivie jusqu'à Grattery, où elle se montre dans l'intérieur du village ; à 5 mètres au-dessus du niveau de la rivière, elle est recouverte par l'assise 3, et à partir de ce point, la coupe se continue sur le flanc de la colline située au sud-est.

3. Calcaire marneux blanc grisâtre oolithique, oolithes de toutes tailles, depuis les olivaires aux miliaires, avec prédominance des grosses, surtout à la partie inférieure ; veines, nids et géodes de carbonate de chaux cristallisé ; structure en bancs massifs de 0,90 à 1 mètre 7
Nérinées, Polypiers, Serpules.

4. Calcaire argileux, blanc, oolithique, oolithes miliaires régulières, pâte spathique 5
Nérinées, Polypiers.

5. Calcaire argileux, grenu, oolithes miliaires diffuses, pâte spathique, veine et nids de carbonate de chaux cristallisé 3
Nérinées, Diceras.

6. Calcaire compact, un peu argileux, blanc, à pâte fine . . 10
Nérinées, Diceras.

Astartien, calcaire blanc crayeux.
Astarte supracorallina, A. submultistriata.

b) SORANS. — QUENOCHE. — MONTBOZON

Nous avons vu que le Callovien de Sorans affleure au milieu des champs (CK, sect. 1 *b*), où il n'est recouvert que par la terre végétale ; mais à trois cents mètres au nord-est de ce point, à la tuilerie, on voit ses calcaires jaunes supporter des marnes grises. La faune de l'horizon à *Ammonites atheta* n'y a pas été rencontrée, mais les fossiles oxfordiens se montrent en grand nombre dans une exploitation qui entame ces marnes, sur une épaisseur de 5 à 6 mètres. A partir de 1 mètre à peine, au-dessus des marno-calcaires jaunes du Callovien, nous y avons recueilli : *Belemnites hastatus 3, Aspidoceras perarmatum 2, Peltoceras annularis, Perisphinctes sulciferus 4, Oppelia Renggeri 4, O. oculatus 5, Harpoceras hecticum 5, Amaltheus Lamberti 5, A. cordatus 2, Turbo Meriani, Cucullea concinna, Terebratula dorsoplicata, Waldheimia impressa, Rhynchonella obtrita, Balanocrinus pentagonalis.*

L'Oxfordien est plus complètement observable à Quenoche, à huit kilomètres au nord de Sorans, sur le flanc d'une colline qui domine le village au nord ; il y est représenté par 40 ou 50 mètres de marne grise, dont les éboulis se prolongent au pied de la butte, dissimulant entièrement le Callovien et se plaçant au contact du Cornbrash ou du Bathonien; puis, au-dessus des marnes, par des marno-calcaires jaune-roux avec *sphérites,* appartenant à la zone à *Pholadomya exaltata.* Ces marnes sont fossilifères ; on peut y établir les divisions suivantes :

Coupe N° II

1. Marne grise terreuse, boules géodiques, fossiles nombreux, Térébratules surtout, *A. Renggeri,* exceptionnel 10
  Belemnites hastatus 4, Perisphinctes sulciferus 4, Peltoceras annularis, arduennense 3, Oppelia Renggeri 1, oculatus 2, Harpoceras hecticum 5, lunula 5, Amaltheus Lamberti 3, Plicatula subserrata 3, Waldheimia impressa 4, Terebratula dorsoplicata 5, Rynchonella obtrita 5, Balanocrinus pentagonalis 3.

2. Marne grise, terreuse, boules géodiques, fossiles moins nombreux, Térébratules moins abondantes, *A. Renggeri* plus commun . . 20
  Belemnites hastatus 2, Perisphinctes sulciferus 3, Peltoceras arduennense 3, Eugenii 2, Oppelia Renggeri 4, Harpoceras hecticum 4, lunula 4, Amaltheus cordatus 2, Lamberti 3, Cucullea concinna, Nucula lacrymœformis, Plicatula subserrata 2, Terebratula dorsoplicata 3, Waldheimia impressa 3, Rhynchonella obtrita 4, Balanocrinus pentagonalis.

3. Même marne feuilletée dans les ravins, terreuse ailleurs, fossiles peu nombreux, boules géodiques très abondantes; plus d'*A. Renggeri, Rhynchonella obtrita* très fréquente 10

Belemnites hastatus, Perisphinctes sulciferus, Amaltheus corda-
tus, Cucullea concinna, Nucula lacrymœformis, Terebratula dor-
soplicata, Waldheimia impressa, Rhynchonella obtrita 5, Balano-
crinus pentagonalis.

4. Marne grise, en partie recouverte par les éboulis de la zone à
Pholadomya exaltata, et passant à cette couche ; boules géodiques
très nombreuses, *sphérites.* Environ 10

Cette assise est surmontée par quelques mètres de calcaire
marneux, jaune-roux, qui forme le sommet de la colline, et appartient à l'Oxfordien supérieur. Ce sous-étage ne peut y être
étudié, mais il se présente à découvert, à huit kilomètres à l'est
de Quenoche, aux environs de Montbozon, près de Chassey et de
Fontenois. M. Choffat en a donné une coupe complète en 1878 [1],
il a constaté qu'il est formé de deux couches, l'inférieure de
20 mètres d'épaisseur marno-calcaire, avec fossiles calcaires ou
siliceux, et la supérieure de 30 mètres formée de marno-calcaire
siliceux, avec fossiles exclusivement siliceux. Chacun de ces
deux horizons contient une faune spéciale, très riche, dont nous
parlerons plus loin. Un niveau à Polypiers de 1 mètre, début du
Rauracien, recouvre ces calcaires marneux et supporte une vingtaine de mètres de calcaire oolithique avec fossiles nombreux. .

Ces mêmes couches se rencontrent encore près de la gare de
Fontenois-lez-Montbozon, dans les tranchées du chemin de fer
et dans les carrières voisines ; elles se montrent ainsi :

COUPE Nᵒ III

Oxfordien.

1. Calcaire marneux, jaune-roux, bancs de 0,40 à 0,60 avec couches
marneuses intercalées, lits de sphérites à la partie supérieure, géodes
de spath, boules géodiques, plaquettes siliceuses, chailles. . 30
Serpula gordialis, Peltoceras Eugenii, Amaltheus cordatus, Phola-
domya exaltata, paucicosta, Trigonia aspera 5, Pecten subtexto-
rius 3, Collyrites bicordata 5.

Rauracien.

2. Calcaire oolithique à aspect de poudingue, oolithes variant du

1. Choffat, *Esquisse,* p. 118.

volume d'une noix à celui du poing, réunies entre elles par une pâte
de calcaire marneux, jaune rougeâtre ou blanchâtre. Débris organiques roulés et fragmentés 7

*Serpules, Pecten subtextorius, Cidaris florigemma, Crinoïdes,
Polypiers, Spongiaires.*

3. Calcaire oolithique, oolithes amygdalaires et olivaires, mélangées de grains plus petits, structure en bancs de 0,03 à 0,05. *Nérinées*
de petite taille, très nombreuses, formant par place lumachelle.

*Serpules, Nérinées, Ostrea dilatata, Cidaris florigemma, Cri-
noïdes, Polypiers.* 3,35

À partir de ce point, on peut suivre la continuation de la
coupe sur le bord de la route de Fontenois à Montbozon. Les
mêmes couches se retrouvent dans les tranchées au sud de la
gare de Fontenois; ces deux coupes se complètent l'une par
l'autre.

4. Calcaire blanc, oolithique comme dans l'assise précédente, les
oolithes deviennent de plus en plus fines à mesure que l'on s'élève
vers la partie supérieure, même faune, fossiles moins nombreux 1,40

5. Calcaire marneux, blanc ou gris, oolithes miliaires et cannabines,
lâchement disséminées dans la roche 1,25

6. Calcaire argileux, blanc, compact avec bancs crayeux, structure
en assises de 0,70 à 0,80, fossiles très nombreux, empâtés dans la
roche · 13

Nérinées 5, Pholadomya paucicosta, Diceras formant lumachelle
par places. *Pecten subtextorius, Terebratula aff. insignis.*

7. Astartien, calcaire argileux blanc en plaquettes minces.

Anatina solen, Astarte supracorallina, astarte submultistriata.

À partir de ce point, les couches sont recouvertes, et l'Astartien ne peut être observé plus complètement, dans les environs
immédiats de Montbozon.

c) VELLOREILLE. — CHARCENNE

La coupe de la montagne à l'ouest de Velloreille se continue
ainsi au-dessus du Callovien que nous avons étudié déjà (voir
CK, sect. c, 1).

Coupe N° IV

Callovien déjà indiqué.

Oxfordien.

1. Marne grise feuilletée ou terreuse, petites ammonites pyriteuses 30

Belemnites hastatus, Perisphinctes sulciferus, Oppelia Renggeri, oculatus, Harpoceras hecticum, Amaltheus cordatus, Waldheimia impressa.

2. Marne grise en bancs massifs, découpés en *sphérites* . . . 5

3. Marno-calcaire jaune-roux, stratifié en bancs épais, non délités ni séparés par des couches de marne 25

Un mince dépôt de chailles remaniées recouvre cette dernière assise et forme le sommet de la colline.

La butte d'Oiselay, à trois kilomètres au nord de Velloreille, offre une constitution analogue ; le Callovien n'y est pas visible, car il est recouvert, comme à Quenoche, par les éboulis des marnes grises oxfordiennes, qui mesurent, Callovien compris, de 30 à 35 mètres ; l'Oxfordien supérieur y est fort réduit.

Le Rauracien se montre à onze kilomètres à l'ouest, à Charcenne, où il est exploité depuis très longtemps comme pierre de construction, dans de vastes carrières situées au sud du village. MM. Thirria [1] et Etallon [2] ont publié tous deux leurs observations sur les couches de ces carrières, leurs descriptions concordent et se complètent mutuellement ; nous les avons fondues ensemble, et avec nos propres observations, dans la coupe que nous exposons ci-dessous.

COUPE Nº V

Rauracien.

1. Calcaire argileux, compact en haut, en rognons avec lacunes remplies d'argile jaunâtre, à la partie inférieure. *Polypiers siliceux* très nombreux, *Spongiaires* 7

2. Calcaire oolithique, jaune clair, lentilles ou petits bancs de silex 10

3. Calcaire compact, un peu marneux, avec quelques bancs de grosses oolithes fondues dans la pâte de la roche. 10

Nérinées, Polypiers.

1. *Statistique*, p. 161-163.
2. *Rayonnés du Corallien*, p. 3.

4. Calcaire compact, siliceux, jaunâtre, quelques oolithes amygda-
laires ou olivaires fondues dans la roche 3
*Nerinea Desvoidyi, scalata, sequana, Serpules Cidaris, Crinoïdes,
Polypiers.*

5. Calcaire marneux, schistoïde, jaune ou gris, oolithique, oolithes
cannabines et miliaires disséminées 5
Crinoïdes.

6. Calcaire oolithique (*Vergenne*), oolithes miliaires et cannabines,
celles-ci irrégulières, généralement allongées, pâte blanche cristalline
par places ; à la partie inférieure de la couche, oolithes amygdalaires
et pisiformes, mélangées à des grains plus fins 8
*Nerinea sequana, suprajurensis, Pecten vimineus, Lima rigida,
Cidaris florigemma, Crinoïdes, Polypiers.*

7. Calcaire argileux, compact, avec quelques oolithes miliaires diffuses dans la pâte ; veines et nids de carbonate de chaux cristallisé 4
*Nerinea sequana, mosæ (?), Cidaris florigemma. Crinoïdes, Poly-
piers.*

8. Calcaire compact, grisâtre, schistoïde avec quelques oolithes miliaires et un petit nombre de grosses oolithes 5
Nerinea sequana, Crinoïdes.

9. Astartien. Calcaire compact avec *Astartes*. 6

DEUXIÈME SECTION

a) CHAMPLITTE

Aux environs immédiats de Champlitte, le Callovien n'est pas
visible, comme nous l'avons indiqué déjà (CK, sect. 2 *a*), et
l'Oxfordien forme la base d'une série de collines, au sud de la
ville ; il mesure, Callovien compris, 40 mètres au-dessous du
Glypticien qui couronne ces collines ; on ne peut se rendre
compte de l'importance relative de ses deux sous-étages ; les
marnes inférieures ne sont pas directement observables, et les
marno-calcaires de la zone à *Pholadomya exaltata* ne se montrent à nu que sur une faible épaisseur ; ils sont très marneux,

se désagrégeant en formant de nombreux sphérites, et ne renferment que peu de silice.

Le Rauracien est surtout bien développé au mont Paturie, comme M. Thirria l'a déjà indiqué [1] ; on le rencontre à 40 mètres au-dessus du pied du monticule, reposant sur le calcaire marneux jaune-roux ; il a été entamé par le chemin qui conduit au sommet de la butte et se présente ainsi :

Coupe N° VI

1. Calcaire marneux, gris de fumée, à pâte fine, criblé de vacuoles très ténues, renfermant une poussière couleur rouille. Veines et nids de carbonate de chaux cristallisé. De . . . . 10 à 15
Serpules 5, Lima pectiniformis, Terebratula Galliennei, Cidaris florigemma 5, Crinoïdes 5, Polypiers.

2. Calcaire oolithique, blanc, un peu argileux, oolithes miliaires et cannabines, avec quelques grains amygdalaires et olivaires diffus dans la roche. Visible sur 5
Nerinea Defrancei, Ostrea rastellaris, Terebratula cf. insignis, Polypiers 5.

Cette couche forme le sommet de la Paturie.

A Percey-le-Grand, à neuf kilomètres à l'ouest de Champlitte, le Callovien que nous avons étudié précédemment (CK, sect. 2 *a*), est surmonté par 30 mètres environ de marnes oxfordiennes recouvertes entièrement, et qui supportent 5 ou 6 mètres de calcaire marneux blanchâtre ou grisâtre un peu grumeleux, mais non oolithique. Un lambeau de chailles remaniées, sur place vraisemblablement, repose sur l'assise précédente et forme le sommet de la colline. Nous avons recueilli au niveau de l'Oxfordien supérieur :

Perisphincles plicatilis, Arca Janthe, Terebratula Bourgueti, T. insignis.

---

1. *Statistique*, p. 166. L'observation de M. Thirria est des plus incomplètes.

b) NEUVELLE-LEZ-CHAMPLITTE

En suivant le chemin qui conduit de Neuvelle-lez-Champlitte à la route de Langres à Gray, on voit :

Coupe N° VII

Oxfordien.

1. Marne jaune, terreuse et sphérites de marno-calcaire jaune pâle, couche désagrégée. Visible sur 3

Rauracien.

2. Marno-calcaire gris, grumeleux, un peu gréseux par places, bancs de 0,10 à 0,15, désagrégeables 5
Terebratula Galliennei, Crinoïdes, Polypiers.
3. Marno-calcaire gris, grumeleux, désagrégé 2
Bourguetia striata.
4. Marno-calcaire compact, gris 0,30
5. Marno-calcaire jaune-blanc, terreux. 0,50
6. Marno-calcaire gris-blanc, compact, en lits de 0,30 à 0,40 devenant feuilleté par altération 3

Ces couches disparaissent sous la végétation, au point où le chemin de Neuvelle rejoint la route de Gray, mais en suivant cette route on voit apparaître, à deux ou trois kilomètres de là, un calcaire blanc oolithique qui n'est supérieur que d'une dizaine de mètres, tout au plus, à la couche n° 6 ; d'ailleurs dans la tranchée du chemin de fer, au point où affleurent les calcaires blancs oolithiques, on voit très nettement le contact de leur partie inférieure, avec des marno-calcaires gris identiques à ceux de la coupe précédente. Ces calcaires blancs sont crayeux avec oolithes miliaires mélangées de grains plus gros, olivaires et amygdalaires, et offrant un faciès de charriage des mieux caractérisés ; leurs fossiles sont roulés et usés. Cette couche se montre à nu, sur une grande étendue, près du bois de la Mouille, où elle était exploitée autrefois comme pierre de construction, elle renferme de nombreux fossiles et parmi eux : *Nerinea Defrancei 5, Diceras arietina 5*, de très grande taille, *Cardium corallinum 5, Lima pectiniformis 3, Polypiers 5.*

TROISIÈME SECTION

a) CORCELLE. — CHAUDEFONTAINE

A trois kilomètres à l'est de Moncey, près de Corcelle-Mieslot, on peut reconnaître la succession suivante, entre la route, au-dessous du village, et la partie supérieure du plateau qui le domine au nord :

COUPE Nº VIII

Oxfordien.

1. Calcaire marneux, jaune-roux, en bancs de 0,25 à 0,80 avec marnes intercalées par places, nodules siliceux dans la roche   27
Serpula gordialis, Aspidoceras perarmatum, Peltoceras Constanti, Perisphinctes plicatilis, Pecten Schnaitheimensis, P. subtextorius, Rhynchonella obtrita, Collyrites bicordata, Millericrinus echinatus.

Rauracien.

2. Calcaire marneux, jaune-roux, oolithique, oolithes miliaires, par places la roche prend une teinte gris de fumée, en conservant sa texture oolithique.   1,10
3. Calcaire gris de fumée, oolithique, oolithes miliaires, accidents spathiques   5,30
4. Calcaire blanc, oolithique, oolithes miliaires   5
Pecten subtextorius, P. Schnaitheimensis, Ostrea dilatata, Cidaris florigemma.
5. Calcaire blanc, oolithique, oolithes miliaires et cannabines mélangées de grains amygdalaires et olivaires, et d'autres plus gros, du volume d'un œuf de pigeon. Débris organiques très nombreux, roulés et brisés. A la partie supérieure de la couche, les grosses oolithes sont moins abondantes et les fossiles moins nombreux . .   9,20
Nérinées, Ostrea dilatata, Cidaris florigemma, Crinoïdes, Polypiers.
6. Calcaire blanc, crayeux, oolithique, oolithes miliaires, par places la roche passe au calcaire saccharoïde, fossiles roulés très nombreux indéterminables   0,80
Nérinées, Polypiers.

Cette assise forme le sol du plateau qui domine Corcelle. En descendant de ce point sur la route de Lure à Besançon, on voit apparaître la zone à *Pholadomya exaltata* au pied de la hauteur, près de la ferme de la Corcelle, et en se dirigeant depuis là vers Chaudefontaine, on rencontre, à cinq cents ou six cents mètres plus loin, la même couche à découvert dans les tranchées de la route ; elle présente les mêmes caractères pétrographiques et renferme *Collyrites bicordata* ; elle plonge d'une manière très sensible vers le sud-est, c'est-à-dire vers Chaudefontaine. On peut la suivre ainsi pendant quatre cents ou cinq cents mètres, et on la voit alors disparaître sous une masse de calcaire gris noirâtre oolithique, qui appartient incontestablement au Rauracien. Ce calcaire noirâtre oolithique est surmonté d'une série de bancs de calcaire blanc oolithique, avec oolithes miliaires mélangées de grains plus gros. Ces deux assises représentent les couches n°s 2, 3, 4 et 5 de la coupe précédente, leur puissance atteint une vingtaine de mètres, et au-dessus d'elles, cette coupe se continue comme il suit :

7. Calcaire blanc, crayeux, oolithique, oolithes miliaires mélangées de quelques grains plus gros, structure en bancs minces de 0,05, fossiles roulés accumulés sur certains points. Environ .   15

Nerinea Defrancei 5, *Diceras*, *Cidaris florigemma*, *Crinoïdes*, *Polypiers.*

8. Calcaire blanc, crayeux, oolithique, oolithes miliaires, par places roche compacte, blanche, crayeuse ou lithographique, sans oolithes 15

Nerinea Defrancei 5.

Rauracien ? — Astartien ?

9. Calcaire blanc, compact, crayeux par places, bancs de 0,60 à 0,80 15

10. Calcaire compact, lithographique, grisâtre   2

Astartien.

11. Marne grise, feuilletée   0,20
12. Calcaire gris noirâtre, compact   0,30
13. Marne grise, feuilletée   0,50
14. Calcaire gris noirâtre, compact   0,20
15. Calcaire gris, lithographique   1,50

Recouvert.

Des travaux effectués à l'entrée de Chaudefontaine, au prin-

temps de 1892, nous ont permis de voir, mieux que nous ne
l'avions pu en 1882, la dernière partie de cette coupe et d'établir d'une façon certaine que ce village est bâti sur le Rauracien et sur l'Astartien, et non sur le Cornbrash, comme l'indique
la carte géologique détaillée (feuille de Montbéliard).

QUATRIÈME SECTION

a) BELFORT

A Belfort, le Callovien est recouvert par les marnes oxfordiennes, bleues, très détritiques, épaisses de 20 mètres, qui
renferment : *Peltoceras Eugenii, Perisphinctes Backeriæ, Oppelia Renggeri, oculatus, Harpoceras hecticum, Amalteus Lamberti, Belemnites hastatus*, etc. Ces marnes sont surmontées par
10 ou 15 mètres de marno-calcaire contenant : *Aspidoceras
perarmatum, Amaltheus cordatus, Bourguetia striata, Pholadomya paucicosta*, etc., qui représentent l'Oxfordien supérieur ;
cette assise peut elle-même se subdiviser en deux zones : l'inférieure, plus marneuse, avec sphérites ; la supérieure, plus calcaire et plus siliceuse, avec chailles [1].

Le Rauracien constitue les collines de la citadelle et de la
Justice ; il peut être étudié dans la tranchée de la route de Bâle
et les fossés de ces fortifications. Son contact avec l'Oxfordien
se voit dans l'intérieur de la ville, au-dessous du Château, où les
marno-calcaires gréseux, jaune-roux, supportent un calcaire
marneux, noirâtre, appartenant au Glypticien. Ce sous-étage est
formé de 20 mètres de calcaire marneux compact, d'un noir
bleuâtre ou gris de fumée ou même jaunâtre par places, en
bancs épais de 1 à 2 mètres, séparés par des assises de marne
terreuse noire de 0^{m}20 à 0^{m}30, avec *Polypiers, Crinoïdes, Cidaris
florigemma*, etc. Sur cette masse inférieure reposent 24 mètres
de calcaire oolithique, à oolithes miliaires, gris à la base et sté-

---

1. Parisot, *Esquisse*.

rile (13ᵐ), puis jaunâtre ou rosé plus haut, avec Nérinées (5ᵐ), enfin devenant blanc et crayeux, avec oolithes de différentes tailles miliaires, pisiformes et olivaires, renfermant en outre de nombreux Polypiers, sur 6 mètres au sommet. L'étage se termine par des calcaires compacts blancs, crayeux ou saccharoïdes, avec *Diceras arietina*, visibles sur 5 mètres dans les fossés de la citadelle, mais d'une puissance plus considérable, estimée à 20 ou 25 mètres par M. Parisot.

b) MONTBÉLIARD

L'Oxfordien, aux environs de Montbéliard, est constitué à sa partie inférieure par 20 mètres de marnes grises avec : *Aspidoceras perarmatum, Peltoceras arduennense, Eugenii, Oppelia Renggeri, Harpoceras hecticum, Amaltheus cordatus, Waldheimia impressa, Rhynchonella obtrita, Balanocrinus pentagonalis;* surmontés par 30 ou 35 mètres de marno-calcaire bleuâtre d'abord et découpé en sphérites, puis jaune pâle et jaune-roux avec chailles, subdivisé en bancs, par des lits marneux intercalés, ou massif (Brevilliers) qui renferme : *Aspidoceras perarmatum, Peltoceras Eugenii, Perisphinctes Martelli, Pholadomya exaltata, paucicosta, canaliculata, Ostrea dilatata, Waldheimia Parandieri, Rhynchonella obtrita, Collyrites bicordata* [1].

Le Rauracien se compose, au mont Salamon, près d'Héricourt, comme M. Thirria l'indique [2], d'une assise de 4 ou 5 mètres de calcaire marneux, compact, gris de fumée, très dur, reposant sur les marno-calcaires de l'Oxfordien supérieur et recouverte de calcaire oolithique. Celui-ci présente des oolithes miliaires très régulières à la partie inférieure ; puis les oolithes se mélangent, vers la partie supérieure, de grains plus gros, olivaires et amygdalaires, en même temps que des Nérinées et des Polypiers se montrent en grand nombre dans la roche. La masse entière mesure 20 ou 25 mètres ; elle est surmontée par un mince lambeau de calcaire compact lithographique.

1. CONTEJEAN, *Esquisse.*
2. *Statistique*, p. 164.

A Vougeaucourt, à cinq kilomètres au sud-ouest de Montbéliard, l'oolithe corallienne affleure dans le village même ; elle
débute par des calcaires à grosses oolithes olivaires disséminées dans une pâte grisâtre, un peu marneuse, veinée de
quartz ; puis se continue par une couche de même teinte avec
des oolithes moins grosses, et se termine sur le chemin de Bart,
par des calcaires blancs, crayeux, à oolithes miliaires, mélangées de grains plus gros, amygdalaires et olivaires, qui sont
eux-mêmes immédiatement recouverts par un banc crayeux de
0m80 renfermant des oolithes miliaires et de petites Astartes
(*Astarte submultistriata*, *A. supracorallina*). Ce dernier appartient à l'Astartien.

c) L'ISLE

Au village d'Appenans, vers l'Isle-sur-le-Doubs, les calcaires
marneux, jaune-roux de l'Oxfordien supérieur se montrent à
découvert, surmontés par les couches coralliennes que l'on
suit jusqu'à l'Isle ; en sorte que l'on peut établir la succession
suivante :

COUPE N° IX

Oxfordien.

1. Calcaire marneux, jaune-roux, en bancs massifs de 0m80 à 1m20,
séparés par de simples lignes de fissure sans interposition de lits de
marne, nodules siliceux d'un gris noirâtre empâtés dans la couche 12

Rauracien.

2. Calcaire oolithique, oolithes de la grosseur d'une noix reliées par
un ciment gris, fort dur ; nombreux débris organiques enclavés dans
la roche. 8,70
    Serpules, Cidaris, Crinoïdes.

Cette couche se montre d'abord au sommet du plateau qui
domine Appenans, et peut être suivie depuis là jusqu'à L'Isle,
où elle est surmontée comme il suit :

3. Calcaire oolithique, blanc, oolithes miliaires et cannabines avec
grains amygdalaires et olivaires, très nombreux à la base ; les oolithes

sont plus fines à la partie supérieure, débris organiques nombreux roulés et fragmentés 5,40

Nérinées, Diceras, Polypiers.

4. Calcaire oolithique, blanc avec quelques grains plus gros pisiformes et amygdalaires, disséminés dans la masse, débris organiques roulés 8,80

Nérinées, Polypiers.

5. Calcaire marneux, rougeâtre, un peu oolithique, fossiles roulés 0,40

Nerinea nodosa, Polypiers.

Astartien.

d) HOPITAL-SAINT-LIEFFROY

Le Callovien et l'Oxfordien inférieur ne se montrent pas à découvert aux environs de Clerval, mais l'Oxfordien supérieur affleure, sous une faible épaisseur, il est vrai, à la base du Rauracien, sur le chemin qui accède depuis l'Hôpital-Saint-Lieffroy au plateau de la Grange-Certier, comme l'indique la coupe suivante, relevée en cet endroit :

COUPE Nº X

Oxfordien.

1. Calcaire marneux, jaune-roux, d'aspect gréseux, en bancs massifs de 0,30 à 0,40 1,20

2. Calcaire marneux, jaune-roux en certaines places, gris de fumée ailleurs, avec quelques oolithes miliaires disséminées dans la masse 0,60

Trigonia aspera.

Rauracien.

3. Calcaire marneux, gris de fumée, avec vacuoles et taches ocreuses, oolithes miliaires peu nombreuses disséminées dans la roche, veines et nids de spath. Fossiles nombreux mais mal conservés 14

Pecten subtextorius, Ostrea rastellaris, Serpules, Crinoïdes, Polypiers.

4. Calcaire oolithique, gris ou rougeâtre, oolithes miliaires régulières très nombreuses. 10

Ostrea rastellaris. Crinoïdes, Polypiers.

5. Calcaire oolithique, blanchâtre, oolithes miliaires, Polypiers

très nombreux, autour des Polypiers le calcaire devient saccharoïde. 2

6. Calcaire oolithique, blanc, oolithes miliaires et cannabines.
Fossiles rares. 10

Nérinées.

7. Calcaire oolithique, blanc, oolithes miliaires mélangées à des
grains plus gros amygdalaires et olivaires.

Nerinea Defrancei 4, N. Clymene 3, Diceras arietina, Polypiers.

La partie supérieure du Rauracien est ici recouverte, mais à
très peu de distance du point où s'arrête notre coupe, on rencontre les calcaires blancs crayeux de l'Astartien inférieur, avec
leur faune habituelle *(Astarte submultistriata, A. supracorallina)*,
qui plongent vers le nord-est.

e) BESANÇON

La butte que couronne le fort de Palente, à quatre kilomètres
au nord de Besançon, est formée par l'Oxfordien, dont les couches se montrent presque entièrement à découvert dans diverses exploitations, à la base de la colline, dans les tranchées du
chemin qui conduit à la fortification et dans ses fossés. Ces
assises se présentent ainsi à partir du sol de la grande carrière,
point où nous avons recueilli des fossiles phosphatés, *Pelloceras
athleta* entre autres. (Voir CK, sect. 4 *f*.)

Coupe N° XI

1. Marne grise bleuâtre, primitivement feuilletée, mais devenant
rapidement terreuse par exposition à l'air 10

*Belemnites hastatus 5, Aspidoceras perarmatum, Pelloceras ar-
duennense, annularis, Perisphinctes sulciferus 5, Oppelia oculatus, Su*ˀ*vica, Harpoceras hecticum 5, lunula 5, punctatum, Amaltheus cordatus, Lamberti 5, Mariœ, Terebratula dorsoplicata 5,
Waldheimia impressa, Rhynchonella obtrita 5, Balanocrinus pentagonalis 5.*

2. Même roche, fossiles plus abondants, même faune, en outre. 30

*Pelloceras Eugenii, Aspidoceras Babeanum, Oppelia Renggeri 3,
scaphitoïdes, Rhacophyllites tortisulcatus, Amaltheus cordatus 3.*

3. Marne grise bleuâtre, feuilletée, alternant avec des bancs de
marno-calcaire de même teinte, massifs ou découpés en fragments

arrondis (sphérites). Ces bancs, d'abord séparés largement par des assises de marne feuilletée, se rapprochent ensuite de plus en plus.   10

Belemnites pressulus, Perisphinctes Martelli, plicatilis, Oppelia oculatus, Amaltheus cordatus 3, Turbo Meriani, Pholadomya lineata, Pleuromya varians, Arca concinna, Astarte percrassa, Balanocrinus pentagonalis.

4. Bancs de marno-calcaire jaune, empâtant des *sphérites* compacts et des chailles géodiques, remplies de silice pulvérulente   .   10

Belemnites hastatus, pressulus, Amaltheus cordatus, Astarte percrassa, Opis fragilis, Arca concinna, Pecten subfibrosus, Ostrea spiralis, Terebratula Galliennei, Rhynchonella Thurmanni (obtrita), Collyrites bicordata, Serpula gordialis, S. Thirriai.

5. Calcaire marneux avec quelques fossiles calcaires   5

6. Chailles géodiques (fossés du fort).   5

Terebratula Galliennei, Waldheimia Parandieri, Rhynchonella obtrita, Collyrites bicordata [1].

On peut voir non loin du fort, à l'est du bois de Chalezeule, dans les environs de Clemtigney, la partie inférieure du Rauracien formée de marno-calcaire blanc grisâtre, très marneux. Mais cet étage peut être plus facilement étudié sur la route de Morre, à l'est de la porte Taillée, où d'ailleurs toute l'Oolithe supérieure se montre à découvert, depuis la zone à *Pholadomya exaltata*, jusqu'au Portlandien inclusivement ; sur la route elle-même et sur la voie du chemin de fer de Morteau. Ses assises se présentent ainsi :

Coupe N° XII

Oxfordien.

1. Marno-calcaire bleuâtre, en lits massifs de 0,15, séparés par des couches feuilletées. Visibles sur   5

Perisphinctes plicatilis, Pholadomya lineata.

2. Marno-calcaire jaune-roux, avec nodules siliceux, sans apparence de stratification   12

Pholadomya exaltata, paucicosta, Terebratula Galliennei, Waldheimia Parandieri, Rhynchonella obtrita, Collyrites bicordata.

---

1. La partie supérieure de cette coupe, depuis le n° 3, appartient à M. Chof-fat, qui l'a publiée en 1878 (*Esquisse*, p. 41) ; nous avons simplement ajouté les épaisseurs des couches aux indications qu'il donne. Nous ferons remarquer que la partie supérieure de la colline de Palente, la couche n° 6, est constituée par une chaille remaniée.

Rauracien.

3. Calcaire marneux, blanc jaunâtre par places, gris de fumée ou bleuâtre ailleurs ; veinés, nids et géodes de spath, parties saccharoïdes. Riche faune. 10

Pholadomya paucicosta, Pina crassiterta, Pecten lens, P. subtextorius, Ostrea rastellaris, Terebratula Galliennei, Waldheimia Delemontiana, Rhynchonella corallina, Cidaris florigemma, C. cervicalis, Millericrinus horridus, M. echinatus, Polypiers, Serpules.

4. Calcaire oolithique, blanc jaunâtre, oolithes miliaires et cannabines régulières 20

Serpules, Crinoïdes, Polypiers.

5. Calcaire oolithique, blanc crayeux, petites et grosses oolithes mélangées 9

6. Calcaire argileux, compact, gris clair 16

7. Calcaire blanc, lithographique, alternant avec des bancs crayeux. 7

Astartien.

f) ÉCLANS

En allant d'Éclans à Fraisans, par la route qui suit la rive gauche du Doubs, on peut observer le Rauracien inférieur sous deux facies différents. Auprès du premier de ces deux villages il se présente ainsi :

1. Calcaire marneux, tendre, blanchâtre en bancs de 0,35 à 0,40, alternant avec des lits feuilletés de couleur jaunâtre, de 0,10 à 0,15. 4

Pecten articulatus, P. vitreus, Rhynchonella corallina, Terebratula elliptoïdes.

2. Calcaire compact avec veines spathiques, aspect détritique. 2 Même faune que 1.

Ces couches sont horizontales, on peut les suivre très facilement jusque dans une carrière voisine, à une faible distance de celle où a été relevée l'observation précédente ; elles présentent alors une disposition un peu différente, elles sont constituées par une masse de marno-calcaire blanc grisâtre, grumeleux, sans divisions apparentes, remplie de Polypiers et renfermant : *Terebratula elliptoïdes, Rhynchonella corallina, Cidaris florigemma*, etc. Cette masse est entourée de tous côtés et recouverte par les marno-calcaires blancs, de l'assise 1 de la coupe précédente, alternant toujours avec des lits feuilletés.

Plus loin, le Glypticien présente le même aspect que dans la carrière d'Éclans, et renferme toujours la même faune. Par place les Polypiers réapparaissent dans la roche, qui devient alors plus grise, grumeleuse, se charge de fragments de coquilles et de débris d'Échinodermes, et ne montre plus des divisions horizontales aussi accentuées. A deux kilomètres plus au nord-est, ce sous-étage prend et conserve jusqu'à Fraisans le type qu'il offre à Besançon ; il est alors formé de marno-calcaire compact, gris de fumée, assez dur, mais facilement désagrégeable, divisé en bancs de 0^{m}60 à 0^{m}80, sans interposition de marne, avec parties saccharoïdes, Polypiers, Serpules et débris d'Échinodermes ; sur quelques points cependant il devient plus marneux, plus tendre et renferme des Myacées.

A trois ou quatre kilomètres d'Éclans, le Rauracien supérieur recouvre le Glypticien, il est constitué par des calcaires blancs, crayeux, à fines oolithes à la base, puis à oolithes miliaires, mélangées de grains plus volumineux, gros comme des olives, des noix ou même des œufs, à la partie supérieure, où se rencontrent aussi des Nérinées et des Diceras roulés et indéterminables ; il se termine enfin par des calcaires blancs, crayeux, compacts, sans fossiles ni oolithes.

g) AMANGE

Nous avons indiqué que le Callovien n'est pas visible aux environs d'Amange (Voir CK, sect. 4 g) ; l'Oxfordien inférieur ne l'est pas davantage, mais l'Oxfordien supérieur se montre partiellement à découvert entre Amange et Vriange, il est formé par des marnes grises, dures, feuilletées, sans fossiles, qui se présentent à Vriange sous une épaisseur de plusieurs mètres. De là elles peuvent être suivies sur le chemin d'Amange, où elles sont bientôt surmontées par des calcaires marneux blanchâtres, de texture compacte, stratifiés en bancs massifs, séparés par de minces lits de marne feuilletée. Cette couche renferme la *Cidaris florigemma*, elle mesure 7 ou 8 mètres et supporte une masse de 3 ou 4 mètres de calcaire blanc grisâtre à pâte fine, divisé en bancs massifs sans interposition de marne.

Ces deux dernières assises appartiennent au Glypticien, qui recouvre un Oxfordien supérieur à faciès différent de celui que nous avons vu jusqu'ici. Les calcaires marneux blancs de Vriange ne représentent plus la zone à *Pholadomya exaltata*, mais le faciès *Argovien* que nous allons voir mieux développé à Dole.

h) RAINANS

Aux environs de Rainans, le Callovien, l'Oxfordien et le Glypticien ne sont pas visibles, mais la partie supérieure du Rauracien peut être observée dans quelques carrières, à douze cents mètres à l'ouest de ce village, et au sud de Chevigny. Elle est représentée par des calcaires argileux gris ou blancs, partiellement oolithiques, grumeleux et brèchoïdes sur certains points, massifs ailleurs, renfermant des fossiles assez nombreux mais peu déterminables : *Nérinées* de petite taille, *Trichites*, *Ostrea* à larges valves, *Polypiers*.

i) DOLE

A douze cents ou quinze cents mètres de Champvans, sur le chemin de Dole, on voit les assises feuilletées et oolithiques du Cornbrash plonger sous une masse de 5 à 6 mètres de marno-calcaire blanc, compact, sans fossiles, divisé en lits de 0,05 centimètres, exploité sur ce point. Sa partie recouverte, située entre les calcaires oolithiques et les marno-calcaires, est peu considérable, et sa puissance ne doit pas dépasser 3 ou 4 mètres ; elle est constituée par les calcaires à *Amaltheus Lamberti* dont nous avons parlé déjà, et par une mince couche de marne bleue feuilletée, que l'on ne voit nulle part en place, mais dont l'existence a été démontrée par un sondage, comme nous le dirons plus loin. Cette mince épaisseur représente tout l'Oxfordien inférieur ; quant aux marno-calcaires blancs, ils appartiennent à l'Oxfordien supérieur, qui se montre ici sous son facies Argovien. La partie inférieure de ce sous-étage est visible dans la carrière près de Champvans, comme nous l'avons indiqué, et sa partie supérieure peut être observée dans plusieurs carrières voisines de Dole, entre autres dans une vaste exploitation, très près et au nord-ouest du nouveau cimetière. On y reconnaît les assises suivantes :

Coupe N° XIII

1. Calcaire blanc, oolithique, à oolithes cannabines assez régulières à la partie inférieure, irrégulières à la partie supérieure, qui est plutôt grenue qu'oolithique et renferme de nombreux débris organiques roulés et brisés ; tubes de serpules, fragments de coquilles, articulations de Crinoïdes très nombreuses. 5

2. Calcaire marneux, compact, blanc grisâtre, à pâte fine, massif 3

3. Calcaire marneux, blanc grisâtre, compact, en bancs de 0,40 alternant avec des couches de marne grise, feuilletée 7

Gresslya sulcosa, Pholadomya canaliculata, P. paucicosta, P. lineata, Ostrea dilatata.

4. Terre végétale.

Un sondage effectué dans cette carrière, il y a quelques années, a permis d'apprécier exactement la puissance des marno-calcaires et des calcaires blancs, qui est de 25 mètres ; immédiatement au-dessous d'eux se trouve une masse de marne grise feuilletée [1]. Lorsqu'on a creusé le tunnel au-dessous de Monnières, on a traversé ces marnes, et les déblais provenant de la fouille ont été transportés dans un point voisin, où ils sont facilement observables. Ce sont des marnes d'un gris noirâtre, plus sèches et plus dures que celles de l'Oxfordien à *Ammonites Renggeri* de Besançon, ne renfermant pas de fossiles pyriteux, mais quelques moules calcaires de *Perisphinctes plicatilis, P. sp. indet., Amaltheus cordatus.*

Dans une carrière au-dessus du tunnel dont nous venons de parler, on voit les marno-calcaires blanc grisâtre et les marnes grises sans fossiles de l'Argovien, recouverts par une couche de

---

1. Indication fournie par M. Pernet.

même aspect, mais renfermant quelques fossiles, entre autres : *Pecten articulatus, Hemicidaris crenularis, Cidaris florigemma, Rhynchonella corallina*, qui indiquent le passage au Rauracien. Cet étage est plus facile à étudier entre Dole et Saint-Ylie, sur le chemin qui longe le canal, où il se présente ainsi :

COUPE N° XIV

1. Marne compacte dure, massive, d'un bleu grisâtre, devenant jaune par altération et passant à une nuance blanche à la partie supérieure. Environ 20
Perisphinctes Martelli, Pholadomya paucicosta, Opis Virdunensis, Terebratula insignis, T. Galliennei, Waldheimia delemontiana, W. Parandieri, Rhynchonella corallina, Glypticus hieroglyphicus, Hemicidaris crenutaris, Cidaris florigemma.

2. Marno-calcaire gris de fumée, en bancs minces, séparés par des lits de marne noirâtre 2
Même faune, en outre : *Ostrea rastellaris, Pecten articulatus.*

3. Calcaire marneux, gris blanchâtre, compact, accidents spathiques. 17
Ostrea rastellaris, Terebratula Galliennei, Rhynchonella corallina.

4. Même roche, un peu oolithique, surtout à sa partie supérieure 3,20

5. Calcaire blanc, compact, alternant avec des bancs de calcaire blanc, crayeux, généralement oolithique, surtout vers la partie supérieure, fossiles empâtés dans la roche 16
Nérinées très nombreuses, *Diceras, Cidaris florigemma, Polypiers.*

6. Calcaire compact, gris ou blanc, avec quelques rares oolithes olivaires disséminées dans la masse 5
Nérinées très nombreuses, *Polypiers.*

Ces calcaires disparaissent sous le village de Saint-Ylie ; dans les carrières situées près de ce village, au nord de la route de Foucherans, on voit une assise de calcaire marneux qui les surmonte directement, ou en est seulement séparé par un faible intervalle, et qui appartient à l'Astartien.

Lorsque nous avons publié cette coupe, en 1882 [1], nous igno-

1. *L'Étage Corallien*, p. 47.

rions qu'elle l'eût été déjà par M. Jourdy [1]. Notre coupe commence plus bas et finit plus haut que la sienne ; sauf cela, les deux sont identiques. L'absence de tout fossile dans les marno-calcaires de la carrière, au-dessus du tunnel de Monnières, la présence d'espèces rauraciennes dans la première couche fossilifère au-dessus de l'exploitation et dans les marnes bleuâtres du chemin de Saint-Ylie, nous semblent autoriser notre mode de division.

CINQUIÈME SECTION

a) PONT-DE-ROIDE

La route de Pont-de-Roide à Blamont montre la succession suivante :

Coupe N° XV

Oxfordien.

1. Dans le village de Roide. Calcaire marneux jaune-roux, formant des lits de sphérites dans une couche de marne argileuse, rougeâtre. *Pholadomya exaltata, Ostrea dilatata.*

2. Calcaire marneux, gris de fumée, compact, nombreux accidents spathiques 18
Pholadomya paucicosta, Ostrea rastellaris, Cidaris florigemma, Polypiers, Spongiaires.

3. Calcaire oolithique, gris jaunâtre ou bleu avec veines rouges, oolithes miliaires (carrière de la Crochère) 17

4. Calcaire oolithique, gris blanc, oolithes miliaires et cannabines, pâte spathique 24

5. Calcaire oolithique, blanc, argileux ou crayeux, saccharoïde par places, accidents spathiques 14

6. Calcaire argileux, blanc, passant sur certains points au calcaire lithographique 27
Astartien.

1. *Étude de l'Étage séquanien*, p. 157.

b) SAINT-HIPPOLYTE

Aux environs de Saint-Hippolyte, l'Oxfordien inférieur se montre seulement à découvert, dans quelques excavations creusées de main d'homme, sur le flanc des montagnes, ou par lambeaux à l'état d'éboulis. Il renferme partout : *Peltoceras arduennense, Perisphinctes sulciferus, Oppelia Renggeri, Harpoceras hecticum, Amaltheus cordatus, Lamberti, Waldheimia impressa.*

L'Oxfordien supérieur accuse sa présence, sur le chemin de Montécheroux, comme nous le dirons plus loin, par des sphérites et des fragments de marno-calcaire gréseux, mais ne peut y être étudié en détail. Sa partie supérieure apparaît sur quelques points, aux environs de Chamesol, où l'on exploitait jadis une assise ferrugineuse située vers son milieu. Cette couche mesure 0,60 centimères, elle est formée de petits grains de minerai disséminés dans une pâte marneuse [1]. Ce sous-étage est entièrement à nu dans les bois de Clémont, où il constitue un escarpement de 20 à 25 mètres, s'élevant à pic au-dessus des marnes oxfordiennes.

Le Rauracien se voit sur le chemin de Montécheroux et près de ce village. Ce chemin gravit d'abord le talus constitué par l'Oolithe inférieure, entièrement recouverte par la végétation, et aussi, vers le cimetière, par des lambeaux éboulés des marnes oxfordiennes qui renferment les fossiles indiqués plus haut. Ces marnes se présentent plus loin en position normale, mais elles sont masquées par les cultures. Au-dessus d'elles, on voit affleurer des marnes jaunes avec fragments arrondis ou anguleux, de marno-calcaire jaune-roux gréseux et des nodules siliceux, et sur cette couche reposent les assises suivantes, qui appartiennent au Rauracien :

Coupe No XVI

1. Calcaire gris, oolithique, oolithes miliaires et cannabines,

---

1. RÉSAL, *Statistique,* p. 138.

jaune rougeâtre, dans une pâte grise, percée de vacuoles visibles à la loupe   5

2. Calcaire gris blanchâtre, oolithique, oolithes miliaires . .   25

3. Calcaire blanc, oolithique, oolithes miliaires, cannabines et pisiformes mélangées.   10

4. Calcaire blanc, crayeux, oolithique, oolithes miliaires . .   3

5. Calcaire blanc, crayeux, oolithique, oolithes miliaires mélangées avec des grains plus gros, pisiformes et amygdalaires   6

6. Calcaire compact, blanc grisâtre, quelques oolithes fondues dans la pâte.

Cette dernière assise n'est pas recouverte, elle forme le soussol du plateau de Montécheroux, sur son bord méridional. En suivant toujours le chemin indiqué, on passe en sens inverse sur les couches énumérées plus haut, mais qui sont peu observables, sauf le Glypticien, dont il sera question plus loin. Le village lui-même est bâti sur l'Oxfordien supérieur, dont les marno-calcaires se montrent à nu en différents points du voisinage, à Chamesol, dans les bois de Clémont, etc. A Montécheroux même, au sud du village, la zone à *Pholadomya exaltata* se présente à la surface du sol, avec ses marno-calcaires gréseux et ses nodules siliceux ; elle est immédiatement recouverte par une assise, de 1 à 2 mètres de puissance, de calcaire gris rougeâtre, oolithique à oolithes miliaires et cannabines. Cette couche supporte une masse d'une vingtaine de mètres d'épaisseur de calcaire massif, blanc grisâtre, plus ou moins oolithique, suivant le point observé ; ses oolithes sont miliaires et cannabines dans une pâte lithographique ou saccharoïde ; elle renferme de très nombreux débris organiques et surtout une quantité de Polypiers de différents genres, enchevêtrés les uns dans les autres, et avec eux, des Actéonines, des Nérinées, des Diceras, des Peignes et surtout des Echinodermes divers. Cette agglomération de Polypiers se voit bien sur le chemin de Montécheroux à Saint-Hippolyte, à la sortie de Montécheroux.

c) GLÈRE ET BRÉMONCOURT

Aux environs de Glère et de Brémoncourt, les marnes oxfordiennes mesurent une dizaine de mètres, elles offrent la teinte bleuâtre et la structure feuilletée qui leur sont habituelles, et renferment entre autres fossiles :

Pelloceras annularis, arduennense, Eugenii, Perisphinctes sulciferus, Oppelia Renggeri, denticulatus, Harpoceras lunula, Amaltheus cordatus, Sutherlandiæ, Rhacophyllites tortisulcatus, Rostellaria bispinosa, Pholadomya clathrata, Ostrea nana, Waldheimia impressa, Rhynchonella obtrita, Balanocrinus pentagonalis. Elles sont surmontées par 15 mètres de calcaires marneux, en bancs alternant avec des lits de marne sableuse, jaunâtre. Ces marno-calcaires sont découpés en sphérites à la partie inférieure, vers le milieu de l'assise, la roche devient plus siliceuse et renferme des fossiles silicifiés, et parmi eux : *Belemnites Clucyensis, Aspidoceras perarmatum, Pelloceras* cf. *arduennense, Amaltheus cordatus, Ostrea sandulina, hastellata, reniformis*, etc. [1].

Le Rauracien, épais de 80 mètres, débute par des bancs marno-grumeleux à fossiles et rognons siliceux contenant : *Pecten articulatus, Ostrea gregaria, Waldheimia Delemontiana, Cidaris florigemma, Hemicidaris crenularis*, des *Polypiers* et des *Spongiaires*. Au-dessus s'élèvent des masses puissantes de calcaires crayeux ou oolithiques, renfermant des Polypiers.

d) MAICHE

A Maiche, l'Oxfordien inférieur est formé par des marnes noirâtres à fossiles pyriteux, épaisses de 10 mètres et qui renferment : *Pelloceras caprinum, annularis, Oppelia Renggeri, pustulata, Harpoceras Brighti, hecticum, Perisphinctes sulciferus, Amaltheus cordatus, Mariæ, Waldheimia Bernardina, W. impressa, Rhynchonella obtrita.* Vers leur partie supérieure, ces marnes deviennent jaunes et renferment des rognons durs de calcaire siliceux et : *Amaltheus cordatus, Pholadomya exaltata, paucicosta, lineata, Rhynchonella obtrita, Collyrites bicordata*, etc. [2].

---

1. Voir pour la faune complète : KILIAN, *Environs de Glère*, etc., p. 10 et suiv.

2. KILIAN, *Environs N. de Maiche*.

Cette assise mesure 15 mètres, elle est recouverte par le Rauracien ainsi constitué :

COUPE N° XVII

1. Calcaire marneux, gris rougeâtre ou gris de fumée, avec un banc oolithique à sa partie supérieure. 23
Serpula subflaccida, Pecten articulatus, Ostrea rastellaris, Cidaris florigemma, Polypiers.
2. Calcaire compact, gris, blanc ou brun, avec nombreux *Polypiers* 40
3. Calcaire blanc, oolithique 15
Polypiers.
4. Calcaire argileux, blanc, compact 8
5. Calcaire gris, renfermant des fragments roulés de calcaire lithographique. 2

Au-dessus de cette couche, se montrent des marnes en plaquettes à faune astartienne.

e) PIERREFONTAINE-LES-VARANS

La partie supérieure du Rauracien apparait dans la vallée de la Reverotte, au-dessous de Pierrefontaine-les-Varans, sur le chemin de ce village, elle est formée d'une masse de calcaire oolithique, surmontée de 30 mètres de calcaire compact gris ou rosé, avec deux bancs crayeux, l'un vers la partie moyenne, l'autre vers la partie supérieure de l'assise.

f) VERCEL

La route de Baume à Vercel montre la coupe suivante, vis-à-vis d'Épenouse, à quatre kilomètres au nord de Vercel.

COUPE N° XVIII

Oxfordien.

1. Sur les marnes grises, feuilletées, presque entièrement recouvertes, Calcaire marneux, jaune-roux, en bancs de 0,25 à 0,60, sépa-

rés par des couches de marne de même épaisseur avec lits de sphérites 12

*Pholadomya exaltata, P. lineata, Ostrea rastellaris, Waldheimia
Parandieri.*

Rauracien.

2. Calcaire marneux, jaune-roux, oolithique, oolithes miliaires 3

Thracia pinguis, Pholadomya exaltata.

3. Marne grise, feuilletée. 0,20

4. Calcaire marneux, gris, oolithique, oolithes miliaires, bancs de
0,30 séparés par des lits feuilletés de 0,03 à 0,05 20

*Serpules 5, Pleuromya donacina, Homomya cf. hortulana, Pho-
ladomya canaliculata, Ph. exaltata, Ph. lineata, Opis Virdunensis,
Trigonia papillata, Terebratula insignis, Cidaris florigemma 4,
Crinoïdes 4, Spongiaires.*

5. Calcaire marneux, compact, gris de fumée, accidents spathiques. 14

*Serpules 5, Pholadomya paucicosta, Pecten articulatus, P. sub-
textorius 4, Ostrea rastellaris 3, Terebratula insignis 3, Cidaris
florigemma 4, C. cervicalis 3, Crinoïdes 4, Polypiers, Spongiaires.*

6. Calcaire oolithique, blanc jaunâtre, oolithes miliaires et cannabines 13

Serpules 5, Nerinea nodosa 5, Pecten dentatus, vitreus, nisus.

7. Calcaire blanc, oolithique, oolithes de toutes les tailles, depuis
les grains miliaires jusqu'aux olivaires, aspect de charriage, fossiles
roulés 2

*Nerinea Desvoidyi, Defrancei, Chemnitza Cæcilia, Cardium co-
rallinum, Pecten articulatus, Ostrea aff. dilatata, Cidaris florigemma 3, Polypiers 5.*

8. Calcaire argileux, compact, blanc 5
9. Calcaire crayeux, un peu oolithique. 10
Cidaris florigemma.
10. Calcaire argileux, gris clair, oolithique 6
11. Astartien. Marne feuilletée. 0,35
12. Calcaire compact, argileux, blanc.

g) CONSOLATION. — FUANS.

Dans la partie supérieure de la vallée du Dessoubre, le Cornbrash se montre à découvert sur une faible épaisseur au-dessous

de Laval, vers les moulins Jeannerot ; il est constitué par des calcaires oolithiques, gris rougeâtre, lamellaires. Le Callovien n'affleure pas ; mais on rencontre, sur la rive gauche de la rivière, quelques amas de marnes oxfordiennes provenant d'éboulements, et reposant directement sur les dernières assises du Cornbrash. Ces marnes renferment, en grande abondance, avec l'*Ammonites Renggeri*, la plupart des espèces qui l'accompagnent.

En remontant vers Consolation, à un kilomètre de Laval, l'Oxfordien s'observe en situation normale et en partie à découvert, sur le bord de la route. Là encore, le Callovien n'apparait pas, les couches à *Am. Renggeri* présentent un développement de 30 mètres, elles sont formées de marnes grises, feuilletées ou terreuses, et à leur partie supérieure, sur 5 mètres environ, des lits de sphérites s'intercalent entre les assises feuilletées. A ce niveau, on peut recueillir en assez grand nombre : *Pholadomya canaliculata*, *P. lineata*, *P. hemicardia*. Des marno-calcaires d'un jaune clair, découpés en sphérites, épais de 7 mètres, surmontent cette couche ; *Ph. exaltata* se rencontre dans ces marno-calcaires. Le Rauracien inférieur qui recouvre cette zone est reconnaissable à ses calcaires marneux gris de fumée, et à sa faune habituelle ; il est observable sur 10 mètres, puis il est masqué par des éboulis, et ce n'est qu'à 30 mètres environ, au-dessus de l'Oxfordien supérieur, que l'on voit apparaître, sur la route de Fuans, les calcaires de l'Oolithe rauracienne, qui se présentent ainsi :

Coupe N° XIX

1. Calcaire oolithique, variant d'aspect et de structure à mesure que l'on s'élève ; il est gris et peu oolithique à la base, le devient davantage à la partie moyenne, et prend alors une teinte blanche et une structure lamellaire ; il se montre moins oolithique à la partie supérieure et renferme beaucoup de Polypiers 42
   Nérinées et *Polypiers* à tous les niveaux.
2. Calcaire argileux, bleu ou blanc, le bleu dominant à la partie inférieure, bancs de 0,30 à 0,40, passant inférieurement à la couche précédente 11
3. Calcaire compact, blanc ou gris, en bancs massifs de 1 à 2

mètres, jaunâtre et crayeux sur certains points, d'aspect lithographique ailleurs et surtout vers la partie supérieure 18
   Astartien.

h) SAONE. — MAMIROLLE

La route nationale de Besançon à Pontarlier traverse, en tranchée, vis-à-vis de La Couvre, à une centaine de mètres à l'ouest
du marais de Saône, la partie supérieure de l'Oxfordien et le
Rauracien presque entier, dont les couches se présentent ainsi :

Coupe N° XX

Oxfordien.

1. Marne jaune, terreuse, avec nodules siliceux et fragments de
calcaire gréseux, jaune roux, représentant la partie supérieure de la
zone à *Pholadomya exaltata* désagrégée.
   Serpules 5, Collyrites bicordata, Crinoïdes.

Rauracien.

2. Calcaire marneux, gris noirâtre, d'apparence gréseuse, en bancs
de 0,20 à 0,30, quelques nodules siliceux à la base 18
   *Serpules 5, Pholadomya paucicosta, Pinna crassitesta, Pecten
articulatus, Ostrea quadrata 3, Terebratula Galiennei, T. insignis,
Rhynchonella corallina, Cidaris florigemma, Millericrinus echinatus 5, M. horridus;* autres *Crinoïdes 5, Polypiers 3.*

3. Marno-calcaire grisâtre, d'apparence gréseuse, bancs minces de
0,05 à 0,10, séparés par des lits de marne feuilletée; dans l'intervalle des lits de marne, la roche se découpe en nodules et rognons
rappelant par leur aspect les couches à *sphérites* de l'Oxfordien supérieur. 11
   *Serpules 5, Pecten articulatus, Ostrea quadrata, Cidaris flori-
gemma 5, C. cervicalis 3, Millericrinus horridus, M. echinatus,
M. Milleri, Polypiers, Spongiaires.*

4. Calcaire marneux, grisâtre, massif, nombreux débris organiques de Serpules, Huîtres, Echinides et Crinoïdes, formant à la partie inférieure un véritable calcaire coquillier. 5
   *Serpules 5, Ostrea quadrata 3, Cidaris florigemma 5, Cri-
noïdes 5.*

5. Calcaire compact, gris blanchâtre, cassure esquilleuse, quelques
oolithes dans la roche. 8

Serpules 5, Pecten articulatus, Terebratula Galiennei, Crinoïdes,
Polypiers.

6. Calcaire oolithique, blanc grisâtre, rempli de débris organiques
roulés et brisés 3
Nérinées, Huîtres, Crinoïdes, Polypiers.

7. Calcaire blanc, oolithique, oolithes miliaires et cannabines, mélangées avec des grains plus gros ; débris organiques roulés très nombreux 3
Nerinea strigillata, autres *Nérinées 5, Pecten globosus, Cidaris*
florigemma 5, Polypiers.

La série se termine ici, les couches plongent sous le marais
de Saône. De l'autre côté du marais, on retrouve le Rauracien
qui supporte les villages du Petit-Saône et du Grand-Saône ;
au-dessous du premier, on le voit à découvert sur les flancs de
l'entonnoir où se précipitent les eaux du ruisseau du moulin.
Sa partie inférieure est formée par des calcaires marneux, blancs
grisâtres, d'aspect gréseux, en bancs de 0,40 à 0,50 centimètres,
séparés par des lits de marne de 0,10 à 0,20, renfermant des
nodules siliceux et quelques fossiles :

Perisphinctes Martelli, Goniomya sulcata, Pecten articulatus,
Ostrea quadrata, Cidaris florigemma, C. cervicalis, Crinoïdes 5,
Polypiers. Sur cette couche reposent des calcaires marneux,
gris de fumée, renfermant la même faune et qui sont en partie
recouverts par la végétation.

Entre Saône et Mamirolle, le Rauracien ne se montre à découvert qu'incomplètement, sa partie inférieure est formée de
calcaire gris compact, sa partie supérieure de calcaire oolithique, blanchâtre. A la gare de Mamirolle, cette dernière couche
est visible sur trois à quatre mètres ; l'assise qui la surmonte
immédiatement n'est pas observable, mais dans l'intérieur du
village, à un niveau qui ne lui est que peu supérieur, on rencontre les dernières couches du Rauracien, constituées par des
calcaires argileux, blancs, compacts (2^m), puis par des calcaires
crayeux, percés de nombreuses tubulures et renfermant des
Nérinées (3^m) ; enfin par un banc de calcaire argileux jaunâtre
(1^m) qui supporte l'Astartien.

i) TARCENAY

Le chemin qui conduit de Mamirolle à Tarcenay gravit d'abord la montagne de la Côte, au sud du village, en passant sur l'Astartien jusqu'au prolongement de la faille de Mamirolle, puis sur l'Oolithe inférieure, dont toutes les couches sont recouvertes ; il atteint l'Oxfordien au-dessous de Trepot, traverse les calcaires gris noirâtre du Glypticien avant d'entrer dans ce village, et à partir de ce point se poursuit jusqu'à Foucherans sur le Rauracien supérieur, formé d'un incroyable amoncellement de Polypiers.

Ces Polypiers, extrêmement nombreux, sont aussi de grande taille pour la plupart ; on les voit partout où la roche est à découvert ; on les emploie fréquemment comme matériaux de construction, car ils sont empâtés dans une pierre extrêmement dure, compacte par place ou oolithique ailleurs ; ils sont toujours facilement reconnaissables comme Polypiers, mais peu déterminables en général.

Au delà de Foucherans, le chemin entame de nouveau le Glypticien puis la zone à *Pholadomya exaltata*, et se continue sur l'Oxfordien jusqu'à Tarcenay. A peu de distance du village on peut observer, sur une faible épaisseur, les dernières strates du Cornbrash, comme nous l'avons indiqué déjà. Le Callovien n'est pas visible, mais l'Oxfordien est observable dans une marnière au nord de Tarcenay, où il présente la constitution suivante :

Coupe N° XXI

1. Marne grise, terreuse, présentant de nombreuses boules géodiques remplies de cristaux de spath, et quelques sphérites provenant de la partie supérieure 30

Belemnites hastatus 5, Aspidoceras perarmatum 4, Peltoceras arduennense 5, Eugenii 5, Perisphinctes sulciferus 5, Oppelia oculatus 5, Renggeri 3, Suevicus 3, Harpoceras hecticum 5, Amaltheus cordatus 5, Lamberti 5, Mariæ 3, Cucullea concinna 3, Terebratula dorsoplicata 5, Waldheimia impressa 2, Pentacrinus pentagonalis.

2. Marne grise, feuilletée ou terreuse par désagrégation, avec bancs plus épais, se découpant en sphérites 10

Belemnites hastatus 3, excentricus, Peltoceras arduennense 5, Eugenii 2, Perisphinctes plicatilis, Harpoceras hecticum 3, Amaltheus cordatus 4, Pecten fibrosus, Plicatula subserrata, Rhynchonella obtrita 3, Pentacrinus pentagonalis 3.

3. Marne jaune, terreuse et marno-calcaire jaune-roux, avec sphérites et nodules siliceux.

Serpula gordialis, Perisphinctes Martelli.

La masse inférieure de ces marnes contient une faune très riche en espèces et en individus, qui n'a été citée ici qu'en partie, mais qui le sera plus loin au complet ; elle repose directement sur le Cornbrash et même sur le Bathonien, parce que sa partie visible est constituée par des éboulis, provenant des couches supérieures. La masse moyenne est assez nette et sa faune est certainement en place ; quant à la zone à *Pholadomya exaltata*, elle est en partie recouverte, et il est difficile d'apprécier exactement sa puissance.

j) MORTEAU

A la Grand'Combe, l'Argovien, qui fait suite aux couches que nous avons étudiées précédemment (CK, sect. 5), est constitué par des calcaires gris blanchâtres, durs, schisteux, en bancs de 0,20 centimètres, séparés par de minces assises de marne feuilletée ; il forme une masse puissante, dont on ne voit bien nettement que la partie inférieure, sur une dizaine de mètres, mais il est plus facilement observable à quatre ou cinq kilomètres au nord-est de Morteau, comme nous allons l'indiquer.

En suivant la route de Morteau, à partir du milieu du hameau des Lavottes, dans la direction du lieu dit Renaud-du-Mont, on observe la succession suivante :

Coupe N° XXII

Argovien.

1. Calcaire argileux, blanc grisâtre.
2. Marne grise, terreuse, *Pholadomya paucicosta* 1
3. Calcaire marneux, gris, compact 10

4. Calcaire marneux, gris, en bancs massifs de 0,15 à 0,20, séparés par des lits feuilletés de 0,05 à 0,10 30
Terebralula aff. bisuffarcinata.

Rauracien.

5. Calcaire compact, gris blanchâtre 10
6. Calcaire compact, rougeâtre 4
Nérinées indét., Pecten vitreus.
7. Marno-calcaire gris jaunâtre, compact, fossiles nombreux indéterminables 10
8. Calcaire gris avec oolithes miliaires, diffuses dans la roche 3
Pecten vitreus, Cidaris florigemma, Polypiers.
9. Marne grise 1
Hemicidaris crenularis, Cidaris florigemma.
10. Calcaire oolithique comme 8 2,30
11. Marne grise 4
Cidaris florigemma, nombreux débris de coquilles.
12. Calcaire blanc, crayeux, oolithique, oolithes miliaires, la roche sur certains points devient saccharoïde 15
Polypiers très nombreux.
Astartien. Calcaire marneux avec minces lits de marne grise interposés entre les bancs de marno-calcaire, etc. 20
Voir au chapitre suivant la suite de la coupe.

k) LONGEMAISON

La partie supérieure de l'Oxfordien se montre aux environs de Longemaison, au-dessous du village, sur le bord de la voie ferrée, et plus nettement, à un kilomètre et demi de la gare, sur le chemin d'Arc-sous-Cicon, où nous avons relevé la coupe suivante.

Coupe N° XXIII

Oxfordien.

1. Marne grise bleuâtre, dure, feuilletée 8
Waldheimia impressa.
2. Calcaire marneux, gris-blanc, faiblement jaunâtre, en bancs de 0,75 à 1, se désagrégeant en lamelles minces et en fragments irréguliers, ne renfermant que peu de nodules siliceux ; aspect intermé-

diaire entre le Glypticien et la zone à *Pholadomya exaltata* typique 7
Pholadomya canaliculata, P. lineata.

Rauracien.

3. Calcaire marneux, grisâtre ou jaunâtre. 3
*Pecten globosus, Ostrea quadrata, Terebratula insignis, Waldhei-
mia Delemontiana, Cidaris florigemma, Crinoïdes, Polypiers.*

4. Calcaire compact, gris clair, argileux, pâte fine,`structure en
bancs de 1 à 1,50, se subdivisant ensuite en fragments lenticulaires
disposés en lits minces 8,50
Même faune que 3, fossiles moins nombreux, *Polypiers.*

5. Marno-calcaire gris, compact, veiné de spath 3
Polypiers.

6. Calcaire gris, oolithique, oolithes confluentes sur certains points,
diffuses ailleurs 23
Polypiers.

Cette couche est la dernière du Rauracien, elle est surmontée
par un mince lit de marne, début de l'Astartien, qui supporte
une série de calcaires gris ou jaune clair, puis des marnes.

En suivant la voie ferrée, entre Longemaison et Gilley, on
voit apparaître, dans les tranchées, les marnes grises feuilletées de l'Oxfordien inférieur, surmontées des marno-calcaires
grisâtres d'abord, puis jaunâtres plus haut, découpés en sphérites, de l'Oxfordien supérieur à *Pholadomya exaltata.*

Près du passage à niveau des Combettes, au-dessus du Callovien, se montrent les marnes grises de l'Oxfordien inférieur,
comme nous l'avons indiqué déjà (CK, XVII), renfermant : *Aspidoceras perarmatum, Perisphinctes sulciferus, Oppelia Renggeri,
oculatus, Harpoceras hecticum, Amaltheus cordatus.* Cette dernière couche affleure au-dessus du tunnel du Chaumont, et
s'élève sur le flanc de cette montagne, recouverte d'éboulis,
parmi lesquels se rencontrent des sphérites marno-calcaires
et des fragments de marno-calcaire gréseux, jaune roux, indice de l'existence en ce point de la zone à *Pholadomya exaltata.*

A l'extrémité opposée du tunnel, du côté de Gilley, on observe
dans la tranchée du chemin de fer une importante assise qui
renferme de nombreux Polypiers et d'autres fossiles, parmi les-

quels nous citerons seulement : *Diceras arietina* et *Cardium corallinum*. Ce coralligène appartient au Rauracien supérieur le plus élevé et empiète peut-être aussi sur la partie inférieure de l'Astartien ; mais il est certainement situé au-dessous des calcaires à Natices, que l'on voit dans la tranchée, à un niveau manifestement supérieur à la couche à Polypiers.

Ce gisement a été découvert, en 1891, par M. Kilian, qui l'a considéré alors comme Rauracien, puis visité peu après par M. Auguste Jaccard, qui l'a décrit et a fait connaître sa faune [1], mais a paru vouloir le ranger dans l'Astartien. Ceci, quoi qu'il en puisse paraître, n'implique pas de sa part une interprétation différente de la nôtre, au sujet du coralligène de Gilley ; en 1869, M. Jaccard plaçait à la base de son Astartien les calcaires à Polypiers que nous rapportons au Rauracien supérieur [2], puis, en 1893, il les classa dans l'Oxfordien, mais en indiquant positivement que les couches à coraux de Gilley appartiennent au *Corallien supérieur* [3].

SIXIÈME SECTION

a) ORNANS

L'Oxfordien inférieur apparaît à découvert, sur quelques mètres, à la sortie d'Ornans, près du chemin de Saules, sur la rive droite de la Loue ; il est formé de marnes grises terreuses renfermant : *Perisphinctes sulciferus, Oppelia Renggeri, oculatus, Harpoceras hecticum, Amaltheus Lamberti, Waldheimia impressa*, etc. L'Oxfordien supérieur, le Rauracien et l'Astartien se montrent en coupe sur la rive gauche de la rivière, à mille

1. *Archives des sciences physiques*, t. XXVIII, n° 11, p. 470.
2. *Jura vaudois et neuchâtelois*, p. 197 : coupe de l'Astartien du Locle.
3. Même ouvrage, 3ᵉ supplément 1893, p. 268, l'auteur dit : « Le gisement de Gilley s'interpose entre l'*Astartien* et le *terrain à Chailles* ou corallien marneux.

ou douze cents mètres de la ville, sur la route de Chantrans, où ils se présentent ainsi :

Coupe N° XXIV

Oxfordien.

1. Calcaire marneux, jaune-roux, en bancs de 0,40 à 0,60, séparés par des lits de marne terreuse, avec nodules siliceux, de même épaisseur. 15

Perisphinctes plicatilis, Pholadomya exaltata, P. paucicosta, Trigonia papillata, Pecten lens, P. octocostatus, Waldheimia Parandieri, Terebratula insignis, Dysaster granulosus, Collyrites bicordata.

Rauracien.

2. Calcaire marneux, gris de fumée, compact, géodes de spath, nodules de silex blanc, gros comme le poing, inclus dans la roche, structure en bancs de 0,80 à 1 mètre ; fossiles très nombreux   10

Serpules 5, Pholadomya paucicosta, Pecten articulatus, P. globosus, P. varians, Ostrea quadrata 3, O. rastellaris 3, Terebratula Galiennei, T. insignis, Cidaris cervicalis 3, C. florigemma 5, Millericrinus echinatus 4, M. Escheri, M. horridus 5, Polypiers, Spongiaires.

3. Même roche, d'apparence schistoïde ; veines et nids de spath ; faune moins riche. 20

Serpules 5, Crinoïdes 4.

4. Calcaire marneux, oolithique, gris clair ou blanc, oolithes miliaires. Quelques bancs présentent la teinte gris de fumée, avec des vacuoles et des taches de couleur rouille. 30

Serpules 5, Crinoïdes 3.

5. Calcaire marneux en lamelles minces 0,10

6. Calcaire argileux, compact, gris clair ou violacé, veines, nids et géodes de spath. 2

Serpules.

7. Calcaire argileux, oolithique, gris blanc, oolithes miliaires   30

Serpules, Cidaris florigemma, Crinoïdes.

8. Calcaire argileux, lithographique, quelques rares oolithes   15

Cidaris florigemma, Polypiers.

9. Calcaire blanc, crayeux, oolithique, oolithes miliaires et cannabines 10

Polypiers 5.

10. Calcaire blanc, crayeux, oolithique, oolithes miliaires, can-

nabines, pisiformes mélangées avec d'autres plus grosses encore.   8

Polypiers 5.

11. Calcaire argileux, gris bleu, quelques oolithes disséminées dans la roche   0,35

Astartien. Marne grise feuilletée   0,20

Calcaire argileux, lithographique.   3,65

Etc.

b) MOUTHIER

Si à partir du point où se termine notre coupe du Bajocien de Mouthier, on revient sur ses pas en se dirigeant alors vers Pontarlier, on voit les couches qui plongeaient d'abord vers l'ouest s'incliner brusquement en sens inverse, c'est-à-dire vers l'est, et on traverse ainsi l'Oolithe inférieure, le Callovien et l'Oxfordien, dont les assises presque verticales sont en partie recouvertes, et trop peu nettes pour pouvoir être étudiées; puis on arrive sur le Rauracien, dont les strates se présentent ainsi :

COUPE N° XXV

1. Calcaire blanc, compact, à pâte fine, tendance à se diviser en feuillets de 0,10   5,40

2. Calcaire marneux, gris noirâtre, alternant avec des lits de marne feuilletée   2,40

3. Calcaire gris de fumée, compact, feuilleté.   1

4. Marno-calcaire gris noirâtre, feuilleté en lits de 0,03 à 0,05   6,30

5. Marne grise, tendre, feuilletée, en couches de 0,10 alternant avec des marnes dures en bancs de 0,15 à 0,20   21

6. Marne grise, terreuse   0,90

7. Calcaire argileux, compact, dur, schistoïde, en bancs de 0,15 à 0,20   2,70

8. Calcaire compact, dur, à pâte fine, gris noirâtre par places, rosé ailleurs   20

9. Calcaire oolithique, oolithes miliaires diffuses dans une roche rosée.

La coupe est interrompue ici, par suite d'une dislocation qui a modifié la disposition des couches; celles-ci, d'abord très fortement inclinées de l'ouest à l'est, deviennent ensuite absolument

12

verticales sous le tunnel de la route, puis reprennent, au delà d'une petite faille, leur pente vers l'est, sous un angle d'une dizaine de degrés. La partie supérieure du Rauracien, la partie inférieure et la partie moyenne de l'Astartien, ne sont pas visibles, mais la coupe se continue à partir de l'Astartien supérieur, comme nous le dirons plus loin.

SEPTIÈME SECTION

a) QUINGEY.

La partie supérieure du Bathonien, le Cornbrash, le Callovien et l'Oxfordien ne se montrent pas à découvert à Quingey, sur la rive droite de la Loue, mais sur la rive gauche, à cinq cents mètres en amont de la ville, le Glypticien se présente à découvert ; il est formé de calcaire marneux, blanc, massif, en bancs de 0,40 à 0,50 centimètres, séparés par des zones de marne feuilletée de 0,10 à 0,20 centimètres. Ces marno-calcaires blancs prennent, par places, l'aspect et la constitution des calcaires marneux gris de fumée de Besançon, et le même banc présente ces deux faciès à quelques mètres l'un de l'autre. Nous avons recueilli dans les deux sortes de roches : *Pecten articulatus, Ostrea rastellaris, Terebratula Galiennei, Waldheimia Delemontiana, Cidaris florigemma.*

En suivant toujours la même rive de la Loue, mais plus au sud, sur la route de Quingey à Mouchard, vers Lavans, on observe sur la droite un talus formé par des marnes grises feuilletées ou terreuses, avec rangées de sphérites marno-calcaires gris ; puis à un niveau plus élevé on rencontre dans les champs des sphérites jaunes et des chailles ; et à un niveau plus élevé encore, le chemin, qui de la route conduit au village de Lavans, entame une couche de marnes jaunes avec sphérites, marno-calcaires jaunes-roux et nodules siliceux, renfermant : *Pholadomya canaliculata, Ph. paucicosta, Collyrites bicordata, Rhyn-*

chonella obtrita. Cette couche est surmontée directement par la série suivante :

COUPE N° XXVI

Rauracien.

1. Marno-calcaire grisâtre, grumeleux, rempli de fines oolithes et de fossiles brisés pour la plupart. 0,30

Pecten subspinosus, Ostrea sandalina, Cidaris Blumentachii, C. florigemma, Stomechinus lineatus, Pentacrinus ambliscalaris.

2. Marno-calcaire gris noirâtre ou gris de fumée par places, en bancs de 0,20 à 0,30, avec marnes noires en lits de 0,10, intercalées entre eux. 2

3. Marne grise, dure, feuilletée, en lits minces de 0,01 à 0,02 centimètres, aspect de l'Argovien, passant par en haut à la couche suivante 40

4. Calcaire compact jaune clair ou blanc, massif 5

5. Calcaire blanc oolithique, oolithes miliaires très nombreuses, roche délitée en bancs de 0,05 à 0,10 15

Nérinées, Ostrea solitaria. Polypiers. Astartien.

b) LOMBARD. — LIESLE

Sur la rive droite de la Loue, vers Lombard, on rencontre dans les champs des sphérites et des chailles qui indiquent l'existence, en ce point, de la couche à *Pholadomya exaltata;* et sur le chemin de Lombard à Liesle on reconnaît en outre l'existence de marnes grises, dures, feuilletées, identiques à celles de la couche 3 de la coupe précédente. A trois kilomètres de ce dernier village, sur la partie supérieure du pli de terrain qui le sépare de la vallée de la Loue, la route traverse une combe marneuse oxfordienne et entame au delà les couches suivantes :

COUPE N° XXVII

Rauracien.

1. Calcaire compact, gris blanchâtre ou brun, bancs massifs de 0,50 à 0,60 6

2. Calcaire compact, gris clair, bancs de 0,15 à 0,25, séparés par de minces lits de marne feuilletée 2

3. Marne grise jaunâtre, dure, divisée en bancs massifs de 0,15 à 0,20, séparés par des lits feuilletés de 0,05 à 0,10, marquant tous deux une grande tendance à se subdiviser davantage. Fossiles nombreux à différents niveaux 14

Perisphinctes Martelli, Pecten articulatus, Ostrea rastellaris, Cidaris florigemma 5, Serpula gordialis 5.

4. Calcaire marneux, blanc ou gris jaunâtre, en bancs massifs de 0,15 à 0,20, séparés par des zones feuilletées de 0,05 à 0,10 . . 14

5. Calcaire compact, gris, blanc ou jaune, renfermant par places de petits groupes d'oolithes, bancs massifs de 1 à 1,50 25

Sur certains points, nombreux débris organiques roulés et fragmentés. *Crinoïdes, Bryozoaires, Polypiers, Ostrea rastellaris.*

6. Calcaire blanc, compact, renfermant de nombreux débris organiques roulés et fragmentés 7

Nérinées, Diceras de petite taille, *Cidaris florigemma.*

7. Calcaire blanc, un peu marneux, en partie recouvert. . . 8

M. Bertrand a publié, en 1883 [1], une coupe de la tranchée du chemin de fer, au nord de Liesle ; cette coupe étant plus complète que la nôtre, nous la reproduisons ici, en la présentant toutefois en série descendante, pour faciliter les comparaisons avec les nôtres.

Coupe de la tranchée du chemin de fer au nord de Liesle, d'après M. BERTRAND :

COUPE N° XXVIII

10. Oxfordien. . { c. Marnes à ammonites pyriteuses.
b. Couche à sphérites.
a. Marno-calcaires.

9. Bancs à apparence oolithique avec oursins oxfordiens . . 10

8. Bancs hydrauliques de passage, peu fossilifères 10

7. Bancs compacts à taches bleues et coupes de Spongiaires, marneux et feuilletés à la base. 5

6. Bancs marno-grumeleux, avec *Pecten* et *Cidaris florigemma* très abondants 4

5. Bancs à taches bleues et débris spathiques, avec Térébratules, Rhynchonelles. *Cardium,* en partie siliceux ; Polypiers à la base 16

4. Calcaire marno-compact, avec bancs de Térébratules à la base, *T. elliptoïdes* 14

1. *Bull. Soc. géol.,* t. XI, p. 169-170.

3. Calcaire à grosses oolithes blanches et *Diceras* (Dicératien).   8

2. Calcaires compacts.   8

1. Marnes astartiennes.

A l'ouest de Liesle, près du chemin qui conduit à Fourg par le bois du Chanois, on rencontre deux carrières, l'une située près de ce chemin, à un demi-kilomètres de Liesle, l'autre à environ 300 mètres de lui, au milieu des champs ; dans toutes les deux on peut reconnaître les assises suivantes :

COUPE Nᵒ XXIX

1. Marnes terreuses, jaune grisâtre, en bancs de 0,40 à 0,60, alternant avec des couches de 0,20 à 0,40 de calcaire rouge gréseux, renfermant des nodules siliceux, très durs   2,40
   Serpules, Crinoïdes.

2. Marno-calcaire gris, feuilleté, en bancs de 0,20, alternant avec des couches de marno-calcaire gris, compact, massif de 0,20 à 0,25   1,20

3. Marno-calcaire gris massif, en bancs de 0,20 séparés par des lits feuilletés de 0,10   8

4. Marno-calcaire blanc grisâtre, se désagrégeant facilement en fragments irréguliers du volume d'un œuf ou du poing, nombreux nodules siliceux inclus dans la roche.

La même coupe se continue plus près du village, sur le chemin même. Les calcaires marneux gris en couches massives alternant avec des lits feuilletés de l'assise 3, se retrouvent et sont surmontés par les calcaires blancs ou grisâtres de la couche 4, comme il suit :

4. Marno-calcaire blanc grisâtre, grumeleux, spathique, oolithique par places et passant sur certains points à un marno-calcaire gris de fumée   5
   Cidaris florigemma 3. Polypiers 5.

5. Calcaire marneux gris grumeleux   0,50
   Ostrea reniformis, Cidaris florigemma, Polypiers.

6. Marno-calcaire gris, feuilleté   0,50

7. Calcaire marneux gris, compact, divisé grossièrement en feuillets de 0,02 à 0,03   1,50

8. Calcaire marneux gris de fumée, grumeleux, identique au Glypticien de Besançon.

La zone à Pholadomya exaltata existe à Quingey d'une façon

incontestable, avec sa faune et ses caractères pétrographiques habituels ; elle se trouve aussi dans la tranchée de Liesle (coupe de M. Bertrand, divisions *a* et *b* du n° 10). Nous avons reconnu son existence aux environs de Lombard ; notre coupe XXVII ne l'entame pas, il est vrai, mais la couche 1 de la coupe XXIX présente absolument ses caractères pétrographiques et lui appartient certainement. Nous trouvons aussi, dans les mêmes lieux, un autre horizon parfaitement caractérisé, c'est la couche oolithique à *Diceras* du Rauracien. Entre ces deux niveaux, nous observons une série de 45 à 55 mètres de puissance, formée de marne, de marno-calcaire ou de calcaire, renfermant à différentes hauteurs une faune corallienne. Cette faune se montre à Quingey, immédiatement sur la couche à *Pholadomya exaltata ;* entre Lombard et Liesle, dans des calcaires marneux, à une dizaine de mètres au-dessus de cette couche ; vers le même point, à l'ouest de Liesle, mais un peu plus haut encore au nord de ce village, à la partie supérieure des marnes à Spongiaires. Nous aurons occasion de revenir plus loin sur ces couches.

c) BYANS

Près de Byans, on observe les assises suivantes qui se montrent à découvert, très près et un peu au-dessus d'une combe oxfordienne, dans une grande carrière située sur la route d'Osselle, à un kilomètre du village.

COUPE N° XXX

1. Calcaire compact, gris, blanc ou bleu d'aspect gréseux, massif. 3
2. Même roche, en bancs de 0,25 à 0,30. 4,50
3. Calcaire compact, gris blanchâtre ou bleu, aspect gréseux, silex très nombreux. Les nodules siliceux varient du volume d'une noisette à celui des deux poings, leur forme est irrégulière, mais généralement arrondie. Ils semblent s'être déposés dans des cavités de la roche, et s'être moulés sur elles ; la plupart sont d'un gris noirâtre, quelques-uns d'un blanc éclatant ; beaucoup sont percés d'une cavité centrale, en communication avec l'atmosphère, autour de laquelle le silex s'est altéré. 3

4. Même roche divisée en bancs minces, de 0,15 à 0,20, séparés par des lits feuilletés. A la partie supérieure les lits feuilletés prennent plus d'importance 4

Ces couches appartiennent au Rauracien inférieur, la position de la carrière de Byans, très près et à une faible élévation au-dessus d'une combe oxfordienne, ne laisse pas de doute à ce sujet. D'ailleurs leur constitution pétrographique les rapproche du Glypticien de Besançon, dont elles ne diffèrent guère que par une pâte plus fine, la présence de silex et l'absence de fos-siles.

A Villars-Saint-Georges, à trois kilomètres à l'ouest de Byans, une exploitation, ouverte dans le Rauracien, nous a donné la coupe suivante :

Coupe N° XXXI

1. Calcaire compact, blanc ou gris, avec parties bleues, très dur, renfermant des nodules de silex blancs ou noirâtres, de la grosseur du poing. Visible sur 1
2. Calcaire blanc, gris ou bleu, massif, aspect gréseux . . . 5
3. Même roche, en bancs de 0,25 à 0,30. 2
4. Calcaire blanc, lithographique, massif 1
5. Calcaire blanc, en bancs de 0,15 à 0,20 1
6. Calcaire blanc feuilleté. 2

Le banc à silex, que l'on rencontre dans les deux carrières, permet de raccorder les coupes qui se complètent l'une par l'autre, et embrassent presque tout le Glypticien.

d) FERTANS. — AMANCEY

Sur la route de Cléron à Fertans, près de ce dernier village, on observe la succession suivante :

Coupe N° XXXII

Oxfordien.

1. Calcaire marneux, jaune-roux, en bancs de 0,40 à 0,60, avec lits de marne intercalés de 0,20 à 0,30. Nodules siliceux dans les calcaires et dans les marnes : 26
Pholadomya exaltata, Collyrites bicordata.

2. Calcaire marneux, en partie jaune-roux, en partie gris de fumée 1

Perisphinctes plicatilis, Pholadomya exaltata, P. paucicosta, Terebratula insignis, Waldheimia Delemontiana.

Rauracien.

3. Calcaire marneux, gris de fumée avec vacuoles et taches de rouille 6

Perisphinctes Martelli, Pholadomya paucicosta, Pecten globosus, Ostrea rastellaris, reniformis 3, Opis Fringeliana 3, Virdunensis 4, Terebratula Galliennei, Waldheimia Delemontiana, Cidaris florigemma 5, Cid. cervicalis 4, Glypticus hieroglyphicus, Millericrinus Escheri, autres *Crinoïdes, Polypiers 5, Spongiaires 5.*

4. Calcaire marneux, gris de fumée, faiblement oolithique à la partie supérieure, même faune. 9

5. Calcaire marneux, gris clair, oolithique par places, même faune, fossiles moins nombreux. 10

6. Calcaire gris clair, oolithique, oolithes miliaires, même faune, fossiles peu nombreux 23

7. Calcaire blanc, crayeux, oolithique, oolithes mélangées, miliaires, amygdalaires, olivaires. Très nombreux débris fossiles roulés et fragmentés. 19

Cette couche ne renferme pas de fossiles entiers à Fertans, mais à Amancey, à 2 kilomètres au sud, nous y avons recueilli :

Nerinea Desvoidyi 3, N. Defrancei 3, Nerinea Bruntrutana, Chemnitzia Cœcilia, Diceras arietina 3, Cardium corallinum, Polypiers 5.

8. Calcaire blanc, crayeux, oolithique, oolithes miliaires. . . 7

9. Marno-calcaire gris, compact, en bancs de 0,50 à 0,60, avec lits de marne de 0,10 à 0,15 intercalés. Visible sur 6

Nerinea Bruckneri, Waldheimia humeralis.

Cette dernière assise appartient à l'Astartien.

e) MOUCHARD. — LA CHAPELLE. — BY

Sur la route de Mouchard à Port-Lesney, à 200 mètres de la gare, on observe les couches suivantes :

COUPE N° XXXIII

Oxfordien.

1. Marno-calcaire jaune-roux, gréseux, en partie désagrégé. 4

2. Même roche, en bancs de 0,20 à 0,30. 1
Serpula gordialis.

Rauracien.

3. Marno-calcaire compact, jaunâtre par places, gris de fumée
ailleurs 2,50
*Serpula gordialis, S. macaroni, Lima proboscidea, Ostrea rastel-
laris, reniformis, hemicidaris crenularis, Cidaris florigemma,
Crinoïdes, Polypiers.*
4. Calcaire marneux, gris de fumée, taché de rouille . . . 1,50
Serpules, Crinoïdes.
5. Calcaire marneux, gris, compact, devenant oolithique à sa partie supérieure. 1,55
6. Calcaire gris, oolithique 8
Serpules 5, Crinoïdes, Polypiers.

A partir de ce point, la continuation de la coupe n'est plus
visible, mais en allant de Port-Lesney à la Chapelle, on retrouve
le passage de l'Oxfordien au Rauracien, à un kilomètre environ
de ce dernier village, comme l'indique la succession suivante :

Coupe Nº XXXIV

Oxfordien.

1. Calcaire marneux, gris, en bancs massifs alternant avec des
bancs feuilletés. 10
2. Calcaire marneux, gris, dur 1
3. Marne grise, avec nodules siliceux et fragments de calcaire
marneux jaune-roux 1,40
4. Marne terreuse, jaune rougeâtre ou grisâtre, avec fragments de
calcaire gréseux. 4
Serpules.

Rauracien.

5. Calcaire marneux, compact, gris de fumée, très dur, géodes de
spath. 2
Serpules 5, Crinoïdes 3, Polypiers 3.
6. Même roche. 3
*Serpules 5, Ostrea rastellaris 4, reniformis 4, sandalina 3, Cri-
noïdes 3, Polypiers 3.*
7. Même roche recouverte.

Le village de la Chapelle est situé sur l'Astartien ; lorsqu'on
va de ce village à By, par l'ancien chemin, on descend d'abord

la série des couches, jusqu'à l'Oxfordien formant une combe, puis on la remonte à partir de ce niveau. Les assises sont alors plus facilement observables, et on reconnaît que le Rauracien est formé de trois masses ; l'inférieure, de calcaire marneux compact, gris de fumée ; la moyenne, de calcaire oolithique, blanc, et la supérieure, de calcaire argileux, blanc, compact, non oolithique.

On peut, en suivant toujours le même chemin, observer ensuite l'Astartien en entier, puis le Ptérocérien, mais au delà l'Oxfordien reparaît, par suite d'une faille qui met en contact cet étage avec la zone à *Pholadomya exaltata*. La route traverse alors une vallée oxfordienne, où abondent les chailles à la surface du sol, puis elle s'élève sur le flanc du coteau qui supporte le village de By, en entamant les couches suivantes :

Coupe N° XXXV

Oxfordien.

1. Marne jaune, terreuse, avec nodules arrondis de calcaire jaune roux, gréseux.

Rauracien.

2. Calcaire compact, dur, rougeâtre, un peu oolithique à la partie supérieure, désagrégé à la partie inférieure 6
Serpules, Pecten globosus, Ostrea rastellaris, Terebratula insignis, Cidaris florigemma.

3. Calcaire marneux, gris de fumée, compact, désagrégeable . 7
Ostrea rastellaris, reniformis, Terebratula insignis, Cidaris florigemma, Crinoïdes, Polypiers.

4. Calcaire marneux, grisâtre, compact, très dur. 6
Même faune que plus bas, en outre :
Serpules 5, Nérinées 5, Cidaris cervicalis.

5. Calcaire compact, grisâtre, pâte fine, très nombreux débris organiques 7
Même faune que plus bas.

6. Calcaire gris, saccharoïde. *Polypiers* très nombreux . . . 4

La partie supérieure de la couche n'est pas visible.

Les deux coupes XXXIII et XXXV sont éloignées l'une de l'autre de huit kilomètres, la coupe XXXIV se place dans leur intervalle ; elles nous montrent l'Oxfordien supérieur présentant le type de Besançon, et le Glypticien, le facies marno-calcaire avec Polypiers.

Le Rauracien supérieur n'apparaît pas ici bien à découvert, mais on le trouve à trois kilomètres de Mouchard, entre Pagnoz et Aiglepierre [1], et dans la tranchée de la Nantillère [2]. D'après M. Marcou et le frère Ogérien, l'étage tout entier y est constitué par une masse inférieure compacte, siliceuse avec nombreux Polypiers, épaisse de 20 mètres, surmontée d'une masse supérieure de calcaire oolithique à *Diceras*, *Nérinées* et *Polypiers* mesurant 23 mètres.

f) NANS-SOUS-SAINTE-ANNE

En partant du village d'Éternoz pour se diriger soit sur Montmahoux, soit sur Nans-sous-Sainte-Anne, on rencontre d'abord le Bathonien supérieur, qui n'est pas observable, puis les marnes à petites Ammonites pyriteuses de l'Oxfordien ; le Callovien n'est pas visible, recouvert qu'il est par les éboulis de l'Oxfordien. En approchant de Nans, on observe la succession suivante :

COUPE No XXXVI

Oxfordien.

1. Marnes grises ou jaunes, avec sphérites céphalaires, formant des bancs situés à 1,50 les uns des autres, dans la masse marneuse, sphérites bleus à la partie inférieure, jaune clair à la partie moyenne, jaune rouge à la partie supérieure; les bancs se rapprochent aussi davantage à la partie supérieure. 25

Pholadomya exaltata, Collyrites bicordata.

2. Marno-calcaire jaune-roux, gréseux, en bancs massifs, séparés par des lits minces de marne grise 7

Pholadomya exaltata, P. paucicosta.

3. Marne grise, feuilletée, avec nombreux nodules siliceux pugilaires ou céphalaires, inégalement arrondis. 1

Perisphinctes plicatilis, Pholadomya exaltata, P. paucicosta, Millericrinus echinatus.

---

1. MARCOU, *Jura salinois*, p. 114.
2. OGÉRIEN, *Histoire naturelle du Jura*, t. II, p. 561.

Rauracien.

4. Calcaire marneux gris de fumée, compact, avec vacuoles et taches de rouille ; par places, quelques oolithes miliaires ; veines et nids de carbonate de chaux cristallisé. Certains bancs, plus marneux que d'autres, se désagrègent davantage 26

Opis Fringeliana, Pinna crassitesta, Pecten globosus, P. dentatus, Ostrea rastellaris 3, O. reniformis 3, Waldheimia Delemontiana 2, Terebratula Bourgueti, Cidaris florigemma 5, C. cervicalis 3, Crinoïdes 5, Polypiers 5, Spongiaires 3.

5. Calcaire oolithique, oolithes miliaires ; même faune, *Polypiers* très nombreux 21

6. Calcaire oolithique, blanc, oolithes miliaires et cannabines mélangées avec des grains plus gros ; véritable couche de charriage. 1,50

Nerinées 5, Cidaris florigemma 5, Polypiers 5.

7. Calcaire argileux, blanc grisâtre, cassure esquilleuse, tendance à se diviser en lamelles. 5

Cidaris, Polypiers.

8. Calcaire argileux grisâtre, très dur 1

Cidaris, Crinoïdes.

Astartien.

Cette coupe appartient à M. Choffat, qui l'a publiée en 1875 [1]. Toutefois nous l'avons quelque peu modifiée, dans sa forme et dans ses détails, mais elle reste la même pour le fond. La coupe de M. Choffat a été reproduite par M. Bertrand [2] en 1883.

g) DOURNON. — BIEF-DES-LAIZINES
ABERGEMENT-DU-NAVOIS

M. Choffat a publié, en 1878, les coupes de Dournon, du Bief-des-Laizines au Crouzet et de l'Abergement-du-Navois que je reproduis ici d'après lui, en les résumant autant que possible et en les disposant en série ascendante, mais en conservant les numéros d'ordre de l'auteur.

COUPE DE DOURNON Nº XXXVII

1 à 5. Dalle nacrée et Callovien déjà étudiés.

1. CHOFFAT, *Le Corallien dans le Jura occidental*, p. 3 et 4.
2. M. BERTRAND, *Jurassique supérieur*.

Oxfordien.

Couches à Amm. Renggeri.

6. Marnes 25

Couches à Pholad. exaltata.

7. Marnes avec sphérites 28

Couches inférieures à Hemicidaris crenularis.

8. Calcaire gris ou jaune, plus ou moins spathique . . . 4
9. Calcaire plus marneux 1
Rhyncholites, Amm. aff. Martelli, aff. plicatilis, aff. Arolicus, Lima Halleyana, Pecten subtextorius, Terebratula bisuffarcinata, Hemicidaris crenularis.
10. Calcaires plus compacts que 9. Crinoïdes 0,90
Rhynchonella pectunculata.
11. Marno-calcaire avec Polypiers, etc. 0,70
Faune des couches 11 à 13 : *Pecten subspinosus, solidus, subtexto-rius, Ostrea hastellata, spiralis, Cidaris cervicalis, florigemma, Hemicidaris crenularis 4, intermedia, Pedina sublævis, Serpula spiralis, alligata, Microsolena Champlittensis, Thamnastræa Lo-montiana, Pareudea gracilis.*
12. Calcaire blanc, compact, avec débris de Crinoïdes et d'Échino-dermes. 1,20
13. Marno-calcaires fossilifères 1,80

Couches du Geissberg et d'Effingen.

14. Calcaires marneux, schistoïdes, durs 20

Glypticien.

15. Marnes et marno-calcaires très fossilifères, mais ne contenant presque pas de Polypiers 1
Pleurotomaria aff. armata, Pecten globosus, Ostrea cf. Thur-manni, rastellaris, pulligera, Terebratula Bourgueti, Bauhini, Waldheimia Delemontiana, Parandieri, Rhynchonella pectuncu-loïdes, Glypticus hieroglyphicus, Cidaris florigemma, Thecosmilia laxala.

Astartien inférieur.

16. Marno-calcaire gris avec Polypiers.
Lithodomus socialis, Mytilus fornicatus, Lima cf. astartina, Ci-daris florigemma, Rhabdophyllia flabellatum, Isastræa expla-nata, Thamnastræa Lomontiana, Genevensis, arachnoïdes, Con-vexastrea minima, Goniocora socialis.

Coupe du Bief-des-Laizines au Crouzet N° XXXVIII

Oxfordien.

Couches à Amm. Renggeri.

1. Visibles dans le fond du ravin.

Couches à Pholad. exaltata.

2. Marnes et sphérites très fossilifères 27

Couches inférieures à Hemicidaris crenularis.

3. Calcaire roux à structure confuse, rognons siliceux dans la masse, fossiles à test siliceux. 2
Belemnites pressulus, Am. Martelli, P. lineata, Collyrites bicordata, Hemicidaris crenularis, Cidaris Blumenbachii, cervicalis, florigemma, Balanocrinus subteres, Tetracrinus moniliformis.

Couches du Geissberg et d'Effingen.

4. Marno-calcaire gris. 50
Ammonites Martelli, P. paucicosta, lineata, Goniomya constricta, Perna subplana, Ostrea aff. caprina, multirostris, Terebratula aff. Galiennei.

Astartien ? — Glypticien ?

5. Calcaire blanc jaunâtre, Polypiers.
Phasianella striata, Pinna ampla, Pecten articulatus, intertextus, Ostrea rastellaris, Rhynchonella pectunculoides, Cidaris florigemma.

Coupe de l'Abergement-du-Navois N° XXXIX

Oxfordien.

Couches à Pholad. exaltata.

1. Marnes et sphérites en partie couvertes.

Couches inférieures à Hemicidaris crenularis.

2. Calcaires jaunes, grisâtres. Rognons siliceux dans la masse, fossiles à test siliceux 10
A. Martelli, P. lineata, Terebratula bisuffarcinata, Balanocrinus subteres.

Couches du Geissberg et d'Effingen.

3. Calcaire grisâtre avec lits de marne. 25
A. Martelli, subclausus, Pholadomya hemicardia, paucicosta,

Pecten subcingulatus, Ostrea rastellaris, Terebratula bisuffarci-
nata, Balanocrinus subteres.

4. Marnes blanches et calcaires schisteux. 45

Astartien. — Rauracien. — Glypticien.

5. Calcaires avec Polypiers nombreux 12
Neritoma Hermanciana, Rhynchonella pectunculata, Cidaris
Blumenlachii, florigemma.

M. Choffat admet l'existence, dans ces trois localités, de deux
sortes d'assises, comprises entre la zone à *P. exaltata* et le
Glypticien, consistant : les inférieures en calcaires marneux
renfermant des Polypiers, *Hemicidaris crenularis* et les fossiles
qui l'accompagnent habituellement ; les supérieures en marno-
calcaires feuilletés ou compacts qu'il considère comme représentant l'Argovien.

Nous reconnaissons la parfaite exactitude des coupes de
M. Choffat, que nous avons étudiées nous-même très attentive-
ment, son livre à la main, mais nous faisons nos réserves au
sujet de leur interprétation.

Toute la masse désignée par lui, sous le nom de *couches inférieures à Hemicidaris crenularis*, ne diffère en aucune façon
du Glypticien, tel que nous l'avons observé plus au nord, à
Nans, à Fertans, à Ornans et à Besançon ; la partie qui vient
au-dessus, dans la coupe du Bief (n° 4), n'en diffère pas non
plus sensiblement ; quant aux marno-calcaires feuilletés de
Dournon (n° 14) et de l'Abergement (n° 4), ils ne présentent pas
le facies habituel du Rauracien inférieur dans les localités que
nous venons de citer, mais se rattachent à son facies sans Polypiers, tel qu'on le rencontre à Dole, à Quingey, etc. Nous
avons observé dans une petite carrière au-dessus de Dournon,
sur le chemin de Sainte-Anne, des calcaires blancs, compacts,
remplis de Polypiers et de radioles de *Cidaris florigemma*, qui
appartiennent à la couche 16 de la coupe précitée et doivent
être rapportés certainement à notre Dicératien. La couche 5 du
Bief-des-Laizines est de ce dernier niveau, comme aussi l'assise
de même chiffre de l'Abergement, mais nous devons reprendre
cette coupe pour la compléter.

En sortant de l'Abergement-du-Navois par la route de Levier, on reconnait d'abord les marnes à *A. Renggeri*, visibles dans diverses excavations, au voisinage d'une fontaine récemment construite en contre-bas du village ; elles renferment : *Belemnites hastatus, Perisphinctes sulciferus 4, Oppelia Renggeri 2, oculatus 3, Harpoceras hecticum 4, Amaltheus cordatus 3, Terebratula dorsoplicata, Waldheimia impressa, Pentacrinus pentagonalis.*

En suivant le sentier qui, depuis la fontaine, rejoint la grande route, on traverse les marnes jaunes de la couche à *Pholadomya exaltata*, en partie recouvertes, renfermant des calcaires gréseux, des sphérites, des chailles et quelques fossiles de cet horizon ; puis, sur la route même, on observe les calcaires marneux gris de fumée, tachés de rouille ou jaunâtres par places du Glypticien, contenant des rognons siliceux. Sur cette assise repose l'ensemble des marno-calcaires, en bancs massifs alternant avec des lits feuilletés, et des couches schisteuses qui les surmontent, que M. Choffat considère comme de l'Argovien supérieur. Cette dernière formation supporte enfin une masse de calcaires compacts, facilement désagrégeables (n° 5), au milieu desquels se rencontrent de nombreux Polypiers, *Bourguetia striata*, etc.; elle représente certainement le Dicératien et peut-être aussi l'Astartien inférieur. Au point où cette couche disparaît sous la végétation, on voit le sol former une combe, large et bien prononcée, que l'on peut suivre à droite et à gauche de la route, sur une grande étendue, et qui indique l'existence, en ce point, d'une assise marneuse importante, c'est-à-dire des marnes astartiennes. La continuation de cette coupe montre, en effet, l'existence, au delà de cette combe, d'un massif calcaire surmonté par un dépôt marneux moins important, à faune ptérocérienne.

M. Choffat a recueilli dans ces couches, tant à Dournon qu'au Crouzet et qu'à l'Abergement-du-Navois, 65 espèces de fossiles comprenant : 5 céphalopodes, 3 gastropodes, 25 pélécypodes, 8 brachiopodes, 2 serpules, 12 échinodermes, 9 polypiers et 1 spongiaire. Parmi ces 65 espèces, une est de l'Oolithe inférieure et une autre de l'Astartien ; 2 appartiennent exclusivement à la zone à *P. exaltata*, 3 à l'Argovien, 22 au Rauracien, en y comprenant les polypiers et le spongiaire ; les 37 autres se rencontrent à la fois dans l'Oxfordien et dans le Rauracien. Il est évident, d'après ce que nous venons d'exposer, que ces couches doivent être rangées dans le Rauracien, en raison de leur situation stratigraphique et de leur faune.

h) BOUJAILLES

En allant de la gare de Boujailles au village, on rencontre d'abord les marnes oxfordiennes avec : *Oppelia Renggeri, oculatus, Perisphinctes sulciferus, Harpoceras hecticum, Amaltheus Mariæ, Rhacophyllites tortisulcatus, Waldheimia impressa*, visibles dans les fossés de la route et autour de la tuilerie, et qui sont surmontées, tout près de là, par des marno-calcaires grisâtres ou blanchâtres très durs, renfermant, avec de grands Spongiaires étalés : *Terebratula bisuffarcinata, Perisphinctes Martelli*. Cette assise, qui appartient à l'Argovien, supporte le village de Boujailles.

En se dirigeant depuis ce village, sur Villers-sous-Chalamont, on chemine pendant deux kilomètres environ sur la même couche à Spongiaires, présentant toujours les mêmes caractères pétrographiques et les mêmes fossiles. A l'entrée de la forêt du Scay on observe la série suivante :

Coupe N° XL

Argovien.

1. Marno-calcaire blanc ou gris, feuilleté, avec grands Spongiaires étalés.

Rauracien.

2. Calcaire gris, grumeleux, en bancs de 0,05 à 0,10, quelques oolithes par places. 8,30
3. Calcaire gris, compact, massif. 16
4. Marno-calcaire feuilleté 1,50
5. Calcaire compact, très dur, massif 2
6. Marno-calcaire gris, feuilleté 0,50
7. Calcaire compact, gris, massif. 2,60

8. Marne grise 4
9. Marno-calcaire gris, feuilleté 0,50
10. Calcaire marneux, compact, gris, dur 11

Il est probable que les couches les plus élevées de cette série appartiennent à l'Astartien, mais la limite entre cet étage et le Rauracien est ici fort difficile à tracer. Cette coupe montre, en tout cas, un Rauracien des moins coralligènes.

Au delà, les couches disparaissent sous la végétation. Au sortir de la forêt, on les traverse encore, inclinées cette fois en sens inverse, et beaucoup moins distinctes, puis on retrouve les marno-calcaires gris blanchâtres à grands Spongiaires de l'Argovien, et quand on descend la rampe au pied de laquelle est situé le village de Villers-sous-Chalamont, on voit très distinctement la couche à *Pholadomya exaltata* apparaître au-dessous des marno-calcaires à Spongiaires, et reposer elle-même sur les marnes à *Ammonites Renggeri*, ainsi que M. Choffat l'a indiqué déjà.

A l'est de Boujailles, en suivant le chemin de Courvière, on voit encore, sur la rive droite d'un petit ruisseau, les marnes à *Amm. Renggeri* recouvertes par un ou deux mètres de marno-calcaire blanc grisâtre, très dur, renfermant avec Spongiaires étalés : *Perisphinctes sulciferus, Harpoceras canaliculatum, Goniomya sulcata, Pecten globosus, P. cf. jurensis, Terebratula bisuffarcinata.*

On voit ainsi, aux environs de Boujailles, l'Argovien à Spongiaires recouvrir à l'ouest les couches à *Pholad. exaltata*, et à l'est celles à *Amm. Renggeri*, puis ce même Argovien à Spongiaires supporter une assise sans fossiles, que ses caractères pétrographiques semblent rattacher plutôt au Rauracien qu'aux marnes d'Effingen.

i) SOMBACOURT

La *cluse* de Sombacourt montre à découvert une partie du Jurassique supérieur qui se présente ainsi, sur la droite, en arrivant au village par la route de Pontarlier.

Coupe Nº XLI

Argovien.

1. Marne grise, noirâtre, tendre, feuilletée ou terreuse, avec lits intercalés de marno-calcaire compact.
Pholadomya lineata, P. canaliculata, Ostrea caprina.
2. Marno-calcaire compact, gris, feuilleté, très dur.
Perisphinctes Schillii.
3. Marno-calcaire gréseux, jaune rougeâtre.
4. Calcaire compact, blanc, argileux, dur. 4
Pholad. lineata, Pecten articulatus, Terebratula cf. insignis.

Rauracien.

5. Calcaire marneux, jaune-roux, donnant naissance par désagrégation à une marne jaune, terreuse, remplie de nodules durs de calcaire siliceux, d'où aspect de la couche à *Pholadomya exaltata* de Besançon 8
Polypiers.
6. Calcaire marneux, grisâtre ou jaune par altération . . . 10
Pecten articulatus 3, P. globosus 3, Ostrea reniformis 2, Ostrea rastellaris 5, Terebratula cf. insignis, Waldheimia Delemontiana, Rhynchonella corallina, Cidaris florigemma 4, C. Blumenbachii, Hemicidaris crenularis, Glypticus hieroglyphicus, Stomachinus lineatus, Polypiers, Spongiaires.
7. Calcaire gris, compact, très dur, cassure esquilleuse, innombrables vacuoles visibles à la loupe, *Polypiers* très nombreux . 30
Astartien.

j) PONTARLIER

L'Argovien se montre à découvert, à six ou sept kilomètres de Pontarlier, dans une marnière voisine du hameau de la Gauffre; il y est constitué par des marnes grises, dures, sèches, divisées en lits de 0,30 à 0,40 centimètres, devenant terreuses par désagrégation et ne renfermant d'autres fossiles que l'*Ostrea sandalina*, cantonnée elle-même dans un lit de quelques centimètres, à la partie supérieure du sous-étage. Ses couches peuvent être suivies sur le chemin des Fourgs, où elles sont ainsi recouvertes :

Coupe N° XLII

Rauracien.

1. Calcaire compact gris-jaune, un peu spathique, bancs de 0,25. 1
2. Marno-calcaire gris de fumée ou jaunâtre, grumeleux . . 4
3. Calcaire jaune-brun, parties spathiques dans la roche, quelques oolithes diffuses 2
Crinoïdes.
4. Calcaire gris foncé, oolithes miliaires très nombreuses . . 3
5. Calcaire grumeleux et oolithique. 1
Astartien.

Au-dessous de ce point, à la Combe, sur la route de Pontarlier à Jougne, on voit affleurer les mêmes couches, sur le bord de la route. L'Argovien est représenté par quelques mètres de calcaire argileux, d'un gris bleuâtre avec minces lits de marne, intercalés entre les bancs. Le Rauracien inférieur est constitué par 3 ou 4 mètres de marno-calcaire gris ou bleu, avec zones de marne feuilletée entre les assises du calcaire marneux; le Rauracien supérieur est entièrement formé par un calcaire oolithique blanc de 14 à 15 mètres de puissance; il contient de nombreux fossiles roulés, *Nérinées*, *Cidaris florigemma*, *Crinoïdes*, et est surmonté par une dizaine de mètres d'un calcaire marneux gris ou blanc qui appartient à l'Astartien. Cette dernière couche est recouverte à son tour par un banc de 1 mètre de marno-calcaire tendre renfermant : *Bourguetia striata*, *Pholadomya Protei*, *P. paucicosta*, *Trigonia suprajurensis*, *Terebratula subsella*.

Après avoir, en 1883, rapporté au Corallien les assises inférieures de la Combe, comme nous venons de le faire [1], nous avons, à tort, cru devoir les considérer en 1887 [2] comme un coralligène Astartien; nous avions en effet, entre ces deux époques, recueilli dans une carrière située vis-à-vis du découvert dont nous venons de parler, sur la rive gauche du petit ruisseau qui coule en ce point, des fossiles astartiens, *Waldheimia humeralis* entre autres, à un niveau inférieur au coralligène. Ces fossiles étaient certainement dans une situation anor-

1. *L'Étage corallien*, p. 53.
2. *Coralligènes jurassiques supérieurs au Rauracien*, p. 60.

male, car une nouvelle étude nous a fait voir que l'ordre de succession des couches est bien celui que nous venons d'indiquer. Les fossiles recueillis proviennent aussi certainement de l'Astartien, mais ils ont été enlevés de leur gisement primitif et entraînés par suite d'un glissement ou d'une érosion.

DESCRIPTION

OXFORDIEN

SYNONYMIE

Argile avec chailles et marne moyenne avec minerai de fer oolithique,
 pp. Thirria, 1833.
Oxfordien et terrain à chailles. Leblanc, 1838. Parisot, 1864.
Étage jurassique moyen, pp. Parandier, 1839.
Groupe oxfordien, pp. et chailles. Boyé, 1843.
Marnes oxfordiennes et chailles. Grenier, 1843.
Marnes oxfordiennes, pp. Renaud-Comte, 1846.
Oxfordien, pp. Marcou, 1848. Étallon, 1862. Ogérien, 1867.
Oxfordien. Pidancet, 1848. Jourdy, 1871. Choffat, 1878. Bertrand,
 1880, 1882, 1885, 1887. Rigaud, 1885. Kilian, 1883, 1885, 1891, 1894.
Oxfordien et terrain à chailles. Vézian, 1860, 1865, 1872, 1893.
Oxfordien, pp. et argile avec chailles. Contejean, 1862.
Étage moyen du terrain jurassique, pp. Résal, 1864.
Étage supérieur de l'Oxfordien. Boyer, 1877, 1888.
Marnes oxfordiennes et terrain à chailles. Rollier, 1882.

DIVISION

OXFORDIEN
{
  INFÉRIEUR OU MARNES A *Am. Renggeri.*

  SUPÉRIEUR OU ZONE A *Pholad. exaltata* ET ARGOVIEN.
}

SYNONYMIE DES DIVISIONS

Oxfordien inférieur.

Marne moyenne avec minerai de fer oolithique, pp. Thirria, 1833.
Oxfordien. Leblanc, 1838. Jourdy, 1871. Vézian, 1872.

Marnes oxfordiennes. GRENIER, 1843. BOYÉ, 1844. MARCOU, 1848-1856. VÉZIAN, 1860, 1865, 1893. CONTEJEAN, 1862. PARISOT, 1864. RÉSAL, 1864. ROLLIER, 1882. KILIAN, 1891.

Marne et calcaire marneux oxfordiens, pp. RENAUD-COMTE, 1846.

Marne à fossiles pyriteux. ÉTALLON, 1862. KILIAN, 1883, 1885, 1894. BOYER, 1877-1888.

Marnes à *Amm. Renggeri*. CHOFFAT, 1878. KILIAN, 1885.

Oxfordien, pp. BERTRAND, 1880, 1882, 1885, 1887. RIGAUD, 1885.

Oxfordien supérieur.

Argile avec chailles. THIRRIA, 1833.

Chailles. LEBLANC, 1838. GRENIER, 1843. RENAUD-COMTE, 1846.

Calcaire marneux et rognons oxfordiens. Chailles. BOYÉ, 1843. RÉSAL, 1864.

Argovien, pp. MARCOU, 1848, 1856.

Pholadomyen. ÉTALLON, 1862.

Calcaire à sphérites, argiles et chailles. CONTEJEAN, 1862.

Terrain à chailles. PARISOT, 1864. VÉZIAN, 1860, 1893. ROLLIER, 1882.

Calcaire oxfordien et terrain à chailles. VÉZIAN, 1865.

Zone à *Pholadomya exaltata*. CHOFFAT, 1878. ALB. GIRARDOT, 1881, 1882.

Oxfordien, pp. BERTRAND, 1880, 1882, 1885, 1887. RIGAUD, 1885.

Terrain à chailles marno-calcaire. KILIAN, 1884, 1885.

Marno-calcaire à *Pholad. exaltata*. KILIAN, 1885, 1894.

Marno-calcaire roux à rognons siliceux. BOYER, 1877, 1888.

Oxfordien marno-calcaire. KILIAN, 1891.

Argovien.

Argovien. MARCOU, 1848, 1856. JOURDY, 1871. CHOFFAT, 1878, ALB. GIRARDOT, 1887.

Oxfordien, pp. BERTRAND, 1880, 1887. ALB. GIRARDOT, 1891.

Argovien, pp. VÉZIAN, 1893.

Facies Argovien. KILIAN, 1894.

Marnes à Am. Renggeri. — L'Oxfordien débute immédiatement au-dessus du mince cordon marneux à fossiles phosphatés qui termine l'assise à *Ammonites athleta*, bien rarement observable, il est vrai. Sa partie inférieure, la zone à *Ammonites (Oppelia) Renggeri*, est constituée par des marnes d'un noir bleuâtre, qui se présentent dans le sein de la terre, et à l'abri de l'air et des influences atmosphériques, en masses compactes, de consistance très dure, stratifiées en bancs épais ; soumises à l'action des influences atmosphériques, elles se divisent promptement en bancs minces, puis en lames de 0^m02 à 0^m03, et finalement elles deviennent terreuses, en mettant en liberté les innombrables fossiles qu'elles renferment. En outre de ces fossiles dont il sera question plus loin, elles contiennent encore, assez souvent, des lamelles de gypse, ou même des cristaux trapéziens très limpides de cette substance, et des *boules géodiques* ou concrétions sphéroïdales de spath calcaire, de la grosseur d'une noix ou d'un œuf, dont l'intérieur est tapissé de chaux carbonatée rhomboïdale, et dont la surface est enveloppée de plusieurs petits cordons siliceux.

C'est généralement sous l'aspect terreux que l'on observe les marnes oxfordiennes, et comme dans cet état elles sont très friables, elles tombent et s'écroulent, pour ainsi dire, de la partie supérieure des affleurements, pour s'accumuler à leur partie inférieure, entraînant avec elles les fossiles qu'elles renferment, et qui par suite s'y trouvent mélangés. La plupart des géologues qui ont étudié ces couches sont persuadés que leur riche faune n'y est pas uniformément répartie, mais que certaines espèces doivent se rencontrer plus particulièrement à des niveaux déterminés. Le fait ne peut être démontré d'une façon certaine, puisque les fossiles ne se voient pas habituellement en place, mais se montrent groupés à la base des escarpements, où peuvent ainsi se trouver mélangés des individus provenant de diverses hauteurs ; cependant, d'une façon générale, on recueille surtout à la partie inférieure :

Amaltheus Lamberti, Harpoceras lunula et *H. hecticum*, qui y sont très abondants, *Perisphinctes sulciferus, Peltoceras arduennensis, P. annularis, Perisphinctes plicatilis, Oppelia oculatus, Aspidoceras perarmatum*, indiqués par ordre de fréquence ; enfin *Oppelia Renggeri* et *Amaltheus cordatus*, qui apparaissent déjà incontestablement à ce niveau (Sorans), mais en petit nombre. Le grand développement de *Op. Renggeri* correspond à la partie moyenne des marnes, où se rencontre aussi *Amaltheus Mariæ*, peu répandu partout, et toutes les espèces déjà citées. *Am. cordatus*, qui se montre à tous les niveaux, est surtout répandu vers la partie supérieure. Signalons encore, parmi les fossiles les plus communs de l'Oxfordien inférieur : *Harpoceras Brightii*, *Amaltheus Sutherlandiæ*, *Peltoceras Eugenii*, *Cucullea concinna*, *Ostrea nana*, *Terebratula dorsoplicata*, *Waldheimia impressa*, *Rhynchonella obtrita*, *Balanocrinus pentagonalis*. La plupart de ces fossiles sont à l'état pyriteux, les Ammonites surtout.

La puissance de cette assise est de 20 mètres à Quenoche, de 25 à Velloreille, 25 à Oiselay, 20 à Belfort et à Montbéliard, 50 à Besançon, 40 à Ornans, 35 à Consolation ; tandis qu'elle n'est que de 10 à Glère et à Maiche, et qu'elle est encore plus réduite à Dole, si même elle y existe réellement. Les marnes à *Ammonites Renggeri* ne représentent qu'un faciès de l'Oxfordien inférieur, comme M. Choffat l'a démontré ; elles se sont déposées sous forme d'une immense lentille qui, à l'est et au sud, s'atténue de plus en plus, et finit par disparaître sous l'Argovien ; ce nouveau faciès se substitue graduellement à elles et finit par les remplacer entièrement, comme nous l'indiquerons plus loin.

Zone à Pholadomya exaltata. — Les marnes à *Ammonites Renggeri* passent, à leur partie supérieure, à des marno-calcaires d'un gris bleuâtre, stratifiés en bancs de 0^m40 à 0^m50, séparés par des assises plus ou moins épaisses de marne feuilletée. A mesure que l'on s'élève, les marnes diminuent d'importance ; les bancs marno-calcaires se rapprochent de plus en plus et même, en certains lieux, arrivent à ne plus former qu'une masse indivise, sans trace de stratification ; en même temps, la roche modifie sa teinte, du gris bleuâtre elle passe au jaune pâle, puis au jaune-roux, et elle devient aussi de plus en plus siliceuse, en s'élevant de la base vers le sommet de l'assise. La silice est diffuse dans toute la roche, à l'état de petits grains qui lui donnent un aspect gréseux, plus marqué à la partie supérieure, où ils sont plus abondants ; et elle s'y trouve en outre agglomérée sur certains points à l'état de nodules, d'amas lenticulaires ou de plaques, sur lesquels nous reviendrons plus loin. Cette couche est facilement désagrégeable ; sous l'influence de l'exposition à l'air et à l'humidité, les marno-calcaires de la base se découpent, par des fissures perpendiculaires au plan de stratification, en une série de petits parallélipipèdes alignés, dont les angles s'émoussent peu à peu et qui, finalement, se transforment en *sphérites* ou blocs arrondis, gros comme les deux poings ou comme la tête, qui semblent former des lits dans l'assise. La partie supérieure est souvent sans stratification apparente (Besançon, route de Morre) ou se montre quelquefois divisée en bancs massifs, sans intercalations marneuses (Appenans, près de l'Isle); mais, dans la plupart des lieux, elle apparaît comme formée de marno-calcaires en strates plus ou moins épaisses, séparés par des zones marneuses. Ce sont là, croyons-nous, trois phases différentes du phénomène de désagrégation, car nous avons pu suivre à Corcelles (OR, sect. 3 *a*) le même banc et le voir passer graduellement de l'état massif à l'état terreux; c'est en effet sous cet aspect que se présente, en quelques endroits, la zone à *P. exaltata*. En se désagrégeant, la roche met en liberté des nodules de silice [1] ou des plaquettes de même roche que l'on appelle *chailles* dans notre pays; beaucoup de ces nodules sont creux, formés d'une enveloppe de silice compacte, très dure, renfermant de la silice pulvérulente ou moins dure, de teinte blanchâtre, et présentant parfois d'admirables moules de fossiles.

Cette assise se distingue aussi de la précédente par sa faune bien différente; elle ne renferme plus de fossiles pyriteux, mais des fossiles calcaires à la partie inférieure et siliceux à la partie supérieure du sous-étage; parmi eux, les Ammonites sont moins abondantes, mais on y rencontre surtout de grands bivalves : Pholadomyes, Gresslyes, Brachiopodes divers, et des Échinodermes. Citons surtout : *Peltoceras Eugenii, Aspidoceras perarmatum, Perisphinctes Martelli, Amaltheus cordatus, Pholadomya exaltata, P. canaliculata, P. lineata, P. paucicosta,*

1. M. Muston, dans ses *Notices géologiques,* donne ainsi la composition chimique de ces nodules (p. 39):

Silice.	91,50
Deutoxyde de fer	4,47
Alumine . . . , ...	4,03
	100,00

Gresslya sulcosa, Trigonia aspera, Pecten lens, P. fibrosus, Ostrea dilatata, O. nana, Waldheimia Parandieri, Terebratula Galliennei, T. insignis, T. dorsoplicata, Rhynchonella obtrita, Millericrinus echinatus, M. horridus, Collyrites bicordata. Les Ammonites, les Pholadomyes et les Gresslyes se montrent surtout dans les marno-calcaires de la base ; *Amaltheus cordatus* y est assez fréquent ; les autres Céphalopodes le sont moins ; cependant les *Perisphinctes Martelli* et autres du groupe des *plicatilis*, voisins de cette espèce, sont encore communs. Les autres fossiles se trouvent plutôt dans la partie supérieure, et les Crinoïdes dans les bancs les plus élevés. Certains gisements sont extrémement riches, mais surtout en individus (Torpes, Palente).

On a souvent confondu la zone à *P. exaltata* avec les *Chailles remaniées*, dépôt quaternaire constitué par des argiles rougeâtres, sèches ou grasses, contenant de nombreux nodules siliceux, fragmentés pour la plupart, et des fossiles également siliceux. Beaucoup de ces fossiles proviennent de l'Oxfordien supérieur, mais un grand nombre, tels que les Polypiers et divers Échinides, sont incontestablement d'origine glypticienne, et n'ont jamais été rencontrés dans la zone à *P. exaltata*, en place et non remaniée. Plusieurs géologues n'ont pas reconnu la véritable nature de cette formation, issue évidemment de la désagrégation de l'Oxfordien et du Rauracien, et ont attribué sa faune à la zone à *Pholadomya exaltata*, qu'ils ont rangée dans le Corallien, sous le nom de *Terrain à chailles* [1].

La zone à *P. exaltata* est surtout puissante dans le nord, aux environs de Montbéliard et de Montbozon ; à partir de ces points, son épaisseur va en diminuant dans les directions du sud, de l'est et de l'ouest. Elle mesure 50 mètres près de Montbozon, 35 à Montbéliard, 30 à Velloreille, 20 probablement près de Quenoche et à Champlitte, 25 à Saint-Hippolyte, 25 à 30 à Besançon, 25 à Ornans, 15 à Vercel, à Glère et à Maiche, 12 à Consolation ; elle augmente un peu au sud de la Loue, atteint 27 mè-

1. Voir pour plus de détails sur les Chailles remaniées : Georges BOYER et Albert GIRARDOT, *Étude sur le Quaternaire dans le Jura bisontin. — Mém. Soc. d'Émul. du Doubs*. 1891, p. 361 et suiv.

tres à Fertans et 33 à Nans-sous-Sainte-Anne ; puis elle s'atténue de nouveau en approchant de Salins et de Levier ; à la Chapelle, sa puissance ne dépasse pas 16 mètres. Au delà des points indiqués, elle s'amincit encore et se termine en biseau, entre l'Argovien et les marnes à *A. Renggeri* qui la débordent.

Le tableau suivant indique l'épaisseur de l'Oxfordien en différents points de la région :

LOCALITÉS	Oxf. infér.	Oxf. sup.	TOTAL
Champlitte et Quenoche.	20	20	40
Oiselay	25	20	45
Velloreille	30	30	60
Montbéliard.	20	35	55
Besançon.	40	30	70
Glère et Maîche.	10	15	25
Consolation	30	12	42

L'Oxfordien atteint sa plus grande épaisseur aux environs de Besançon ; à partir de ce centre, il va en s'amoindrissant dans tous les sens, et l'étage tout entier présente bien la même forme lenticulaire que les marnes à *Ammonites Renggeri*.

Les couches que nous venons de décrire sous le nom d'Oxfordien ne constituent, comme M. Choffat l'a démontré [1], qu'un facies particulier de cet étage, son facies franc-comtois ; en dehors des parties qu'il occupe, à l'est, au sud-est et au sud, un autre le remplace, le facies argovien, dont nous parlerons plus loin. Les aires de ces deux facies sont séparées par une ligne menée par les Fins, au nord de Morteau, Arc-sous-Cicon, Villers-sous-Chalamont et Arc-sous-Montenot. Sur cette ligne même, les deux facies peuvent s'observer ensemble, et alors l'Argovien recouvre le Franc-Comtois, comme M. Choffat l'a indiqué, comme on peut le voir facilement à Andelot et mieux encore à Villers-sous-Chalamont, où les marno-calcaires bleuâtres à spongiaires recouvrent la zone à *P. exaltata* bien caractérisée. En dehors de cette ligne, à l'est et au sud, et encore très près d'elle, on ne retrouve plus la zone à *P. exaltata*, et les assises à Spongiaires reposent directement sur les marnes à

1. *Esquisse.*

A. Renggeri, comme le fait est facile à constater près de la tuilerie de Boujailles, sur le chemin de la gare. Un peu plus loin encore, à l'est et au sud de cette ligne, ces marnes disparaissent elles-mêmes, et l'Argovien est supporté directement par le Callovien (Morteau, Col-des-Roches).

Argovien. — Le faciès Argovien de l'Oxfordien, ou plus simplement l'Argovien, se montre à Morteau, où il est constitué par une série de calcaires faiblement marneux d'un blanc grisâtre, sans fossiles, stratifiés en bancs minces à la base, qui mesurent une grande épaisseur et se terminent par des marno-calcaires bleuâtres, séparés par de petits lits de marne renfermant de grosses térébratules voisines de *Terebratula bisuffarcinata.* La puissance de cet ensemble mesure 40 à 50 mètres. La même formation se voit à Sombacourt, en partie du moins, car les assises inférieures n'y sont pas visibles, mais les supérieures y sont formées, comme à Morteau, par des marno-calcaires bleuâtres, durs, feuilletés, et des marnes tendres contenant quelques fossiles, entre autres: *Ammonites Schillii, Pholadomya lineata, P. canaliculata, Ostrea caprina.* Ici l'étage se termine par des marno-calcaires jaune rougeâtre, puis par des calcaires blancs, dans lesquels nous avons recueilli : *Pholadomya lineata, Pecten articulatus, Terebratula cf. insignis.* L'ensemble est encore plus puissant qu'à Morteau.

A Dole, les marnes à *A. Renggeri* sont très réduites, si toutefois elles existent, et l'Oxfordien y est à très peu près entièrement représenté par le faciès Argovien. Celui-ci est constitué à sa partie inférieure par des calcaires marneux grisâtres, avec *Amaltheus cordatus* et *Perisphinctes plicatilis,* surmontés de calcaires blancs spathiques, grenus, d'aspect oolithique, formant une couche de plusieurs mètres d'épaisseur. Ces calcaires renferment d'innombrables débris de Crinoïdes, mélangés à de véritables oolithes, surtout abondantes à la base de l'assise. Celle-ci est surmontée à son tour par des calcaires marneux, blancs, tendres ou durs, feuilletés, contenant : *Harpoceras cf. canaliculatum, Pholadomya canaliculata, P. lineata, P. paucicosta, Ostrea dilatata,* qui sont recouverts directement par le Glypticien.

Le facies Argovien se montre encore au nord de Dole, entre Amange et Vriange et à Vriange même ; on le voit aussi à l'est de Dole, à Liesle, se superposer à la zone à *P. exaltata*. La coupe de la tranchée du chemin de fer de Liesle, publiée par M. Bertrand (OR, sect. 7 *b*, XXXVIII), montre d'abord cette superposition, puis elle indique l'existence, immédiatement au-dessus de la zone à *P. exaltata*, d'un banc à apparence oolithique avec oursins oxfordiens, de 10 mètres de puissance, recouvert par 10 mètres de calcaire hydraulique, surmonté lui-même d'un banc marneux à spongiaires, en contact avec le Glypticien à sa partie supérieure. Il n'est pas téméraire de considérer le banc à apparence oolithique et à oursins oxfordiens, de la tranchée de Liesle, comme synchronique du banc spathique et oolithique de Dole, dont il n'est peut-être qu'une continuation.

Ces couches oolithiques peuvent-elles être considérées comme coralligènes, nous le croyons, sans pouvoir l'affirmer, aucun Polypier n'y ayant été rencontré jusqu'ici.

Quoi qu'il en soit, le facies Argovien ne se prolonge pas davantage vers le nord ni vers l'est, car on ne le retrouve plus, ni à Quingey, ni à Lombard, ni à Mouchard, ni à Pagnoz, ni à La Chapelle au nord de Salins ; mais il reparaît à Andelot et à Arc-sous-Montenot, au sud et au sud-est de cette ville, comme nous l'avons indiqué plus haut.

L'Argovien se divise en trois zones : les couches de Birmensdorf, les couches d'Effingen et les couches du Geissberg, caractérisées chacune par une faune spéciale. M. Choffat a étudié avec beaucoup de soin le facies Argovien [1]. Il a donné la liste des fossiles de chacune de ses divisions ; aussi nous bornerons-nous à renvoyer à son travail, pour la description de cette formation, qui n'occupe d'ailleurs qu'une aire peu étendue dans notre région. Ajoutons seulement, pour le résumer, que les assises de Birmensdorf contiennent des Spongiaires, du groupe des Hexactinellides, qui les distinguent des autres ; que les couches d'Effingen, pauvres en fossiles, renferment une faune qui les rapproche des marnes à *Am. Renggeri;* que celles du Geiss-

[1]. *Esquisse.*

berg contiennent surtout des Pholadomyes ; enfin que vers la limite occidentale du facies argovien, la zone de Birmensdorf recouvre les marnes à *Ph. exaltata*, et que les assises d'Effingen viennent se placer, en retrait, sur celles de Birmensdorf, comme aussi celles du Geissberg se disposent de la même manière par rapport à celles d'Effingen.

FAUNE DE L'OXFORDIEN

INDICATIONS DONNÉES PAR LES COLONNES : **1**, Zone à *Am. Renggeri* ; **2**, Zone à *Ph. exaltata* ; **A**, Argovien : dans cette colonne, 1 désigne les couches de Birmensdorf, 2 les couches d'Effingen, 3 les couches du Geissberg ; **I**, Callovien ; **S**, Rauracien.

ABRÉVIATIONS : Bf. = Belfort, Boj. = Boujailles, Bs. = Besançon, Chp. = Champlitte, Cle. = Clerval, Cons. = Consolation, Cor. = Corcelle, Dbs. = Département du Doubs, Ép. = Épeugney, Glè. = Glère, Gr. = Gray, Hs. = Haute-Saône, M. = Montbéliard, Mb. = Montbozon, Mgu. = Montaigu, Or. = Ornans. Qu. = Quenoche, S. = Salins, Tar. = Tarcenay, Ver. = Vercel.

	I	1	2	A	S
Belemnites Clucyensis May. — Ép. S. Glè.	+	+	+		
excentricus Blain. — Bs. Tar.			+	1	
hastatus Blain. — partout.	+	+	+	1,2	
pressulus Quenst. — Bs.		+	+	1,2	+
sauvanausus d'Orb. — Bs.	+	+		1,2	
Ammonites arduennensis d'Orb. — partout.	+	+	+		
annularis Rein. — partout		+			
Arolicus Opp. — S. Pontarlier				1,2	+
athlethulus May. — Tar. Mgu.		+			
Babeanus d'Orb. — Bs. Tar. Cons.		+			
Backeriæ Sow. — Bf. Bs. Hs.		+			
Baylei Coq. — Tar.		+			
Breikenridji. — Sow. Bf. Bs.		+			
Brighti Pratt. — partout.	+	+			
calcaratus Coq. — Bs.		+			
canaliculatus de Buch. — S. D. Boj.				1,2	
caprinus Rein. — Ma.		+			
cœlatus Coq et Did. — Bs. M.		+			
Constantii d'Orb. — Gr. Cor.	?	+	+		
cordatus Sow. — partout		+	+	1	
corona Quenst. — Mgu.		+			
Cristagalli d'Orb. — Malans.	+	+			

	I	1	2	A	S
Ammonites curvicosta Opp. — Bs. Mgu. M. . .	+	+			
delemontianus Opp. — Bs. S. . . . . . •		+	+		
densicostatus May. — Bs.		+			
denticulatus Sow. — Bf. Bs.		+			
Erato d'Orb. — Bs. Tar.		+		1,2	
Eucharis d'Orb. — Bs. Mgu.		+			
Eugenii Rasp. — partout.		+	+		
Goliathus d'Orb. — partout	+	+			
hecticus Hartm. — partout	+	+	+		
Henrici d'Orb. — partout		+			
Hermione d'Orb. — Bs.		+			
hersilia d'Orb. — S. Bs. Tar.		+			
Lamberti Sow. — partout.	+	+			
lunula Ziet. — partout.		+			
Martelli Opp. — Bs. Tar.			+	1,2	+
Mariæ d'Orb. — partout	+	+			
modiolaris Luid. — Bf.	+	+			
oculatus Bean. — partout	+	+			
Oegir Opp. — Fer. Torpes. S.			+	1,2	
perarmatus Sow. — partout	?	+	+		
Petitclerci de Gross. — Hs.		+			
Pidanceti Coq et Pid. — Bs.		+			
plicatilis Sow. — partout.		+	+	1,2	+
punctatus Schl. — partout	+	+			
Puschi Opp. — M.		+			
pustulatus Haan — M. Bs.	+	+			
Renggeri Opp. — partout.		+			
scabridus Opp. — Doubs.		+			
scaphiloïdes Coq. — Bs.		+			
Schillii Opp. — Pont. S.				1,2	
subtilis Uhl. — M.		+			
suevicus Opp. — Bs. Mgu.		+	+		
sulciferus Opp. — partout	+	+			
Sutherlandiæ Mer. — partout		+	+		
tatricus d'Orb. — Bs.		+			
tortisulcatus d'Orb. — Bs. Tar. Boj. . .		+		1	
vagus May. — Mgu.		+			
Aptychus latus Parck. — Mgu.		+		1,2	
levis-latus May. — Hs.		+			
Nautilus calloviensis Opp. — Dbs.	+	+			
granulosus d'Orb. — S.		+	+		

	I	1	2	A	S
Nautilus hexagonus Sow. — Hs. Cons.	+	+		2	
Rostellaria bispinosa Th. — partout	+	+			
Danielis Th. — Bs.	+	+			
Pteroceras trochiformis Quenst. — Bs. Qu.		+			
Alaria Gagnebini Th. — Bs.		+			
Cerithium cingendum d'Orb. — Doubs		+			
aff. contortum Desh. — Glè.			+		
Rinaldi Et. — Glè.		+			
Russiense d'Orb. — Bs.		+			
tortile Desh. — Glè.		+			+
Chemnitzia Heddingtonensis d'Orb. — Bs.			+	2,3	+
Natica Clytia d'Orb. — Bs.			+		+
Neritopsis Lyautei H. Coq. — Dbs.		+			
Turbo Meriani Goldf. — partout	+	+			
Trochus halius d'Orb. — Bs.			+		
sublineatus Goldf. — Bs.			+		
Pleurotomaria Cydippe d'Orb. — Bs.	+	+			
Cyprea d'Orb. — Bf. Dbs.	+	+			
Cypris d'Orb. — Bs.	+	+			
Cytherea d'Orb. — Bf. Dbs.	+	+			
Munsteri Rœm. — Gr.			+	3	
Vielbranchii d'Orb. — Dbs.	+	+			
Dentalium jurense Et. — Bs.			+		+
Gastrochæna moreauana Buv. — Gr.			+		
Thracia pinguis Ag. — Ver. Or.			+	3	
Anatima siliqua d'Orb. — D.			+		
undata d'Orb. — Mérey			+		
Gresslya sulcosa Ag. — partout.			+		+
Pleuromya recurva Ag. — Bs. S.			+	3	
varians Ag. — Cons. Ver.			+	3	
sinuosa Ag. — Dbs.			+		
Goniomya constricta Ag. — Bs.			+	2,3	+
inflata Ag. — Bs.			+		
proboscidea Ag. — Bs.			+		
sulcata Ag. — S. Bs. D. Boj.			+		+
V. scripta Ag. — Bs.			+		
Pholadomya acuminata Hart. — Or.			+	1	
canaliculata Rœm. — partout			+	2,3	+
carinata Goldf. — S. Bs.	+		+		
exaltata Ag. — partout			+		+
hemicardia Rœm. — Cons. Or. Bs.			+	3	

	I	1	2	A	S
Pholadomya lineata Goldf. — partout			+	2,3	+
paucicosta Ag. — partout.			+	2,3	+
Cyprina Calliope d'Orb. — Bs.			+		
Cardium integrum Bur. — Mb.			+		
Unicardium globosum Ag. — S.	+		+		
Lucina circumcisa Z. et G. — Mb.			+		
Opis Philippsiana d'Orb. — Glè.			+		
Astarte elegans Sow. — Glè.			+		
multiformis Rœm. — Glè.			+		
percrassa Et. — Dbs.			+		
Trigonia aspera Lamk. — Ps. S. Mb. Cler.			+		
Bronnii Ag. — Bs.			+	3	+
clavellata Sow. — M. Hs.	+		+	3	+
monilifera Ag. — S. Bs.			+	2,3	+
papillata Ag. — S. Bs.			+		
parvula Ag. — S. Bs.			+		
perlata Ag. — Glè. S. Bs.			+		
reticulata Ag. — Chatelu			+		
spinifera d'Orb. — Glè. M.			+		
Leda lacryma d'Orb. — Gr.		+			
palmæ d'Orb. — Ma.		+			
Nucula Dewalquei Opp. — Gr.		+		1,2,3	
electra d'Orb. — Bs.		+		2,3	
Hammeri Defr. — S.		+			
intermedia Mü. — Gr.	+	+			
lacrymæformis Rœm. — Mgu. Bs.		+			
Mathei Mœsh. — Dbs.		+			
Menckei Rœm. — Glè.		+			
musculosa Koch. — S. Bs.		+			
Oppeli Et. — Gr. Dbs.		+		1,2,3	
ornati Qu. — Glè.		+			
pectinata Sow. — Bs. Qu.		+			
subovalis Sow. — Tar. Bs. S.		+			
Macrodon alsaticus Rœm. — Glè.		+			
Cucullæa concinna Phill. — partout.	+	+			
Arca cucullata Munst. — S.		+			
Janthe d'Orb. — Hs. Bs.			+		
parvula Ziet. — S. Ferette		+			
cf. subdecussata Mü. — Dbs.	+	+			
Modiola bipartita Sow. — Glè.			+		
Perna mytiloïdes Gmel. — M. Bs.			+		+

14

	I	1	2	A	S
Perna quadrilatera d'Orb. — Gr.			+		
Gervilia angustata Munst. — Mb.			+		
aviculoïdes Sow. — M. Bs.	+		+	3	
pernoïdes Desl. — Bs.			+		
Posidonomya speciosa Munst. — Bs.			+		
Avicula cf. Munsteri Goldf. — Dbs.			+		
Hinnites velatus d'Orb. — partout.			+	1, 3	+
Pecten demissus Bean. — Bs. Qu.	+		+	3	+
fibrosus Sow — partout	+	+	+		
inæquistriatus Ph. M. — Merey			+		
Lauræ Et. — Bs.			+		+
lens Sow. — partout			+	3	+
octocostatus Rœm. — Or. Qu.			+		+
Schnaitheimensis Quenst. — Mb.			+		+
subarmatus Munst. — Ver.			+	2	+
subfibrosus d'Orb. — partout.		+	+	3	
subtextorius Mü. — Mb.			+	1,2	+
vimineus Sow. — Sombacourt. Bs.			+	3	+
vitreus Rœm. — Glè.			+		+
Lima duplicata Sow. — S. Dbs.	+		+	2,3	
Halleyana Et. — S. Dbs.			+	2,3	+
interstincta d'Orb. — Bs.			+		
pectiniformis Schl. — partout	+		+		+
Plicatula subserrata Quenst. — Tar. Qu.	+	+		2	
tubifera Sam. — Bs. Glè.			+		
Ostrea caprina Mer. — Sombacourt.				2,3	+
coarctata Sow. — Dbs.			+		
dilatata Sow. — partout.		+	+	1,2	+
gigantea Sow. — Bs.			+		
gryphæata Schl. — S.			+		
gregarea Sow. — M. Bf.	+	+	+		+
hastellata Schl. — Glè.			+		+
nana Sow. — Glè.			+		
rastellaris Mü. — Cor. Mb.			+	1,2,3	+
reniformis Goldf. — Glè.			+		+
sandalina Goldf. — Glè. Bs. Pow.	+		+	2,3	+
Waldheimia Bernardina d'Orb. — Bs.		+			
impressa de Buch. — partout		+		2	
Parandieri Et. — partout.			+		+
Terebratula bicanaliculata Schlot. — Dbs.			+	2	
aff. bisuffarcinata Schl. — partout.				1,2,3	+

	I	1	2	A	S
Terebratula calloviensis d'Orb. — Bs. Dbs . .		+	+		
dorsoplicata Suess. — partout	+	+	+		
elliptoïdes Mœsh. — Bs.			+		+
Fischeriana d'Orb. — Bs.			+		
Galliennei d'Orb. — Bs.			+	2,3	+
insignis Schlot. — partout			+		+
Retzia trigonella Schlot. — Hs.		+			
Rhynchonella minuta d'Orb. — Bs. Dbs. . .	+	+		1,2,3	
obtrita Def. — partout.		+	+		
spinulosa Opp. — Bs. Gr.	+	+			
triplicosa E. D. — Bs. Gr.	+	+		2	
Serpula alligata Et. — S.			+	2,3	+
convoluta Goldf. — Mgu.			+	1	+
Deshayesi Mü. — Mgu. Glè.			+	1	+
gordialis Schl. — partout	+	+	+	1,2,3	+
ilium Goldf. — partout.			+	2,3	+
lacerata Phil. — Nans.			+		+
limata Mü. — Dbs.		+	+	1	+
nodulosa Goldf. — Bs.			+	1	
subflaccida Et. — Hs. Gr.			+		+
Spirorbis Thirriai Et. — partout			+		
Collyrites bicordata Leska. — partout . . .			+	3	+
elliptica Ag. — Ma. Bf.	+	+			
Dysaster carinatus Ag. — M.			+		
granulosus Ag. — partout.			+	1	
ovalis Ag. — M. S. Bs.			+		
Nucleolites scutatus Samk. — Chamesol. Bs. . .			+		
Echinobrissus micraulus Ag. — Ma.			+		
Holectypus punctulatus Des. — Bs.			+		
Discoïdea depressa Ag. — Bs.			+		
Echinoconus depressus Leske. — Hs.			+		
Stomechinus gyratus Ag. — Bs.			+		
psammophorus Ag. — Bs.			+		
Pedina ornata Ag. — Dbs.			+		
Glypticus hieroglyphicus Ag. — Bs.			+		+
Pseudodiadema superbum Ag. — partout. . .			+		
Diadema florescens Ag. — Bs.			+		
Hemicidaris diadémata Ag. — S. Bs.			+		
Cidaris cinnamomea Ag. — Bs.			+		
cladifera Ag. — Bs.			+		
constricta Ag. — Bs.			+		+

	I	1	2	A	S
Cidaris coronata Ag. — Bs.			+	1	+
cristata Ag. — Bs.			+		
*crucifera Ag. — Bs.			+		+
*cucummifera Ag. — Bs.			+		
filograna Ag. — Dbs.			+	1	
*gigantea Ag. — Bs.			+		
hastalis Des. — Percey.			+		
Hugii Des. — Dbs.			+	1	
*Parandieri Ag. — Bs.			+		+
*propinqua Ag. — Bs.			+	1	+
*pustulifera Ag. — Bs.			+		+
*spathula Ag. — Bs.			+		
spinosa Ag. — Bs.			+	1	
subspinosa Marcou. — S.			+		+
*trigonacantha Ag. — Bs.			+		
Rhabdocidaris cf. maxima Mü. — Bs. S.			+	1,2,3	
Asterias jurense Goldf. — Dbs. S.			+	1	
Solanocrinus costatus Goldf. — Bs.			+		
Pentacrinus cingulatus Munst. — Qu. Tar. Bs.		+	+	1	+
cylindricus d'Orb. — Bs.		+			+
oxyscalaris Thurm. — Bs.			+		
Orbignyanus.			+		
scalaris Goldf. — Hs.			+		+
Millericrinus aculeatus d'Orb. — Bs. Gr.			+		
alternans d'Orb. — Chp.			+		
Beaumontanus d'Orb. — Bs. Bf.			+		+
calcar d'Orb. — Bs.			+		
conicus d'Orb. — Chp.			+		
dilatatus d'Orb. — Chp. Bs.			+		+
Duboisanus d'Orb. — Chp. Bs.			+		
D'Hudressieri d'Orb. — Bs. Chp.			+		
echinatus Schlot. — partout.			+		+
horridus d'Orb. — partout			+		+
Milleri d'Orb. — Bs. Chp.			+		+
Munsteranus d'Orb. — Bs. Chp. S.			+		+
Nodotanus d'Orb. — Bs. Chp.			+		+
subechinatus d'Orb. — Bs. Chp.			+		
tuberculatus d'Orb. — Chp.			+		+
Balanocrinus pentagonalis Goldf. — partout.	+	+			
Eugeniacrinus nutans Goldf. — Dbs.			+		
Isocrinus pendulinus d'Orb. — Bs.			+		

Nous avons marqué d'un astérisque les échinides cités par Agassiz [1] comme provenant du *Terrain à chailles* des environs de Besançon ; tous ces oursins ont été recueillis par M. le comte d'Hudressier dans les chailles remaniées de la Vèze, près de Besançon ; et dès lors, l'origine oxfordienne de quelques-uns d'entre eux, du *Glypticus hieroglyphicus* en particulier, peut paraître douteuse. La même réflexion doit être faite au sujet de quelques crinoïdes portés sur notre liste, qui ont été rencontrés dans le même gisement ou dans des gisements analogues, et dont la station habituelle est dans le Rauracien inférieur.

On a signalé aussi dans la zone à *P. exaltata* quelques débris de sauriens et de poissons et quelques crustacés, mais ce sont là des fossiles exceptionnels ; aussi nous bornerons-nous à citer seulement les principaux crustacés qui y ont été recueillis :

Eryma ornata Opp. — Gr.
      ventrosa Opp. — Gr. Vesoul.
Enoploclytia Perroni Et. — Gr.
Glyphea Etalloni Opp. — Gr. Vesoul.
      Munsteri Mey. — Gr.
      Regleyana Mey. — Gr. Vesoul.
      Hudressieri Mey. — Gr. Vesoul.
Orhomalus (?) araricus Et. — Gr.
Eryon Perroni Et. — Gr.

La faune de notre Oxfordien à faciès franc-comtois, en ne comptant ni les vertébrés ni les crustacés, se compose de 269 espèces : 64 céphalopodes, 22 gastropodes, 96 pélécypodes, 16 brachiopodes, 10 serpules, 36 échinides, 1 stelléride et 24 crinoïdes. Elle est formée en partie, et pour plus d'un cinquième, d'espèces venues du Callovien proprement dit (48 ou 50), dont la faune présente beaucoup d'analogie avec celle des couches à *A. Renggeri*. Cette dernière comprend 58 céphalopodes (51 ammonites, 4 bélemnites, 3 nautiles), 16 gastropodes, tous de petite taille, sauf les 5 pleurotomaires, de petits bivalves dépourvus de siphon, 18 nuculidés ou arcidés et 5 monomyaires parmi lesquels cependant se trouvent un *Pecten* et une *Ostrea* de

1. *Description des Échinodermes fossiles de la Suisse*, 1re partie.

moyenne dimension, 9 brachiopodes, 4 serpules, 1 échinide et 3 crinoïdes. L'abondance des céphalopodes, l'exiguïté de la plupart des gastropodes et des lamellibranches, l'absence de pélécypodes siphonés, caractérisent cette faune. Celle de la zone à *P. exaltata* se présente sous un aspect opposé; elle ne renferme que 18 céphalopodes et 6 gastropodes, mais elle contient 76 pélécypodes, dont 28 siphonés et 48 asiphonés, presque tous (43) hétéromyaires ou monomyaires, 35 échinides, 22 crinoïdes [1], 9 brachiopodes et 8 serpules. Parmi ces espèces, 26 seulement, dont 15 céphalopodes, lui viennent des assises à *A. Renggeri.*

La zone à *P. exaltata* fournit au Rauracien 70 espèces : 4 céphalopodes, 4 gastropodes, 31 pélécypodes, 5 brachiopodes, 8 serpules, 9 échinides et 11 crinoïdes. Beaucoup de ces fossiles se rencontrent à la fois dans les couches à *P. exaltata*, le Rauracien et l'Argovien; mais 32, communs au Rauracien et à la zone à *P. exaltata*, n'ont pas encore été signalés dans l'Argovien.

On trouve enfin dans l'Argovien, soit du Jura méridional, soit du canton d'Argovie, un grand nombre d'espèces qui appartiennent aussi à notre Oxfordien supérieur: 34 ont été recueillis dans les couches de Birmensdorf, 36 dans celles d'Effingen et 34 dans celles du Geissberg ; plusieurs sont communes à ces différentes assises, aussi leur nombre total n'est-il que de 68.

RAURACIEN

SYNONYMIE

Sous-groupe de calcaires à Nérinées. Thirria, 1833.
Étage jurassique moyen, pp. Parandier, 1839.
Groupe corallien, pp. Boyé, 1844. Résal, 1864.
Calcaire corallien. Renaud-Comte, 1846.
Groupe corallien. Marcou, 1848, 1856.

---

1. Même en déduisant de ces chiffres quelques échinides et quelques crinoïdes douteux, sous le rapport de leur station, les caractères paléontologiques de l'assise n'en restent pas moins les mêmes.

Corallien. Pidancet, 1848. Étallon, 1862. Vézian, 1865. Ogérien, 1867. Bertrand, 1880, 1882, 1885, 1887. Alb. Girardot, 1882. Rollier, 1882. Kilian, 1883, 1885. Rigaud, 1885. Boyer, 1888.

Corallien, pp. Contejean, 1862. Parisot, 1864.

Rauracien. Alb. Girardot, 1887. Kilian, 1891, 1894.

DIVISION

$$\text{Rauracien} \begin{cases} \text{inférieur ou Glypticien.} \\ \text{supérieur ou Dicératien.} \end{cases}$$

SYNONYMIE DES DIVISIONS

Glypticien.

Calcaires compacts, suboolithiques ou marneux à fossiles siliceux. Thirria, 1833.

Calcaire corallien. Leblanc, 1838. Renaud-Comte, 1846. Contejean, 1862.

Corallien inférieur. Boyé, 1843. Résal, 1864.

Calcaire corallien inférieur. Grenier, 1843. Kilian, 1883.

Calcaire corallien, pp. Marcou, 1848.

Corall. rag de la Chapelle. Marcou, 1856.

Glypticien et Zoanthairien. Étallon, 1862.

Corallien compact. Parisot, 1864.

Calcaire corallien et Terrain à chailles, pp. Vézian, 1860, 1865.

Calcaire et marne à *Hemicidaris crenularis* et calcaire à *Dendrogyra rastellina*. Ogérien, 1867.

Horizon de l'*A. bimammatus*. Choffat, 1878.

1re et 2e zones coralliennes, zone à *Cidaris florigemma*. Alb. Girardot, 1882.

Hypocorallien. Rollier, 1882.

Glypticien. Kilian, 1894.

Dicératien.

Oolithe corallienne et calcaires compacts et marneux à Nérinées. Thirria, 1833.

Oolithe corallienne et calcaires à Nérinées. Leblanc, 1838. Boyé, 1844. Renaud-Comte, 1846. Résal, 1864.

Oolithe corallienne, calcaires à Nérinées et calcaire corallien supérieur. Grenier, 1843.

Oolithe corallienne. Marcou, 1848. Contejean, 1862.

Oolithe corallienne de Pagnoz. Marcou, 1856.

Zoanthairien, pp., et Dicératien. ÉTALLON, 1862.

Oolithe corallienne et calcaire à *Diceras*. PARISOT, 1864.

Oolithe corallienne, calcaire à Nérinées et *Diceras*. VÉZIAN, 1865.

Calcaire compact à *Dendrogyra rastellina*, pp., et calcaire à *Diceras arietina*. OGÉRIEN, 1867.

3e et 4e zones de l'étage corallien. ALB. GIRARDOT, 1882.

Corallien. ROLLIER, 1882.

Calcaire corallien supérieur. KILIAN, 1883.

Dicératien. KILIAN, 1894.

Le Rauracien repose dans la plus grande partie de la région, sur la zone à *P. exaltata;* dans l'est, le sud-est et le sud seulement, il recouvre directement l'Argovien. Sa limite inférieure est facile à tracer, partout où il renferme des Polypiers, il commence avec eux, et les caractères de la roche coralligène le font reconnaître d'une manière suffisante ; ailleurs, l'apparition de sa faune spéciale peut seule l'indiquer. Cette faune s'est répandue dans toute la région, au moment où les Polypiers se fixaient sur quelques points, et si parfois on a cru la rencontrer dans l'Oxfordien supérieur, cela tient, avons-nous dit, à un mélange de fossiles par le fait de remaniements, et peut-être aussi à ce que l'arrivée de la faune a précédé, en certains endroits, la modification pétrographique ; en tous cas, la limite inférieure du Rauracien doit être marquée par l'apparition de cette faune.

Glypticien. — Le Glypticien se montre sous des aspects distincts, suivant qu'il renferme ou ne renferme pas de Polypiers, en un mot suivant qu'il est ou qu'il n'est pas coralligène. Chacun de ces deux facies principaux se subdivise lui-même en facies secondaires ou sous-facies, que nous allons examiner successivement.

Facies coralligène. — SOUS-FACIES OOLITHIQUE. — On rencontre aux environs de Fontenois-lez-Montbozon, reposant immédiatement sur les marno-calcaires jaune-roux de l'Oxfordien supérieur, des assises à apparence de poudingues, composées d'éléments arrondis, généralement lenticulaires, mais parfois de forme peu régulière, du volume d'un œuf ou même du volume du poing, mélangés à d'autres gros comme des noix ou des olives, reliés et empâtés par un ciment rouge ou gris, siliceux et très dur. Certains bancs sont entièrement formés de gros éléments et séparés entre eux par des couches composées d'éléments plus fins ou d'un mélange d'éléments de différentes tailles. Les grains oolithiques eux-mêmes sont constitués par un calcaire compact gris de fumée, entourant souvent un débris organique, fragment de coquille ou de Polypier, articulation d'Encrine, radiole de *Cidaris*, etc., autour duquel se sont groupées les molécules calcaires. Quelquefois plusieurs grains, en voie de formation, se sont réunis entre eux et se sont soudés, formant ainsi une petite masse que l'on a désignée sous le nom d'Oolithe à plusieurs centres.

Les couches à très grosses oolithes, dont nous venons de parler, ne se rencontrent guère qu'à Fontenois, mais elles passent latéralement à d'autres de même aspect, dont les oolithes de même texture, de forme lenticulaire, sont plus régulières et présentent presque uniformément la grosseur d'un œuf de pigeon ; celles-ci peuvent être suivies, depuis les environs de Quenoche, jusqu'à Chassey et Esprels.

En d'autres points de la région, à Vougeaucourt et à l'Isle-sur-le-Doubs, on observe, reposant toujours directement sur l'Oxfordien supérieur à *Pholadomya exaltata*, des assises renfermant un très grand nombre d'oolithes sphéroïdales à couches concentriques très régulières, grosses comme des noix ou des olives, sans mélange d'éléments plus gros.

Toutes les couches à grosses oolithes, de Fontenois, de l'Isle, de Vougeaucourt, etc., passent latéralement à des calcaires toujours oolithiques, mais renfermant des oolithes de plus petite taille, miliaires ou cannabines, mêlées à des grains plus gros, amygdalaires et olivaires, formant assez souvent des strates séparées. Les unes, celles de la base, plus spécialement, sont constituées par des calcaires à oolithes ténues, ou même, sur une faible épaisseur, par des calcaires compacts ; les autres qui les recouvrent, par une roche à oolithes de diverses tailles. C'est ainsi que se présente le Glypticien à Grattery, Vauchoux, Corcelle-Mieslot et à l'Hôpital-Saint-Lieffroy.

Ces formations, qui représentent le facies oolithique du Rauracien inférieur, constituent comme une bordure, à l'affleurement triasique du nord de la région, sans cependant l'accompagner partout, car un autre faciès s'observe à Héricourt et à Belfort ; il est même à remarquer que, par rapport à cet affleurement, les dépôts à grosses oolithes occupent plutôt le côté intérieur de la bordure, et les dépôts à petites oolithes plutôt son côté extérieur. Le faciès oolithique se rencontre encore en d'autres points, où il se montre à l'état d'îlots au milieu du faciès marno-compact, dont nous parlerons plus loin, comme à Vercel et à Montécheroux. Près de ce village existe un véritable récif corallin (OR, sect. 5 *b*), formé par une agglomération de Polypiers de plusieurs espèces, enchevêtrés les uns dans les autres, ou réunis entre eux par un calcaire siliceux, compact, extrêmement dur, renfermant quelques grains oolithiques avec des fossiles très nombreux, enclavés dans la roche, appartenant surtout aux genres : *Acteonina, Nerinea, Diceras, Pecten, Cidaris*. Cette couche à Polypiers mesure 20 mètres, elle est séparée des marno-calcaires jaune-roux de l'Oxfordien, par une épaisseur de 2 mètres de calcaire gris rougeâtre, à oolithes miliaires et cannabines, appartenant incontestablement au Glypticien. Un peu au sud de ce récif, entre Saint-Hippolyte et Montécheroux, le Rauracien inférieur ne renferme plus de Polypiers, mais est entièrement constitué par un calcaire oolithique gris blanchâtre, tandis qu'au nord, vers Pont-de-Roide, le sous-étage montre son faciès marno-calcaire compact.

Le Glypticien oolithique renferme une faune spéciale, caractérisée surtout par des Polypiers, des Actéonines, des Nérinées, un Diceras, de petits bivalves et un grand nombre d'Échinodermes. On y trouve surtout : *Nerinea depressa, N. Castor, N. strigillata, Diceras* cf. *arietina, Pecten subtextorius, P. schnaitheimensis, Cidaris florigemma, C. Parandieri, C. cervicalis, Millericrinus echinatus, M. horridus*. Ces fossiles sont pour la plupart brisés et fort difficiles à recueillir, parce qu'ils sont empâtés dans une roche siliceuse, extrêmement dure.

SOUS-FACIÈS MARNO-CALCAIRE COMPACT A POLYPIERS. — A Belfort, à Besançon et dans une grande partie de la région, le sous-étage inférieur du Rauracien est constitué par un calcaire marneux, gris noirâtre ou gris de fumée, parfois bleuâtre, creusé d'innombrables vacuoles microscopiques, remplies d'une poussière rouge siliceuse. Indépendamment de cette silice, incluse dans les cavités vacuolaires de la roche, celle-ci en renferme à l'état de diffusion, et aussi, mais rarement, à l'état de silex nodulaires que l'on rencontre, en certains lieux isolés (Ornans) ou groupés comme les nodules du Bajocien (Villars-Saint-Georges, route de Fuans à Morteau, vis-à-vis du Bélieu). Ces marno-calcaires présentent encore d'autres accidents siliceux sous forme de géodes, de dépôts irréguliers dans les fissures de la roche; des accidents calcaires, veines et nids de carbonate de chaux cristallisé, géodes tapissées de cristaux de spath; des amas de calcaire saccharoïde entourant les Polypiers, amas parfois si étendus que la roche semble passer entièrement à cette variété de calcaire; parfois elle passe réellement à un calcaire argileux, d'apparence lithographique [1]. Ces marno-calcaires se divisent naturellement en bancs de 0^m60 à 1^m, qui tendent à se subdiviser davantage sous l'influence des agents atmosphériques; leurs strates sont quelquefois séparées par de minces bancs de marne, surtout à la partie inférieure. Ils contiennent, sur certains points, quelques accidents oolithiques de peu d'importance et de peu d'étendue; cependant, en quelques endroits, ces accidents indiquent le passage du faciès oolithique au faciès marno-calcaire compact, comme à Héricourt, au pied du mont Salamon, aux environs de Clerval, etc.

Le Glypticien marno-calcaire renferme une faune des plus riches, où abondent les Serpules et les Échinodermes, où les Polypiers sont assez fréquents, et où se voient aussi de nombreux bivalves, quelques gastropodes et quelques céphalopodes. Nous citons seulement ici les espèces les plus répandues : *Serpula gordialis, S. ilium, Perisphinctes Martelli, Bourguetia striata, Chemnitzia Cæcilia, Pholadomya paucicosta, Goniomya sulcata, Opis Fringeliana, Trichites giganteus, Lima pectiniformis, Pecten articulatus, P. globosus, Ostrea dilatata,*

---

1. M. Résal signale la présence, à ce niveau, de véritables dolomies !

O. rastellaris, *O. reniformis*, *Terebratula Bauhini*, *T. cf. insignis*, *T. Galliennei*, *Waldheimia Delemontiana*, *Rhynchonella corallina*, *Glypticus hieroglyphicus Hemicidaris crenularis*, *Cidaris florigemma*, *C. cervicalis*, *Millericrinus horridus*, *M. echinatus*, *M. Milleri*. A ces fossiles communs partout, il convient d'ajouter encore : *Pholadomya lineata*, *P. canaliculata*, *P. exaltata*, *Pleuromya donacena*, *Opis Verdunensis*, qui se montrent seulement sur certains points et en moins grand nombre.

En quelques lieux, comme à Grattery et à Charcenne, dans l'ouest, et à Glère, dans l'est, le Glypticien débute par le facies marno-calcaire, puis se continue par le facies oolithique. Dans quelques localités des environs de Gray, la base du Rauracien est formée par un banc marno-calcaire ou même marneux, riche en oursins, surmonté par de puissantes assises oolithiques à Polypiers. Ce fait, observé par M. Étallon, le conduisit à diviser le sous-étage que nous étudions, en deux zones qu'il désigna sous les noms de Glypticien et de Zoanthairien. Il est évident, d'après ce que nous avons exposé, que cette division de notre Glypticien en deux zones est un fait accidentel tenant à la présence simultanée des deux facies, le marno-calcaire à la partie inférieure, l'oolithique au-dessus de lui, le recouvrant.

Le facies marno-calcaire est le plus répandu, surtout dans l'est, où il occupe une aire assez étendue, que l'on peut à peu près circonscrire par une ligne brisée, passant par Belfort, Montbéliard, Besançon, Marnay, Fraisans, Byans, Quingey, Mouchard, la Chapelle, Nans-sous-Sainte-Anne, Montmahoux, Déservillers, Lods, Mouthier, Sombacourt, Pontarlier, le Bélieu et Maiche. Entre Belfort et Maiche on le rencontre partout, et il se prolonge au nord-est, fort avant dans l'intérieur de la Suisse. En dehors du polygone ainsi tracé, on observe encore le facies marno-calcaire à Champlitte et à Neuvelle-lez-Champlitte, et il est vraisemblable qu'il s'étendait depuis là jusqu'à Marnay, prolongeant ainsi vers l'ouest l'aire que nous avons délimitée. Dans l'intérieur de cette aire, on rencontre quelques ilots de facies oolithique (Vercel, Montécheroux); enfin, comme nous l'avons déjà dit, sur sa bordure vers l'ouest, le facies marno-calcaire coexiste souvent avec le facies oolithique, qui se super-pose à lui.

Facies non coralligène. — On rencontre à Dole, au-dessus des marno-calcaires blanc-grisâtre stériles de l'Argovien, des marnes bleues, dures, stratifiées en bancs massifs de 3 à 4 mètres d'épaisseur, qui se subdivisent sous l'influence des agents atmosphériques en zones minces, puis en lamelles, au milieu desquelles apparaît une riche faune, lorsque la désagrégation de la roche met les fossiles en liberté. Cette assise représente le type du Glypticien sans Polypiers, qui est le plus souvent formé de marne, mais quelquefois aussi de calcaire compact. Parmi les espèces les plus répandues dans ces marnes on trouve :

Perisphinctes Martelli, P. plicatilis, Pleuromya donacina, Goniomya sulcata, Pholadomya canaliculata, P. lineata, P. paucicosta, Gresslya sulcosa, Opis Virdunensis, Mytilus subpec-tinatus, Pecten articulatus, Terebratula elliptoïdes, T. cf. bi-suffarcinata, T. Galliennei, Waldheimia Delemontiana, Rhyn-chonella corallina, Stomechinus lineatus, Glypticus hierogly-phicus, Hemicidaris crenularis, Cidaris florigemma.

La présence des *Myacées,* leur abondance comme genres et comme espèces, l'absence des Polypiers, des Nérinées, des Cri-noïdes, la rareté des débris de *Cidaris,* donnent à ces couches un caractère spécial qui les distingue nettement des facies précédemment indiqués.

A mille ou quinze cents mètres au nord-est de Quingey, sur la route de Besançon, on observe les marno-calcaires gris de fumée typiques du Glypticien, avec leur faune habituelle, puis en se dirigeant vers Quingey, on les voit devenir de plus en plus marneux, prendre une teinte bleuâtre et perdre leurs Po-lypiers. Au sud de cette ville, sur la route de Salins, près de Lavans, la zone à *Pholad. exaltata* est recouverte par une as-sise de calcaire marneux gris de fumée, avec fossiles ordinaires du facies coralligène, présentant à sa partie supérieure quel-ques intercalations de minces lits marneux, qui supporte à son tour une masse épaisse de 40 mètres de marne grise, dure, schistoïde et stérile, surmontée elle-même par le Rauracien supérieur oolithique. A l'ouest de Quingey, entre Lombard et Liesle, le Glypticien est formé de 8 mètres de calcaire compact, gris blanchâtre ou gris clair, puis de 28 mètres de marne, en bancs alternativement massifs ou feuilletés, grise à la partie inférieure, blanchâtre et plus calcaire à la partie supérieure. A Liesle même, ce sous-étage débute par des calcaires blancs et tendres, et plus au nord, à Byans et à Villars-Saint-Georges, il est constitué par des calcaires compacts, blancs ou bleus, à pâte fine un peu gréseuse, contenant des nodules siliceux et des veines de silice qui se sont déposées dans les fissures de la roche. Les couches de Lombard, de Liesle, de Byans et de Villars ne renferment pas de Polypiers. A l'ouest de ces points et de l'autre côté de la forêt de Chaux, près d'Éclans, à huit kilomètres au nord-est de Dole, le Rauracien inférieur est représenté par des marnes blanches, compactes, dures ou tendres, sans débris de zoanthaires, que l'on peut suivre sur une distance de deux kilomètres, et que l'on voit passer, à ce point, et très rapidement aux marno-calcaires gris de fumée, durs, du type de Besançon, en même temps que les Polypiers y apparaissent. Plus près d'Éclans, on peut même observer un îlot de ce calcaire marneux à Polypiers, entouré de marnes blanches, dans lesquelles ces fossiles font défaut. Au nord de ces points, le changement de facies est complet, comme on peut le voir à Fraisans. A l'ouest d'Éclans et de Dole, entre Amange et Vriange, le Glypticien, dans sa partie inférieure tout au moins, est formé par des marnes blanches et dures, sans coraux. Le facies de Besançon se retrouve à l'est et au sud de Quingey (La Chapelle, By, Mouchard), mais à l'est de Salins, le facies de Dole reparait, et dans un certain nombre de localités, se superpose à lui. C'est ainsi qu'à Dournon, à l'Abergement-du-Navois et au Crouzet, les marno-calcaires coralligènes de la base du Rauracien inférieur, épais de 2^m (Crouzet) à 10^m (Dournon, Abergement) sont recouverts par de puissantes assises de calcaire marneux ou de calcaire compact, alternant avec des bancs de marne, qui ne contiennent pas de Polypiers. A Mouthier-Haute-Pierre, au nord-est de ces points, le sous-étage est entièrement constitué par des

calcaires compacts, des calcaires marneux et des marnes sans
fossiles. Une disposition analogue à celle que nous avons vue à
Dournon se montre encore à Boujailles, où le Glypticien est
formé de calcaire faiblement oolithique, surmonté de calcaire
compact stérile, mais en ce lieu, il repose sur les marnes à
Spongiaires de l'Argovien. Au nord-est de Boujailles et au sud
de Mouthier, à Sombacourt, il présente le facies typique de Besançon et recouvre une assise de l'Argovien, plus élevée que
les couches de Birmensdorf. Le même facies coralligène se
montre dans l'est, aux environs de Pontarlier, sur la route des
Fourgs, près de La Gauffre, mais ici la formation coralligène
est fort réduite, et elle ne doit pas s'étendre plus loin dans cette
direction ; elle cesse aussi un peu plus au nord, car à Morteau
le Rauracien inférieur ne contient pas de Polypiers.

On peut voir par ce qui vient d'être exposé que les dépôts
sans Polypiers du Glypticien sont situés aux extrémités sud et
est de la région, en dehors pour ainsi dire des dépôts coralligènes. Cependant à l'intérieur même de l'aire occupée par ces
derniers, on peut rencontrer, en quelques endroits, des îlots
marneux dépourvus de Zoanthaires ; les couches du tunnel de
la route de Mouthier ne sont peut-être que l'un d'eux.

En résumé le Glypticien présente : 1° un facies coralligène
oolithique qui occupe le nord et l'ouest de la région ; 2° un facies
coralligène marno-calcaire compact qui en occupe le centre et
entoure le premier ; 3° un facies non coralligène que l'on
observe au sud et à l'est, et qui forme comme une bordure aux
facies à Polypiers (voir la carte ci-après). Le facies coralligène
compact offre l'extension géographique la plus considérable, et
dans les localités où se rencontrent superposés les deux facies
coralligènes, il est toujours situé à la partie inférieure.

Dicératien. — Le Dicératien est beaucoup plus uniforme que
le Glypticien ; il est toujours constitué, sauf dans les limites
extrêmes de la région, par une masse de calcaire oolithique
plus ou moins épaisse, surmontée d'une couche de calcaire
compact. La teinte de ces deux assises est d'un blanc assez pur
qui contraste avec la couleur toujours grisâtre du Glypticien et

de l'Astartien. Cependant dans les localités où le Rauracien inférieur est oolithique, la limite qui sépare les deux sous-étages
est difficile à préciser, mais partout ailleurs la distinction s'établit facilement entre les calcaires marneux ou les marnes de
l'un et les calcaires oolithiques de l'autre. Ceux-ci sont blancs,
un peu rosés ou jaunâtres et légèrement argileux d'abord, puis
d'un blanc éclatant et crayeux ensuite. Les oolithes sont de plus
en plus nombreuses, à mesure que l'on s'élève ; elles sont généralement miliaires, mais se mélangent par places de grains
pisiformes ou olivaires et même d'autres beaucoup plus gros,
plus ou moins régulièrement arrondis, et de débris de fossiles
roulés ; par suite la roche présente, à certaines places, un aspect
de charriage très prononcé. Ces zones de charriage se rencontrent à diverses hauteurs ; dans l'ouest, elles se montrent surtout à la partie inférieure, et dans l'est, à la partie supérieure
de l'assise, mais quelquefois aussi on les voit à sa partie
moyenne ; elles sont très fréquentes, pour ne pas dire absolument constantes. Les fossiles sont très abondants dans cette
couche, mais ils sont agglomérés sur certains points, tandis
qu'ils font totalement défaut sur d'autres. Dans les localités
fossilifères, la roche est plus crayeuse encore et perd parfois
complètement ses oolithes. On y trouve surtout : *Nerinea bruntrutana, Clymene, contorta, Defrancei, Desvoidyi, nodosa suprajurensis, ursicina, Cardium corallinum, Diceras arietina,
Terebratula cf. insignis, Rhynchonella corallina, Cidaris florigemma* et beaucoup de *Polypiers.* Ces stations fossilifères sont
assez nombreuses ; citons seulement parmi elles : Rupt, Fédry,
Ovanches, Champlitte, la Mouille, près d'Oyrières, et divers
autres endroits aux environs de Gray, signalés par M. Étallon [1],
puis Charcenne, Neuvelle-lez-Cromary, Dorans, l'Hôpital-Saint-
Lieffroy, Chaudefontaine, Nancray, Trepot, Vercel, Amancey, etc. Quelques-unes sont surtout des gîtes à Polypiers,
comme : Champlitte, la Mouille, Charcenne, l'Hôpital-Saint-Lieffroy, Nancray, Trepot, Amancey ; d'autres renferment surtout
des Nérinées et des Diceras roulés, associés à quelques Poly-

1. *Jura graylois.*

FACIES DU GLYPTICIEN

Formations antérieures
au Terrain jurassique

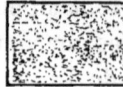

Facies marno-calcaire
compact à Polypiers.

(Traits verticaux)

Facies oolithique
à Polypiers

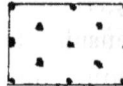

Facies sans
Polypiers.

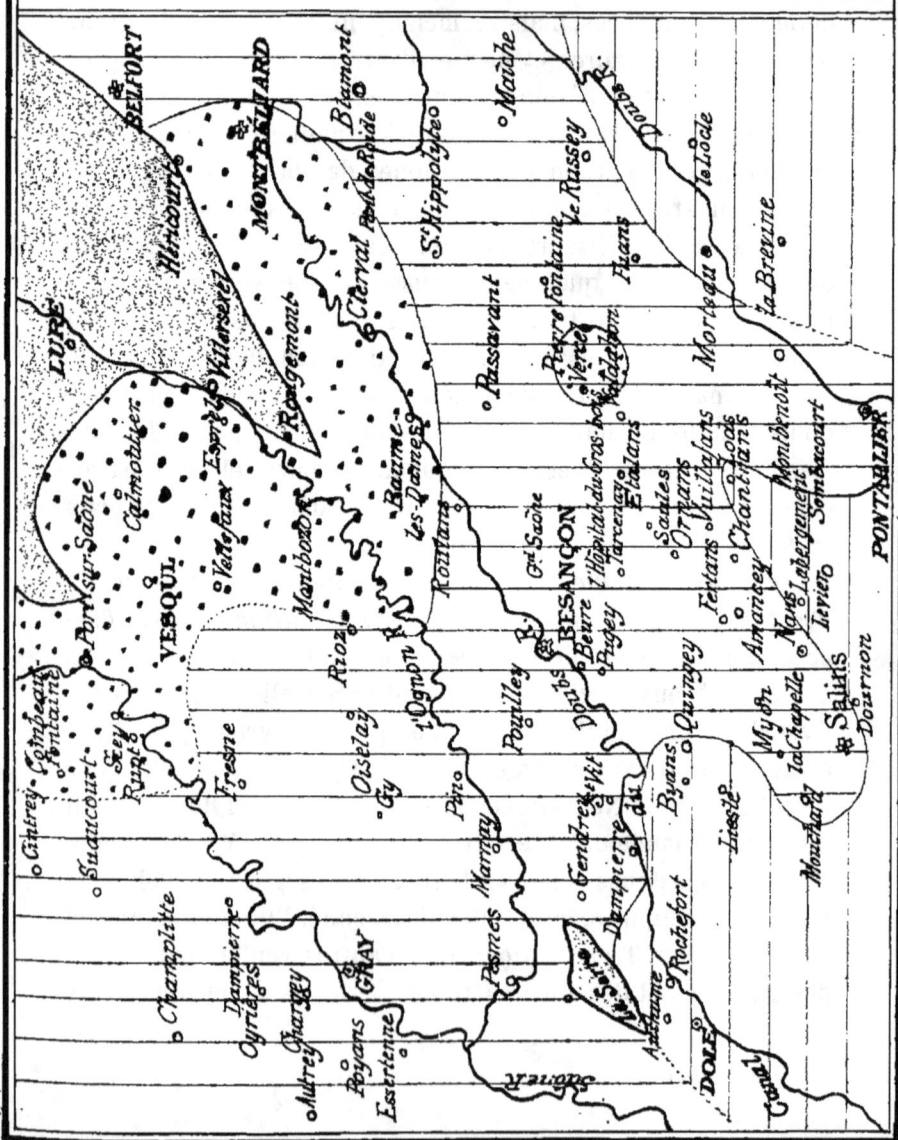

piers. Le nombre des points où se rencontrent des accumulations de fossiles est beaucoup plus considérable que ne pourrait le faire croire cette courte énumération ; mais dans la plupart des stations, les coquilles sont empâtées dans une roche extrêmement dure, condition qui ne permet ni de les extraire ni de juger de l'importance du gisement. On observe ainsi en divers lieux des Nérinées et des Diceras en très grand nombre, qui se montrent en coupes à la surface des calcaires ; ces derniers forment même des bancs exclusivement constitués par leurs débris (Chambornay-lez-Cromary). On voit aussi, en bien des endroits, des Polypiers, en plus ou moins grand nombre, enclavés dans la pierre.

En certaines localités, comme nous l'avons dit plus haut, la roche perd ses oolithes et devient compacte et crayeuse, sur une étendue plus ou moins grande, surtout aux points où se trouvent groupés de nombreux Polypiers (Maîche) ; quelquefois ceux-ci ont disparu complètement, laissant à leur place, dans la roche, une cavité qui reproduit leur forme (Vercel). Nous reviendrons plus loin sur ce fait, à propos des perforations des calcaires du Portlandien.

La couche oolithique du Dicératien, que nous venons d'étudier, est presque partout recouverte par une assise compacte, d'épaisseur variable, formée de calcaire blanc plus ou moins argileux ou crayeux, parfois même lithographique, sans fossiles. En quelques lieux cependant, cette couche est oolithique et se lie intimement à la précédente, dont on ne peut la séparer (Fertans, la Nantillère, l'Isle, Charcenne); sur ces points, la formation coralligène s'est poursuivie jusqu'à la fin de l'époque rauracienne.

Partout où le Glypticien présente son facies coralligène, le Dicératien est lui-même composé comme nous venons de l'indiquer, mais aux limites extrêmes de la région, lorsque le sous-étage inférieur du Rauracien ne renferme plus de Polypiers, le sous-étage supérieur se modifie lui-même, devient moins uniforme et moins oolithique. Aux Lavottes, près de Morteau, il est formé de deux masses oolithiques séparées par une assise marneuse ; à Dole, entre Quingey et Pointvillers, entre Lombard et

Liesle, à Dournon, à l'Abergement-du-Navois, à Mouthier, il débute par une zone compacte sans Polypiers, puis se continue par une couche coralligène qui, sur quelques points, termine l'étage (Lavottes, Dournon, Abergement) ; à Boujailles, le Rauracien tout entier ne comprend aucune formation corallienne ; à Biaufond, les calcaires à Polypiers passent brusquement à des marnes [1].

On voit par là que les dépôts coralligènes du Dicératien débordent, au sud et à l'est, ceux du Glypticien, que leur niveau s'élève dans ces directions et qu'ils finissent par disparaître eux-mêmes sur certains points.

Le Rauracien n'est, à proprement parler, qu'un immense coralligène que son importance dans notre région et dans d'autres pays permet de considérer et de décrire comme un étage, en faisant toutefois cette réserve que dans d'autres localités il est représenté par des formations différentes. Le faciès sans polypiers, qui entoure le faciès corallien, constitue un passage latéral entre le Rauracien coralligène et les dépôts marneux qui tiennent sa place en d'autres localités, mais nous le rattachons encore au Rauracien proprement dit, en raison de sa faune qui, à la vérité, est dépourvue de Polypiers, mais renferme les espèces qui leur sont associées dans le centre de la région.

Puissance de l'étage. — Nous avons réuni dans le tableau suivant l'épaisseur des différentes assises du Rauracien dans les localités où nous l'avons étudié, en indiquant leur constitution ainsi qu'il suit : Marno-calcaire à Polypiers (Mc P) ; Calcaire oolithique (Ool.) ; Marne (Mn) ; Calcaire compact (Com) ; Calcaire compact à Polypiers (Com P).

---

1. KILIAN, *Notice explicative de la feuille d'Ornans.*

LOCALITÉS	Glypticien		Dicératien				TOTAL
Vauchoux . . .	Ool.	12	Ool.	8	Com.	10	30
Grattery	—	14	—	8	—	10	32
Fontenois . . .	—	10	—	3	—	13	26
Corcelle	—	10	—	19	—	10	39
Hôpital - Lieffroy.	—	14	—	22			
L'Isle.	—	9	—	14	—	1	24
Vercel	—	37	—	15	—	21	73
Saint-Hippolyte .	—	30	—	20			
Champlitte. . .	McP.	15	—	8			
Belfort	—	20	—	25	—	20	
Besançon . . .	—	10	—	29	—	23	62
Pont-de-Roide . .	—	18	—	55	—	27	100
Consolation . .	—	20	—	52	—	29	101
Ornans	—	30	—	62	Com. ool.	23	115
Fertans	—	15	—	59	0	0	74
Nans.	—	15	—	22	Com.	7	49
La Nantillère . .	—	20	—	22	0	0	42
Maîche	—	23	Com. ool.	55	Com.	10	88
Longemaison . .	—	14	Ool.	23			
Sombacourt . .	—	18	Com. P.	30	0	0	48
La Gauffre . . .	—	5	Ool.	6	0	0	11

Les localités de Charcenne et d'Héricourt ne figurent pas dans ce tableau ; dans chacune d'elles, le Glypticien est formé d'une assise marno-calcaire à Polypiers de 5 à 7 mètres, surmontée d'une assise oolithique qui se soude à l'Oolithe dicératienne. Dole, Quingey, Lombard, Dournon, le Crouzet, l'Abergement-du-Navois, Mouthier, Boujailles et les Lavottes n'y figurent pas non plus ; la structure du Rauracien y est beaucoup plus compliquée que sur tous les autres points de la région et ne peut être résumée brièvement ; d'ailleurs nous l'avons fait connaître assez longuement ; aussi nous bornerons-nous à indiquer, dans le tableau suivant, la puissance de l'étage :

LOCALITÉS	Glypticien	Dicératien	TOTAL
Dole	22	49	71
Quingey [1]	42	25	67
Lombard [2]	36	40	76

1. Entre Quingey et Pointvillers.
2. Entre Lombard et Liesle.

LOCALITÉS	Glyptilcien	Dicératien	TOTAL
Dournon	31		
Crouzet	52		
Abergement	35	45	80
Mouthier	40		
Boujailles	24		
La Combe [1]	4	14	18
Lavottes.	24	25	49

On peut voir, par ces tableaux, par ce que nous venons de dire et par toutes nos observations, citées en détail au commencement de ce chapitre, que le niveau de la formation oolithique s'élève graduellement, à mesure que l'on s'avance du nord et du nord-ouest vers le sud-est, le sud, le sud-ouest et même l'ouest. Sur le pourtour et tout près de l'affleurement triasique du nord, elle apparaît au contact immédiat de la couche à *Pholadomya exaltata* ; plus à l'est et plus au sud, elle en est séparée par quelques mètres de marno-calcaire compact (Charcenne, Héricourt) ; encore plus au sud, plus à l'est et même à l'ouest, le Glypticien est entièrement formé de calcaire marneux compact, et le Dicératien seul est oolithique à sa partie inférieure. Enfin, dans le sud et aux limites sud et est de la région, le niveau de l'assise oolithique s'élève davantage encore et atteint la partie supérieure de l'étage.

On peut voir aussi par là que la puissance du Rauracien augmente continuellement dans cette même direction, c'est-à-dire en allant du nord et du nord-ouest vers l'est et le sud-est, jusqu'à la rencontre d'une ligne menée de Pont-de-Roide à Amancey, sur laquelle il présente sa plus grande épaisseur, et qu'il diminue au delà, dans la direction de l'est comme dans celle du sud ; puis qu'il se réduit beaucoup à la frontière sud-est, du Col-des-Roches aux Fourgs (Col-des-Roches, 20^m [2] ; Mont-Chatelu, 3^{m}50 [3] ; La Gauffre, 11^m). D'une façon générale, les deux sous-étages augmentent et diminuent simultanément.

[1]. Près de Pontarlier.
[2]. A. JACCARD, *Matériaux pour la carte géologique de la Suisse*, 1869.
[3]. M. DE TRIBOLET. — *Notice géologique sur le Mont-Chatelu*, 1872.

FAUNE DU RAURACIEN

INDICATIONS DONNÉES PAR LES COLONNES : **1**, Glypticien ; **2**, Rauracien ; **I**, niveau inférieur ; dans cette colonne, 1 indique la zone à *Ph. exaltata*, 2 les couches de Birmensdorf, 3 l'Argovien supérieur (couches d'Effingen et du Geissberg) ; **S**, Astartien.

ABRÉVIATIONS : Ab. = Abergement-du-Navois, Bf. = Belfort, Bs. = Besançon, C. = le Crouzet, Ch. = Charcenne, Champ. = Champlitte, Chf. = Chaude-fontaine, Cor. = Corcelle, Cro. = Neuville-lez-Cromary, D. = Dole, Dbs. = département du Doubs, Do. = Dournon, Fer. = Fertans, Glè. = Glères, Gr. = Gray, Hop. = Hôpital-Saint-Lieffroy, Hs. = Haute-Saône, M. = Mont-béliard, Ma = Maîche, M. = la Mouille, Monb. = Montbozon, Mort. = Mor-teau, Na. = Nans, Or. = Ornans, Ovr. = Ovranches, Qg. = Quingey, S. = Salins, Ver. = Vercel.

	I	1	2	S
Belemnites astartinus Ctj. — Nans		+		+
pressulus Qu. — C.	1,2	+		
Royerianus d'Orb. — Gr.		+		
Ammonites Achilles d'Orb. — Gr. M.		?		+
arolicus Opp. — D.	1, 3	+		
Martelli Opp. — Fer. Bs. Qg.	1,2,3	+		
plicatilis Sow. — Bs.	1,2	+		
subclausus Opp. — Ab.	2	+		
subrefractus Et. — Gr.	2	+		
sp. — Or.		+		
Nautilus giganteus Sow. — Bs.	2	+		+
Acteonina acuta d'Orb. — Ma.			+	+
Purpura Lapierrea Buv. — Gr.			+	
Moreana Buv. — Bs.	3		+	
Pteroceras aranea d'Orb. — Bs.	1	+		
Cerithium buccinoïdeum Buv. — Mo. Gr.			+	
corallense Buv. — Gr. Bf.			+	
limæforme Rœm. — Mo. Gr.			+	
septemplicatum Rœm. — Bf.		+		
tortile Desh. — Dbs.	1	+		
Nerinea ararica Et. — Gr.			+	
bruntrutana Thur. — M. S. Gr.			+	+
Calypso d'Orb. — L'Isle			+	
canaliculata d'Orb. — Gr.			+	
Castor d'Orb. — Gr.			+	+
Clymene d'Orb. — Ovr. Hop. Cro.			+	
Clytia d'Orb. — Bf.			+	

	I	1	2	S
Nerinea Cæcilia d'Orb. — Gr.			+	
contorta Buv. — partout		+	+	
Cynthia d'Orb. — Gr.		+	+	
Danusensis d'Orb. — Gr.			+	+
Defrancei Desh. — partout.			+	+
depressa Voltz. — partout.		+	+	+
Desvoydei d'Orb. — Char. Cor. Ver.			+	
elatior d'Orb. — Bs.			+	
elegans Thurm. — Valleroy.			+	
fusiformis d'Orb. — Gr.			+	
Gagnebini de Briol. — Chf.			+	
Gaudryana d'Orb. — Bs.			+	
Laufonensis Et. — Gr.			+	
lævis Voltz. — Char.			+	
Mariæ d'Orb. — Bs.			+	
Moreauana d'Orb. — Gr.			+	+
Mosæ Desh. — Char.			+	+
nodosa Voltz. — Ver. Bf.			+	
aff. ornata d'Orb. — Dbs.		+	+	+
Rœmeri Ph. — Gr.			+	
rupellensis d'Orb. — Char.		+		
scalata !Voltz. — Char.		+	+	
sequana Thirria. — Bs. Char. Gr.			+	
speciosa Voltz. — M.			+	
suprajurensis Voltz. — Bf.			+	+
Thurmanni Et. — Bs.			+	+
turitella Voltz. — Bf.			+	+
ursicina Thurm. — Ver. Hop. Chf.			+	
Visurgis Rœm. — Bf.			+	+
Pseudonerinea Blauenensis de Loriol. — Monb.		+		
Bourguetia striata Sow. - partout.	1, 3	+		+
Chemnitzia athleta d'Orb. — Gr. Bs.		+		
Cepha d'Orb. — Bf.		+		
Clio d'Orb. — Mo.		+		
Cæcilia d'Orb. — Bs. Ovr. Ver. Somb.		+	+	
corallina d'Orb. — Gr.		+		
Heddingtonensis d'Orb. — Bs. Gr.	3	+		+
rupellensis d'Orb. — Gr. Ovr. Mo.			+	
Natica allica d'Orb. — Mo.			+	
armata d'Orb. — Mo.			+	
Clio d'Orb. — Gr.			+	

	I	1	2	S
Natica Clytia d'Orb. — Bs. Monb.	1	+		
Dejanira d'Orb. — Mo.		3 +		
Pileolus radiatus d'Orb. — Gr.			+ +	
Neritopsis cancellata Gein. — Gr.			+	
undata Ctj. — Bf.			+	
Nerita canalifera Buv. — Gr.			+	+
Hermanciana Et. — Ab.			+	
Turbo anguloplicatus Mü. — Bs.			+	
epulus d'Orb. — Gr.			+	
Erinus d'Orb. — Gr.			+	
globatus d'Orb. — Dbs.			+	
princeps Rœm. — Gr.		+		
subfunatus d'Orb. — Bf. Gr.			+	
tegulatus Mü. — Gr.			+	
Trochus Dædalus d'Orb. — Bf.			+	
anguloplicatus Mü. — Gr. Bs.			+	
crassicosta Buv. — Gr.			+	
Delphinula funata Gdf. — Monb.			+	
Ditremaria discoïdea Et. — Gr.			+	
quinquecincta d'Orb. — Gr.			+	
Rathierana d'Orb. — Gr. Mo.			+	
Pleurotomaria aff. armata Munst. — D.		+		
Agassizi Mü. — Gr.		+		
Gresana d'Orb. — Gr.		+		
Emarginula paucicosta Et. — Gr.			+	
Patella sublævis Buv. — Mo.			+	
Dentalium jurense Et. — Bs.	1	+		
Thracia corbuloïdes Ag. — S.		+		
pinguis d'Orb. — Ver. Or.	1	+		
Gresslya sulcosa Ag. — Bs.	1	+		
Pleuromya donacina Ag. — Ver.		+		+
subelongata Et. — Gr.		+		
Homomya cf. hortulana Ag. — Ver.		+		+
Gonomya constricta Ag. — C.	3	+		
sulcata Ag. — D. Bs. . . . . , ...	1	+		
major Ag. — S.	1	+		
Pholadomya canaliculata Rœm. — Bs. Ver. D. . .	1, 3	+		+
exaltata Ag. — Ma. Ver.	1	+		
hemicardia Rœm. — Ab.	1	+		
lineata Ag. — partout	1, 3	+		
paucicosta Ag. — partout	1, 3	+		+

	I	1	2	S
Pholadomya recurva Ag. — Bs.		+		
Venerupis corallensis Buv. - Gr.			+	
Isocardia lineata Mü.— Gr.	3	+		
Cardium Argoviense Mœsh. — Bs.		+		
corallinum Seym. — partout.			+	+
septiferum Buv. — Gr.			+	
Corbis Buvigneri Desh. — Gr.			+	
concentrica Buv.— Mo.			+	
decussata Buv. — Gr. Mo.			+	
Dyonisea Buv. — M.			+	
episcopalis de Lor. — Gilley.			+	
gigantea Buv. — Mo. Gilley			+	
scobinella Buv. — Mo.			+	
Lucina Burensis de Lor. — Bf.			+	
ingens Buv. — Dbs.		+		
Thevenini Et. — Ovr.		+		
Diceras arietina Samk. — partout		?	+	
minor Desh.— Hop. Ovr.			+	
Munsteri Gdf. — Hop. Fer.			+	
sinistra Desh. — Mo. Hs.			+	
ursicina Th. — Gr. Ovr. Mo.			+	
Opis Archiacina Buv. — S.		+		
Arduennensis d'Orb. — Bf. Gr.		+		
cardissoïdes Def. — Gr.		+		
fringeliana Th. — N. Fer.		+		
virdunensis Buv. — Fer. Ver. D.		+		
Astarte arduennensis d'Orb. — Bf. Gr.			+	
robusta Et. — Gr.			+	
Cardita ovalis Qu. — Gr.		+		
problematica Buv. — Amancey.		+		
Trigonia Bronnii Ag. — M.	1, 3	+		
clavellata Parck. — Bf. Bs.	1, 3	+		
concinna Rœm.—Hop.		+		
costulata Qu. — Gr.		+		
geographica Ag. — Bs.	3	+		+
Julii Et. — Gr.		+		
monilifera Ag.— Bs.	1, 3	+		
Isoarca eminens Qu. — Gr.		+		
textata Mü. — Gr.		+		
tumida Mü.— Gr.		+		
Arca fracta Gdf. — Mo.			+	

	I	1	2	S
Arca pectinata Mü. — Gr.		+		
reticulata Qu. — Gr.		+		
Pinna ampla Gdf. — Do.		+		
Trichites giganteus Qu. — partout		+		
Hippopodium siliceum Qu. — Bs.		+		
Myoconcha perlonga Et. — Bs.	3	+		
Lithophagus gradatus Buv. — Bf.			+	
inclusus Pict. — Gr.		+		
socialis Th. — S.		+		
Mytilus fornicatus Roem. — S.	1	+		
cuneatus Gdf. — Gr.		+		
subpectinatus d'Orb. — D.	3	+		+
villersensis Op. — Bs.	3	+		
Gervilia aviculoïdes Sow. — S. Bs.	1, 3	+		
Pecten araricus Et. — Gr.		+		
articulatus Schl. — partout	3	+		
biplex Buv. — Bs. Dbs.		+		
comatus Mü. — Gr.		+		
demissus Brau. — Bs. Gr.	1, 3	+		
dentatus Sow. — Ver.			+	
ericaceus Buv. — Bs.		+		
globosus Qu. — partout	1	+		
ingens Thurm. — S.		+		
intertextus Lamour. — Dbs. Gr.	3	+		
inæquicostatus .Phill. — Bs.	3	+	+	
Lauræ Et. — Bs. Gr.	1	+		
lens Sow. — Gr. Bs. S.	1, 3	+		
nisus d'Orb. — Monb.		+		
octocostatus Roem. — Dbs. Gr.	1	+		
schnaitheimensis Qu. — partout	1	+		
solidus Roem. — Gr. Ver.	3	+	+	
subarmatus Mü. — N.	3	+		
subcingulatus d'Orb. — Ab.	3	+		
subspinosus Schl. — Qg. N. Gr.	1, 3	+		
subtextorius Mü. — partout.	1,2,3	+		
vimineus Sow. — partout.	1, 3	+		
vitreus Roem. — Somb. Ver. Mon.	1	+		
Hinnites tenuistriatus d'Orb. — Bf. Gr.	1,2	+		
velatus d'Orb. — Gr.	2,3	+		
Lima af. astartina Et. — S.		+		+
aviculata Mü. — D.		+		

	I	1	2	S
Lima corallina Th. — partout		+		
grandis Roem. — Gr.		+		
Halleyana Et. — S.	1	+		
læviuscula Desh. — Bf.		+		
notata Gdf. — Bf.	1	+		
pectiniformis Br. — partout	1	+		
perrigida Et. — Fers. Qg. Char.		+		
Renevieri Et. — Rupt. Vauchoux.		+	+	
rigida Desh. — Bf.		+		
semielongata Et. — Gr.		+		
Streibergensis d'Orb. — Bf.	2	+		
substriata Gdf. — Dbs.		+		
Atreta imbricata Et. — partout		+		
Placunopsis jurensis Roem. — Gr.		+		
Anomia nerinea Buv. — Gr.		+		
Ostrea alligata Et. — Gr.		+		
Blandina d'Orb. — Do.		+		
af. caprina Mer. — C.	3	+		
dilatata Sow. — partout	1, 3	+		
eduliformis Ziet. — S.		+		
gigantea Sow. — S.	1	+		
gregarea Sow. — Glè. M.	1	+		
hastellata Schl. — Do.	1	+		
multiformis K. et D. — S. C.		+		+
pulligera Gdf. — partout		+	+	+
rastellaris Mü. — partout	1,2,3	+		
reniformis Gdf. — partout	1, 3	+		
sandalina Gdf. — N.	1	+		
spiralis Gdf. — Do.	3	+		+
subnana Et. — Gr.		+		+
suborbicularis Rœm. — Gr.		+		
Thurmanni Et. — S.		+		
vallata Et. — Gr.		+		
Megerlea pectunculoïdes Opp. — Gr.		+		
pectunculus Opp. — Gr.	2	+		
Terebratella Fleuriansa d'Orb. — Bs.	2	+		
Waldheimia delemontiana Opp. — partout.		+		
Parandieri Et. — Do.	1	+		
Terebratula Bauhini Et. — Bs.		+		
bisuffarcinata Schl. ? — Bs. Do. Ab.	2,3	+		
Bourgueti Et. — partout		+		

	I	1	2	S
Terebratula dorso-curva Et. — Bs. Gr.		+		
elliptoïdes Mœsh. — D. Bs. Eclans.	2	+		
Galliennei d'Orb. — partout	1, 3	+		
insignis Schlot. — partout		+	+	?
Kurrii Opp. — Hs.	2	+		
moravica Glock. ? — Gr. Amancey ?		+	+	
nutans Mer. — Bs		+		
retifera Et. — Gr.		+		
Thecidea antiqua Mü. — Gr.	1, 3	+		
Rhynchonella corallina Seym. — partout		+	+	+
pectunculata Schl. — Do. Gr.		+		
pectunculoïdes Et. — Gr. Fer.		+		
pinguis Opp. — Mo.	3	+		
striocincta Qu. — Glè.	3	+		
Crania corallina Qu. — Gr.		+		
porata Mü. — Gr.		+		
Serpula alligata Et. — Gr. S.	1, 3	+		
convoluta Gdf. — S.	1,2	+		
Deshayesi Gdf. — Gr.	1,2	+		
dimorpha Buv. — Bs.		+		
flaccida Gdf. — S. Hs.		+		+
gordialis Schl. — partout	1, 3	+		
grandis Gdf. — S.		+		
heliciformis Et. — partout		+		
ilium Gdf. — Bs. S.	1, 3	+		
interrupta Phil. — Bs. Bf. N.		+		
lacerata Phil. — Bf. Bs. Gr. S.	1	+		
limata Mü. — Gr.	1,2	+		
macaroni C. et P. — Bs. S.		+		
prolifera Gdf. — N.	2	+		
runcinata Sow. — Gr.		+		
spiralis Mü. — Gr. S.	1	+		
subflaccida Et. — partout	1	+		
tricarinata Sow. — Gr.		+		
vertebralis 'Gdf. — Bs.	3	+		
Collyrites bicordata Lesk. — Ma.	1, 3	+		
Nucleopygus icaunensis Des. — Gr.		+	+	
Pygurus Blumenbachii Ag. — Gr.		+		+
Hausmanni Ag. — Gr.		+	+	
pentagonalis Des. — Gr.		+		
Echinobrissus corallinus Ag. — Ma.		+		

	I	1	2	S
Pygaster umbrella Ag. — Gr.		+	+	
Holectypus corallinus d'Orb. — Gr.		+	+	
Stomechinus germinans Des. — Gr. M.		+		
gyratus Ag. — Bs. D.	1	+		
lineatus Des. — partout		+		
perlatus Des. — S. N. Eternoz	3	+		
Pedina sublævis Ag. — Bs. S. Eternoz	3	+		
Glypticus hieroglyphicus Ag. — partout		+		
sulcatus Des. — Gr.		+		
Magnosia nodulosa Des. — Gr.		+		
Pseudodiadema complanatum Ag. — Fer. N.		+		+
hemisphericum Des. — Gr. M.		+		
mamillanum Des. — Gr.		+		
princeps Des. — Fert. N.		+		
priscum Ag. — S. Qg.		+		
subangularis M. Coy. — Gr. D		+		
Hemicidaris crenularis Ag. — partout.		+		
intermedia Ag. — Gr. Dbs.	3	+		
Thurmanni Ag. — S.		+		
Cidaris Blumenbachii Ag. — partout	3	+		
cervicalis Ag. — partout		+		
cladifera Ag. — S.		+		
constricta Ag. — Bs.		+		
coronata Gdf. — Bf. Gr. S.	1,2	+		
crucifera Ag. — Bs. S.		+		
elegans Gdf. — Bs.		+		
florigemma Phil. — partout	3	+	+	+
glandifera Ag. — S.		+		
marginata Gdf. — Bf. Gr. M.		+		
oculata Ag. — Gr. S.		+		
Parandieri Ag. — partout.		+		
propinqua Munst. — S.		+		
pustulifera Ag. — Bs. S.		+		
subspinosa Marc. — Bs. S.		+		
suevica Des. — Gr.		+		
Rhabdocidaris clavator Des. — Bs. S.	3	+		
mitrata Des. — Gr.		+		
Oppeli Des. — Gr.			+	
tricarinata Des. — Gr.		+		
Diplocidaris Desori Des. — Bs. Gr.		+		
gigantea Des. — Bf. Gr.		+		

	I	1	2	S
Comatula costata d'Orb. — Bs.		+		
Pentacrinus amblyscalaris Th. —Gr. Bs.		+	+	
cingulatus Munst. — Bs.	1,2,3	+		
cylindricus Des. — Bs. S.	1	+		
Desori Th. — Bf.		+		
scalaris Gdf. — S. Bs.	1	+		
Millericrinus alternatus d'Orb. — Gr.		+		
Baumontanus d'Orb. — Gr. S. Bs.	1	+		
conicus d'Orb. — Gr.	1	+		
dilatatus d'Orb. — Gr. Bs. S.	1	+		
Duboisanus d'Orb. — Gr. Bs. S.	1	+		
echinatus d'Orb. — partout	1	+		+
Escheri de Sov. — Bs.		+		
Greppini Opp. — Gr.		+		
horridus d'Orb. — partout.	1	+		
Hudressieri d'Orb. — Gr.	1	+		
Knorri de Sov. — Bs.		+		
Milleri Rœm. — partout	1,2	+		
Munsteranus d'Orb. — partout.	1	+		+
Nodotanus Ag. — Gr. Bs. S. N.	1	+		+
Richardanus d'Orb. — Bs. S.		+		
rosaceus d'Orb. — Bs. S. Gr.		+		
tuberculatus d'Orb. — Gr.	1	+		
Apiocrinus Meriani Des.— Bs.		+		
polycyphus Mer. — Gr. Bs. N.		+		+
rotundus Mil. — Bs. S.		+		
Tetracrinus moniliformis Gdf. — Do.	2	+		
Eugeniacrinus Hoferi Qu. — Gr.	2	+		
Balanocrinus subteres Gdf. — Do.	2	+		
Trochocyathus Delemontanus Et. — Gr. Dbs.	?	+		
Erguelensis Thurm. — Dbs.	?	+		
Énallohelia compressa d'Orb. — Champ.		+		
crassa Fr.— Champ.		+		
minima Fr. — Champ.		+		
Psammohelia coalescens Et. — Champ. Cha.		+		
dendroïdea Et. — Champ. Cha. Mo.		+	+	
Prohelia corallina Fr.— Champ.		+		
Stylohelia mamillata Fr. — Gr.		+		
Stylophora corallina Fr. — Mo.			+	
Convexastræa bernensis Et. — M.			+.	
dendroïdes Fr. — Fédry		+	+	

	I	1	2	S
Convexastræa minima Et. — Do.			+	
sexradiata E. H. — Gy. Cha. Champ. . . .		+		
Stephanocœnia trochiformis d'Orb. — Bf.		+	+	
Astrocœnia pentagonalis d'Orb. — Bs.		+		
Lobocœnia sublævis d'Orb. — Bs.			+	
Diplocœnia corallina Fr. — Mo.			+	
stellata Et. — Bf.			+	
Placocœnia Perroni Fr. — Ovr.		+		
Pleurostylina corallina Fr. — Mo.			+	
Cyathophora Bourgueti H. E. — Gr. Cha. Mo. . .		+	+	
brevis Et. — Cha. Champ.		+		
corallina Fr. — Cha.		+		
exelsa Et. — Cha.		+		
Fromentelli Et. — Cha.		+		
Cryptocœnia suboctonis d'Orb. — Rupt.		+		
Stylina astroïdes E. H. — Bs.		+		
bullata Fr. — Champ.		+		
castellum E. H. — Gr. Cha.		+		
charcennensis Fr. — Cha. Gr.		+		
coalescens E. H. — Gr. Cha.		+		
communis Fr. — Cha.		+		
constricta Fr. — Champ.		+		
Delucci E. H. — Bs.		+		
echinulata Fr. — Cha.		+		
excentrica Fr. — Cha.		+		
explanata Fr. — Cha.		+		
gemmans Fr. — Cha.		+		
grandiflora Fr. — Cha.		+		
hirta Fr. — Gr.		+		
insignis Fr. — Cha.		+		
Labechei E. H. — Bf. M.		+	+	
magnifica Fr. — Cha.		+		
microcœnia Fr. — Cha.		+		
microcosma d'Orb. — Bs.			+	
pistillum Fr. — Cha.		+		
ramosa E. H. — Gr. Bf.		+		
sexradiata d'Orb. — Bs.		+		
suboctonaria E. H. — Rupt.		+		
splendens Fr. — Cha.		+		
sulcata Fr. — Cha. Bs.		+		
tubifera E. H. — Cha. Champ.		+		

	I	1	2	S
Stylina tubulosa E. H. — Bs. Bf.		+		
tumularis E. H. — M.			+	
Placophyllia Schimperi E. H. — Rupt.		+		
Donacosmilia corallina Fr. — Mo.			+	
Stylosmilia Michelini E. H. — Bs. M.			+	
Phytogyra Deshayesana d'Orb. — Bf.		+		
Rhipidogyra crassa Fr. — Champ.		+		
flabellum d'Orb. — Bs.		+		
insignis Fr. — Champ.		+		
Dendrogyra augustata Et. — Mo.			+	
rastellina Et. — Bf. Mo. M.			+	
Stenogyra corallina Fr. — Champ.		+		
Perroni Fr. — Champ.		+		
plicata Fr. — Champ.		+		
Aplosmilia aspera E. H. — Mo.			+	
Buvigneri d'Orb. — Bs.			+	
crassa Fr. — Gr.			+	
distans Fr. — Mo.			+	
dumosa Fr. — Gr.			+	
elegans Fr. — Mo.			+	
gregaria Fr. — Mo.			+	
nudans d'Orb. — Bs. Bf.		+	+	
semisulcata E. H. — Bs. Bf. Mo.		+	+	
Pleurosmilia corallina Fr. — Cha.		+		
Epismilia Haimei Et. — Cha.		+		
Latimaeandra corallina Et. — Gr. Bf.		+	+	
caryophyllata Et. — Mo.			+	
Edwardsii d'Orb. — Bs.		+		
gracilis Et. — Cha.		+		
lotharingica Et. — Ovr.		+		
magnifica Et. — Cha.		+		
Raulini d'Orb. — Bf.		+		
Sœmmeringi d'Orb. — Champ.		+		
sulcata Et. — Champ.		+		
variabilis Et. — M.			+	
Isastræa explanata E. H. — partout.		+		
Grenoughi E. H. — Champ. M.		+		
helianthoïdes E. H. — Champ. Bs.		+		
munsterana E. H. — Bf.			+	
Confusastræa burgundiæ E. H. — Cha. Bs.		+		
corallina Fr. — Cha.		+		

	I	1	2	S
Goniocora gemmata Fr. —Gr.		+		
Haimei Fr. — Champ.		+		
socialis E. H. — Bf. Dbs.		+		
Heliastræa corallina Fr. — Cha.		+		
levicostata Fr. — Cha.		+		
Meandrina angustata d'Orb. — Bs.		+		
corrugata Mich. — Bs.			+	
elegans d'Orb. — M.		+	+	
lotharingica d'Orb. — Bs.			+	
rastellina Mich. — Bs.			+	
Hymenophyllia corallina — Fr. Cha.		+		
Thecosmilia annularis E. H. — M.		+	+	
costata E. H. — Gr.		+		
depressa' Et. — Bs.			+	
insignis Et. — Cha.		+		
Laurillardi Et. — M.			+	
laxata Et. — Do.		+		
socia Fr. — Mo.			+	
trichotoma E. H. — Mo.			+	
Lithodendron (?) Allobrogum Thurm. — S.		+		
Rhabdophyllia cervina Et. — Dbs.	?	+		
elegans Fr. — Champ.		+		
flabellum Et. — Do.			+	
solitaria Fr. — Champ.		+		
trichotoma Fr. — Champ.		+		
Calamophyllia striata Blain. — M.		+		
Leptophyllia Montii Fr. — Gr.		+		
Montlivaultia cf. Bonjouri Et. — Nans.		+		
Champlittensis Fr. — Champ.		+		
Charcennensis Fr. — Cha. Dbs.		+		
crassisepta Fr. — Champ.		+		
cytinus E. H. — Champ.		+		
elongata E. H. — Dbs. Bf.		+	+	
Eugenii Fr. — Champ.		+		
gigas Fr. — Champ.		+		
gradata Fr, — Champ.		+		
gyensis Fr. — Gr.		+		
inflata Fr. — Champ. Fer.		+		
Melania Fr. — Champ.		+		
minor Fr. — Champ.		+		
Montisclari Fr. — Champ.		+		

	I	1	2	8
Montlivaultia obconica E. H. — Bs.		+		
pectunculata Et. — Dbs.			+	
plicata E. H. — M.			+	
subdispar Fr. — Champ.		+		
subrugosa d'Orb. — Bf.		+		
tortuosa Fr. — Champ.		+		
tuba Fr. — Gr. Mo.			+	
undulata Fr. — Gr.		+		
vasiformis E. H. — Nans.		+		
Agaricia concinna Thurm. — S.		+		
confusa Thurm. — S.		+		
fallax Thurm. — S.		+		
Gresslyi Thurm. — S.		+		
Trochoseris corallina Fr. — Champ.		+		
Comoseris irradians Et. — M. Bf.		+	+	
meandrinoïdes E. H. — Gr.			+	
Protoseris Waltoni E. H. — Champ.		+		
Thamnastræa arachnoïdes E. H. — partout.		+		
Bauhini Et. — M.		+		
champlittensis Fr. — Champ.		+		
charcennensis Fr. — Cha.		+		
communis Fr. — Cha. Gr.		+	+	
concinna E. H. — Cha. Gr. Bs. M.		+	+	+
contorta Fr. — Champ.		+		
corallina Et. — Champ.		+		
dendroidea Bl. — Mo. Bf.			+	
dimorphastræa Fr. — Champ.		+		
dubia Fr. — Champ.		+		
Edwardsii Fr. — Champ.		+		
fasciculata Fr. — Cha.		+		
Genevensis E. H. — Do.			+	
Haimei Fr. — Champ.		+		
insignis Fr. — Champ. Bf.		+		
limitata Fr. — Char.		+		
lomontiana Et. — Do.		+	+	
magnifica Fr. — Champ.		+		
parva E. H. — Char.		+		
striata Et. — Champ.		+		
Microsolena corallina Fr. — Champ.		+		
champlittensis Fr. — Do.		+		
expansa Et. — partout.		+	+	

	I	1	2	S
Microsolena Gresslyi Et. — Champ. Gr..		+		
Centrastræa Coquandi Et. — Bf.			+	
concinna Fr. — Bf.		+		
Eunomya flabellata d'Orb. — Bs.			+	
Allocœnia trochiformis Et. — M.			+	
Cobalia jurensis Et. — Mo. Gr.			+	
Eudea perforata Et. — Champ. M.		+		
Perroni Et. — Gr.		+		
Pareudea amicorum Et. — Dbs. Nans. M.		+		
aperta Et. — Cha.		+		
ararica Et. — Champ.		+		
floriceps Et. — Dbs. Nans.		+		
gigantea Et. — Champ.		+		
gracilis Et. — Champ. Dbs. Do.		+		
prismatica Et. — Champ.		+		
punctata Et. — Champ.		+		
tumida Et. — Champ.		+		
Mamillipora radiciformis Et. — Champ.		+		
Tremospongia Parandieri Et. — Gr.			+	
Sautieri Et. — Champ. Cha.		+		
Conispongia Thurmanni Et. — Champ. Gr.		+		
Astrospongia corallina Et. — partout.		+		
costata Et. — Champ		+		
Cerispongia prolifera Et. — Champ.		+		
Stellispongia hybrida Et. — Champ.		+		
Tetrasmilia corallina Fr. — Champ.		+		
Desmospongia impressa Et. — Champ.		+		
Amorphospongia multistriata Et. — Gr.		+		
Cnemidium (?) bullosum Munst. — S. Bs.		+		
pisiforma Mich. — partout.		+		
rotula Goldf. — Bs.		+		

La faune du Rauracien, telle que nous venons de l'exposer, se compose de 558 espèces : 11 céphalopodes, 89 gastropodes, 131 pélécypodes, 26 brachiopodes, 19 serpules, 47 échinides, 29 crinoïdes, 180 polypiers et 26 spongiaires ; 110 espèces proviennent d'un niveau inférieur, zone à *P. exaltata* (70) ou Argovien (40) ; parmi les 40 qui sont originaires de l'Argovien, 12 se rencontrent exclusivement dans les couches de Birmensdorf et

26 dans celles d'Effingen et du Geissberg, 2 seulement sont communes à ces différentes assises. Toutes ces espèces, à l'exception de 3, 2 *Pecten* et *Cidaris florigemma*, s'arrêtent dans le Glypticien et ne passent pas dans le Dicératien. La faune de ces deux sous-étages, tout en offrant un fond de caractères communs, montre cependant quelques différences, différences qui tiennent surtout à la nature des divers facies du Glypticien et que nous avons fait connaître d'une manière suffisante.

Ces considérations confirment ce que nous avons dit plus haut de l'importance du Rauracien et montrent son peu de relations, dans notre région, avec les diverses assises de l'Argovien. Il nous parait donc représenter plutôt un facies particulier de la zone à *Ammonites bimammatus* qu'un coralligène de l'Argovien proprement dit.

CHAPITRE IV

ASTARTIEN ET KIMMÉRIDIEN

DIVISION EN ÉTAGES (Série ascendante)

ASTARTIEN.

KIMMÉRIDIEN. $\left\{\begin{array}{l} \text{PTÉROCÉRIEN.} \\ \text{VIRGULIEN.} \end{array}\right.$

COUPES ET OBSERVATIONS RELATIVES A L'ASTARTIEN ET AU KIMMÉRIDIEN

PREMIÈRE SECTION

a) FRESNE-SAINT-MAMÈS

L'Astartien se montre à peine à découvert dans le district de Port-sur-Saône, bien qu'il y constitue la surface du sol, sur de vastes étendues ; à Grattery, comme nous l'avons indiqué déjà (OR, sect. I, *a*, 1), sa partie inférieure couronne le Rauracien ; elle forme en ce lieu une masse de 5 à 6 mètres de calcaire blanc, argileux, un peu crayeux, percé de nombreuses tubulures, présentant des traces de fucoïdes et des empreintes à Astartes (*Astarte submultistriata, A. supracorallina*). Au sud-ouest, entre Vellexon et Fresne-Saint-Mamès, on voit à découvert sa partie supérieure et les assises qui la surmontent, à deux kilomètres environ de la gare de Fresne, où elles se présentent ainsi :

COUPE N° I

Astartien.

1. Calcaire blanc, compact   3
2. Calcaire compact, gris, en lits de 0,30 à 0,40, empreintes de fucoïdes (?) très nombreuses   0,60
3. Marne terreuse   0,10
4. Calcaire compact, blanc ou gris clair, pâte fine, cassure conchoïde, structure primitive en bancs de 0,10 se subdivisant par exposition à l'air en feuillets de 0,02 à 0,03. Environ   10

Empreintes de petits bivalves, *Nucula*, *Pecten*, *Lima*. En outre, *Perisphinctes biplex*, *Homomya hortulana*.

Cette couche peut être suivie jusqu'au passage à niveau, vis-à-vis de Fresne. A partir de ce point, la coupe se continue sur le chemin de Charentenay.

Ptérocérien.

5. Calcaire blanc grisâtre, noduleux, rognoneux, riche faune   6
Nautilus, *Pteroceras oceani*, *Nerinea Gosœ*, *Pholadomya Protei*, *Homomya hortulana*, *Thracia depressa*, *Lucina rugosa*, *Cardium Banneianum*, *Ostrea solitaria*, *Terebratula subsella*, *Waldheimia humeralis*.
6. Calcaire blanc, noduleux, très dur   9
Ostrea solitaria, *Terebratula subsella*.
7. Calcaire blanc, feuilleté   0,50
8. Calcaire blanc, noduleux comme 6   8
9. Calcaire gris, oolithique   1
10. Calcaire compact gris   4
11. Calcaire gris, compact, dur, pétri de fossiles fragmentés pour la plupart.   1

Pteroceras Oceani, *Nerinea Gosœ* 5, *Homomya hortulana* 5, *Cyprina cornuta*, *Cardium banneianum*, *Trigonia concentrica*, *Trichites Saussurei*, *Perna subplana*, *Ostrea bruntrutana*. Empreintes de *fucoïdes* (?).

Virgulien.

12. Marne terreuse   0,50
Natica Barotei, *Ostrea bruntrutana*, *Ostrea virgula*.
13. Calcaire compact, gris   0,40
14. Marne grise terreuse   0,50
Ostrea virgula.

15. Calcaire marneux, grisâtre, grumeleux, très désagrégeable, passant par désagrégation à une couche terreuse. 1
16. Marne grise . . . . : 0,30
17. Calcaire gris jaunâtre 0,20

Cette dernière couche affleure au sommet de la colline qui domine la voie ferrée, au nord, et n'est pas recouverte. Pour rencontrer des assises plus récentes, il faut se diriger au sud et dépasser Fresne ; à la sortie du village, sur la route de Vezet, on peut observer les couches suivantes dans une carrière en exploitation :

COUPE N° II

Virgulien.

1. Calcaire compact, gris, noduleux, un peu marneux avec luma-chelle d'*Ostrea virgula* à sa partie supérieure. 1
2. Calcaire blanc grisâtre, pâte fine, compacte 2
3. Calcaire celluleux, pâte fine. 0,30
4. Calcaire blanc feuilleté 0,80
5. Calcaire marneux, grisâtre, feuilleté 0,40
6. Calcaire compact, blanc, en bancs de 0,10 à 0,15, se désagré-geant en prismes verticaux. 1,20
7. Calcaire celluleux, gris, à pâte fine 0,20

Dans une carrière voisine, cette dernière couche est surmon-tée par une sorte de conglomérat, formé de nodules et de grains calcaires réunis par un ciment de même nature.

M. Thirria a donné une coupe de Fresne-Saint-Mamès [1], dans laquelle il réunit les assises d'une carrière située hors du vil-lage, sur le chemin de Vezet, très probablement la dernière citée, et celles d'un monticule entre Vellexon et Fresne, sans indiquer le point de raccord entre les deux séries de couches. Depuis soixante ans, les conditions d'observation se sont modi-fiées, d'anciennes carrières ont été abandonnées et comblées en partie, de nouvelles ont été ouvertes, l'aspect même des roches, exposées aux influences atmosphériques, s'est transformé ; aussi est-il impossible de reprendre la coupe de M. Thirria pour en vérifier l'exactitude que, d'ailleurs, nous ne mettons pas en

1. *Statistique*, p. 142.

doute. Ses observations complètent les nôtres, elles indiquent la présence de l'*Ostrea virgula* à la partie supérieure de la carrière de Fresne et montrent par là que la puissance des calcaires épivirguliens atteint une vingtaine de mètres ; enfin elles signalent un banc oolithique vers le milieu du Virgulien.

b) CHARCENNE. — GY

L'Astartien termine à Charcenne la coupe du Rauracien (voir OR, sect. I, *c*, V); il y est représenté par quelques mètres (6 ou 7) de calcaire compact, blanc grisâtre, schistoïde, avec *Astarte supracorallina*, mais il ne se montre pas davantage à découvert dans ce district.

Vers Gy, à six kilomètres de Charcenne, un chemin qui descend d'un monticule, au sud-est de la ville, entame sur une vingtaine de mètres des calcaires blancs, ayant à leur base un banc oolithique de 2 à 3 mètres, qui appartiennent à la zone supérieure de cet étage et qui plongent vers le sud et disparaissent sous les cultures et les habitations. Le Ptérocérien et le Virgulien ne sont pas accessibles aux investigations.

DEUXIÈME SECTION

a) VAITE — SAVOYEUX

On peut observer une partie de l'Astartien moyen et de l'Astartien supérieur, en suivant le chemin qui part du moulin de Vaite, à cinq kilomètres au nord-est de Dampierre-sur-Salon, pour aller rejoindre la route de Jussey à Vesoul. Ces couches se présentent ainsi :

Coupe N° III

Astartien moyen.

1. Calcaire marneux grisâtre un peu grumeleux, désagrégeable en

bancs de 0,40 à 0,50, séparés par des assises de marne feuilletée de
0,20 à 0,30 15

Astartien supérieur.

2. Calcaire blanc, grumeleux, désagrégeable. 4

3. Calcaire blanc, argileux, en bancs massifs de 0,20, séparés par
des lits feuilletés plus marneux, de 0,05 3

4. Calcaire blanc, compact, dur 1

5. Calcaire grisâtre, un peu marneux, grumeleux et désagrégeable . . . . , ... 1

Waldheimia humeralis.

L'assise 5 est la dernière qui soit visible, elle est recouverte
par la terre végétale.

M. Thirria a donné cette coupe [1], antérieurement à la réfec-
tion du chemin; il a considéré ces couches comme appartenant
au Virgulien, ayant confondu l'*Ostrea bruntrutana* qu'il y a rencontrée avec l'*Ostrea virgula*; M. Bertrand, sur la feuille de
Gray de la carte géologique détaillée les a teintées comme de
l'Astartien. La coupe de M. Thirria s'étend plus que la nôtre vers
la partie inférieure, il a pu observer, au-dessous des marnes et
des marno-calcaires de notre numéro 1, deux assises qui sont
aujourd'hui recouvertes: l'inférieure, épaisse de 3 mètres, de
calcaire blanc fissile avec *Astartes;* la supérieure, qui mesure
7 mètres, formée de calcaire marneux; ce qui justifie les divisions que nous avons établies, et montre que l'Astartien moyen
est puissant d'une vingtaine de mètres dans cette région.

Ces couches plongent vers le sud, sous la terre végétale, et on
ne peut voir ni la terminaison de l'Astartien ni le Ptérocérien,
mais le Virgulien se montre à découvert à cinq kilomètres au
sud sur le chemin de Seveux à Savoyeux; il est constitué par
15 ou 20 mètres de calcaire blanc grisâtre, compact, un peu
marneux, facilement désagrégeable par exposition à l'air, en
bancs massifs séparés par des marnes feuilletées, renfermant
en abondance *Ostrea virgula*. Cette masse supporte, vers Savoyeux, 4 ou 5 mètres de calcaire blanc ou jaunâtre, compact,
lithographique, qui est masqué plus loin par la végétation.

1. *Statistique,* p. 148.

b) GRAY

Au sud de la Mouille dont il a été question précédemment (OR, sect. 2, *b*), les strates jurassiques plongent vers la Saône, mais sous un angle tellement faible qu'elles semblent horizontales, et qu'on chemine pendant longtemps sur la même assise ; d'un autre côté, les découverts sont rares et n'intéressent les couches que sous une faible épaisseur, par suite de leur horizontalité et du peu de relief de la région ; aussi les observations sont-elles difficiles et forcément incomplètes.

M. Perron a pu voir autrefois, non loin de la Mouille, dans une dépression de terrain, des plaquettes de marne jaune avec Astartes [1], indiquant le niveau inférieur des marnes astartiennes. Les assises moyennes et supérieures de cette formation sont en partie observables à Montot, à cinq kilomètres à l'est, sur le chemin qui descend du village vers la rivière ; elles sont constituées par une vingtaine de mètres de calcaire marneux et de marne intercalée entre les précédents ; les marno-calcaires sont grisâtres, oolithiques, les marnes sont feuilletées et renferment l'*Ostrea bruntrutana*. Cette masse supporte 5 mètres de calcaire compact, jaunâtre, celluleux, avec *Nerinea suprajurensis*, qui est lui-même surmonté, à la sortie du village, du côté du sud, et après un intervalle de quelques mètres seulement, par un banc de calcaire blanc oolithique que l'on retrouve dans les carrières d'Oyrières. M. Thirria a donné cette coupe de Montot, en la rapportant au Virgulien et au Portlandien [2], par suite de la même erreur que nous avons déjà signalée à propos de la coupe de Vaîte.

Entre Montot et Oyrières, on ne rencontre pas d'affleurement, mais à l'est de ce village, l'Astartien supérieur est exploité dans une grande carrière, où se montre la roche oolithique dont il vient d'être question ; les oolithes sont de petite taille, miliaires, détachées de la pâte crayeuse qui les environne, mélangées à de

---

1. ETALLON, *Jura graylois*, p. 40.
2. *Statistique*, p. 143.

nombreux débris organiques roulés, parmi lesquels on reconnaît des Nérinées et *Ostrea bruntrutana*. Cette couche, épaisse de 0^m75, repose sur 3^m50 de calcaire blanc, compact, et supporte la même épaisseur d'une roche identique.

A quatre kilomètres plus au sud, autour de Chargey-lez-Autrey, d'autres exploitations permettent d'observer des couches supérieures à celles-là, entre autres un calcaire grisâtre, grumeleux, un peu marneux, très désagrégeable, à fossiles ptérocériens, qui recouvre 7 mètres de marno-calcaire gris ou blanc, est lui-même épais de 2 mètres et renferme : *Nerinea Gosæ*, *Pteroceras* indéterminable, *Pholadomya Protei*, *P. paucicosta*, *Homomya hortulana*, *Pleuromya tellina*, *Arcomya helvetica*.

Entre Chargey et Arc-lez-Gray, on peut voir, dans diverses carrières, une série de marnes et de calcaires marneux, épais de 4 mètres, puis de calcaires blancs tendres, avec quelques bancs un peu marneux, mesurant de 12 à 14 mètres, qui nous paraissent appartenir au Virgulien, malgré l'absence de tout fossile.

A deux kilomètres à l'ouest d'Arc, au lieu dit Maison-du-Bois, une exploitation ouverte dans cet étage montre aussi des calcaires blancs, tendres, un peu marneux, et des assises de marne terreuse avec : *Pleuromya tellina*, *Lucina rugosa*, *Ostrea virgula*, *Terebratula subsella*, etc.

Les mêmes couches peuvent être aussi observées sur la rive gauche de la Saône, à Ancier, dans la banlieue et à l'est de Gray, au bord du chemin de Saint-Broing, dans une ancienne carrière où elles se présentent ainsi :

Coupe N° IV

1. Calcaire compact blanc grisâtre, tendre, un peu marneux, se désagrégeant en nodules 8
Aspidoceras longispinum. Pholadomya multicostata. Ostrea virgula.

2. **Marne** grisâtre, terreuse 1
Ostrea virgula 5.

3. Calcaire blanc, grisâtre, comme 1 10

4. Calcaire marneux, grisâtre, tendre, désagrégeable. . . 0,40
Ostrea virgula 5.

Cette dernière couche affleure dans la tranchée d'un chemin, au-dessus de la carrière, d'où on peut le suivre dans différentes exploitations voisines. Elle y est ainsi recouverte :

5. Calcaire blanc compact, dur, lithographique, en bancs de 0,10 à 0,15 2
6. Calcaire gris compact, pétri de petites huîtres formant lumachelle 0,10
Ostrea virgula 5.
7. Calcaire gris compact, pâte fine 1

M. Perron, qui a fait du Portlandien de Gray une étude très minutieuse [1], considère les calcaires lithographiques durs et les bancs à petites huîtres (5 et 6 de notre coupe) comme le début de cet étage.

A cinq kilomètres à l'ouest de Gray, au village de Nantilly, on voit affleurer les assises suivantes sous le pont du chemin de fer :

COUPE N° V

Virgulien.

1. Marne grise, terreuse. Visible sur 2
Ostrea virgula.
2. Calcaire blanc, marneux, feuilleté 0,50
3. Marne grise, terreuse, comme 1 5
Ostrea virgula.

Cette couche se retrouve de l'autre côté du ruisseau de Nantilly, sur la route de Bouhans, à peu près à égale distance des deux villages, où la coupe se continue ainsi :

4. Calcaire blanc, tendre, crayeux, en bancs de 0,15 à 0,20 avec marnes feuilletées, intercalées. 3
Ostrea virgula.
5. Calcaire compact, blanc, tendre, un peu marneux, se désagrégeant facilement en fragments irréguliers. En partie recouvert. 20

Portlandien.

6. Calcaire blanc, argileux, compact 6
7. Calcaire compact, jaunâtre, lithographique avec îlots plus clairs

1. E. PERRON, *Notice géologique sur l'étage Portlandien*, etc.

de calcaire marneux ou gréseux, disséminés dans la roche lithographique ; structure bréchoïde, perforations nombreuses. . 5
Nérinées, Polypiers.

Cette coupe achève de nous faire connaître le Virgulien des
environs de Gray, dont nous n'avions encore vu que la partie
supérieure. L'étage est formé d'une assise de marne puissante
ici de 7 ou 8 mètres, surmontée d'une masse de près de
30 mètres, de calcaire blanc tendre, plus ou moins marneux,
entrecoupée de bancs de marne feuilletée, surtout fréquents
vers la partie supérieure (Ancier).

TROISIÈME SECTION

a) MONTBOZON

Entre Chassey et Montbozon, on peut observer les couches
suivantes, sur le chemin qui longe l'Ognon :

COUPE N° VI

1. Rauracien, calcaire gris clair, argileux, pâte fine, cassure conchoïde, bancs de 0,30 à 0,40 2

Astartien.

2. Calcaire compact, blanc, crayeux, empreintes d'Astartes. 2
3. Même roche feuilletée. 0,50
4. Calcaire compact, blanc, crayeux, traçant 7,50
5. Calcaire compact, blanc ou gris, un peu marneux, en bancs séparés par de minces lits de marne 13
6. Calcaire argileux, gris, dur 2
7. Marne grise, terreuse 4
8. Marnes grises, alternativement tendres ou dures, en partie recouvertes. Environ 35
Waldheimia humeralis 5.

9. Calcaire compact, gris blanchâtre, un peu crayeux, feuilleté 5
Waldheimia humeralis.

10. Calcaire compact, blanc, jaunâtre, primitivement massif, mais devenant feuilleté par exposition à l'air.

Ces dernières assises se montrent au-dessous du village de Thieffrans, sur le flanc nord d'une petite vallée que traverse la route de Montbozon; elles apparaissent encore de l'autre côté de cette vallée, où on retrouve les calcaires à *W. humeralis* de la couche 9, et la partie inférieure de la couche 10; elles se montrent encore au sud-ouest, vers Bouhans. La couche 10 y présente une huitaine de mètres d'épaisseur, et est surmontée par un calcaire gris, compact, qui mesure 5 ou 6 mètres; elle peut être suivie jusqu'aux environs de Montbozon.

La même série se rencontre encore au sud-ouest, entre Loulans et Rigney, observable sur plusieurs points. En se dirigeant, depuis la gare de Montbozon, vers ces villages, on reconnaît d'abord les différentes assises du Corallien, identiques à celles de Fontenois. Vers Loulans et Cenans, cet étage forme la base des collines et est recouvert par l'Astartien, qui débute par des calcaires blancs, sur lesquels reposent des calcaires plus ou moins marneux, alternant avec des lits de marne à *Ostrea bruntrutana*. Ces deux premières assises sont surmontées par des marnes dures, en bancs massifs, séparés par des marnes feuilletées, ou terreuses, par désagrégation, qui se voient à découvert au-dessous de l'église de Guiseuil, et dans la tranchée du chemin de fer vis-à-vis de ce point. Au delà de Guiseuil, sur le chemin de Beaumotte, on retrouve les mêmes bancs de marnes, tendres ou dures, très riches en *Ostrea bruntrutana* qui supportent, au village même, des calcaires gris blanchâtres, devenant irrégulièrement feuilletés par altération, puis des calcaires blancs, massifs plus ou moins résistants.

Sur la rive gauche de l'Ognon, à deux kilomètres au sud-est de Beaumotte, en avant de Germondans, on reconnaît dans les vignes une importante masse marneuse, qui est recouverte par des calcaires grisâtres ou blancs, feuilletés, puis par des calcaires blancs, durs, compacts. A cette dernière couche fait suite, sur le chemin de Germondans à Rigney, un banc crayeux d'une dizaine de mètres d'épaisseur, renfermant à sa base *Astarte submultistriata, A. supracorallina*, séparé des assises précédentes par une petite faille, et qu'une seconde faille met en contact avec le Ptérocérien. A partir de celle-ci, on observe la succession suivante :

Coupe Nᵇ VII

Ptérocérien.

1. Marne grise noduleuse 2,70
Natica hemispherica, Thracia incerta 3, Homomya hortulana 5, Pholadomya Protei, Caromya excentrica, Lucina rugosa 4, Arca Laura, Ostrea bruntrutana, Terebratula subsella.
2. Marno-calcaire gris, dur, massif 0,50
3. Marne grise, jaunâtre, tendre 3
Même faune, en outre : *Nautilus inflatus, Cyprina cornuta, Isocarda striata.*
4. Calcaire compact, gris, se désagrégeant en fragments irréguliers. 2
5. Calcaire blanc, structure bréchoïde marquée surtout à la partie inférieure 5
Nerinea Gosœ, Hommoya hortulana, Lima Magdalena.
6. Calcaire oolithique, blanc, oolithes miliaires empâtées dans la roche, nombreux débris organiques roulés et brisés. Sur certains points la texture est plutôt grenue qu'oolithique, ailleurs elle est franchement oolithique 1
Nerinea Elsgaudiœ, Waldheimia humeralis.

Virgulien.

7. Marne grise, sableuse 0,40
Ostrea virgula 5.
8. Calcaire compact, gris, massif 1
9. Marne grise en bancs massifs, alternant avec des bancs feuilletés ou terreux par suite de désagrégation. 4
Natica hemispherica, Thracia incerta 3, Homomya hortulana 4, Pholadomya multicostata, Pleuromya donacina, Corymia Studeri, Isocardia striata, Lucina rugosa 3, Trigonia suprajurensis, T. Contejeani, Ostrea virgula 5, Terebratula subsella 4.

La partie visible de cette coupe s'arrête ici, mais à quatre kilomètres au sud-ouest, entre Moncey et Thurey, et au-dessous de ce dernier village, on observe des calcaires blancs supérieurs aux assises précédentes et séparés d'elles par un intervalle

difficile à apprécier, que nous croyons devoir rapporter entièrement au Portlandien.

b) DEVECEY

La route de Besançon à Vesoul traverse la partie supérieure
du système oolithique à deux kilomètres au sud de Voray, vis-
à-vis de Devecey. On peut observer en ce point la série suivante,
entre la faille de Châtillon et le Néocomien.

COUPE N° VIII

Astartien.

1. Marnes astartiennes butant contre la faille et recouvertes.
2. Marno-calcaire compact, en bancs massifs, alternant avec des
lits minces de marne jaune. 5
3. Calcaire compact, blanc, très dur. 6
4. Recouvert. Environ . . . . 8 à 10
5. Calcaire compact, gris, très dur 5
6. Calcaire compact, blanc grisâtre, en bancs massifs alternant
avec des bancs désagrégés en fragments irréguliers 12

Ptérocérien.

7. Marne grise, dure, désagrégeable. 0,20
8. Calcaire compact, massif, alternant avec des bancs désagrégés
comme 6 6
9. Même roche, entièrement désagrégée 6
10. Calcaire gris, compact, massif ; banc de 1 à 1,40 . . . 8
11. Même roche, un peu désagrégée. 10

Virgulien.

12. Marne grise en partie recouverte. 0,35
13. Calcaire compact alternant avec des marno-calcaires . 9
Débris de petites huîtres. *Ostrea virgula* (?).
14. Calcaire compact, massif 3
15. Marno-calcaire désagrégé 3
Portlandien. Calcaire compact, blanc, se désagrégeant en nodules
irréguliers, etc.

c) LA VALLÉE DE L'OGNON AU-DESSOUS DE DEVECEY

La vallée de l'Ognon s'élargit et s'aplanit en aval des points que nous venons d'examiner, les pentes qui la limitent s'abaissent, et son angle d'évasement devient considérable ; comme conséquence de cette disposition, les découverts y sont rares et peu importants, et on n'arrive guère à prendre un aperçu de sa constitution géologique que par l'examen des carrières et la comparaison des couches que l'on y rencontre ; aussi les observations y sont forcément restreintes et incomplètes.

Aux environs de Geneuille et de Cussey, l'Astartien inférieur apparaît à peine dans quelques exploitations ; à Chambornay-lez-Pin, il présente à sa base 4 mètres de calcaire gris, compact, un peu marneux, avec *Astarte supracorallina*, recouvert par un banc de 2 mètres de calcaire blanc, crayeux, pétri de *Nérinées* et de *Diceras* indéterminables.

A l'est de Moncley, sur la route d'Émagny, une faille amène, au contact du Crétacé, l'Astartien supérieur qui est formé de 16 à 17 mètres de calcaire compact, grisâtre, renfermant vers sa partie moyenne une assise crayeuse de 3 mètres, pétrie de Nérinées à sa partie supérieure, et se terminant par des calcaires blancs, découpés en prismes verticaux, avec *Trigonia truncata*. Les couches les plus élevées de l'Astartien, le Ptérocérien et le Virgulien plongent vers le sud et disparaissent sous les cultures, le Portlandien revient affleurer seul, à mille mètres de là, sur les bords de la Lanterne.

A Beaumotte-lez-Pin, à l'ouest de Pin-l'Émagny, le Rauracien supérieur constitue le fond et l'Astartien les flancs de la vallée, la partie inférieure de cet étage et les marnes astartiennes sont recouvertes, mais cependant reconnaissables, et cette dernière formation est surmontée par les assises suivantes :

Coupe N⁰ IX

1. Calcaire compact, grisâtre, feuilleté. 8
2. Calcaire oolithique, blanc, oolithes miliaires très régulières 1,50

3. Calcaire oolithique, grisâtre, grossier, oolithes de diverses tailles, miliaires, détachées de la roche avec grains plus gros, pisiformes et amygdalaires, débris organiques très nombreux, roulés et brisés 2,10

Cidaris florigemma, Polypiers.

4. Calcaire compact, gris ou blanc, en bancs épais . . . 38

Ces couches reparaissent au sud-est de Beaumotte, sur le chemin de Brussey, et au delà de ce village elles supportent le Ptérocérien, marneux d'abord, puis calcaire, que recouvre le Virgulien aux environs de Marnay. Cet étage montre à la surface du sol ses marnes, riches en *Ostrea virgula*, et ses calcaires blancs crayeux, épivirguliens, et vient, par suite d'une faille, se mettre en contact, au nord de Marnay, avec le Glypticien marno-calcaire compact du type de Besançon.

Le Coralligène de l'Astartien supérieur de la coupe précédente (n⁰ˢ 2 et 3) se rencontre encore à Montagney, dans la tranchée du chemin de fer, comme M. Bertrand l'a indiqué déjà [1].

Entre Montagney et Pesmes, on peut reconnaître l'existence des divers étages de l'Oolithe supérieure et tracer leurs contours géologiques à la surface du sol, mais il est très difficile d'étudier les détails de leur structure intime et d'apprécier leur puissance ; il en est de même d'ailleurs sur presque tous les points de la vallée de l'Ognon, au-dessous de Devecey.

QUATRIÈME SECTION

a) BELFORT

Aux environs de Belfort, l'Astartien inférieur débute par une couche marneuse de 1 mètre, surmontée de 16 ou 17 mètres de calcaire blanc, compact, sublithographique à Astartes, puis de 10 mètres de calcaire plus ou moins marneux à Natices. Ce sous-étage inférieur est recouvert par l'Astartien moyen, formation

1. *Jurassique supérieur*, etc.

17

marneuse, entrecoupée de quelques lits calcaires, épaisse de 28 mètres, qui supporte une pareille masse de calcaire compact, gris ou blanc, renfermant, à la base de son tiers supérieur, un petit banc oolithique de 0ᵐ30. Ce dernier dépôt appartient à l'Astartien supérieur, dont la puissance totale est de 35 mètres.

Le Ptérocérien, visible au sud-est de l'Érouse, commence par une quinzaine de mètres de calcaire blanc grisâtre, fissile et détritique, contenant la faune habituelle de l'étage, puis se continue par une assise oolithique de 3 mètres, et se termine par 5 ou 6 mètres de calcaire grenu, blanc, parsemé de lamelles spathiques et pétri de débris organiques, Nérinées de petite taille, plaques d'Échinides et fragments de Crinoïdes.

La série jurassique se termine à ce niveau aux environs de Belfort [1].

b) MONTBÉLIARD

La partie supérieure du système oolithique du pays de Montbéliard a été minutieusement étudiée par M. Contejean, nous la résumons ci-dessous, d'après son travail [2], sous forme de coupe.

COUPE Nᵒ X

Astartien.

1. *Calcaire à Astartes* blanc crayeux, homogène 15
Astarte supracorallina. A. submultistriata, etc.

2. *Calcaire à Natices*, calcaire gris compact, avec lits marneux, intercalés entre les bancs calcaires. 15
Natica grandis, N. turbiniformis, etc.

3. *Marnes à Astartes*, marnes grises, feuilletées, avec quelques bancs subordonnés de calcaire compact, quelques minces lits de grès siliceux et de lumachelles calcaires, très dures, entièrement composées de petites Astartes et de petits Gastropodes . . . . 30 à 35
Pholadomya striatula, Pecten Beaumontinus, Ostrea solitaria, O. bruntrutana.

---

1. Cette description est faite d'après l'étude de M. Parisot (*Esquisse géologique*, etc.
2. *Esquisse*, p. 33, 38, et *Étude de l'étage Kimméridien.*

4. *Calcaire à Térébratules.* Calcaire gris clair, feuilleté à la base. 20

Waldheimia humeralis. Terebratula subsella.

5. *Calcaire à cardium.* Calcaire blanc, friable, crayeux, ou imparfaitement oolithique, aspect coralligène 18

Cardium corallinum.

6. *Calcaire inférieur à Ptérocères.* Calcaire gris ou jaune, compact avec bancs lithographiques ; apparition de la faune ptérocérienne 36

Ptérocérien.

7. *Marnes à Ptérocères.* Marnes grises ou bleues ou jaunes, grumeleuses et sableuses 8

Faune très riche. *Ptéroceras Oceani,* etc.

8. *Calcaire supérieur à Ptérocères.* Calcaire gris jaunâtre ou blanc, grenu 5

Faune très riche comme dans les marnes.

9. *Calcaire à Corbis.* Calcaire blanc, crayeux, d'aspect corallien 12

Nérinées, Polypiers, Corbis subclathrata.

10. *Calcaire à Mactres.* Calcaire compact, blanc ou jaune, avec une assise marneuse subordonnée, remplie de *Mactra Saussuri* . . 26

Virgulien.

11. *Calcaires et marnes à Virgules.* Alternance de marnes blanchâtres très calcaires, pétriés d'*Ostrea Virgula,* et de calcaires jaunes durs, compacts, spathiques 30

12. *Calcaire à Diceras.* Calcaire blanc, compact, dur, renfermant beaucoup de Nérinées et de Diceras 15

Nerinea depressa, Diceras suprajurensis.

Cette assise termine la série jurassique dans les environs de Montbéliard [1].

---

1. M. Contejean n'a pas divisé son « Kimméridien » comme nous venons de le faire nous-même ; il considère le calcaire inférieur à Ptérocères comme le point de départ du Ptérocérien, et le caclaire à Corbis comme le début du Virgulien. Nous expliquerons plus loin pourquoi nous n'avons pas adopté sa classification.

L'ISLE-SUR-LE-DOUBS

La colline qui domine l'Isle-sur-le-Doubs à l'ouest est constituée par les assises suivantes, au-dessus du Rauracien.

Coupe N° XI

Rauracien déjà étudié (OR, sect. 4 c, IX).

Astartien.

1. Marne grise schistoïde 0,20
2. Calcaire marneux, gris avec parties noires, comme charbonneuses 0,90
3. Calcaire blanc gris, subcrayeux 2
4. Calcaire blanc, crayeux, à Astartes 11
Astarte submultistriata. A. supracorallina.
5. Calcaire gris, en assises de 0m60 à 0m80, séparées par des lits minces de marne feuilletée 13
6. Marnes à Astartes.[1]

d) CLERVAL

Nous avons vu précédemment (OR, sect. 4 d, X) que l'Oxfordien supérieur et le Rauracien se montrent près de Clerval, sur le chemin qui accède de l'Hôpital-Saint-Lieffroy au plateau de la Grange-Cerlier, et nous les y avons étudiés ; la partie supérieure du Corallien y est recouverte, mais à très peu de distance du point où s'arrête notre coupe, on rencontre les calcaires blancs, crayeux, de l'Astartien inférieur, avec leur faune habituelle, *Astarte submultistriata, A. supracorallina*, etc., qui plongent dans la direction du nord-est. Sur la rive droite du Doubs, ces couches sont dissimulées par la végétation, mais sur la rive gauche, elles se prêtent mieux à l'observation ; on les voit en effet reparaître vis-à-vis de Santoche, comme nous allons l'indiquer. En suivant la route de Clerval à Rang, on reconnaît

---

1. M. Contejean a publié déjà (*Kimmér.*, p. 212) cette coupe, à partir du petit banc marneux surmontant les calcaires oolithiques du Rauracien.

d'abord l'Oolithe inférieure, puis l'Oxfordien et le Rauracien, qui est peu visible, ainsi que l'hypoastartien, mais les marnes à Astartes sont plus nettes, et à partir de ce niveau la série se présente ainsi :

Coupe Nᵒ XII

1. Marnes astartiennes offrant à leur partie inférieure un banc de 2 à 3 mètres de marno-calcaire gris rougeâtre, grumeleux; ces marnes sont terreuses par désagrégation, et en partie recouvertes par la végétation et les éboulis qu'elles percent de distance en distance. Environ . . . . 30 à 35
2. Calcaire argileux, gris, compact, massif 2
3. Marno-calcaire gris, compact, feuilleté. 1,50
4. Marno-calcaire gris noirâtre, grumeleux, avec taches ocreuses 1,50
5. Marne feuilletée. 0,10
6. Calcaire gris, dur, compact, massif 1,20
7. Marne feuilletée. 0,20
8. Calcaire compact, gris foncé, massif 3
9. Calcaire oolithique blanc, à cassure esquilleuse, oolithes cannabines, diffuses dans la roche, avec quelques grumeaux amygdalaires 3
10. Calcaire argileux, dur, gris primitivement, et devenant jaune par altération, bancs de 0,15 à 0,20. 5
11. Marne grise feuilletée 0,40
12. Calcaire compact, gris noirâtre 1,50
13. Marne feuilletée grisâtre 0,30
14. Calcaire gris, compact, cassure esquilleuse. 3

Toutes ces couches appartiennent certainement à l'Astartien.

e) BESANÇON

Dans la partie de cette étude consacrée à l'Oxfordien et au Rauracien, nous avons fait connaître la constitution des premières assises de la coupe de la route de Morre jusqu'à l'Astartien; nous allons exposer la suite de cette coupe, à partir de ce niveau, en résumant toutefois sommairement auparavant ce que nous avons dit (OR, sect. 4 e, XII) de l'Oxfordien et du Rauracien.

Coupe N° XIII

1-2. Oxfordien : Marno-calcaires bleus, puis jaune-roux . 20

3-7. Rauracien : Glypticien marno-calcaire compact; Dicératien oolithique d'abord, puis formé de calcaires compacts avec des bancs crayeux 62

Astartien.

8. Calcaire marneux, compact, grisâtre 9

9. Marno-calcaire gréseux, jaune rougeâtre, en bancs de 0,30 à 0,50, séparés par des lits de marne feuilletée ou terreuse de 0,40 à 0,60 7

Natica turbiniformis, Lucina substriata, Astarte supracorallina, Trigonia suprajurensis, Mytilus jurensis, Pecten Beaumontinus, Ostrea bruntrutana.

10. Calcaire marneux, gris, et marne feuilletée en couches alternatives, comme plus haut; même faune, fossiles moins nombreux 7

11. Marne bleue ou grise, feuilletée ou terreuse, avec bancs massifs intercalés 25

12. Calcaire compact, gris rosé 5

13. Calcaire blanc, crayeux. 4

14. Calcaire compact, gris-jaune 6

15. Marne grise 0,60

16. Calcaire compact, un peu argileux, en bancs séparés par de minces lits de marne. 9

17. Calcaire compact, gris rosé, en bancs de 0,30 à 0,40. . 19

M. Contejean a recueilli dans cette couche : *Pholadomya Protei, Lucina rugosa, Mytilus plicatus, Ostrea bruntrutana, Terebratula subsella.*

Ptérocérien.

18. Marne grise, devenant jaune par altération. 8

Pteroceras Oceani, Rostellaria Wagneri, Natica hemispherica, semiglobosa, turbiniformis, Pholadomya Protei, Homomya hortulana, Ceromya excentrica, Thracia incerta, Isocardia striata, Cyprina Brongniarti, Cardium banneianum, axino-elongatum, Trichites Saussurei, Mytilus jurensis, subæquiplicatus, Ostrea solitaria, bruntrutana, Terebratula subsella.

19. Calcaire compact, grisâtre. 6

20. Calcaire blanc, crayeux. 8

21. Calcaire blanc, compact 9

Virgulien.

23. Calcaire marneux, grisâtre 1,15

Calcaire marneux, feuilleté, avec bancs massifs intercalés.   2,35
Pholadomya multicostata, Ostrea virgula 5.

24. Calcaire blanc grisâtre, devenant crayeux à sa partie supérieure 7

25. Calcaire marneux, en bancs massifs de 0,20 à 0,30 séparés par
des lits de marne feuilletée ou terreuse de 0,10 à 0,80 . . .   18

Ostrea virgula, O. catalaunica, Terebratula subsella.

26. Calcaire blanc tendre, crayeux, un peu marneux. . .   10

27. Portlandien : Calcaires en bancs épais   60

f) RAINANS

Vers Rainans les assises du Rauracien plongent vers l'est,
comme nous l'avons indiqué déjà, et sont recouvertes par l'Astartien; la partie inférieure de cet étage et les marnes à Astartes ne sont pas directement observables, mais forment une
combe au delà de laquelle l'épiastartien se montre à nu, dans
une grande carrière, où il est constitué par 35 mètres de calcaire compact un peu marneux, par places, avec Nérinées dans
un banc marno-calcaire situé à son tiers inférieur.

Le Ptérocérien affleure un peu plus au nord, il n'est pas découvert et nous n'avons pu observer ses couches, mais nous
avons recueilli, non loin de la grande carrière dont il vient
d'être question. des fossiles lui appartenant, mélangés à des
marnes grossières et apportés là, d'une exploitation aujourd'hui
abandonnée; et parmi eux : *Thracia incerta, Pholadomya Protei, Isocardia striata, Cardium banneianum, Ostrea solitaria,
Terebratula subsella.*

g) DOLE

M. Jourdy, dans son travail sur le Séquanien de Dole [1], expose
ainsi la constitution de cet étage.

COUPE N° XIV

1er Sous-groupe.

1. Calcaires blancs avec un mince lit de marne feuilletée à leur
partie supérieure 7

1. *Étude de l'étage Séquanien aux environs de Dole,* 1865.

2e Sous-groupe.

2. Calcaire compact, jaune, pétri de fines oolithes, en bancs massifs de 1 m., séparés par des lits de même roche, feuilletée.   15 à 25

Nérinées, Polypiers et très nombreux petits gastropodes dans les calcaires massifs; autres fossiles dans les couches feuilletées, et parmi eux : *Nerinea Bruckineri, Natica turbiniformis, Lucina substriata, Pecten Beaumontinus, P. astartinus, Waldheimia humeralis.* Ce brachiopode se trouve dans toute l'épaisseur de l'assise, tandis que les autres coquilles ne se rencontrent qu'à sa partie inférieure.

3e Sous-groupe.

3. Marno-calcaires durs, oolithiques vers le milieu de l'assise, séparés par des lits de marne sableuse, feuilletée 10

Plaquettes recouvertes de petits bivalves.

Astartes et *Corbis* dans les marnes.

4. Marne blanche, grasse, passant à des calcaires marneux bleus.   6

Même faune que dans l'assise n° 2.

4e Sous-groupe.

5. Calcaire oolithique à cassure conchoïde avec grosses oolithes irrégulières et petites oolithes sphériques, diffuses dans la roche; arborisations sur les surfaces de séparation des bancs (Pierre de Belvoie). *Nérinées, Polypiers* nombreux, et autres fossiles empâtés, et parmi eux : *Nerinea Goscæ, Astarte submultistriata, Ostrea cotyledon, Waldheimia humeralis.*

5e Sous-groupe.

6. Marne blanche ou grisâtre 1

Ceromya excentrica; Ostrea dubiensis, Waldheimia humeralis.

7. Calcaires compacts ou peu oolithiques, en bancs minces, séparés par des marnes feuilletées. 6

Même faune que 7.

8. Marne blanche sans fossiles.

Nous avions rangé en 1882 [1], dans le Corallien, l'assise n° 1 de cette coupe, presque en totalité, puisque nous faisions débuter l'Astartien au lit feuilleté très fossilifère [2] qui la termine. Nous pensons aujourd'hui qu'il est préférable d'adopter les di-

1. *L'Étage Corallien*, p. 47.
2. On y rencontre : *Pecten Astartinus, P. Beaumontinus, Ostrea bruntrutana, Waldheimia egena*, en très grand nombre.

visions de M. Jourdy : les calcaires de cette couche, bien que se continuant sans ligne de séparation avec le Rauracien, sont, comme il l'a fait observer, plus blancs et d'une pâte plus fine que ceux de cet étage, et ils renferment le *Perisphinctes Achilles* que l'on a recueilli, à ce niveau, dans une carrière de Saint-Ylie.

Cette première assise correspond aux calcaires à Astartes des autres points de la région ; la seconde, aux calcaires à Natices par sa partie inférieure, et passe aux marnes astartiennes par sa partie supérieure ; la troisième et la quatrième appartiennent encore à ce sous-étage moyen, et la cinquième à l'Astartien supérieur. Quant aux trois dernières couches de la coupe, nous les rapportons encore à ce dernier niveau, en l'absence de toute autre indication précise.

CINQUIÈME SECTION

a) PONT-DE-ROIDE

La partie inférieure de l'Astartien est visible près de Pont-de-Roide, à Rochedane comme à la Crochère, sur la route de Blamont ; les calcaires blancs stériles du Rauracien y sont ainsi recouverts.

Coupe N° XV

1. Calcaire blanc, argileux puis crayeux, et devenant lithographique à la partie supérieure 22
Astarte submultistriata, A. supracorallina.
2. Marne grise, feuilletée, stérile à la Crochère, fossilifère à Rochedane. 0,80
Mytilus intermedius, M. jurensis, Perna rhombus, Ostrea pulligera, Terebratula subsella.
3. Calcaire blanc argileux 2
4. A Rochedane, cette assise est recouverte de marnes feuilletées grises, formant une masse puissante dont l'épaisseur ne peut être appréciée. Sur la route de Blamont, la coupe ne peut être suivie plus loin que 3.

b) GLÈRE ET BREMONCOURT

L'Astartien débute par des bancs de calcaire blanc, sur lesquels reposent des couches grumeleuses à *Natices*, puis des marnes feuilletées avec plaquettes recouvertes d'*Astartes*, et renfermant : *Ostrea bruntrutana*, *Waldheimia egena*, *Apiocrinus Meriani*; et enfin des marno-calcaires à *Wald. egena*. Cet ensemble mesure 50 mètres, et termine la série jurassique dans cette région.

c) MAICHE

L'Astartien se compose, à la partie inférieure, d'une série de calcaires, de marno-calcaires et de marnes de 30 mètres environ d'épaisseur, représentant les calcaires à Astartes et les calcaires à Natices de la coupe de Montbéliard. M. Kilian a recueilli dans ces derniers : *Nerinea Erato*, *Natica grandis*, *Eudora*, *hemispherica*, *Ceromya excentrica*.

L'Astartien moyen est formé de marnes feuilletées, grisâtres ou noires, en lits séparés de distance en distance par des plaquettes de calcaire recouvertes de petits fossiles, *Astarte supracorallina*, *Apiocrinus Meriani*, etc.

L'Astartien supérieur comprend les calcaires marneux à Térébratules, renfermant : *Ostrea bruntrutana*, *Trichites Saussurei*, *Waldheimia egena*; puis une série de calcaires blancs sans fossiles. C'est vers la partie supérieure de ce niveau que M. Kilian a reconnu l'existence d'un banc oolithique avec *Nérinées*, *Diceras* et *Cardium corallinum* [1].

d) PIERREFONTAINE-LES-VARANS

En suivant le chemin qui conduit à Pierrefontaine-les-Varans, depuis le fond de la vallée de la Reverotte, on observe la succession suivante, à partir du pont.

---

1. Les indications pour Glère, Bremoncourt et Maîche ont été empruntées aux travaux de M. Kilian. (*Mém. Soc. d'Émul. de Montbéliard*, 1884 et 1885.)

Coupe N° XVI

Rauracien.

1. Calcaire oolithique en bancs épais, oolithes miliaires et cannabines mélangées. Visible à 100 mètres à l'est du pont.

2. Calcaire compact, gris, bancs épais et massifs 10
3. Calcaire blanc, crayeux 5
4. Calcaire rosé, aspect dolomitoïde. 10
5. Calcaire blanc, crayeux 5

Astartien.

6. Calcaire compact, grisâtre, en bancs de 0,60 à 0,80, alternant
avec des lits de marne mince 10
7. Calcaire compact, gris, dur 5
8. Alternance de calcaires compacts massifs et de marne terreuse 5
9. Calcaire compact 1
10. Marne feuilletée ou terreuse, alternant avec des couches de
marne dure, massive ; bancs de 0,40 à 0,60 5
11. Marne en partie recouverte 35
12. Calcaire compact, blanc, crayeux, devenant tendre et se désagrégeant au point de jonction des bancs, d'où apparence de bancs massifs séparés par des bancs désagrégés. 20
13. Calcaire compact gris, en bancs de 0,40 séparés par des lits
marneux 2
14. Marno-calcaires gris rougeâtres, formant des bancs massifs de
0,40 à 0,50 séparés par des lits désagrégés 10
*Pleuromya donacina, P. Voltzii, Arcomya gracilis, Lucina ru-
gosa, Mytilus subpectinatus, Terebratula subsella 2, Waldheimia
humeralis, Rhynchonella corallina.*

15. Calcaire compact, gris, en bancs massifs alternant avec des
bancs désagrégés ; nombreuses géodes de spath 5
16. Calcaire compact, jaunâtre, massif ; géodes de spath . . 5
17. Calcaire compact blanc crayeux. 5
18. Marno-calcaire compact. 10
19. Calcaire compact, blanc, très dur 10
Nérinées.

Le village de Pierrefontaine est situé sur cette couche ; mais
la coupe se continue sur la route d'Avoudrey, et on trouve au
sortir du village, reposant sur l'assise précédente :

Ptérocérien.

20. Marno-calcaire gris, très désagrégeable 15

Pteroceras Oceani. Pholadomya paucicosta, Pholadomya Protei, Isocardia striata, Lucina rugosa.

21. Marne grise terreuse . . . . : . . . 2

Pteroceras Oceani 3, Natica Eudora, N. cochlita, Thracia incerta 3, Ceromya excentrica 4, Homomya hortulana 4, Pholadomya Protei 3, P. paucicosta, Lucina rugosa 5, Arcomya helvetica, Isocardia striata 4, Cyprina cornuta, Cardium Banneianum 5, Astarte patens, Mytilus jurensis 5, M. subœquiplicatus, Hinnites inœquistriatus 3, Ostrea pulligera, Terebratula subsella 5, Trichites sp.

22. Calcaire jaune grisâtre avec taches couleur rouille . . . 3

23. Calcaire oolithique et spathique à la fois, oolithes cannabines. Nombreux débris de coquilles fragmentées 6

Trichites, Ostrea pulligera, Pseudosalenia aspera, Cidaris, Crinoïdes, Polypiers de grande taille 5.

24. Calcaire blanc grisâtre, grumeleux, quelques oolithes diffuses dans la pâte 2

Nérinées, Nerinea Cabanetiana (?) *Ostrea pulligera.*

Ces dernières couches 21, 22, 23, 24, reparaissent plusieurs fois entre Pierrefontaine et la Sommette, partout avec les mêmes caractères; près de ce dernier village, elles sont surmontées ainsi :

25. Calcaire blanc, compact, dur et fissile 5

Cette assise peut être suivie jusqu'au lieu dit les Viellains, où elle est ainsi recouverte :

26. Calcaire blanc, crayeux, structure lamellaire 3

Virgulien.

27. Marne grise, terreuse. *Ostrea virgula 5*. 0,30

28. Marno-calcaire gris jaunâtre 0,40

Thracia incerta. Ostrea virgula 5, Terebratula subsella 4.

29. Calcaire gris, jaune-roux par places 2

Nerinea Salinensis, N. Elsgaudiœ, Mactra ovata, Thracia incerta, homomya hortulana, Isocardia striata, Cardium diurnum.

30. Calcaire gris, criblé de perforations 2

Nerinea Salinensis. Homomya hortulana.

31. Calcaire oolithique blanc, oolithes miliaires. Petites Nérinées indéterminables. Nombreux débris organiques 1

A partir de ce point, les couches plongent vers Avoudrey, et sont recouvertes par la végétation.

Cette région de Pierrefontaine-les-Varans nous montre :

Le Rauracien avec une zone oolithique et une zone compacte, celle-ci d'une puissance de 30 mètres.

L'Astartien avec trois niveaux distincts : l'inférieur calcaire ou marno-calcaire de 21 mètres d'épaisseur, le moyen marneux de 40, le supérieur calcaire de 67. Il ne renferme pas de coralligène, mais une couche crayeuse, située immédiatement au-dessus de la marne moyenne.

Le Ptérocérien, qui présente une assise inférieure marno-calcaire de 15 mètres, avec un banc marneux très fossilifère, de 2 mètres à sa partie supérieure; et une masse entièrement calcaire, de 36 mètres d'épaisseur, qui la surmonte et renferme un important coralligène de 6 à 8 mètres avec des fossiles caractéristiques, et de grands Polypiers indéterminables.

La partie inférieure du Virgulien avec un coralligène typique.

e) VERCEL

Entre Épenouse et Vercel, les calcaires oolithiques du Rauracien supérieur sont recouverts par des marnes feuilletées (0m35), puis par des calcaires blancs compacts argileux (6 m.). Cette couche est surmontée par d'autres calcaires, ou par des marno-calcaires peu visibles, qui supportent eux-mêmes les marnes astartiennes, sur lesquelles est bâti le village de Vercel. Ces marnes sont observables dans quelques exploitations aux environs, et sur le bord de la route de Loray ; on y trouve : *Ostrea bruntrutana, Waldheimia egena* et des plaques de calcaire siliceux, d'aspect gréseux, couvertes d'une multitude de petits fossiles : *Scalaria minuta, Astarte supracorallina*, radioles d'oursins, etc. Sur ces marnes reposent les calcaires de l'Astartien supérieur, qui forment la base de l'escarpement à l'est de Vercel. Le sommet de cet escarpement est constitué par l'Oxfordien et le Rauracien, dont les couches plongent vers l'ouest. Ces deux étages sont en partie recouverts, l'Astartien inférieur n'est pas nettement observable, et les marnes astartiennes sont disloquées par suite d'une petite faille, au voisinage de laquelle elles se sont plissées et contournées, en sorte qu'on ne peut apprécier leur puissance; mais à partir de ce point, près de Notre-Dame-des-Malades, sur la route de Loray, on peut observer la succession suivante :

COUPE N° XVII

1. Marnes astartiennes feuilletées avec lits de calcaires durs, intercalés entre les assises marneuses.
2. Calcaire compact, blanc, bréchoïde. 10
3. Calcaire gris, compact 2
4. Calcaire blanc, tendre, crayeux 9
5. Calcaire marneux en feuillets de 0,02 à 0,03 1
6. Calcaire compact, jaune, tendre 2
7. Recouvert. 10
8. Calcaire compact, bréchoïde 2
9. Calcaire argileux, compact, gris 4
10. Calcaire blanc jaunâtre, feuilleté en lits de 0,10 à 0,20. . 12
11. Calcaire compact, un peu marneux, très dur 2

Ptérocérien.

12. Marne grise, feuilletée, désagrégation en nodules . . . 2
13. Calcaire blanc, oolithique, oolithes miliaires, détachées de la roche 2
Nerinea Gosæ, Diceras.

14. Calcaire marneux, gris, désagrégation nodulaire 5
Pteroceras Oceani, Pholadomya paucicosta, Homomya hortulana, Terebratula subsella.

Toutes ces couches plongent faiblement vers Vercel. Le banc oolithique, 13, peut être suivi sur le flanc du coteau, il réapparaît sur l'ancien chemin de Loray, il renferme un très grand nombre de Nérinées roulées, indéterminables. *Ostrea bruntrutana.*

La couche située au-dessous de lui, 12, s'y montre aussi et contient quelques fossiles : *Homomya hortulana, Isocardia striata 4, Trichites, Hinnites inæquistriatus, Terebratula subsella.*

Le chemin de Vercel à Valdahon suit les marnes astartiennes jusqu'au ruisseau de la Combe; elles sont à peine surmontées de calcaire marneux, blanchâtre, vis-à-vis d'Adam-lez-Vercel et Chevigney. Au delà du ruisseau de la Combe, elles forment encore toute la partie inférieure de la colline que couronne le bois des Epèces ; vers le sommet de cette colline les calcaires blancs marneux se retrouvent en bancs de 0^m60 alternativement massifs ou désagrégés, sans aucun fossile, leur épaisseur est de 10 mètres. A partir de ce point on peut observer la succession suivante jusqu'à Valdahon.

Coupe N° XVIII

1. Calcaire marneux blanc déjà indiqué 10
2. Calcaire gréseux, grumeleux, gris rougeâtre. 3
3. Calcaire blanc, crayeux, fissile 10
4. Calcaire compact, grisâtre.

Cette dernière couche se poursuit jusque sous le pont du chemin de fer de Morteau, sa puissance ne peut être appréciée exactement. Au-dessous du pont du chemin de fer, la coupe se continue ainsi :

5. Calcaire blanc, très dur 1
6. Marno-calcaire, grumeleux ou feuilleté 3
7. Calcaire blanc, compact 7

Ces couches plongent sous le village de Valdahon-du-Haut, où elles sont recouvertes par d'autres qui ne sont plus accessibles aux investigations.

f) CONSOLATION

Sur le chemin de Consolation à Fuans, on observe les couches suivantes :

Coupe N° XIX

1 à 3. Rauracien supérieur formé de calcaire oolithique à Polypiers, puis de calcaire argileux, compact, jaune ou bleu, puis de calcaire compact, blanc ou gris, en bancs massifs de 1 à 2 mètres, jaunâtre et crayeux sur certains points, d'aspect lithographique ailleurs, surtout vers la partie supérieure ; déjà étudié (OR, sect. 5 *g*, XIX).

Astartien.

4. Marne dure, en bancs de 1, alternant avec des lits de marne feuilletée, désagrégeable 12
Nerinea Bruckneri, Bourguetia striata.

5. Marne grise se désagrégeant en nodules arrondis. 4

Bourguetia striata 5, Natica dubia, N. Eudora 4, N. turbiniformis, N. semiglobosa, Neritopsis Renaudi 3.

Arcomya gracilis, Cyprina globula 4, Lucina substriata 5, Modiola subæquiplicata, Pecten astartinus, P. Beaumontinus 3, Ostrea bruntrutana.

6. Marnes grises, terreuses. 10

7. Marno-calcaire dur, massif, avec de nombreuses perforations 1,80

8. Marnes grises, terreuses, alternant avec des marnes dures 7,20

9. Marne grise, terreuse 20

Ceromya excentrica, Ostrea bruntrutana, Waldheimia humeralis.

10. Marne dure, grise, tachée de rouge. 0,40

11. Cailloux roulés aplatis, variant du volume d'une noisette à celui d'une pièce de cinq francs ou d'un œuf, formés de calcaire compact gris 0,10

12. Marne grise terreuse 3

Pholodomya Protei.

13. Calcaire compact, gris, dur 0,90

14. Calcaire compact, blanc, massif, aspect lithographique à la partie inférieure, crayeux à la partie supérieure. Perforations très nombreuses, moules en creux de grandes Nérinées 18

15. Marne jaune, terreuse 0,20

Ostrea bruntrutana, Waldheimia humeralis.

16. Calcaire marneux, gris, désagrégeable 5

17. Calcaire compact, un peu marneux, jaune clair, se fonçant par places et devenant feuille morte; structure massive; perforations nombreuses dues à des moules de Nérinées 4

18. Même roche, se désagrégeant en lamelles 0,60

19. Même roche, massive 7

20. Même roche désagrégeable. 4

21. Calcaire gris en bancs compacts, alternant avec des bancs feuilletés 7,40

Nerinea Gosæ, Pholadomya Protei, homomya hortulana.

22. Calcaire compact, blanc, gris ou jaunâtre 13

23. Calcaire marneux désagrégé 3,20

Pholadomya Protei, Terebratula subsella.

Ptérocérien.

24. Marne grise, terreuse, sèche 1

Pholadomya Protei, Cyprina Brongniarti, Corbis subclathrata,

Lucina rugosa, Mytilus jurensis, Ostrea pulligera, Terebratula subsella 3.

25. Calcaire compact, dur, grisâtre, en partie recouvert . . 12

26. Calcaire gris, grumeleux, très dur, cassure esquilleuse, grains roulés dans la roche, mais pas d'oolithes. 2

27. Roche grise, blanchâtre, dure, non oolithique, *Nérinées* roulées en grand nombre, facies de charriage 2

28. Calcaire compact, jaune clair, aspect lithographique . 7,50 *Nérinées.*

29. Calcaire gris, cassure esquilleuse, tendance à se diviser en feuillets de 0,05 à 0,07.

Nérinées très abondantes ; à la partie supérieure elles forment lumachelle sur 0,30 ; à ce niveau se montrent quelques oolithes miliaires 1

30. Calcaire blanc grisâtre, un peu argileux, en bancs minces de 0,10 à 0,15 7,20

31. Calcaire argileux, gris jaune, avec nids d'argile pulvérulente inclus dans la roche, *Nérinées* et autres coquilles fragmentées très nombreuses, surtout à la partie inférieure 3

32. Calcaire blanc, criblé de fines perforations, aspect saccharoïde, débris d'huîtres nombreux 1

33. Calcaire argileux, jaune.

34. Calcaire blanc jaunâtre, *Nérinées*, gros *Trichites*, accumulation de débris organiques à la partie inférieure 5,50

35. Calcaire argileux gris blanc, cassure conchoïde, division en lits minces de 0,05 à 0,10 4

36. Calcaire compact gris massif. . . . . 2 *Lucina rugosa.*

Virgulien.

37. Marne grise 1

38. Marno-calcaire jaunâtre, désagrégé. . . . . 0,60 *Ostrea virgula 5.*

39. Marne gris jaunâtre 0,30

40. Marno-calcaire gris en bancs massifs ou désagrégés. . 5,35 *Ostrea virgula 5.*

41. Calcaire argileux blanc jaunâtre. . . . . 6 *Trigonia subconcentrica, Pecten Buchi.*

Une faille locale, de peu d'importance, ne permet pas de suivre plus loin la succession des couches, sans interruption. Les strates qui, avant la faille, plongeaient vers le sud-ouest, plongent après elle vers le nord-est. La faille s'est produite au

18

milieu d'un pli synclinal, la lèvre nord s'est élevée, la lèvre sud
s'est abaissée, et la série que l'on trouve au sud, en continuant
à suivre la route de Fuans, est composée de couches supérieures
aux précédentes. Il est donc bien entendu que la deuxième partie de cette coupe, qu'il reste à exposer, est séparée de la première par une dénivellation, et qu'il existe entre 41 et 42 un
intervalle que nous croyons peu considérable, mais qu'il nous
est impossible d'apprécier éxactement.

42. Marno-calcaire jaune, criblé de perforations, très désagrégé sur
certains points, massif et intact ailleurs   4
43. Marne grise, terreuse   0,50
44. Calcaire marneux, jaunâtre, désagrégation en nodules.   2
45. Calcaire dur, jaunâtre, perforé   0,30
46. Calcaire compact, blanc, se délitant en prismes verticaux   0,60
47. Calcaire marneux, blanc jaunâtre, désagrégation en nodules   5
48. Calcaire blanc jaune, compact, massif, perforations très nombreuses.   2
49. Marno-calcaire gris jaunâtre, désagrégation en nodules. .   4
50. Calcaire jaune, compact, massif.   1
51. Calcaire gris jaunâtre, perforations nombreuses . . .   1

Toutes ces couches (42 à 51), qui plongent du côté de Consolation vers le nord-est, se relèvent, deviennent horizontales,
puis plongent en sens inverse vers le sud-ouest, c'est-à-dire
vers Fuans, et sont surmontées par les suivantes :

52. Calcaire argileux, blanc, aspect dolomitoïde   4
53. Calcaire brun, feuille morte   2

Cette dernière assise peut être suivie jusqu'au village de Fuans,
où elle se montre à la base de la colline qui le domine au nord.

Malgré l'absence de toute indication, nous avons cru devoir
rapporter au Virgulien les assises précédentes (42 à 53), mais
nous pensons que celles qui les surmontent appartiennent au
Portlandien, et nous les examinerons plus loin.

g) MAMIROLLE

Nous avons vu que le Rauracien se termine dans le village
même de Mamirolle (OR, sect. 5 h), où il est recouvert par l'As-

tartien, comme l'indique la coupe suivante que nous y avons relevée.

Coupe N° XX

Rauracien.

1. Calcaire argileux, blanc, lithographique 2
2. Calcaire crayeux, dur, percé de nombreuses tubulures . 3
Nérinées.
3. Calcaire argileux, compact, jaunâtre 1

Astartien.

4. Marne grise, feuilletée 0,30
5. Marno-calcaire jaunâtre-grisâtre, en bancs de 0,20 à 0,30, séparés par de minces lits de marne grise 3,50
Ostrea bruntrutana.
6. Calcaire gris rougeâtre, oolithiques, oolithes miliaires détachées de la pâte. 0,40
7. Marno-calcaire gris, feuilleté 1
8. Marnes grises, terreuses 25
9. Marno-calcaire gris, compact 1
10. Marno-calcaire gris, grumeleux ; structure bréchoïde ; les éléments marno-calcaires sont reliés par un ciment rougeâtre . 1
11. Même roche feuilletée 1
12. Marno-calcaire jaune rougeâtre, empreintes de bivalves 1
Astarte supracorallina.
13. Calcaire compact, blanc, structure bréchoïde, avec nids de calcaire saccharoïde à la partie supérieure 0,80
14. Calcaire compact, blanc, saccharoïde 0,50
15. Calcaire compact, gris extérieurement, blanc à l'intérieur, saccharoïde par places, avec quelques oolithes dans la pâte . . 0,50
16. Au-dessus, même roche sans oolithes. 2

Cette coupe s'arrête ici, à la faille dite de Mamirolle, qui met en contact l'Astartien avec le Bajocien.

La même série se retrouve lorsqu'on suit, à partir de la gare de Mamirolle, la voie du chemin du fer dans la direction de l'Hôpital-du-Grosbois, et se présente ainsi :

Coupe N° XXI

1. Oolithe rauracienne.
2. Calcaires compacts, blancs, crayeux.

Astartien.

3. Marno-calcaire gris, en bancs durs, séparés par des lits de marne tendre.

4. Marne feuilletée formant une masse de 20 à 25 mètres.

5. Calcaires marneux, compacts, gris à l'intérieur, jaunes extérieurement. 3 à 4 mètres.

6. Calcaires blancs, oolithiques, oolithes miliaires très régulières, nombreux débris organiques empâtés dans la roche qui offre, à sa partie inférieure, le caractère d'une couche de charriage.

Ostrea bruntrutana.

Ces trois dernières couches sont bien visibles dans la première tranchée, les calcaires ont glissé sur les marnes et sont, par suite, inclinés plus fortement qu'elles, mais la continuité est manifeste. Dans une seconde tranchée, distante d'une cinquantaine de mètres de la première, la couche oolithique reparaît ; elle présente la même constitution, le même caractère de charriage à la partie inférieure, avec les mêmes débris organiques roulés et fragmentés ; sa puissance est de 4 mètres ; elle repose sur un calcaire compact de 1 à 2 mètres d'épaisseur. A une faible distance de la seconde tranchée, la couche oolithique vient buter contre le Calcaire à entroques, par suite du passage en ce point de la faille de Mamirolle, dont il a été question plus haut.

Lorsqu'on se rend de Mamirolle à Naisey, on chemine sur le Rauracien jusqu'à ce village, où se rencontrent les marno-calcaires et les marnes de l'Astartien inférieur ; à sa sortie du côté de l'est, au pied de la côte d'Anroz, on voit les marnes astartiennes avec *Ostrea bruntrutana*, et au-dessus d'elles, sur le flanc de la colline d'Anroz, on retrouve la même couche oolithique qu'à Mamirolle, avec les mêmes caractères ; ses assises percent, de distance en distance, la terre végétale.

h) ÉTALANS

Sur la route d'Étalans à Ornans, vers la cascade de l'Eule, à trente mètres en aval du pont jeté sur ce ruisseau, on voit affleurer le Rauracien, puis l'Astartien que l'on peut suivre ainsi dans la direction d'Étalans.

COUPE No XXII

Rauracien.

1. Calcaire blanc, crayeux, se désagrégeant en lamelles, au-dessous de la cascade 6
2. Calcaire blanc, gris ou jaune, aspect lithographique, désagrégation en fragments prismatiques 6
3. Calcaire compact, grisâtre, massif 2
4. Calcaire gris, massif; géodes de spath 0,50

Astartien.

5. Marne feuilletée. 0,60
6. Calcaire compact, dur. 0,35
7. Calcaire marneux, gris, feuilleté 0,80
8. Calcaire gris, massif 0,60
9. Calcaire gris, compact 2,70
10. Marne grise, dure, feuilletée 0,35
11. Calcaire gris clair, massif 0,85
12. Marno-calcaire feuilleté 1,80
13. Calcaire compact, violacé 0,50
14. Marne grise, terreuse 0,80
15. Calcaire blanc, crayeux 2,50
16. Marne grise, feuilletée ou terreuse 7

Bourguetia striata 4, Natica Eudora, N. semiglobosa, Cyprina globula, Pecten astartinus, P. Beaumontinus 5, Ostrea bruntrutana 3, O. pulligera, Waldheimia humeralis.

17. Marne grise, feuilletée, bancs de 0,20 à 0,25 5

Pleuromya donacina, Cyprina globula, Trigonia Greppini, Mytilus Medus, Waldheimia humeralis, Goniolina geometrica.

18. Calcaire compact, devenant par places jaune ou rosé. . 2
19. Marne grise, feuilletée, devenant terreuse par altération. 30
20. Marne grise, terreuse 1

Ostrea bruntrutana, Waldheimia humeralis.

A partir de ce point, les couches sont recouvertes par la végétation, la coupe ne peut plus être suivie. A quelque distance de là, une faille fait reparaître le Rauracien supérieur, puis la partie inférieure des marnes astartiennes, que l'on peut voir dans une marnière autrefois exploitée sur le côté droit de la route, on y trouve en abondance des plaques de calcaire très dur, recouvertes de fossiles et parmi eux : *Scalaria minuta 5, Pecten Beaumontinus 4, Trigonia Greppini 3, Waldheimia humeralis.*

Les marnes astartiennes sont visibles près de la gare d'Étalans, sur le bord de la voie ferrée, elles sont noires, primitivement feuilletées, mais deviennent rapidement terreuses par altération ; elles présentent, séparant les bancs feuilletés, des lits de calcaire très dur, gris ou jaune rougeâtre, espacés de 0,50 à 0,60 centimètres et de 0,05 d'épaisseur, couvertes d'empreintes de fossiles. Ces plaquettes paraissent, sur certains points, constituées uniquement par l'agglomération de petites coquilles ; ailleurs, elles ont une texture oolithique ; ailleurs enfin, une texture compacte. On les rencontre non seulement à l'endroit indiqué, mais aussi dans différentes marnières exploitées autrefois de chaque côté de la voie, entre le pont du chemin de fer et le premier passage à niveau du côté de Valdahon, elles montrent à leur surface :

Cerithium tortile, Natica microscopica, Scalaria minuta, Cyprina lineata, Astarte supracorallina, A. submultistriata, Anomia Monsbeliardensis.

Dans les marnes feuilletées, entre les lits de plaquettes dures on trouve :

Perisphinctes sp. indet., Belemnites sp. indet., Bourguetia striata 4, Chemnitzia Danae, Natica dubia, N. Eudora, N. grandis, N. hemispherica, Pleuromya donacina, Arcomya gracilis, Cyprina globula 4, cardium fontanum, Lucina substriata 4, Modiola subæquiplicata, Pecten Astartinus, P. Beaumontinus 5, Waldheimia humeralis.

Sur le bord du chemin de fer, les marnes sont visibles sur 4 à 5 mètres ; elles plongent dans la direction de Valdahon, et on peut suivre la série marneuse jusqu'au premier passage à niveau ; à ce point, ces marnes sont surmontées par des calcaires que l'on voit dans la tranchée, au delà du passage à niveau, et mieux encore à deux cents mètres au sud de la voie ferrée, dans une carrière ouverte au bord de la route de terre, où se montre la succession suivante :

Coupe N° XXIII

1. Recouvert (marne) 5
2. Calcaire marneux, blanc-jaune 0,50
3. Marno-calcaire gris jaunâtre, avec taches bleues . . . 0,35
4. Marne grise feuilletée . . . . . : 0,10
   Waldheimia humeralis.
5. Marno-calcaire gris jaunâtre, veiné de blanc 1,20
   Waldheimia humeralis.
6. Calcaire gris blanc, grumeleux, oolithique, oolithes miliaires, cannabines et pisiformes, confluentes sur certains points, plus rares ailleurs. 1
   7. Calcaire gris blanc, oolithique, oolithes cannabines mélangées à d'autres grosses comme des pois ou même des noix, facies de charriage. Très nombreux débris organiques, fragmentés et roulés   0,40
   Nérinées, Ostrea bruntrutana, Waldheimia humeralis, Echinides, Polypiers.
8. Calcaire blanc, oolithique, oolithes miliaires et cannabines, comme 6 0,60

Dans la tranchée, près du passage à niveau déjà indiqué, on voit les mêmes couches 6, 7, 8, mais beaucoup moins oolithiques ; elles renferment aussi *Ost. bruntrutana, Wald. humeralis*, et sont recouvertes par :

9. Calcaire argileux, blanc, onctueux au toucher, à cassure conchoïde, sans oolithes ni fossiles 2

Ce calcaire argileux blanc se retrouve à cinq cents mètres plus loin, sur le bord du chemin de fer, et on voit au-dessous de lui les mêmes couches oolithiques 6, 7 et 8.

La partie supérieure de l'Astartien n'est pas visible à Étalans, mais on peut y observer le Ptérocérien, près de la gare sur la droite de la voie, dans la direction de l'Hôpital-du-Grosbois, dans une ancienne carrière, et sur le bord de la route de Besançon.

On voit dans la carrière :

Coupe N° XXIV

1. Marne sèche, sableuse, formant l'axe d'un ploiement en voûte.

2. Au-dessus de l'axe de la voûte et de chaque côté, calcaire marneux, grisâtre, gréseux 1,50

*Homomya hortulana, Pholadomya Protei, Isocardia striata,
Hinnites inæquistriatus, Ostrea pulligera, Terebratula subsella.*

3. Marno-calcaire gris, grenu, grumeleux, très dur, nombreux fossiles inclus dans la roche 3

Trichites, Ostrea pulligera.

4. Marne grise, terreuse 0,10

5. Calcaire gris, dur, oolithique, oolithes miliaires et cannabines
assez nombreuses sur certains points, plus rares ailleurs, débris roulés et fragmentés en très grand nombre 2

Au delà de cette couche, une petite faille change la position
des bancs, et la succession ne peut être suivie plus loin.

i) VALDAHON

En se dirigeant depuis Valdahon du dessus vers Étalans, par
la route nationale, on voit sur la gauche à la route du village :

Coupe N° XXV

Ptérocérien.

1. Marno-calcaire gris désagrégé.

*Pteroceras Oceani, Natica hemispherica, Thracia incerta, Homo-
mya hortulana, Pholadomya paucicosta, Cyprina Brongniarti, Isocardia striata, Cardium banneianum, Lucina rugosa, Terebratula
subsella.*

2. Même roche en partie recouverte 10

3. Calcaire compact gris blanchâtre, massif ; petit banc désagrégé
à la partie moyenne 5

Pholadomya Protei, Trigonia Parkinsoni.

A partir de ce point, la succession se poursuit dans la tranchée du chemin de fer de Besançon à Morteau, où se retrouve le
banc précédent surmonté de :

4. Calcaire gris blanchâtre, tendre 2

5. Calcaire blanc, oolithique, structure en feuillets de 0,03 à 0,05,
oolithes miliaires détachées de la roche 2

6. Calcaire argileux, blanc, compact 2

7. Calcaire blanc, subcrayeux, se désagrégeant en plaquettes minces de 0,01 à 0,02. Cette couche vient, par suite d'une faille, buter

contre les marnes astartiennes et la série ne peut être suivie plus
loin. 2

Ces mêmes couches se retrouvent à l'est de Valdahon, sur le
chemin de Vercel à Épenoy, qui suit d'abord les marnes astartiennes jusqu'à un kilomètre au delà d'Adam-lez-Vercel, et traverse en cet endroit une couche assez fossilifère où nous avons
recueilli :

*Pleuromya Voltzii, Isocardia striata 3, Mytilus subpectinatus,
Hinnites inæquistriatus, Pecten Beaumontinus 4, Rynchonella
corallina 5, Goniolina geometrica.*

A partir de cet endroit, les couches plongent vers le sud ; le
chemin passe sur les calcaires de l'Astartien supérieur jusqu'à
sa rencontre avec la route d'Avoudrey, là un banc de calcaire
marneux, observable dans un fossé, nous a donné : *Pteroceras
Oceani et Terebratula subsella*, indiquant le niveau du Ptérocérien. Sur cette assise repose un calcaire dur, blanc, oolithique,
d'un mètre d'épaisseur, subdivisé en bancs de 0,05 ; cette couche calcaire est visible sur une assez grande étendue au bord
de la route, et, fait remarquable, sa texture oolithique cesse
brusquement du côté du nord, tandis qu'elle se continue vers
le sud. Dans cette direction, à deux cents mètres de là, une
masse de 3 à 4 mètres d'épaisseur de calcaire blanc, crayeux,
surmonte ce calcaire oolithique ; elle se divise spontanément
en feuillets de 0,005 à 0,01 et renferme un assez grand nombre
de fossiles ; on la suit facilement vers Valdahon, où elle en supporte une autre de calcaire compact, blanc grisâtre, avec *Nerinea Elsgaudiæ 4*, et aussi du côté d'Avoudrey, dans la tranchée
du chemin de fer. De ce côté on la voit recouverte comme il
suit :

Coupe N° XXVI

1. Calcaire blanc, crayeux, se désagrégeant en fragments irréguliers, reposant sur les calcaires blancs lamellaires (n° 7 de la coupe
précédente) 8
2. Marne grise, terreuse 0,60
3. Marno-calcaire blanc, noduleux, grumeleux. 4
4. Marne grise, terreuse, *Ostrea virgula 5* 0,60
5. Calcaire blanc, tendre, crayeux 2

Les couches à *Ostrea virgula* disparaissent bientôt, mais par suite des plis du sol, elles reparaissent plusieurs fois dans les tranchées de la voie ferrée ; dans la direction d'Avoudrey, on les voit former des couches alternatives de marne grise et de calcaire blanc, tendre, crayeux ; enfin, à cinq cents mètres de la gare d'Avoudrey, la série que nous venons de voir se montre de nouveau ainsi :

Coupe N° XXVII

1. Calcaire blanc, feuilleté.
2. Calcaire blanc se désagrégeant en fragments irréguliers.   7 à 8
3. Marnes noires en lits de 0,40 à 0,60, alternant avec des couches de calcaire tendre de même épaisseur. . . . .   12 à 15

On trouve dans les marnes :

Thracia incerta, Pleuromya donacina 4, P. Voltzii 4, Pholadomya Protei 5, Lucina rugosa, Astarta suprajurensis, Trigonia muricata, Ostrea virgula 5, Terebratula subsella 3.

On trouve dans les calcaires :

Mactra sapientium, Pleuromya Voltzii, Trigonia muricata, T. papillata.

4. Calcaire blanc feuilleté, lits de 0,05 à 0,10.   2
5. Même roche, structure lamellaire.   4
6. Calcaire compact blanc, se désagrégeant en fragments prismatiques, perforations nombreuses.   14
7. Calcaire compact, blanc jaunâtre, marqué de taches brunes, structure grumeleuse, apparence bréchoïde   2

Nérinées.

8. Même roche se désagrégeant en fragments noduleux, irréguliers.   1
9. Calcaire jaune, bréchoïde. Dans ce banc, comme dans le banc 7, la roche paraît formée de fragments irréguliers de calcaire lithographique, réunis entre eux par un ciment jaune comme gréseux   2
10. Calcaire jaune, argileux, feuilleté   2
11. Marno-calcaire gris, blanc, aspect dolomitoïde. . . .   2
12. Calcaire argileux, jaune, feuilleté, en lames minces de 0,02 à 0,03. (Couche visible devant la gare d'Avoudrey.)   1

Arcomya helvetica, Pecten nudus.

13. Calcaire gris, désagrégation en nodules   0,70
14. Calcaire compact grumeleux, aspect détritique . . .   5

Quelques fossiles de petite taille, mal conservés.

Cette coupe se termine dans la gare des marchandises d'Avoudrey; elle ne peut être suivie plus loin, en raison de petites failles, qui ramènent les mêmes couches à la surface du sol, et de la végétation qui la recouvre.

Dans cette région de Valdahon, nous voyons au complet le Ptérocérien et le Virgulien. Le premier, assez important (35 à 40 mètres), est marneux ici comme partout, à sa partie inférieure; nous avons observé à la sortie du village, du côté d'Étalans, la base, et à la croisée des routes de Vercel à Épenoy et d'Avoudrey, le sommet de cette première assise; il présente dans sa partie supérieure, calcaire, un coralligène qui paraît commencer plus bas vers Avoudrey que vers Étalans.

Le Virgulien est formé d'une assise marneuse de 15 mètres de puissance, surmontée par une masse de calcaires blancs, de 30 à 35 mètres d'épaisseur, qui appartient encore au Virgulien pour 25 mètres au moins.

j) LAVOTTES.— MORTEAU

Nous avons déjà fait connaître la constitution des premières assises de la coupe des Lavottes (OR, sect. 5 j, XXII), dont nous allons exposer la continuation, sur la route de Morteau, en rappelant simplement les numéros des premières couches.

Coupe N° XXVIII

1 à 12. Argovien et Rauracien déjà étudiés.

Astartien.

13. Calcaire marneux avec minces lits de marne, interposés entre les bancs 20
Nerinea Bruckneri, Chemnitzia Flamandi, Bourguetia striata.

14. Calcaire compact, blanc ou jaunâtre, en bancs de 0,60 à 0,70. 11

15. Marne dure, grise, bancs de 0,70 à 1, séparés par des couches de 0,50 à 0,60 de marne tendre 32
Ceromya excentrica, Isocardia striata.

16. Calcaire compact, gris, plus ou moins marneux, en partie recouvert. 60

17. Calcaire crayeux, blanc jaunâtre, un peu oolithique par places à sa partie inférieure. 5

Hinnites inœquistriatus, Ostrea bruntrutana.

18. Calcaire argileux, gris bleuâtre 10

19. Calcaire marneux, blanc, feuilleté à la partie inférieure, massif plus haut 9

Ptérocérien.

20. Marne grise terreuse. 2

Pteroceras Oceani 5, Natica hemispherica 5, N. Eudora 3, Patella Humbertina, Anatina caudata, Thracia incerta 5, Ceromya excentrica 3, Pholadomya Protei 5, Arcomya gracilis 2, Isocardia striata 5, Modiola subœquiplicata, Mytilus jurensis 4, Terebratula subsella 5.

21. Calcaire marneux, blanc grisâtre. 20,50

22. Calcaire marneux, blanc, crayeux, renfermant quelques oolithes miliaires, diffuses dans la roche ou concentrées sur quelques points 5,50

23. Calcaire compact, brun jaunâtre 17

Corbis subclathrata très nombreuses, formant une sorte de banc plaqué à la surface de la roche.

Virgulien.

24. Marne terreuse, grise. 0,40

Natica pugillum, Thracia incerta, Pleuromya Voltzii, Homomya hortulana, Isocardia striata, Cyprina Brongniarti, Ostrea virgula 5, Terebratula subsella.

25. Marno-calcaire compact, gris ou jaune par altération . 8

Pteroceras Oceani, Ostrea virgula.

26 Calcaire compact, jaunâtre 8

Corbis subclathrata Ostrea, virgula.

27. Calcaire blanc, grenu, quelques oolithes. 6

Nérinées.

28. Calcaire compact, aspect lithographique. 12

29. Calcaire blanc, oolithique, oolithes miliaires fondues dans la roche 1

30. Calcaire gris jaunâtre 7

Terebratula subsella.

k) GILLEY

En suivant la tranchée du chemin de fer dans la direction de Gilley, à partir du coralligène dont il a déjà été question (OR, sect. 5 *k*), on voit les calcaires hypoastartiens à découvert, puis on reconnaît l'existence des marnes astartiennes, en grande partie recouvertes et qui se terminent ainsi, vers la gare de Gilley.

COUPE N° XXIX

1. Marne grise, feuilletée ou terreuse 6
2. Calcaire marneux, gris, désagrégé 5
3. Calcaire compact, gris, massif. 6
4. Calcaire marneux, en bancs massifs de 0,45 à 0,50, séparés par des bancs désagrégés. 6
Pecten Astartinus, Ostrea bruntrutana, Waldheimia humeralis.
5. Calcaire blanc, compact, visible sur 1
Avicula Gesneri.

Les calcaires marneux grisâtres de la couche n° 4 se retrouvent sur le flanc du mont Chaumont, au-dessus de Gilley, ils renferment en abondance *Waldheimia humeralis*, et sont surmontés des calcaires blancs de l'assise n° 5, pétris à leur base d'*Ostrea bruntrutana*, et plus haut de débris organiques roulés, parmi lesquels on reconnaît : *Trigonia suprajurensis, Hinnites inæquistriatus*, de gros *Trichites* et des *Nérinées* sans traces de Polypiers et sans oolithes. Au delà, la succession se poursuit ainsi, en descendant vers la plaine.

6. Calcaire gris noirâtre.
7. Calcaire gris jaunâtre, taché de rouille.
8. Calcaire blanc. Cette couche se poursuit sous le village de Gilley, elle est recouverte par :
9. Marno-calcaire grisâtre, surmonté lui-même, vers la dernière maison du village, sur le chemin des Auberges, de :
10. Marno-calcaire gris désagrégeable.
Homomya hortulana, Pholadomya paucicosta, Terebratula subsella.

Cette assise nous paraît représenter le niveau inférieur du Ptérocérien ; elle est indiquée, au point de vue géognostique, par une petite combe que l'on peut reconnaître très facilement, et suivre jusqu'à la voie du chemin de fer de Pontarlier, où la succession se continue dans une tranchée :

11. Recouvert, marne sans doute, formant la paroi est de la combe 6

12. Calcaire compact, bréchoïde, quelques oolithes 1
Nérinées, Diceras (?)
13. Calcaire compact, blanc 1
14. Calcaire compact, gris 1
15. Calcaire blanc intérieurement, jaune extérieurement, criblé de perforations 4
16. Calcaire gris-jaune clair, massif. 5
17. Même roche, feuilletée 2
18. Calcaire blanc, compact, quelques perforations 2
19. Calcaire blanc jaunâtre, visible sur 13

La partie supérieure de cette couche disparaît sous la végétation, et la suite de la coupe est recouverte, mais la voie ferrée fait un coude dans la direction du sud-est, et vient entamer et mettre à découvert les strates suivantes, supérieures aux marnes ptérocériennes inférieures.

Coupe N° XXX

Ptérocérien.

1. Calcaire compact, blanc, structure grumeleuse et oolithique par places, oolithes miliaires diffuses dans une pâte cristalline . 14
Nérinées 5.
2. Marno-calcaire désagrégé 9
3. Calcaire compact, grisâtre 11

Virgulien.

4. Marne grise terreuse 0,30
Ostrea virgula 4.
5. Calcaire compact, gris, massif. 4
6. Calcaire gris, structure bréchoïde 2
7. Marne grise, terreuse 5
Ostrea virgula 5.
8. Calcaire gris blanchâtre.

A partir du niveau inférieur de la couche n° 8, la voie ferrée coupe les assises très obliquement, en sorte qu'il est impossible d'en apprécier l'épaisseur ; d'ailleurs toutes celles qui lui sont supérieures appartiennent au Portlandien.

SIXIÈME SECTION

a) ORNANS

Sur le chemin d'Ornans à Chantrans, la coupe se continue ainsi au-dessus du Rauracien (OR, sect. 6 *a*, XXIV).

Coupe N° XXXI

1 à 11. Oxfordien et Rauracien déjà étudiés.

Astartien.

12. Marne feuilletée	. . . .	0,20
13. Calcaire argileux, lithographique	. . . .	3,65
14. Marne grise, terreuse.	. . . .	0,65
15. Calcaire blanc ou gris compact, argileux, lithographique.		3
16. Marne en plaquettes, devenant terreuse par altération.		3

17. Calcaire marneux, jaune, en bancs de 0,40, et marne terreuse, jaunâtre, en lits de 0,20, interposés entre les bancs de marno-calcaire 3
Trigonia concinna. Natica dubia.

18. Calcaire marneux, gris rougeâtre, oolithique, oolithes canna-bines, bancs de 0,40 5
Bourguetia striata, Natica turbiniformis, N. semiglobosa, Pecten Beaumontinus, Ostrea Nana, O. bruntrutana.

19. Marne grise, terreuse, en partie recouverte	. . . . .	10
20. Marno-calcaire gris, criblé de perforations, aspect celluleux, bancs de 1 à 1,50	. . . .	5
21. Marne feuilletée, grise, tendre	. . . .	4
22. Marne dure	. . . .	2
23. Marne tendre, comme 21	. . . .	4
24. Calcaire marneux, gris, oolithique, oolithes miliaires	.	3

Waldheimia humeralis.

25. Marne jaune, terreuse	. . . .	1,30
26. Calcaire marneux, compact	. . . .	0,70
27. Marne feuilletée	. . . .	0,70
28. Calcaire compact, gris	. . . .	0,80

29. Marne grise, feuilletée, dure primitivement, mais facilement désagrégeable 8

30. Calcaire gris jaunâtre, criblé de perforations, d'où aspect celluleux de cette couche 1
31. Marne jaune grisâtre. 5
32. Calcaire compact, gris. .

A partir de ce point les couches .ne sont plus visibles, elles
forment le sous-sol du plateau, recouvertes par la végétation ;
leur puissance est de 40 à 45 mètres environ. Elles sont surmontées par un banc de marne, d'une épaisseur de 1 à 2 mètres,
qui est aussi recouvert, mais qui se devine en raison de l'existence, à ce niveau, de plusieurs excavations en forme d'entonnoir régulier, indice certain de la présence d'une assise marneuse à la surface du sol. Au-dessus de ces marnes, la coupe
se continue ainsi :

33. Calcaire blanc, un peu crayeux, renfermant des oolithes pisiformes, cannabines et miliaires, celles-ci en plus grand nombre, et
beaucoup de débris organiques fragmentés 4
34. La couche précédente se poursuit jusque vers Chantrans, où
elle est surmontée d'une masse de calcaire compact, gris, présentant
quelques perforations groupées à la partie supérieure des bancs,
ceux-ci ont de 0,60 à 0,70 10

Au delà, ces couches disparaissent sous la végétation.

On peut encore observer le Jurassique supérieur, au nord-est
d'Ornans, en suivant le chemin qui s'élève sur le flanc du plateau, et conduit à Saules et à Étalans.

Les marnes oxfordiennes se montrent tout d'abord dans une
exploitation, à quelques mètres au-dessus de la Loue, elles sont
grises et terreuses, et renferment leur faune habituelle de petites
ammonites pyriteuses ; les marno-calcaires de la zone à *Pholadomya exaltata* présentent aussi leurs caractères ordinaires.
Le Rauracien débute à 30 mètres au-dessus du niveau de la rivière, il est en grande partie recouvert par la végétation et par
des éboulis consistant non seulement en graviers et en marnes,
mais en paquets d'Astartien descendus des parties supérieures
de la montagne, et placés sur le Corallien, tantôt en stratification discordante, tantôt en stratification concordante ; malgré
cela, il est facile de reconnaître ses principaux niveaux. On
voit à sa partie supérieure un banc épais de calcaire blanc,

oolithique, avec Nérinées et Polypiers roulés, surmonté d'une assise de 2 mètres de calcaire blanc, compact, à partir de laquelle la série se continue ainsi :

Coupe N° XXXII

Astartien.

1. Marne feuilletée, grise. 0,30
2. Marno-calcaire gris, compact 0,60
3. Marne feuilletée 0,30
4. Marno-calcaire grumeleux 0,40
5. Marno-calcaire gris, dur 1
6. Marno-calcaire gris de fumée, structure lamellaire . . 0,60
7. Même, dur et compact 1
8. Calcaire gris-blanc, subcrayeux 2
9. Marne noire, terreuse, désagrégée 0,50
10. Calcaire gris, dur 0,50
11. Marne noire, comme 9 0,50
Ostrea bruntrutana.
12. Marno-calcaire feuilleté 2
13. Marnes feuilletées, en partie recouvertes, environ . . 50
14. Marno-calcaire gris, massif, taché de rouille 1
15. Calcaire gris blanc, compact, lithographique à sa partie supérieure 6
16. Marno-calcaire feuilleté, gris 0,40
17. Même massif 0,50
18. Calcaire gris, compact 3
19. Calcaire lithographique, grisâtre 0,80
20. Calcaire gris, taché de rouille 1,40
21. Calcaire grisâtre, lithographique 0,80
22. Calcaire blanc, crayeux, non oolithique 0,50
23. Calcaire argileux, grisâtre. 3
24. Calcaire gris, dur, feuilleté 2
25. Calcaire gris, très dur, massif 0,60
26. Calcaire grumeleux, grisâtre, taché de rouille . . . 2
27. Calcaire gris, compact 1
Gros *Trichites. Cidaris florigemma.*
28. Calcaire gris, grumeleux, désagrégation en nodules. . 0,60
29. Marne terreuse 0,20
30. Calcaire gris, tendre, structure bréchoïde, marquée surtout à la partie inférieure 1,50
31. Calcaire compact, gris 1

19

32. Calcaire feuilleté, désagrégation nodulaire 1,50
33. Calcaire gris, compact, structure bréchoïde. 1

Le reste de la série est recouvert, et la coupe s'arrête ici, à une vingtaine de mètres environ au-dessous du village de Saules.

Lorsqu'on vient à ce village de Saules depuis Étalans, en suivant le même chemin, mais en sens inverse, on trouve, au pont de l'Eule, le Corallien, comme il a été dit déjà (voir AK, sect. 5 *h*), et au-dessus de lui, les calcaires hypoastartiens, puis les marnes astartiennes, formées de couches dures en bancs massifs de 0,20 à 0,30, séparées par des assises de roche tendre, feuilletée, de 0,50 à 0,60, avec quelques bancs de calcaire compact, vers la partie moyenne. Ces deux assises ont, réunies, une épaisseur de 50 mètres environ ; elles sont surmontées ainsi qu'il suit :

Coupe N° XXXIII

1. Calcaire marneux gris-jaune, teinté de bleu, en bancs massifs séparés par de minces lits de marne 3
2. Calcaire blanc, tendre, feuilleté, oolithique, oolithes miliaires 0,10
3. Calcaire compact, gris, massif. 1,50
4. Calcaire gris, dur, oolithique, oolithes miliaires. . . . 0,40
5. Calcaire blanc, tendre, feuilleté, quelques oolithes . . 0,40
6. Calcaire compact, gris, dur. 1,50
7. Calcaire compact, blanc, tendre, crayeux 1

Au-dessus de ce point, les couches sont recouvertes par la végétation. Cette coupe n° XXXIII est prise à deux kilomètres de la précédente.

Dans le district d'Ornans, l'Astartien est formé de trois masses, l'inférieure plus calcaire que marneuse, puis la moyenne plus marneuse que calcaire, ces deux premières ayant entre elles beaucoup d'analogie et mesurant, réunies, plus de 60 mètres (l'inf., 18,50 ; la moy., 45,50) ; enfin, la supérieure entièrement calcaire, épaisse de 40 mètres environ. Chacune de ces trois assises présente un niveau oolithique, mais celui de l'Astartien supérieur ne s'observe qu'à Saules.

Nous rapportons au Ptérocérien le coralligène du plateau de

Chantrans, en raison de sa situation, au-dessus d'une couche manifestement marneuse, qui surmonte elle-même un massif calcaire considérable, appartenant à l'Astartien supérieur, et paraît être, par conséquent, la marne inférieure à Ptérocères.

b) LODS — LONGEVILLE

Dans l'intérieur du village de Lods, on observe le Rauracien supérieur; il est formé de calcaire blanc grisâtre, oolithique sur la rive droite de la Loue, et sur la rive gauche de calcaire compact, blanc, subcrayeux de 20 mètres de puissance, supérieur au calcaire oolithique. A partir de cette assise, la succession se poursuit ainsi sur la route de Longeville :

Coupe N° XXXIV

Astartien.

1. Calcaire marneux, grisâtre 2
2. Marne terreuse 1
3. Calcaire compact, massif, blanc jaunâtre, en bancs de 0,40 à 0,60 8
4. Marne tendre, feuilletée, alternant avec des couches de marne dure, massive. En partie recouverte 40
5. Calcaire gris, massif, en bancs de 0,50 à 0,60 7
6. Marno-calcaire gris, désagrégeable 11
   Ostrea bruntrutana.
7. Calcaire compact, blanc crayeux, désagrégeable, non oolithique 2
   Empreintes de *Nérinées.*
8. Calcaire compact, gris, désagrégeable 11
9. Calcaire compact, gris jaunâtre, se désagrégeant en fragments lenticulaires 2
10. Calcaire compact, dur et massif à sa partie inférieure, se désagrégeant en nodules à sa partie supérieure 2

Au-dessus de ce niveau, les couches sont recouvertes jusqu'à l'extrémité du premier lacet du chemin, où apparaissent les marnes virguliennes; en suivant à partir de ce point le deuxième lacet, on descend la série des couches, très nettement observables, et on arrive ainsi à une assise contenant la faune du Ptérocérien, qui est supérieure certainement de 10 ou 15 mètres au moins au dernier banc astartien signalé; en sorte que l'on peut établir facilement la continuation de la coupe, comme il suit, toujours dans la direction de Lods à Longeville, c'est-à-dire du nord au sud, avec cette réserve qu'il existe entre les numéros 10 et 11 une masse recouverte de 10 à 15 mètres.

Ptérocérien.

11. Calcaire marneux grisâtre désagrégeable. 1

Purpuroïdea gigas, *Pleuromya donacina*, *Pholadomya Protei*, *Ph. hortulana*, *Ph. multicostata*. *Terebratula subsella*.

12. Calcaire compact, gris, tendre, désagrégeable 3
13. Calcaire compact, blanc, crayeux, très tendre 2
14. Même roche, feuilletée à sa partie supérieure 14
15. Calcaire gris, compact, massif. bancs de 0,60 à 0,80. . 4,50
16. Calcaire blanc, compact. 2
17. Calcaire gris, plus ou moins feuilleté ou désagrégeable. 10
18. Calcaire blanc, tendre, désagrégeable, feuilleté . . . 7
19. Calcaire grumeleux 7
20. Calcaire blanc, tendre, crayeux 1
21. Calcaire gris, grumeleux 7

Virgulien.

22. Marne terreuse. 0,50

Thracia incerta 2, *Pholadomya multicostata*, *Cyprina Brongniarti 2*, *Trigonia Contejeani*, *Ostrea virgula 4*, *Terebratula subsella*.

23. Marno-calcaire dur, compact 0,50
24. Marne feuilletée 1
25. Calcaire blanc, crayeux tendre 3

Trigonia truncata.

26. Marne grise, feuilletée, passant à un marno-calcaire grumeleux à sa partie supérieure 3

Ici s'arrête la partie visible de la coupe, le découvert ne se poursuit pas plus loin dans cette direction; pour le retrouver, il faut retourner à l'assise ptérocérienne n° 11, et suivre le troisième lacet du chemin, dirigé de l'ouest à l'est. On voit alors réapparaître, mais moins nettement, les couches décrites plus haut, et on peut établir la continuation de la série, en prenant pour point de repère un lit de calcaire blanc oolithique, situé à une faible hauteur au-dessus des marnes inférieures à *Ostrea virgula*, qui paraît correspondre au n° 25 de la coupe; on a de cette sorte la succession suivante :

27. Calcaire compact, gris.. 4
28. Marno-calcaire gris, feuilleté, en lits massifs, alternant avec des lits feuilletés 25
29. Calcaire compact blanc grisâtre, taches feuille morte, perforations très nombreuses 25
Portlandien.

c) MOUTHIER

Nous avons vu que le Rauracien ne peut être observé en entier à Mouthier-Hautepierre, la coupe dont nous avons décrit les premières assises (OR, sect. 6 *b*, XXV) y est interrompue par suite d'une dislocation qui a modifié la disposition des couches; celles-ci, d'abord très fortement inclinées de l'ouest à l'est, deviennent ensuite absolument verticales, sous le tunnel de la route, puis reprennent, au delà d'une petite faille, leur pente vers l'est sous un angle d'une dizaine de degrés. La partie supérieure du Corallien, la partie inférieure et la partie moyenne de l'Astartien ne sont pas visibles, mais la coupe se continue depuis l'Astartien supérieur.

Coupe N° XXXV

Astartien.

1. Marno-calcaire gris, feuilleté, en bancs de 0,10 séparés par des zones marneuses de 0,05 2
2. Calcaire compact, blanc, pâte fine, structure en bancs de 0,30 à 0,45. 27
3. Calcaire gris, compact. 7,20

Ptérocérien.

4. Marno-calcaire désagrégé 1,50
Lucina rugosa.
5. Calcaire compact blanc grisâtre 2
6. Calcaire marneux, gris 1,50
7. Calcaire marneux, jaune. 1,80
8. Calcaire compact, brun feuille morte. 5,95

9. Marne jaune avec nodules arrondis de calcaire compact, jaunâtre, non roulés mais arrondis, du volume d'une noisette ou d'un œuf.   0,20

10. Calcaire brun, feuille morte   11

11. Marne jaune avec nodules arrondis comme dans l'assise 18   0,20

12. Calcaire compact, brun feuille morte   4,40

13. Calcaire compact, gris, désagrégeable   1

14. Marne jaune terreuse   0,10

15. Calcaire compact, gris, désagrégeable.   2

16. Marne jaune terreuse   0,10

17. Calcaire gris, compact   1,30
Trichites nombreux.

Virgulien.

18. Marne grisâtre, feuilletée ou terreuse   0,40
Ostrea virgula.

19. Calcaire blanc, tendre, crayeux, désagrégation en fragments prismatiques.   2

20. Calcaire blanc, tendre, moins crayeux que le précédent.   4,50

21. Calcaire lithographique, jaune verdâtre   7,20

22. Calcaire compact, jaune verdâtre   10

23. Calcaire compact, rosé   6,60

24. Calcaire gris foncé, très dur   5

25. Calcaire lithographique, jaune clair   6,40

26. Calcaire marneux dolomitoïde   1,50

27. Calcaire blanc jaunâtre, en bancs massifs de 0,20 alternant avec des parties de même roche désagrégée   3

28. Calcaire marneux, comme 35.   0,80

29. Calcaire gris jaunâtre, dolomitoïde, facilement désagrégeable   2

Au delà de ce point, les couches sont recouvertes par la végétation.

SEPTIÈME SECTION

a) POINTVILLERS

Sur la route de Quingey à Mouchard, le Rauracien supérieur affleure à mille mètres environ au nord de Pessans, au point où le chemin de Pointvillers se détache de la route. Il est formé, comme nous l'avons vu (OR, sect. 7 *a*, XXVI), de calcaire ooli-thique blanc. Cette assise est recouverte, sur le chemin de Point-villers, par des calcaires blancs, compacts, un peu marneux, qui appartiennent en partie au Rauracien, en partie à l'Astar-tien, et qui sont presque entièrement masqués par la végéta-tion. Les marnes astartiennes qui les surmontent ne sont pas observables, mais elles sont nettement indiquées par l'existence d'une combe en ce point; les premières couches de l'Astartien supérieur ne sont pas visibles non plus, mais la suite de la coupe se présente ainsi :

Coupe N° XXXVI

1. Marno-calcaire grumeleux, grisâtre, oolithique, oolithes canna-bines, détachées de la roche 2
2. Calcaire blanc, massif, bréchoïde, en fragments anguleux, ir-réguliers, reliés par un ciment rougeâtre. 3
3. Calcaire compact, blanc grisâtre, en partie recouvert. . 2

Ptérocérien.

4. Marne grise, terreuse, fossiles nombreux 5
Pteroceras Oceani 5, Natica hemispherica 5, N. semiglobosa 3, Thracia incerta 2, Ceromya excentrica 5, Pleuromya tellina, Ho-momya hortulana 4, Pholadomya multicostata, P. Protei 5, Isocar-dia striata 3, Cardium banneianum, Fimbria subclathrata, Modiola subæquiplicata, Mytilus jurensis 5, Hinnites inæquistriatus, Os-treà pulligera 5, O. bruntrutana, Terebratula subsella, Pseudo-salenia aspera 2, etc.
5. Calcaire compact, gris jaune 5
6. Marne gris jaunâtre, même faune que plus haut, fossiles moins nombreux. 1
7. Calcaire gris jaune, désagrégeable, en bancs de 0,60 . . 4
8. Calcaire compact, jaune-brun.

Au delà de ce point, les couches sont entièrement recouvertes.

b) LA CHAPELLE — BY

En allant de la Chapelle à By par l'ancien chemin, on descend d'abord dans une combe oxfordienne, au delà de laquelle on rencontre la série suivante :

Coupe N° XXXVII

Rauracien.

1. Calcaire marneux, gris de fumée.
2. Calcaire oolithique, blanc, oolithes miliaires.
3. Calcaire blanc, compact, un peu argileux, non oolithique.

Astartien.

4. Calcaire grumeleux, gris de fumée, aspect de glypticien.
5. Calcaire compact.
6. Marne grise, dure.
7. Marno-calcaire gris foncé.
Cet ensemble de 4 à 7 mesure 10 mètres,
8. Marne grise, dure, en bancs de 0,10 à 0,15.
9. Calcaire marneux, blanc, jaunâtre, alternant avec des lits de calcaire marneux, gris.
Ces deux couches réunies ont 22 mètres.
10. Calcaire compact, blanc, structure bréchoïde.

A partir de ce point, les couches disparaissent sous la végétation, mais en suivant le chemin neuf, on voit à un niveau supérieur à l'assise n° 10 de la coupe précédente :

Coupe N° XXXVIII

Astartien.

1. Calcaire gris, compact.
2. Calcaire gris, grumeleux, gros *Trichites.*
3. Calcaire marneux, blanc, alternant avec des calcaires marneux, gris, feuilletés 25
4. Calcaire blanc compact 2
Nérinées 5, Cidaris florigemma 5.
5. Calcaire blanc, crayeux, saccharoïde par places . . . 2
Polypiers.
6. Calcaire compact, texture grumeleuse, structure bréchoïde, nids de spath 6
Nérinées 5, Cidaris florigemma 5.
7. Calcaire gris, compact. 9

Ptérocérien.

8. Marne grise, terreuse, grumeleuse 1
Trichites, Terebratula subsella, Ostrea pulligera.

9. Calcaire blanc, argileux 2

10. Calcaire lithographique, jaune grisâtre à la partie inférieure, blanc à la partie supérieure 6

11. Marno-calcaire gris, compact, en lames de 0,40 à 0,50 . 3

En ce point, une faille met le Kimméridien en contact avec l'Oxfordien.

c) LA NANTILLÈRE

Le Frère Ogérien a publié la coupe de la tranchée de la Nantillère [1], entre Pagnoz et Aiglepierre, ouverte dans l'Oolithe supérieure; nous allons passer rapidement en revue les formations que l'on y observe, en rappelant les divisions établies par l'auteur.

Le Rauracien (zone 32-33) est composé d'une masse inférieure de 20 mètres environ, compacte siliceuse avec nombreux polypiers, et d'une masse supérieure de 23 mètres de calcaire oolithique à *Diceras, Nérinées, Polypiers*.

L'Astartien (zone 30-31) comprend : 1° une assise marneuse de 3 à 4 mètres à la base, renfermant des bancs intercalés de calcaire marneux oolithique, et les fossiles de ce niveau : *Astarte submultistriata, A. supracorallina, Ostrea bruntrutana*, etc.; 2° une série de calcaires jaunes ou gris, très durs, oolithiques et pétris de petits cailloux noirs à la partie inférieure, puis schistoïdes à la partie moyenne, et stratifiés en bancs plus épais à la partie supérieure; cette série mesure 30 mètres. Elle renferme des Polypiers à sa base [2].

Le Ptérocérien (zone 29-28) est constitué inférieurement par des marnes grises, terreuses, à *Pteroceras Oceani, Pholadomya Protei, Ostrea pulligera*, épaisses de 3 à 4 mètres, et supérieurement par 15 mètres de calcaire compact, bréchiforme, jaune, taché d'oxyde de fer en bancs de 0m40 à 0m60, avec *Nerinea styloïdea, Pholadomya acuticostata*.

1. *Hist. nat. du Jura. Géologie*, t, 11, p. 561-563. M. Marcou avait déjà publié en 1848, dans son *Jura salinois*, une coupe de l'Oolithe supérieure relevée sur la route entre Pagnoz et Aiglepierre; celle d'Ogérien n'en diffère pas, mais comme elle est plus nette et plus détaillée, nous la résumons ici de préférence à celle de M. Marcou.

2. Marcou.

Cette assise est recouverte par 6 ou 7 mètres de marne jaune, terreuse, à *Ostrea virgula*, *Trigonia concentrica*, etc., séparées en bancs distincts par de minces lits de marno-calcaire, bleu ou jaunâtre ; elle est surmontée par 25 mètres de calcaire compact, dur, avec *Nérinées*, *Polypiers*, *Trigonia gibbosa*, empreintes de *Fucoïdes*. Cet ensemble (zone 27-26) représente le Virgulien.

d) NANS-SOUS-SAINTE-ANNE. — MONTMAHOUX

Le Rauracien de Nans-sous-Sainte-Anne, que nous avons déjà étudié, est ainsi recouvert, près de l'entrée nord du village sur la route d'Ornans [1].

COUPE N° XXXIX

Astartien.

1. Marno-calcaire gris, dur, en bancs de 0,25 à 0,30, alternant avec des lits feuilletés de 0,10 à 0,15 4
   Rhynchonella corallina, Glypticus affinis.
2. Marne grise en plaquettes 2
   Rhynchonella corallina.
3. Calcaires compacts en bancs épais, séparés par de minces assises de marne 3
   Petites *Nérinées* très nombreuses.
4. Marne grise, stérile 0,30
5. Calcaire argileux, gris, véritable liais 2
6. Alternance de calcaires compacts en bancs de 0^m60 à 1^m et de lits de marne de 0,40 à 0,50 8
   Rostellaria Wagneri, Bourguetia striata 3, Natica Eudora, N. semiglobosa, N. turbiniformis 5, N. vicinalis, N. Veriotina, N. hemispherica, N. cochlita, Nerinea Bruckneri 5, Cyprina globula, Lucina imbricata, L. substriata, L. Mandubiensis, Pecten Beaumontinus 3.
7. Calcaire marneux, grisâtre, désagrégeable, en partie recouvert 10
   Natica grandis, N. turbiniformis, Rhynchonella corallina.

---

1. M. Choffat, à la suite de sa coupe du Rauracien, relevée en ce point, et que nous avons citée, indique l'existence de l'Astartien composé d'une alternance de calcaires et de marnes épaisse de vingt-sept mètres, et signale les fossiles que l'on y rencontre.

8. Calcaire marneux, gris, massif 6
Bourguetia striata.

9. Calcaire lithographique recouvert.

M. Bertrand a publié une coupe du Jurassique supérieur tout
entier, relevée entre Éternoz et Montmahoux [1], à trois kilomètres de Nans; nous en reproduisons ici ce qui a trait au Kimméridien. Nous présentons cette coupe en série ascendante,
mais en conservant les numéros donnés aux assises par l'auteur.

Coupe N° XL

Astartien.

14. Sur les calcaires à Nérinées du Rauracien; marne et calcaires
marneux formant combe, non observables 2

13. Marne grumeleuse avec *Ostrea bruntrutuna* et grandes
huîtres. 3

12. Calcaires compacts, d'un blanc grisâtre 2

11. Marno-calcaires avec *Waldheimia egena, Rhynchonella pinguis, Ostrea bruntrutana* très abondante, plaquettes à Astartes. 5

10. Bancs compacts à oolithes blanches, peu cimentées à leur partie supérieure, nombreux fossiles empâtés (oolithe astartienne). 7

9. Bancs assez puissants de calcaire compact, grenu, à cassure esquilleuse . . . . : 12

8. Calcaire spathique, roussâtre 2

Cette couche n° 8 est déjà placée dans le Ptérocérien par l'auteur.

Ptérocérien.

7. Marnes grises, sableuses avec *Terebratula suprajurensis, Ostrea pulligera* 1

6. Calcaire grumeleux, sableux, spathique 5

5. Calcaire très blanc, compact, aspect éburnéen 2

4. Calcaire un peu gras, aspect portlandien avec parties oolithiques. 7

3. Calcaire très blanc, compact comme 5 6

M. Bertrand range dans le Virgulien les assises n°s 5, 4 et 3 [2].

1. *Jurassique supérieur.*
2. Nous avons groupé les assises de cette coupe d'après le mode de division
que nous avons adopté, d'une façon générale, pour le rendre plus facilement
comparable aux nôtres.

Virgulien.

e) L'ABERGEMENT-DU-NAVOIS

Nous avons vu (OR, sect. 7 *g*) qu'en sortant de l'Abergement-du-Navois par la route de Levier, on rencontre d'abord les marnes à *Oppelia Renggeri*, puis les marno-càlcaires à *Pholado-mya exaltata*, puis le Glypticien, formé à la partie inférieure de marno-calcaires grumeleux, et à la partie supérieure de marno-calcaires feuilletés. Cette couche est surmontée de calcaires compacts à Polypiers, qui représentent certainement le Dicératien, et peut-être aussi l'Astartien inférieur. Au point où cette série disparaît sous la végétation, on voit le sol former une combe bien prononcée, que l'on peut suivre à droite et à gauche de la route, sur une assez longue distance, et qui indique l'existence en ce point d'une formation marneuse importante, c'est-à-dire des marnes astartiennes. Au delà de cette combe affleurent, sur le bord de la route, des calcaires blancs, durs, oolithiques, renfermant quelques Polypiers; et, plus loin, une nouvelle combe, beaucoup plus petite que la première, révèle la présence des marnes à Ptérocères; car immédiatement après elle, nous avons recueilli, dans une petite carrière, ouverte sur le bord de la route, au milieu de marno-calcaires oolithiques : *Pteroceras Oceani*, *Nerinea Gosæ*, *N. Elsgaudiæ? Natica semiglobosa*, *Dice-ras suprajurense, Polypiers*.

Tout à côté de ce point, se montre une faille, indiquée sur la carte géologique détaillée, qui fait réapparaître l'Oxfordien à la surface du sol.

f) BOUJAILLES

A l'est de Boujailles, en suivant le chemin de Courvière, on voit apparaître, sur la rive droite d'un petit ruisseau, les marnes à *Oppelia Renggeri* recouvertes par un ou deux mètres de marno-calcaire blanc grisâtre, massif, très dur, renfermant encore des spongiaires et *Terebratula bisuffarcinata*. Sur la rive gauche du ruisseau, on observe les mêmes marno-calcaires, continuation de ceux-ci, mais redressés et contournés, parce qu'ils forment la lèvre occidentale d'une faille. Ces calcaires marneux renferment là : *Perisphinctes sulciferus, Harpoceras canaliculatum, Goniomya sulcata, Terebratula bisuffarcinata*. La lèvre orientale de la faille est formée de couches que la carte géologique détaillée [1] rapporte à tort, croyons-nous, au Portlandien. Ces couches sont inclinées vers l'est sous un angle de 20 à 25 degrés d'abord, qui ensuite s'amoindrit en approchant de Courvière; elles se présentent ainsi au-dessus des strates redressées de l'Argovien :

Coupe N° XLI

Astartien.

1. Calcaire grisâtre, oolithique à la partie inférieure, compact à la partie moyenne et à la partie supérieure. Environ 20
2. Marno-calcaire grisâtre, désagrégeable 4
3. Calcaire compact 1
Ceromya excentrica.

Ptérocérien.

4. Marno-calcaire compact blanc grisâtre 1
Pteroceras Oceani, Ceromya excentrica, Ostrea pulligera, Terebratula subsella, Polypiers.
5. Recouvert, petite combe marneuse 3
6. Calcaire compact, gris, jaunâtre ou brun, structure en bancs massifs, texture irrégulièrement grumeleuse, oolithique par place, surtout à la partie supérieure, où les polypiers forment un banc de 0,40 7
Nérinées, Ostrea pulligera, Polypiers.
7. Calcaire compact, blanc grisâtre, structure massive, texture grumeleuse par places, perforations nombreuses, dues à la présence de Nérinées dans la roche. Polypiers nombreux, surtout à la partie supérieure. , ... 2
8. Calcaire gris oolithique, oolithes miliaires 1
9. Calcaire compact, jaune clair, pâte fine, lithographique, nombreux Polypiers et perforations plus nombreuses encore, tellement

1. Feuille de Lons-le-Saunier.

serrées que la roche en prend un aspect celluleux. Nérinées très abondantes 3

10. Calcaire blanc, compact, se désagrégeant en fragments irréguliers. Visible sur 1

*Homomya hortulana, Isocardia striata, Hinnites inæquistria-
tus.*

Ces dernières couches peuvent s'observer dans les carrières
situées sur la droite du chemin, en allant à Courvière. L'assise
n° 10 est recouverte par la végétation.

g) SOMBACOURT

La coupe de Sombacourt nous a montré une importante masse
d'Argovien, supportant un Glypticien marno-calcaire compact,
du type de Besançon, très fossilifère, puis un Dicératien compact, mais riche en Polypiers ; elle se continue ensuite ainsi :

Coupe N° XLII

Astartien.

1. Marno-calcaire gris ou jaune par altération, feuilleté en lames
minces ou en masses se subdivisant elles-mêmes par exposition à
l'air. En partie recouvert.

Astarte submultistriata à la partie inférieure 49

2. Calcaire marneux, blanchâtre, en lits de 0,30 à 0,40, avec assises
de marne tendre, désagrégeable, intercalées entre les bancs calcaires,
très fossilifère à la partie supérieure.

*Pholadomya lineata 2, Pecten articulatus 3, P. Buchi, P. globo-
sus 3, Cardium cf. pesolinum, Ostrea reniformis 2, Ostrea rastellaris 4.*

Rhynchonella corallina.

*Cidaris Parandieri, Hemicidaris crenularis, Stomechinus linea-
tus 3, Polypiers 4.*

La succession des couches paraît, jusqu'ici, très normale ;
elle le paraît même encore en s'avançant plus loin jusqu'à Sombacourt ; on les voit, en effet, surmontés par une masse d'environ 50 mètres, de calcaire et de marno-calcaire avec quelques
assises marneuses, et des bancs oolithiques assez puissants, au-
dessus de laquelle apparaît une autre masse, de 70 mètres, de

calcaire jaunâtre et de dolomie qui est elle-même recouverte, tout près de là, sur le chemin de Bians, par le Néocomien [1]. Toutes ces couches, du Glypticien au Crétacé, forment le pilier ouest d'un ploiement en voûte, parallèle à l'axe du Jura, dont le pilier est se voit vers Houtaud, Dommartin, Vuillecin, etc., et dont la partie centrale a été dénudée jusqu'à l'Oxfordien. Les couches de l'Argovien, horizontales au centre du ploiement, sont inclinées de 25 degrés vers l'ouest, au commencement de la coupe ; celles du Rauracien le sont de 40°, et celles de l'Astartien de 50°. Au delà, elles deviennent verticales, puis plongent en sens inverse, vers l'est, sans cependant s'écarter beaucoup de la verticale, et finalement reprennent leur première direction. Malgré cette disposition, l'ordre de superposition des strates ne semble pas avoir été dérangé ; on dirait même que certains bancs marneux, sans fossiles, il est vrai, indiquent les niveaux du Ptérocérien et du Virgulien comme nous l'avions cru précédemment [2]. Nous nous étions trompé ; de nouvelles études, entreprises surtout pour rechercher si la couche n° 2 de la coupe précédente, dont la faune est identique à celle du Glypticien, appartenait en réalité à l'Astartien, nous ont fait reconnaître, à la base des assises portlandiennes, un mince banc de marno-calcaire, que les pluies du printemps de 1891 ont érodé et désa-grégé, à la surface duquel nous avons recueilli plusieurs indivi-dus de petite taille, de l'espèce *Waldheimia humeralis*, ce qui démontre l'existence, en ce point, d'une faille mettant l'Astar-tien en contact avec le Portlandien. Cette faille n'est d'ailleurs que la continuation de celle que MM. Boyé et Résal ont figurée sur leur carte, s'étendant de Narmand, au nord-est d'Aubonne, jusque vis-à-vis de Bians. Vers ce village, où à première vue elle paraît se terminer, elle affronte l'Argovien au Portlandien, ce qui n'a plus lieu à Sombacourt, ainsi que la coupe exposée plus haut le fait voir. Comme conséquence de la disposition indiquée, on peut se demander si la faille primitive ne s'est pas subdi-visée en deux ou plusieurs branches secondaires, et si, malgré

1. Le Purbeckien n'est pas visible, mais il existe là très probablement.
2. *Coralligènes supérieurs au Rauracien*, p. 59.

les apparences, il ne serait pas téméraire de considérer la couche
n° 2, à faune glypticienne, comme réellement astartienne. On
peut supposer, en effet, que les mouvements du sol qui ont en-
gendré ces failles ont pu, par suite d'un glissement, amener un
lambeau de Glypticien dans une position telle qu'il semble se
continuer normalement avec l'Astartien. C'est pourquoi, après
avoir établi la coupe précédente d'après les apparences stratigraphiques, nous faisons des réserves sur l'origine de la couche
n°. 2, en raison de sa faune.

La route qui conduit de Sombacourt à Pontarlier, après avoir
franchi la cluse dont il a été question plus haut, s'élève pour
gagner le plateau situé à l'ouest de Houtaud, elle passe d'abord
sur l'Argovien et le Glypticien peu visibles, puis atteint, à
50 mètres au-dessus de Sombacourt, le Rauracien oolithique,
exploité dans une carrière voisine du chemin. A vingt mètres
plus haut, on rencontre la succession suivante :

COUPE N° XLIII

1. Marne terreuse.
2. Calcaire blanc, oolithique, structure grumeleuse, oolithes miliaires et cannabines, mélangées à d'autres plus grosses, du volume
d'une noix, véritables grumeaux arrondis. Fossiles nombreux roulés
et fragmentés 1
   Nérinées, Polypiers.
3. Marno-calcaire gris, en bancs de 0,15 à 0,20, alternant avec des
couches de marnes feuilletées, tendres et désagrégeables . . . 5
   *Ostrea bruntrutana, Waldheimia humeralis, Terebratula sub-
sella.*
4. Marno-calcaire jaune, compact, massif 3
   Trichites.
5. Marne feuilletée. 5
6. Calcaire blanc, compact 1
7. Calcaire grumeleux, oolithique 3
8. Marne.

Cette série appartient certainement à l'Astartien inférieur,
comme l'indiquent sa position et sa constitution.

h) PONTARLIER

Les strates supérieures du système oolithique peuvent être observées dans plusieurs carrières, ouvertes à différents niveaux de la colline des Argillis, au sud de Pontarlier, tout près de la ville ; elles s'y présentent ainsi :

Coupe N° XLIV

Astartien.

1. Marne grise, terreuse, visible au bas de la colline, sur le bord de la voie ferrée. *Waldheimia humeralis*.
2. Marno-calcaire gris, grumeleux, structure bréchoïde . . .   2
3. Calcaire compact, blanc ou jaunâtre, pâte fine, structure bréchoïde. La roche paraît formée de fragments irréguliers, de calcaire lithographique, gros comme des noix, des œufs ou le poing, reliés entre eux par un ciment rougeâtre   6
4. Calcaire gris, grumeleux par places, quelques oolithes . .   1
5. Calcaire gris bleuâtre, oolithique, oolithes miliaires diffuses dans la roche   1
6. Calcaire compact, blanc, veiné de jaune clair, ou de jaune brun feuille morte.   6
Nerinea depressa, Trichites, Ostrea pulligera, Terebratula subsella.
7. Calcaire jaune, lithographique. *Nérinées, Trichites* . . .   2
8. Marno-calcaire feuilleté   1
9. Calcaire jaune, verdâtre ou gris, oolithique par places et renfermant beaucoup de fossiles roulés et brisés   4
Nerinea depressa 3, Ceromya excentrica, Ostrea pulligera, O. Ermontiana.
10. Calcaire compact, brun jaunâtre.   10
Nerinea depressa.
11. Calcaire compact, jaune verdâtre   2
12. Calcaire blanc jaunâtre, structure bréchoïde, débris organiques, *Polypiers* très nombreux   4
13. Calcaire compact, gris jaunâtre, massif   4
Trichites.
14. Calcaire compact, gris jaunâtre, structure bréchoïde. *Nérinées.*   4
15. Calcaire compact, jaunâtre, taché de bleu à la partie supérieure de la couche.   11

20

16. Calcaire jaunâtre, tendre, un peu marneux 1
Calcaires portlandiens.

La même série se retrouve au sud-est de Pontarlier, à la Cluse, au-dessous du château de Joux, où elle est assez difficile à observer ; on la voit encore sur le chemin qui accède à la forteresse, depuis la Cluse-Mijoux, elle s'y présente ainsi :

Coupe N° XLV

1. Marne terreuse, plaquée contre la surface du rocher. *Ostrea bruntrutana, Waldheimia humeralis.*

2. Calcaire blanc grisâtre, compact, avec parties oolithiques dans la masse ; structure bréchoïde très manifeste ; à la partie inférieure les bancs alternent avec des lits de marne grise.

3. Calcaires gris, oolithiques à la partie inférieure, compacts plus haut.

4. Calcaire compact, structure bréchoïde.

5. Marne jaune, feuilletée, stérile, de 1 mètre d'épaisseur.

6. Calcaire gris, compact à la partie inférieure, à la fois oolithique et bréchoïde comme plus haut. Niveau du Ptérocérien.
Trichites, Ostrea pulligera, Terebratula subsella, Polypiers.

7. Masse très puissante de calcaire compact, jaune feuille morte ou gris, en partie recouverte, supportant le fort de Joux.

Cette masse est constituée par la partie supérieure du Ptérocérien, le Virgulien tout entier et la partie inférieure du Portlandien.

Les premières assises de l'Astartien peuvent être observées près de la Gauffre, à six ou sept kilomètres de Pontarlier, sur la route des Fourgs, elles se présentent ainsi, au-dessus du Rauracien que nous avons étudié précédemment (OR, sect. 7 *j*, XLII).

Coupe N° XLVI

1. Sur les calcaires grumeleux et oolithiques du Dicératien, marne jaune, terreuse 0,45

2. Calcaire grumeleux, brun foncé 2

3. Marne formant combe, recouverte 6

4. Calcaire grumeleux, grisâtre, ocreux, en partie recouvert 6

5. Calcaire gris, grumeleux, spathique par places, débris organiques nombreux, surtout dans le tiers supérieur de l'assise . 4,50
Nérinées, Cidaris florigemma, Polypiers.

6. Calcaire gris, compact, en lits de 0,10 2
7. Marne formant combe, en partie recouverte 2
Waldheimia humeralis.
8. Calcaire compact, jaune verdâtre, massif, visible sur . 3

Sur la route de Jougne, à cinq cents ou six cents mètres, tout au plus, du point où a été relevée la coupe précédente, on observe au-dessus des calcaires oolithiques du Rauracien, comme nous l'avons indiqué déjà, des calcaires marneux, gris ou blancs, épais de 10 à 15 mètres, qui appartiennent à l'Astartien, et sont surmontés d'une assise de 1 mètre de marno-calcaire tendre renfermant : *Bourguetia striata, Pholadomya Protei, P. paucicosta, Trigonia suprajurensis, Terebratula subsella*. Cette assise est recouverte à son tour par 3 ou 4 mètres de calcaires en bancs épais de 1 mètre à 1^{m}50, séparés par des lits de marne de 0^{m}15 à 0^{m}20 d'épaisseur, sur lesquels repose une puissante série de calcaires qui se poursuivent sans interruption et sans intercalation marneuse notable, jusqu'aux dernières assises du Portlandien, près du village des Fourgs.

On peut, d'après ces observations, résumer ainsi la constitution du groupe Kimméridien aux environs de Pontarlier :

L'Astartien est formé de deux masses : l'inférieure, composée de calcaires compacts ou grumeleux, au milieu desquels s'intercalent quelques bancs de marne, et la supérieure, entièrement calcaire.

Le Ptérocérien présente à sa base une assise marneuse ou marno-calcaire désagrégeable, et il est, sauf cela, entièrement calcaire. Le Virgulien est aussi calcaire en totalité, et ne se montre pas comme une formation spéciale ; nous n'avons vu nulle part de marnes à *Ostrea virgula*, et il ne nous paraît pas possible de distinguer ses calcaires de ceux du Ptérocérien ni de ceux du Portlandien.

DESCRIPTION

ASTARTIEN

SYNONYMIE

Sous-groupe des marnes à Gryphées virgules pp. et sous-groupe des calcaires à Astartes.

THIRRIA, 1833.

Étage jurassique moyen pp., étage jurassique supérieur pp. PARANDIER, 1839.

Groupe des calcaires et marnes à Astartes. BOYÉ, 1844. RÉSAL, 1864.

Groupe séquanien. MARCOU, 1848.

Marnes et calcaires séquaniens. PIDANCET, 1848.

Groupe de Besançon. MARCOU, 1856.

Kimméridien pp. CONTEJEAN, 1862. OGÉRIEN, 1867.

Séquanien. VÉZIAN, 1860, 1865, 1893. BOYER, 1877. ETALLON, 1892. JOURDY, 1865-1871. KILIAN, 1894.

Astartien. PARISOT, 1864. BERTRAND, 1880, 1882, 1885, 1887. ROLLIER, 1882. KILIAN, 1882, 1885, 1891, 1894. BOYER, 1888.

DIVISION

ASTARTIEN.
- ASTARTIEN INFÉRIEUR OU CALCAIRES ASTARTIENS INFÉRIEURS.
- ASTARTIEN MOYEN OU MARNES ASTARTIENNES.
- ASTARTIEN SUPÉRIEUR OU CALCAIRES ASTARTIENS SUPÉRIEURS.

SYNONYMIE DES DIVISIONS

Astartien inférieur.

Sous-groupe des calcaires à Astartes pp. THIRRIA, 1833.

Calcaire à Astartes. LEBLANC, 1838.

Marnes à Astartes pp. GRENIER, 1843. RENAUD-COMTE, 1846.

Marne inférieure à Astartes. BOYÉ, 1844.

Marnes séquaniennes pp. MARCOU, 1848. VÉZIAN, 1865.

Marnes de Besançon pp. MARCOU, 1856.

Astartien pp. ETALLON, 1862.

Calcaires à Astartes et calcaires à Natices. CONTEJEAN, 1862. PARISOT, 1864.

Marnes et calcaires inférieurs à Astartes. RÉSAL, 1864.

Marne et calcaire marneux à *Astarte polymorpha*, pp. OGÉRIEN, 1867.

Astartien inférieur. ROLLIER, 1882.

Calcaires astartiens inférieurs et calcaires à Natices. KILIAN, 1883.

Astartien moyen.

Marnes à Astartes pp. GRENIER, 1843. RENAUD-COMTE, 1846.

Marnes supérieures à Astartes. BOYÉ, 1844.

Marnes séquaniennes pp. MARCOU, 1848. VÉZIAN, 1865.

Marnes de Besançon pp. MARCOU, 1856.

Marnes à Astartes. CONTEJEAN, 1858-1862. PARISOT, 1864. KILIAN, 1883.

Astartien marneux. ETALLON, 1862.

Marnes et calcaires supérieurs à Astartes pp. RÉSAL, 1864.

Marnes et calcaires marneux à *Astarte polymorpha* pp. OGÉRIEN, 1867.

Astartien moyen. ROLLIER, 1882.

Astartien supérieur.

Calcaires à Astartes. GRENIER, 1843. BOYÉ, 1844.

Calcaires à Astartes pp. RENAUD-COMTE, 1846.

Calcaires séquaniens. MARCOU, 1848. PIDANCET, 1848. VÉZIAN, 1865.

Calcaires de Besançon. MARCOU, 1856.

Calcaires à Térébratules, Calcaire à *Cardium* et Calcaire inférieur à Ptérocères. CONTEJEAN, 1858. RÉSAL, 1864.

Astartien et Corallien pp. ETALLON, 1862.

Calcaire à Térébratules, Calcaire à Ptérocères pp. PARISOT, 1864.

Calcaire à *Natica turbiniformis*. OGÉRIEN, 1867.

Astartien supérieur. ROLLIER, 1882.

Calcaires à Térébratules et calcaires astartiens supérieurs. KILIAN, 1883.

Astartien inférieur. — L'Astartien inférieur est séparé généralement du Rauracien par un banc de marne grisâtre, dure, feuilletée, ordinairement stérile, mais renfermant parfois cependant des empreintes d'Astartes, ou quelques *Waldheimia egena*. Ce sous-étage tel que nous le comprenons, avec la plupart de nos géologues, est formé de deux assises, correspondant au

« Calcaire à Astartes » et au « Calcaire à Natices » de M. Contejean [1].

La couche inférieure, ou Calcaire à Astartes, est constituée dans une grande partie de la région, par des calcaires blancs, crayeux, assez tendres, stratifiés en bancs épais, renfermant un très grand nombre d'empreintes de petits fossiles, surtout d'Astartes : *Astarte submultistriata, A. supracorallina* et d'autres bivalves presque aussi abondants : *Cyprina globula, C. lineata, Cardita carinella, Cardium lotharingicum, Ostrea bruntrutana.* On y rencontre aussi, dans certaines localités, en assez grand nombre : *Nerinea turriculata, Chemnitzia Clio, Anatina versipunctata, Trigonia geographica, Ostrea solitaria,* mais ils sont moins uniformément répandus. Ce faciès spécial des Calcaires à Astartes s'observe dans une grande partie de la région, au nord d'une ligne passant par Glère, Pont-de-Roide, Baume-les-Dames, Chaudefontaine, Chambornay-lez-Pin, Charcenne et Vaite. On le trouve encore au sud de cette ligne, dans l'est, mais à l'état d'îlots ; à Gray et à Dole, la zone inférieure de l'Astartien est formée par des calcaires blancs, sans fossiles. En quelques lieux, ces calcaires se continuent sans ligne de démarcation, avec le Rauracien.

En dehors de l'aire ainsi délimitée, les Calcaires à Astartes sont représentés, ou par des calcaires ou des marno-calcaires compacts et durs comme à Besançon, Vercel, Lods, etc., ou par les mêmes roches alternant avec de minces lits de marne feuilletée ou terreuse, par altération, peu fossilifères, car nous n'y avons guère recueilli que *Nerinea Bruckneri, Bourguetia striata, Chemnitzia Flamandi, Waldheimia egena ;* sous ce faciès ils ressemblent à l'assise suivante.

Les Calcaires à Natices, seconde division de l'Astartien inférieur, sont composés de calcaires compacts ou plus souvent marneux, jaunâtres ou grisâtres, en bancs séparés par de minces couches marneuses, ou même en quelques lieux de marnes feuilletées, bleues ou noires, qui passent insensiblement par en haut aux marnes à Astartes. La faune caractéristique de

1, Contejean, *Kimméridien.*

ce niveau se rencontre dans les parties marneuses, on y trouve surtout : *Nerinea Bruckneri, Bourguetia striata Natica Eudora, N. grandis, N. semiglobosa, N. turbiniformis, Lucina substriata, Pecten Astartinus, P. Beaumontinus, Ostrea bruntrutana, Waldheimia egena.*

En quelques lieux, ce type ordinaire de l'Astartien inférieur est modifié par des dépôts coralligènes, dont nous parlerons plus loin.

La puissance de l'Astartien inférieur varie de 10 à 30 mètres, mais son épaisseur est souvent difficile à apprécier exactement, lorsque par exemple le calcaire à Natices est totalement ou partiellement marneux, et passe ainsi aux marnes moyennes, sans que l'on puisse établir entre les deux de ligne de démarcation. Dans ce cas, le sous-étage inférieur paraît très réduit, tandis que le moyen semble très développé. Quelquefois cependant, un banc de calcaire compact termine par en haut la couche à Natices, et permet de la limiter.

Astartien moyen. — Ce sous-étage est une formation importante mesurant de 20 à 40 mètres, constituée par des marnes grises ou noires, primitivement feuilletées mais facilement désagrégeables, séparées par des bancs plus ou moins épais de marno-calcaire jaunâtre, stratifié lui-même en feuillets de 0m03 à 0m05, d'une roche très dure comme gréseuse, renfermant d'innombrables fossiles, mais se présentant aussi ailleurs en bancs plus épais de 0m10 à 0m20, d'une pierre plus tendre et pauvre en débris organiques (Consolation, Pierrefontaine, Morteau. Ces marnes offrent très souvent dans leur masse des intercalations de bancs épais de calcaire compact ou même de calcaire oolithique (Dole).

La faune des marnes astartiennes est très riche, surtout en petits fossiles que l'on rencontre, plaqués en très grand nombre, à la surface des lamelles dures de marno-calcaire gréseux. En certains endroits même, la roche entière semble formée par les débris de leurs coquilles ; on y remarque surtout : *Acteonina cincta, Cerithium sociale, Nerinea tabularis, Natica microscopica, Scalaria minuta, Corbula pisum, Cyprina lineata, Astarte*

*submultistriata, A. supracorallina, Nucula lenticula, Pecten as-
tartinus, P. Beaumontinus, Anomia monsbeliardensis, Serpula
Thurmanni.*

Cette faune se montre à Besançon et à Gray, à la partie inférieure du sous-étage, à Étalans, à la partie inférieure et à la
partie moyenne, à Montbéliard, à la partie supérieure. Les as-
sociations d'espèces ne sont pas partout les mêmes : les Échinodermes sont très abondants à Gray ; ils le sont beaucoup
moins à Montbéliard, et sont rares à Besançon et à Étalans ;
mais toujours et partout dominent les Astartes, et parmi elles
l'*Astarte supracorallina*, d'où le nom de « plaquettes à Astartes »
que donnent souvent les géologues à cette sorte de formation.
Dans l'est, à Pierrefontaine, Consolation et Morteau, les fossiles
sont plus rares. En dehors de la faune des plaquettes à Astartes,
qui comprend une trentaine d'espèces [1], on ne rencontre pas
de débris organiques dans les marnes qui séparent les lits de
marno-calcaire dur, dans la partie inférieure et la partie
moyenne du sous-étage, mais dans ses couches supérieures, on voit réapparaître *Ostrea bruntrutana* et *Waldheimia
egena.*

L'Astartien moyen possède aussi des dépôts d'origine madréporique ; nous les examinerons plus loin.

Astartien supérieur. — M. Contejean a divisé la masse calcaire qui surmonte les marnes à Astartes en trois assises : le
« calcaire à Térébratules, » le « calcaire à Cardium, » le « calcaire à Ptérocères. » Cette distinction, très logique pour les
districts littoraux de Montbéliard et de Belfort, où elle est facilement reconnaissable, ne peut s'appliquer à l'ensemble de la
région, comme son auteur l'avait d'ailleurs reconnu lui-même.
Vers l'est et vers le sud, les fossiles sont peu nombreux et ne
se rencontrent plus dans toutes les couches, mais sont canton-
nés dans quelques bancs marneux ; le coralligène, dont le « Calcaire à Cardium » est le type, manque dans bien des lieux, et la
zone à Térébratules, parfois marneuse, se confond alors avec

1. CONTEJEAN, *Kimméridien*, p. 48.

les Marnes à Astartes. Quant au « Calcaire à Ptérocères, » il contient déjà assurément la faune du Ptérocérien et pourrait être placé à la base de cet étage, mais, outre qu'il ne renferme guère de fossiles qu'à Montbéliard, et que sa limite inférieure ne peut être facilement établie, il est intimement lié à la masse calcaire qui recouvre les Marnes astartiennes ; si la faune ptérocérienne s'y montre déjà, en réalité elle s'épanouit seulement dans les marnes qui se trouvent au-dessus de lui.

On peut dire d'une façon générale que l'Astartien supérieur est constitué par une masse puissante de 28 à 74 mètres de calcaire compact, avec quelques variations locales. En certains lieux, la partie inférieure du sous-étage est formée de marnocalcaires en bancs alternant avec de minces lits de marne ; en d'autres, on rencontre une assise marneuse de 0^m50 à 1 mètre vers sa partie moyenne ; ailleurs, les bancs sont séparés par des intercalations marneuses de peu d'importance, sur la totalité ou sur une portion plus ou moins considérable de sa hauteur ; mais ce sont là des caractères sujets à varier d'un point à un autre.

La faune de l'Astartien supérieur se montre surtout dans les zones marneuses ; on y voit : *Pholadomya Protei*, *Pleuromya donacina*, *P. Voltzii*, *Arcomya gracilis*, *Lucina rugosa*, *Mytilus plicatus*, *M. subpectinatus*, *Ostrea bruntrutana*, *Terebratula subsella*, *Waldheimia humeralis*, *Rhynchonella corallina*. D'autres fossiles se rencontrent encore dans les coralligènes de ce niveau ; il sera question plus loin des uns et des autres.

La puissance de l'Astartien est très variable ; au nord d'une ligne passant par Dole, Montmahoux et Pontarlier, c'est-à-dire dans la plus grande partie de la région, elle est comprise entre 69 mètres et 146 mètres, et elle va en croissant de l'ouest à l'est. C'est dans cette dernière partie de notre territoire que l'étage présente sa plus grande épaisseur, mais il se réduit beaucoup vers le sud, sur le parcours et au voisinage de la ligne indiquée (la Chapelle, Mouchard, Montmahoux, Nans, Pontarlier). La réduction qui s'y produit porte sur tous les sous-étages, mais elle est surtout marquée pour le moyen, qui devient aussi plus calcaire. Ailleurs le développement de la partie marneuse est en raison inverse de celui de l'une ou de l'autre des deux parties calcaires.

Le tableau suivant indique la puissance de l'Astartien en divers points de la région.

LOCALITÉS	As. inf.	As. moy.	As. sup.	TOTAL
Vaîte	10	15		
Gray	18	23	28	69
Devecey			30	
Thieffrans	22	40		
Belfort	27	28	35	90
Montbéliard	30	30	74	134
Clerval		35		
Besançon	23	25	43	91
Mamirolle		25		
Étalans	11	45		
Pierrefontaine	21	40	48	109
Consolation	12	46	63	121
Morteau	30	32	84	146
Ornans	18	45	41	104
Lods	11	40	55	106
Dole	15	16	6	37
La Chapelle	10	22	19	51
Montmahoux	7	5	21	33
Nans	19	10		
La Nantillère				30
Pontarlier	2	8	18	28

Coralligènes de l'Astartien. — Des formations d'origine corallienne se montrent dans chacun des trois sous-étages de l'Astartien, dans les calcaires inférieurs, dans les marnes moyennes et dans les calcaires supérieurs. M. Contejean a déjà signalé l'existence de dépôts de ce genre, à Bussurel, dans les calcaires à Astartes et dans les calcaires à Natices ; on peut encore en citer quelques autres : à Mamirolle et à la Nantillère, une mince couche oolithique se montre à la base de l'étage correspondant au Calcaire à Astartes ; dans la tranchée du chemin de fer de Morteau, entre les Combettes et Longemaison, nous avons observé, avec M. Kilian, un coralligène de 0^{m}60 d'épaisseur, appartenant à la fois au calcaire à Astartes et au calcaire à Natices. Les assises hypoastartiennes à Polypiers, signalées par M. le colonel Jourdy, aux environs de Dole, doivent être rangées certainement dans le niveau des Natices; il en est de même aussi des formations oolithiques inférieures de l'Astartien d'Ornans. C'est encore à ce même horizon que nous croyons devoir rapporter la couche à Polypiers de la coupe de la Gauffre, près de Pontarlier, le deuxième banc à oolithes de la Nantillère et la zone à *Rhabdophyllia flabellum* de l'Astartien inférieur de Gray.

La puissance de ces dépôts varie beaucoup d'un point à un autre, comme on peut le voir dans le tableau suivant, qui indique l'épaisseur de la couche corallienne aux endroits désignés.

Calcaire à Astartes.

Bussurel	3^m	La Nantillère . . .	3^m à 4^m
Mamirolle	0^m40	Les Combettes . . .	0^m60

Calcaire à Natices.

Bussurel	1^m à 2^m	Gray	5^m
Dole	10^m à 15^m	La Nantillère . . .	10^m à 15^m
Ornans	5^m		

Ces coralligènes forment, dans l'est tout au moins, des îlots de peu d'étendue, peut-être dans le sud ceux des calcaires à Natices offraient-ils plus d'extension, entre Dole et la Nantillère? Nous ne pouvons le savoir, mais nous ferons remarquer qu'à la Chapelle, à cinq kilomètres de la Nantillère, l'Artartien ne renferme à ce niveau ni Polypiers ni oolithes.

Les marnes à Astartes présentent aussi, en quelques lieux, des formations coralliennes. M. Jourdy en a signalé une à Dole, et la coupe d'Ornans en montre une autre, épaisse de 3 mètres, située vers leur partie supérieure.

L'Astartien supérieur possède deux assises à Polypiers, celle de la base du sous-étage est assez constante pour qu'on puisse presque la considérer comme en faisant normalement partie. On trouve à Gray, immédiatement au-dessus des marnes astartiennes, une couche oolithique de 2 à 4 mètres de puissance, renfermant des Nérinées et des Polypiers que M. Étallon a signalée déjà [1], et que M. Bertrand a suivie jusqu'à Montagney [2], au sud. Ce dépôt présente à Gray son plus grand développement; à Montagney, il est rudimentaire; à Montot et à Oyrières, au nord de Gray, où nous l'avons rencontré, il ne dépasse pas un mètre et ne repose plus directement sur les marnes; il en est de même à Beaumotte-lez-Pin, au sud de Gray, où le banc à Polypiers, épais de 2^m50, en est séparé par une masse d'une dizaine de mètres, de calcaire compact feuilleté. Ce coralligène ne s'étend pas plus loin vers le nord ni vers l'est, car il manque à Vaîte près de Savoyeux, il manque aussi entre Beaumotte et Besançon, comme à Besançon même. Dans le nord de la Haute-Saône, l'Astartien supérieur est trop peu à découvert pour que l'on puisse être renseigné à son sujet; mais dans l'est du département, on n'observe aucune formation madréporique, ni à Thieffrans, ni entre Loulans et Rigney, ni à Devecey. Au nord de la région, à Montbéliard, on voit au même niveau le « Calcaire à Cardium » typique de M. Contejean, blanc, oolithique, crayeux, avec une faune spéciale : *Nerinea bruntrutana, N. Gosæ, N. Mosæ, N. speciosa, Cardium corallinum, Lima astartina, Waldheimia humeralis*, etc., débris d'Échinodermes et Polypiers. Cette assise, bien développée aux environs de Montbéliard, se réduit à Belfort à un mince lit oolithique de 0^m30; on la retrouve aussi vers Clerval, au sud-ouest de Montbéliard, où elle est mieux représentée (3^m), mais elle fait défaut au sud de ces points, à Maiche, Morteau, Pierrefontaine, Consolation, Vercel et Besançon. A l'est de cette dernière ville, on rencontre, à trois ou quatre mètres au-dessus des marnes astartiennes, une couche oolithique de 4 mètres de puissance, que l'on peut suivre depuis Mamirolle jusqu'à Naisey, et même au delà dans la direction du nord-est et jusqu'à Valdahon, Passonfontaine et les Combettes dans la direction de l'est; on peut aussi la suivre vers le sud jusqu'à Saules, entre Étalans et Ornans, où elle est rudimentaire et qu'elle ne dépasse pas; elle manque dans la vallée de la Loue, entre Ornans et Mouthier. Au sud de cette rivière,

1. *Jura graylois.*
2. *Jurassique supérieur.*

elle reparaît, mais peu développée, près de Pointvillers, sur le chemin de Quingey, puis à Boussières, Port-Lesney, Montmahoux et Déservillers, comme M. Bertrand l'a déjà indiqué [1]. On recueille aussi des Polypiers à ce niveau sur le chemin entre la Chapelle et By, et entre l'Abergement-du-Navois et Levier, dans les champs qui bordent la route. Dans le sud-ouest, à Dole, le même coralligène, puissant ici de 6 mètres, s'observe encore immédiatement au contact des marnes moyennes, et au sud-est, à Pontarlier, on trouve, à ce niveau, une formation bréchoïde, d'origine probablement corallienne. L'épaisseur de ces couches à Polypiers est peu considérable; elle atteint 8 mètres à Montbéliard, mais ailleurs elle est comprise entre 1 et 6 mètres.

Tous ces coralligènes de l'Astartien supérieur, que nous venons de passer en revue, appartiennent à la partie inférieure, ou tout au plus à la partie moyenne du sous-étage; mais il en est d'autres, placés plus haut dans la série, qui paraissent correspondre aux calcaires à Ptérocères; ils sont peu nombreux et situés tous dans l'est de la région. M. Kilian en a signalé un près de Trévillers [2], et nous plaçons au même niveau ceux que nous indiquons dans les coupes des Lavottes et de Boujailles, et la couche marneuse à Échinodermes et Polypiers de Sombacourt, si elle est réellement astartienne. Ces derniers dépôts mesurent de 1 à 5 mètres d'épaisseur.

L'Astartien présente en résumé cinq ou même six niveaux coralligènes : deux dans le sous-étage inférieur, un dans le moyen, deux ou trois dans le supérieur. Toutes ces formations madréporiques sont groupées autour de cinq centres. L'un, au nord-est, occupe le pays de Montbéliard et s'étend de Belfort à Clerval; un autre comprend la région de Gray, depuis Montot à Beaumotte-lez-Pin, etc., et ne se prolonge pas jusqu'à Dole; le troisième est situé au sud d'une ligne allant de Dole à Pontarlier; le quatrième constitue un îlot entre les Combettes, Mamirolle, Valdahon et Saules; le cinquième, enfin, se montre sur une ligne tracée de Trévillers à Sombacourt.

1. *Jurassique supérieur.*
2. *Environs de Maîche.*

La faune des coralligènes a été indiquée, à propos du Calcaire à Cardium de Montbéliard, elle est composée de Polypiers, d'Échinodernes, du *Cardium corallinum* et de plusieurs espèces de Nérinées.

A côté de ces coralligènes typiques, nous devons signaler aussi des assises de calcaire blanc, crayeux, que l'on observe aux mêmes niveaux que les premiers, dans certains lieux où ceux-ci font défaut. Ces dépôts offrent une certaine analogie avec les calcaires blancs à Astartes, de l'ouest et du nord, mais ne leur sont pas identiques. On peut les observer dans la première zone de l'Astartien inférieur, à Étalans, et dans l'Astartien supérieur, à Moncley, Thieffrans et Besançon, à la base du sous-étage, puis à Lods, Vercel et Pierrefontaine, vers sa partie moyenne : ils se sont vraisemblablement déposés à proximité des stations à Polypiers, et ont été constitués par leurs débris, triturés et émiettés par les vagues, comme le fait se produit encore aujourd'hui.

FAUNE DE L'ASTARTIEN

INDICATIONS DONNÉES PAR LES COLONNES : **I**, espèces venant d'un niveau inférieur ; **S**, espaces passant dans le niveau supérieur ; **1**, Astartien inférieur ; **2**, Astartien moyen ; **3**, Astartien supérieur.

ABRÉVIATIONS : Bf. = Belfort, Bs. = Besançon, Cons. = Consolation, D. = Dole, Eta. = Étalans, Fr. = Fresne, Gr. = Gray, Long. = Longemaison, M. = Montbéliard, Ma. = Maîche, Mort. = Morteau, Monb. = Montbozon, N. = Nans, Or. = Ornans, Oy. = Oyrières, P. = Pontarlier, Pier. = Pierrefontaine, S. = Salins, Val. = Valdahon, Ver. = Vercel.

	I	1	2	3	S
Belemnites astartinus Ctj. — Bs. M.	+	+			
sp. — Eta		+			
Ammonites Achilles d'Orb. — M. D.	+	+			+
sp. af. Achilles d'Orb. — Eta.		+			
Nautilus giganteus d'Orb. — M. Gr.	+	+	+	+	+
inflatus d'Orb. — M.				+	+
Bulla suprajurensis Rœm. — M.				+	
Acteonina acuta d'Orb. — Oy.	+			+	
carinella Buv. — Gr.				+	

	I	1	2	3	S
Acteonina cincta Ctj. — M.				+	
collinea Buv. — Gr. M.		+		+	
Mariæ. Buv. — M.				+	
Rostellaria Wagneri Th. — N.		+			
Pteroceras angulicostata Buv. — M.		+	+	+	+
Gaulardea Buv. — M.				+	+
Monsbeliardensis Ctj. — M.				+	+
Oceani Delab. — M. Ma. Mort.				+	
Ponti Brg. — M.				+	+
suprajurensis Ctj. — M.				+	+
Cerithium limæforme Rœm. — M. Gr.	+			+	
pygmæum Buv. — M. Gr.		+	+	+	
sociale Th. — Gr.		+	+		
Nerinea Altenensis d'Orb. — M.		+			
Bruckneri Th. — partout		+			
bruntrutana Th. — M. Gr.	+	+		+	+
Danusensis d'Orb. — M.	+	+			
Defrancei Dest. — M.	+	+			+
depressa Voltz. — Gr.	+	+		+	+
Elsgaudiæ Th. — Oy.				+	+
Erato d'Orb. — Ma.		+			
exarata Ctj. — M.		+			
fasciata Voltz. — M.		+			
Gosæ Rœm. — partout				+	+
Moreauana d'Orb. — Gr.	+	+		+	+
Mosæ Desh. — M. Dbs.	+	+		+	+
Mustoni Ctj. — M. Bs.				+	
ornata d'Orb. — M.	+	+			
sexcostata d'Orb. — D.				+	
speciosa Voltz. — M. Oy.	+	+			
subcylindrica d'Orb. — M.				+	
suprajurensis Voltz. — Ma.	+	+			+
tabularis Ctj. — M. Bs. Eta.			+		
turritella Voltz. — M.	+	+			
Visurgis Rœm. — M.	+	+		+	+
Melania? Renaud-Comti Th. — D.		+			
Bourguetia striata Sow. — partout	+	+			
Chemnitzia abbreviata Rœm. — S.		+			
Clio d'Orb. — M.	+	+			
Danæ d'Orb. — Eta. D. M.		+	+	+	
Flamandi Ctj. — M.		+			

	I	1	2	3	S
Chemnitzia Heddingtonensis d'Orb. — S.	+	+			
Rissoa Bisuntina Ctj. — Bs.		+			
subclathrata Buv.— M.		+			
Natica amena Th. — D.				+	
Cireyensis de Lor. — Bs.		+			
dubia Rœm. — partout		+		+	+
elea d'Orb. — Évillers.		+			+
Eudora d'Orb. — partout		+	+	+	+
Georgeana d'Orb. — Gr.		+			+
grandis Munst. — partout.		+			
globosa Rœm. — N.		+			+
hemispherica Rœm. — partout.		+		+	+
macrostoma Rœm. — Bs. S.				+	
microscopica Ctj. — M. Bs.	+	+			
phasianelloïdes d'Orb. — M.				+	+
pugillum Th. — D.		+			
prætermissa Ctj. — M.		+			+
semiglobosa Et. — partout		+			+
sequana Coq. — Déservillers		+			
turbiniformis Rœm. — M. partout.		+	+	+	+
veriotina Buv. — Nans.		+			
vicinalis Th. — Nans		+			+
Scalaria minuta Buv.— partout.		+			
Neritoma Renaud-Comti Coq. — Ma. Cons.		+			
Nerita cancellata Ziet. — S.				+	
Phasianella Coquandi Ctj. — M. Bs.		+			
ornata Ctj. — M.				+	+
suprajurensis Et. — Gr. Oy.				+	
Turbo corallensis Buv. — Oy.				+	
problematicus Ctj. — M.		+			
Studeri Coq. — Bs.	+				
Trochus aff. Eudoxus d'Orb. — Gr.	+				
Pleurotomaria acutimargo Rœm. — M.				+	
Bourgueti Th. — M.				+	+
Phædra d'Orb. — M.				+	+
Teredo astartinus Et. — Gr.				+	
Corbula Deshayesana Buv.— M.			+		
dubia Ctj. — M. Bs.	+				
pisum Ctj. — M.			+		
vomer Ctj. — M.				+	
Mya (?) fimbriata Ctj. — M.				+	

	I	1	2	3	S
Mactra truncata Ctj. — M.				+	+
Thracia suprajurensis Desh. — M.				+	+
Anatina caudata Ctj. — M.				+	+
solen Ctj. — M. Monb.		+			
versipunctata Buv. — M.		+			
Ceromya excentrica Voltz. — Cons. Ma. M.		+		+	+
capreolata Ctj. — M.				+	+
nuda Ctj. — M.				+	
Gresslya astartina Et. — Oy.				+	+
Pleuromya donacina Ag. — partout	+	+		+	+
Jurassi Et. — Gr. D.		+			
tellina Ag. — M.			•	+	+
Homomya hortulana Ag. — Cons. Eta. M. Fr.				+	+
Goniomya pudica Ctj. — M. Gr.				+	+
Pholadomya canaliculata Rœm. — Gr. M.		+		+	+
cancellata Ag. — Gr.		+			+
cor Ag. — M.			+	+	+
decemcostata Rœm. — D. M.		+		+	
depressa Ag. — M. Gr.			+	+	+
echinata Ag. — Gr.			+		+
pauciçosta Rœm. — Gr. Eta. P.	+	+	+	+	+
pectinata Ag. — M.				+	+
Protei Brug. — partout.			+	+	+
rugosa Goldf. — M.				+	+
tenera Ag. — Gr.			+		
Arcomya? gracilis Ag. — M. Pier. Eta. Cons.		+	+	+	
helvetica Ag. — Éta.		+			
robusta Ag. — M.				+	+
Trigonella? Pandorina Buv. — M.		+			
Venerupis ararica Et. — Oy.				+	
Isocardia striata d'Orb. — Ver. Mort.				+	
Cyprina cornuta Klod. — M.				+	+
globula Ctj. — M. Eta. N. Cons.		+	+		
lineata Ctj. — M. Eta.		+	+	+	+
tenuirostris Et. — D.		+	+		
Cardium Banneianum Th. — M.		+			
corallinum Leym. — M.	+			+	+
fontanum Et. — Eta. D		+	+	+	
Lotharingicum Buv. — M.		+			
Mosense Buv. — M.				+	
orthogonale Buv. — M.		+		+	+

21

	I	1	2	3	S
Cardium pesolinum Ctj. — M.				+	+
suprajurense Ctj. — D.		+			+
trigonellare Buv. — M.				+	
Lucina Buvigneri Et. — N.		+			
discoïdalis Buv. — M.				+	
lamellosa Ctj. — N.		+			
Mandubiensis Ctj. — M. N.				+	
plebeia Ctj. — M. Gr.		+		+	+
radiata Ctj. — M.				+	
striatula Buv. — M.		+		+	
substriata Rœm. — partout.		+		+	+
Corbis crenata Ctj. — M.				+	
Dyonisea Buv. — M.				+	
Diceras suprajurensis Ctj. — M.		+			
Opis Gaulardea Buv. — Eta.		+			
Michelinæa Buv. — M.				+	
Mosensis Buv. — M. Gr.				+	
suprajurensis Ctj. — M.		+			
Astarte bruta Ctj. — M.			+		
celtica Ctj. — M.				+	+
cingulata Ctj. — M.		+			+
Monsbeliardensis Ctj. — M.				+	+
polymorpha Ctj. — M.		+	+	+	
sequana Ctj. — M.				+	+
scalaria Rœm. — M.				+	
submultistriata d'Orb. — partout		+	+	+	
supracorallina d'Orb. — partout		+	+		
Cardita carinella Buv. — M.		+			
Trigonia Alina Ctj. — M.				+	+
concinna Rœm. — Or. Oy. Montcley.		+	+		
geographica Ag. — M. S. Ma.	+	+			
gibbosa Sow. — M.				+	
Greppini Et. — Eta. Gr.	+	+			
muricata Rœm. — Gr.		+			+
Parkinsoni Ag. — Val.				+	+
picta Ag. — S.		+			
suprajurensis Ag. — M. Bs. Gr.				+	+
truncata Ag. — M. Or. Oy. Montcley.		+		+	+
Nucula lenticula Ctj. — M.		+	+		
Arca Castellinensis Ctj. — M.		+			
hians Ctj. — M.		+			

	I	1	2	3	S
Arca longirostris Rœm. — M.				+	+
macropyga Ctj. — M.				+	
minuscula Ctj. — M.			+		
Mosensis Buv. — M.				+	+
nobilis Ctj. — M.				+	+
Nostradami Ctj. — M.		+			
rhomboïdalis Ctj. — M.		+	+	+	+
rugosa Ctj. — M.				+	
texta Rœm. — M. Gr.				+	+
Thurmanni Ctj. — M.		+			
Pinna bannesiana Th. — M.				+	+.
granulata Sow. — M. Gr.		+		+	+
obliquata Desh. — M.				+	
Trichites Saussurei Desh. — S. M. Ma.		°		+	+
Myoconcha siliqua Ctj. — M.				+	
Modiola plicata Sow. — M. Bs. S.		+		+	+
subæquiplicata Gdf. — partout.		+	+	+	+
Mytilus acinaces Leym. — M		+		+	+
corrugatus Ctj. — M.		+		+	+
intermedius Th. — Pont-de-Roide.		+			
jurensis Mer. — Bs. M. S.		+	+	+	+
longævus Ctj. — Gr. Oy.		+		+	
perplicatus Et. — Gr. Eta. Ma. Ver.		+			
subpectinatus d'Orb. — Ver. Long.	+	+		+	+
trapeza Ctj. — M. D.		+			
Gervilia Kimmeridiensis d'Orb. — M.				+	+
striatula Ctj. — M.		+			
Perna rhombus Et. — Pont-de-Roide.		+			
Avicula Gesneri Th. — Long. M. Gr.		+	+	+	+
modiolaris Munst. — M.		+		+	+
plana Th. — M.				+	+
Pecten astartinus Et. — partout.		+	+		+
Beaumontinus Buv. — partout		+	+	+	
Benedicti Ctj. — S.				+	+
Dyoniseus Buv. — M.		+		+	
Grenieri Ctj. — M. Bs. Eta. D.		+		+	+
Kralikii Ctj. — M. Gr.		+	+		
suprajurensis Buv. — M.		+		+	+
Thurmanni Ctj. — M.			+		
varians Rœm. — S.		+			
Hinnites inæquistriatus d'Orb. — Ver. M.				+	+

	I	1	2	3	S
Lima astartina Th. — M. Dbs. Bs.	+	+		+	
densepunctata Rœm. — M.				+	+
Greppini Et. — Gr.		+			
Magdalena Buv. — M.				+	+
obsoleta Ctj. — M.				+	+
pygmæa Th. — M. Gr. S.				+	
semipunctata Et. — D.				+	
Spondylus ovatus Ctj. — M.		+		+	
Plicatula horrida Ctj. — M.		+			
Anomia monsbeliardensis Ctj. — M. Eta.			+	+	
undata Ctj. — M.		+			
Ostrea astartina Et. — Gr.	+	+			
auriformis Gdf. — M. D.		+		+	+
bruntrutana Th. — partout		+	+	+	+
cotyledon Ctj. — M. Ma. D.		+	+	+	+
dubiensis Ctj. — D.				+	+
ermontiana Et. — M.		+	+		
exogyroïdes Rœm. — M.		+	+		
monsbeliardensis Ctj. — M. D.				+	
multiformis Kock. — M. Gr.	+	+	+		
nana Sow. — Gr. D.	+	+			
pulligera Gdf. — partout	+	+	+	+	
Rœmeri d'Orb. — M.		+		+	+
sandalina Gdf. — M. S.	+	+	+	+	+
sequana Th. — S.				+	
spiralis d'Orb. — Gr. D.	+	+	+		
Terebratula Gesneri Et. — Gr.				+	
sp. af. lnsignis. Schlot. — Eta.	?			+	
subsella Leym. — partout		+		+	+
Waldheimia egena Bayle. — partout		+	+		
humeralis Rœm. — partout		+	+	+	+
Rhynchonella corallina Leym. — partout	+	+		+	+
subvariabilis Dav. — Bf.		+			
Crania reticulata Ctj. — M.				+	
Serpula flaccida Mü. — Gr.	+	+			
Thurmanni Ctj. — M. Eta.			+		
Holectypus inflatus Des. — Dbs.			+		
Pygurus Blumenbachii Ag. — D.	+	+			+
Echinobrissus major d'Orb. — D. M.		+			+
scutatus d'Orb. — Bf.		+			
Glypticus affinis Ag. — N.		+			

	I	1	2	3	S
Pseudodiadema complanatum Des. — Bf.	+	+			
Duvernoyi Et. — M.			+		
hemisphericum Des. — S. N.		+			
neglectum Des. — D.				+	
Acrocidaris formosa Ag. — S.		+			
subformosa Et. — Gr.		+			
Hypodiadema Rocheli Et. — M.		+			
Hemicidaris diademata Ag. — S.		+			
Gagnebini Des. — D.				+	
Hofmannii Des. — M.				+	
mitra Ag. — M.				+	
simplex Th. — Gr.		+			
stramonium Des. — N. D.		+	+		+
Acrosalenia angularis Des. — D.				+	
decorata Wrig. — Bf. M.				+	+
tuberculosa Ag. — S.		+			
Cidaris baculifera Ag. — partout.		+	+		
florigemma Phil. — partout.	+	+		+	
Parandieri Ag. — Bf.				+	
philastarte Th. — Gr.		+	+		
Millericrinus astartinus Th. — S.		+			
echinatus d'Orb. — N.	+	+	+		
Hoferi Mer. — Gr.			+		
Munsteranus d'Orb. — N.	+	+	+		
Nodotanus d'Orb. — N.	+	+	+		
Apiocrinus Meriani Des. — partout.		+	+	+	
polycyphus Mer. — Dbs.	+	+	+		
Stylina semitumularis Et. — M.				+	+
Isocora Thurmanni Et. — Gr.		+			
sp. — Gr.				+	
Blastosmilia Perroni Fr. — Gr.				+	
Cladophyllia astartina Et. — Gr.		+			
Montlivaultia sp. — M.				+	
Rhabdophyllia sp. — M.				+	
Comoseris irradians E. H. — M.	+			+	
Thamnastræa concinna E. H. — Gr.	+			+	
corallinica Et. — Gr.				+	
Astrocœnia Bougeoti Et. — M.				+	

La faune de l'Astartien, en ne comptant pas les polypiers, dont il sera question plus loin, comprend 282 espèces ; elle se décompose ainsi : 6 céphalopodes, 79 gastropodes, 155 pélécy-podes, 8 brachiopodes, 2 serpules, 25 échinides et 7 crinoïdes ; les lamellibranches siphonés et les non-siphonés sont à peu près également représentés. Parmi ces espèces, 41 proviennent du Rauracien qui lui fournit : 3 céphalopodes, 16 gastropodes, 12 pélécypodes, 2 brachiopodes, 1 serpule et 7 échinodermes. La moitié au moins de ces fossiles, d'origine rauracienne, sont les restes d'animaux qui vivaient au milieu ou à proximité des formations coralliennes, tels que les Nérinées, Actéonines, *Cardium corallinum*, échinodermes, etc. Quant aux polypiers eux-mêmes, on en compte tout au plus une dizaine dans l'Astartien, dont trois lui viennent du niveau inférieur, mais cette pauvreté en zoanthaires n'est qu'apparente, car on a recueilli dans cet étage un assez grand nombre d'individus appartenant aux genres : *Stylina, Aplosmilia, Isastræa, Thecosmilia, Rhabdophyllia, Calamophyllia, Montlivaultia, Microsolena*, etc., dont la détermination n'a pu être faite.

PTÉROCÉRIEN

SYNONYMIE

Calcaires et marnes à *Gryphea virgula* pp. THIRRIA, 1833.
Étage jurassique supérieur pp. PARANDIER, 1839.
Couche à Ptérocères. GRENIER, 1843.
Groupe des calcaires et marnes à Ptérocères. BOYÉ, 1844.
Calcaires portlandiens pp. RENAUD-COMTE, 1846.
Groupe Kimméridien. MARCOU, 1848.
Marnes et calcaires à Ptérocères. PIDANCET, 1848.
Groupe de Porrentruy. MARCOU, 1856.
Marnes à Ptérocères, Calcaire supérieur à Ptérocères, calcaire à *Corbis*, calcaire à Mactres, pp. CONTEJEAN, 1858, 1860.
Strombien. ÉTALLON, 1862.
Groupe des calcaires et marnes à Ptérocères pp. RÉSAL, 1864.
Ptérocérien pp. PARISOT, 1864.
Ptérocérien. BERTRAND, 1880, 1883, 1885, 1887 ; ROLLIER, 1882 ; KILIAN, 1883, 1891, 1894.
Kimméridien. VÉZIAN, 1865, 1872, 1893.
Calcaire marneux à *Pteroceras Oceani*, calcaire compact à *Pholadomya acuticostata*. OGÉRIEN, 1867.

Kimméridien pp. JOURDY, 1871 ; BOYER, 1877, 1888.
Astartien pp. BERTRAND, 1882.

Les fossiles caractéristiques du Ptérocérien apparaissent déjà, dans les calcaires compacts de la partie supérieure de l'Astartien, à Montbéliard et dans quelques rares localités, mais ils y sont clairsemés et difficiles à observer, tandis qu'ils se montrent partout en assez grand nombre, dans une zone marneuse très constante, située immédiatement au-dessus de ces calcaires. Pour ces motifs et aussi en raison de la difficulté que l'on éprouve à tracer la limite inférieure de la couche calcaire, nous considérons, avec la plupart de nos géologues, le banc marneux comme le début de l'étage.

Cette première assise du Ptérocérien est constituée par des marnes sèches et sableuses ou des marno-calcaires tendres et facilement désagrégeables, renfermant de nombreux fossiles, et parmi eux surtout des *Ptérocères ;* sa puissance varie de 1 à 15 mètres. On y rencontre principalement :

Nautilus giganteus, N. inflatus, Aporrhais Wagneri, Pteroceras Oceani, Natica cochlita, N. turbiniformis, Thracia incerta, Ceromya excentrica, Pleuromya donacina, P. Voltzii, Homomya hortulana, Pholadomya multicostata, P. paucicosta, P. Protei, Cyprina Brongniarti, Isocardia striata, Cardium banneianum, Lucina rugosa, Trichites Saussurei, Modiola subæquiplicata, Mytilus jurensis, Hinnites inæquistriatus, Ostrea bruntrutana, O. solitaria, Terebratula subsella.

Cette couche est surmontée par un massif calcaire de 5 à 50 mètres d'épaisseur, présentant assez souvent des intercalations marneuses ou marno-calcaires, surtout à sa partie inférieure, et des bancs crayeux ou oolithiques dont il sera question plus loin. La masse calcaire est ordinairement disposée en strates épaisses, elle offre quelquefois cependant la structure feuilletée ; sa faune est la même que celle des marnes sous-jacentes, les fossiles sont peu nombreux dans les parties calcaires, mais le deviennent davantage dans les parties marneuses.

La puissance du Ptérocérien varie de quelques mètres à 50

ou 55 mètres; d'une façon générale, elle va en augmentant de l'ouest au nord-est et à l'est, et se réduit beaucoup vers le sud, comme l'indique le tableau suivant :

Gray.	20	Consolation	50
Fresne-Saint-Mamès	29	Morteau	45
La Roche	14	Gilley	55
Devecey	30	Lods.	51
Besançon	31	La Nantillère.	5
Montbéliard	51	Boujailles.	18

La couche fossilifère de la base de l'étage est surtout marneuse au centre de la région (la Roche, Devecey, Besançon, Montbéliard, Quingey), où elle mesure de 6 à 12 mètres; elle l'est encore au sud, mais plus réduite; elle est marno-calcaire au nord et à l'ouest (Belfort, Fresne-Saint-Mamès, Gray); à l'est, elle passe en partie à des calcaires plus ou moins marneux, et reste marneuse sur une épaisseur de 1 à 2 mètres.

Coralligènes du Ptérocérien. — A Gray, la masse supérieure présente vers son milieu une faune d'Échinodermes et de Polypiers renfermés dans un calcaire compact; à Fresne-Saint-Mamès, un banc oolithique se rencontre au même niveau; à la Roche, le même banc se retrouve à la partie supérieure de l'étage, qui est ici fort réduit. A Devecey, ce coralligène manque; il manque aussi à Besançon. Dans le nord de la région, à Audincourt, non loin de Montbéliard, on observe, à 6 ou 7 mètres au-dessus des marnes à Ptérocères, une assise crayeuse de 8 à 10 mètres de puissance, contenant en grand nombre des Nérinées, des débris d'Échinodermes et des Polypiers; cette même faune se voit au même niveau à Seloncourt, près de là, mais elle manque à Berne, à cinq kilomètres de Seloncourt [1]. A Belfort, on rencontre, toujours au même niveau, une couche oolithique de 3 mètres [2]. A Pierrefontaine-les-Varans, un important dépôt corallien se montre à quelques mètres au-dessus du Ptérocérien marneux il est formé par un calcaire oolithique

1. CONTEJEAN, *Kimméridien.*
2. PARISOT, *Esquisse.*

rempli de Nérinées, de Polypiers, de débris d'Échinodermes, et peut être suivi jusque près d'Avoudrey, vers le sud, et jusqu'à Valdahon et Étalans, vers l'ouest; il s'étendait probablement plus loin encore dans cette direction, sans cependant atteindre Besançon, mais il a disparu au delà d'Étalans par le fait des érosions. A Vercel et à Gilley, une formation analogue repose immédiatement sur les marnes ptérocériennes ; elle faisait vraisemblablement partie du même coralligène, dont elle marque les points de début. Ce coralligène ne s'étend pas plus loin, ni à l'est ni au sud, car on ne l'observe pas à Consolation, ni à Morteau, ni à Lods, ni à Mouthier.

Au.sud de la Loue, on voit entre Ornans et Chantrans, à deux kilomètres de ce dernier village, une assise bien caractérisée comme coralligène, qui nous paraît appartenir au Plérocérien calcaire [1] ; c'est aussi à ce niveau qu'il faut rapporter la couche oolithique supérieure de Montmahoux et le gisement si riche en Polypiers qui se montre entre Boujailles et Courvière, dans les carrières à droite de la route.

A Dole et à Pontarlier, aux extrémités sud de la région, un banc oolithique, renfermant une faune corallienne, recouvre immédiatement les marnes inférieures de l'étage ; et vers le milieu de la limite sud de la région, entre l'Abergement-du-Navois et Levier, des Plérocères, des Nérinées et des Polypiers se rencontrent dans ces marnes elles-mêmes.

Le Plérocérien présente ainsi trois niveaux coralligènes : un premier que nous venons d'indiquer dans la marne inférieure, un second immédiatement au-dessus d'elle (Dole, Pontarlier, Gilley. Vercel), et un troisième, le plus répandu, vers le milieu des calcaires supérieurs (Gray, Fresne, La Roche, Montbéliard, Belfort, Seloncourt, Pierrefontaine, Avoudrey, Valdahon, Étalans, Chantrans, Montmahoux, Courvière).

A côté de ces dépôts, bien caractérisés comme formations coralliennes, il faut en citer encore d'autres, constitués par des calcaires crayeux, blancs et traçants, sans oolithes ni Polypiers,

---

1. C'est par suite d'un *lapsus* que ce dépôt a été indiqué par nous comme Virgulien en 1887 (Coralligènes supérieurs, etc.), c'est hypovirgulien que nous avions voulu écrire.

observables en certains endroits (Besançon, Morteau, Mouthier), au niveau du coralligène supérieur, qui nous paraissent être en relation avec lui, comme nous l'avons indiqué plus haut à propos des couches semblables de l'Astartien.

La faune des assises oolithiques comprend des Nérinées, des Polypiers, des Échinodermes, etc. Nous signalerons seulement ici, parmi les fossiles que l'on y recueille le plus souvent :

Nerinea Elsgaudiæ, N. depressa, N. Gosæ, Cardium coralli-num, Diceras suprajurensis, Hemicidaris Thurmanni, Pseudo-salenia aspera, Cidaris pyrifera, Montlivaultia cuneata.

FAUNE DU PTÉROCÉRIEN

INDICATIONS DONNÉES PAR LES COLONNES : **I**, Astartien; **S**, Virgulien; **1**, marne ptérocérienne; **2**, calcaires ptérocériens.

ABRÉVIATIONS : Bf. = Belfort, Bs. = Besançon, Char. = Chargey-lez-Gray, Cons. = Consolation, Fre. = Fresne-Saint-Mamès, Gr. = Gray, Hs. = Haute-Saône, Inde. = Indevillers, Lav. = Lavottes (Morteau). M. = Montbéliard, Ma. = Maiche, MsL. = Mont-Saint-Léger, Picr. = Pierrefontaine, Qg. = Quingey, S. = Salins, Val. = Valdahon.

	I	1	2	S
Ammonites Achilles d'Orb. — M.	+	+		
Berryeri Les. — MsL. Fre.			+	
biplex Sow. — MsL. Fre.		+		
Cymodoce d'Orb. — Fre. M.		+	+	
decipiens Sow. — M.		+	+	+
eupalus d'Orb. — Gr.		+		
gigas Ziet. — M. Gr.		+	+	
Lallerianus d'Orb. — M.			+	+
longispinus Sow. — MsL.			+	+
pseudomutabilis de Sow. — Char.			+	
rotundus Sow. — Gr.			+	+
Thurmanni Contj. — M.		+		
Yo d'Orb. — Char.			+	+
Nautilus giganteus d'Orb. — Bf. MsL. S. M.	+	+	+	+
inflatus d'Orb. — Bs. Bf. M. Gr.	+		+	+
Moreausus d'Orb. — M. MsL.			+	+
Bulla cylindrella Buv. — M.		+		
Dionysea Buv. — M.		+		

CORALLIGÈNES ASTARTIENS ET PTÉROCERIENS

Régions des
Coralligènes astartiens.
(Traits verticaux)

Régions des
Coralligènes ptéroceriens.

Formations antérieures au Ter. jurassique.

	I	1	2	S
Bulla Michelinea Buv. — M.		+		
Purpuroïdea gigas Et. — Lods.		+		
Rostellaria Wagneri. Thurm. — Bs. S.	+	+		
Pteroceras anatipes Buv. — M.		+		
angulicosta Buv. — M.	+	+	+	
calva Ctj. — M.		+		
carinata Ctj. — M.		+		+
filosa Buv. — M.		+		
Gaulardea Buv. — M.	+	+	+	+
Monsbeliardensis Ctj. — M.	+	+	+	+
Oceani Brg. — partout.	+	+	+	+
ornata Buv. — M.				
Ponti Brg. — M. Bs. Hs. Gr.	+	+		
Sailletea Buv. — M.		+		
suprajurensis Ctj. — M.	+	+		
Thurmanni Ctj. — M.		+		
Thirriai Ctj. — Gr. M. Bs.		+	+	+
Nerinea bruntrutana Th. — M.	+	+	+	+
Cabanetiana d'Orb? — Pier.		+		
Defrancei Desh. — M.	+	+		
depressa Voltz. — M. Gr.	+	+		
Elsgaudiæ Thurm. — Gr. Bs.	+	+		+
Gosæ Rœm. — partout.	+	+	+	+
styloïdea Ctj. — Gr.	+	+		+
speciosa Voltz. — M.	+	+		+
suprajurensis Voltz. — M.	+	+	+	
Visurgis Rœm. — M. Bf.	+		+	
Chemnitzia Bronnii Rœm. — M.		+		
Delia d'Orb. — M. Bs.		+	+	+
Natica dubia Rœm. — M. Bs.	+	+		+
Dejanira d'Orb. — M.	+		+	
Elea d'Orb. — M. Bs.	+	+		+
Eudora d'Orb. — M. Pier. Ma. Lav.	+	+		+
Georgeana d'Orb. — M.	+	+	+	
globosa Rœm. — S. M.	+	+		
hemispherica Rœm. — M.	+	+	+	+
phasianelloïdes d'Orb. — M.	+	+		+
præternissa Ctj. — M.	+	+		+
pugillum Th. — Bs.	+	+		
semiglobosa Et. — Bs. Qg.	+	+	+	+
turbiniformis Rœm. — Bs. Ma. Mg	+	+	+	

	I	1	2	S
Natica vicinalis Th. — Bs. Levier	+	+		
Pileolus sp. – Lav.		+		
Nerita jurensis Münst. — M.		+		
Turbo incertus Ctj. — M.		+		
viviparoïdes. Rœm. — M.		+		+
Pleurotomaria acutimargo Rœm. — M.	+	+		
amica Ctj.— M.		+		
Bourgueti Th. — M.	+	+		
Phædra d'Orb. — M.	+	+	+	
Philæa d'Orb. — Gr. Bf.		+		
Patella Humbertina Buv.— M. Lav.		+		
suprajurensis Buv. — M.		+		
Mactra ovata Rœm. — M.		+		+
rostralis Rœm. — M.		+	+	
truncata Ctj. — M.	+	+		
Saussurei Brg. — M.		+	+	
Thracia depressa Sow. — M. Bf.		+	+	+
incerta Desh. — partout		+	+	+
suprajurensis Desh. — M. Bf.	+	+	+	+
Anatina caudata Ctj. — M.	+	+		+
expansa Ag. — M.		+		+
insignis Ctj. — M.		+		
striata Ag. — M.		+	.	+
Ceromya capreolata Ctj. — M.	+		+	+
excentrica Terq. — partout	+	+	+	+
Pleuromya donacina Ag. — partout	+		+	+
sinuosa d'Orb. — Bf.		+		
subelongata d'Orb. — Bf.		+		
tellina Ag. — Qg. M.	+	+		+
Homomya gracilis Ag. — M. Gr.		+		+
hortulana Ag. — partout.	+	+	+	+
Goniomya Contejeani Et. — Eta.		+		
parvula Ag. — S.		+		
pudica Ctj. — M.	+	+	+	+
sinuata Ag. — S. Bs.		+		
Pholadomya acuticostata Sow. — S.			+	
Agassizii Ctj. — M.		+		+
cor Ag. — M.	+	+		
multicostata Ag. — partout.		+	+	+
paucicosta Rœm. — partout.	+	+	+	
pectinata Ag. — S.	+	+		

	I	1	2	S
Pholadomya Protei Brg. — partout.	+	+	+	+
rugosa Gdf. — M.	+	+		
Arcomya? gracilis Ag. — Bs. Lav. S.	+	+		+
helvetica Ag. — Pier.		+	+	+
quadrata Ag. — M.		+		
robusta Ag. — M.	+	+	+	+
Cyprina Brongniarti. P. et R. — Bs. Cons. Val.		+	+	+
lineata Ctj. — M.	+	+	+	+
parvula d'Orb. — Bs.		+		+
securiformis Contj. — M.		+		
Isocardia cornuta Klod. — M. Gr. Bs. Pier.	+	+	+	
striata d'Orb. — partout	+	+	+	+
Cardium axino-elongatum Th. — Bs.		+		
banneianum Th. — partout	+	+	+	
corallinum Leym. — M.	+		+	+
orthogonale Buv. — M.	+	+		+
pesolinum Ctj. — Bs.	+	+	+	+
pseudo-axinus Th. — Bs.		+		
suprajurense Ctj. — M. Gr.	+	+	+	+
Corbis formosa Ctj. — M.			+	
subclathrata Buv. — partout.		+	+	+
trapezina Buv. — M.			+	
ventilabrum Ctj. — M.			+	
Lucina plebeia Ctj. — M.	+	+	+	
rugosa Rœm. — partout		+	+	+
substriata Rœm. — M. Gr. Bf.	+	+		
Diceras suprajurensis Th. Ser. — Inde. M. Gr.	+	+	+	
Astarte celtica Ctj. — M.	+		+	
cingulata Ctj. — M.	+		+	+
Michaudiana d'Orb. — M.		+		
Monsbeliardensis Ctj. — M.	+	+	+	+
patens Ctj. — M. Pier. Bs.		+	+	
sequana Ctj. — M.	+	+	+	+
suprajurensis d'Orb. — Gr.		+	+	+
Trigonia Alina Ctj. — M.	+		+	
arduennensis Buv. — Bf.		+		
concentrica Ag. — M.		+	+	+
muricata Rœm. — M.	+	+	+	+
papillata Ag. — Bf.		+		
Parckinsoni Ag. — M. Val.	+	+	+	+
plicata Ag. — Bs. S.	+	+		

	I	1	2	S
Trigonia suprajurensis Ag. — M. Lav. Ma.	+	+	+	+
truncata Ag. — M.	+	+	+	+
Voltzii Ag. — Bs.		+		+
Nucula Menkei Rœm. — M. Gr.		+		+
Arce Langii Th. — M.		+		
Laura d'Orb. — La Roche.		+		
longirostris Rœm. — M. Bf.	+	+	+	+
nobilis Ctj. — M. Gr.	+	+	+	
ovalis Rœm. — M.		+		
rhomboïdalis Ctj. — M.	+	+	+	+
sublata d'Orb. — Bs.		+		
Pinna Bannesiana Th. — M. Bs.	+	+	+	
granulata Sow. — M. Gr.	+	+	+	+
lanceolata Gdf. — Bf.		+		
Trichites Saussurei Desh. — partout	+	+	+	+
Modiola plicata Sow. — M. Gr.	+	+	+	+
striolaris Mer. — Hs.		+		
subæquiplicata Stromb. — partout	+	+	+	
Mytilus jurensis Mer. — partout	+	+	+	
portlandicus d'Orb. — M. Gr.		+		
subpectinatus d'Orb. — M. Gr.	+	+		
Perna subplana Et. — Gr. Bs		+		
Thurmanni Ctj. — M.		+		
Gervilia kimmeridiensis d'Orb. — M. Bf.	+	+	+	+
siliqua Desh. — Hs.		+		
Avicula Gesneri Th. — M. Gr. Bs. S.	+	+	+	+
modiolaris Münst. — M.	+	+	+	+
plana Th. — M. Bf.	+	+	+	+
Pecten aff. astartinus Et. — Gr.	+	+		
Benedicti Ctj. — M.		+		+
Billoti Ctj. — M.		+		+
Buchi Rœm. — Bs.		+		+
circinalis Buv. — Bolandoz		+		
disciformis Mer. — Bf.		+		
Flamandi Ctj. — M.		+	+	+
Grenieri Ctj. — M. Bf.	+	+	+	+
lamellosus Sow. — Bs.		+		
Monsbeliardensis Ctj. — M.			+	+
suprajurensis Buv. — M. Bf.	+	+	+	+
vitreus Rœm. — Gr.		+		
Hinnites inæquistriatus Voltz. — partout	+	+	+	+

	I	1	2	S
Lima argonnensis Buv. — M.			+	+
densepunctata Rœm. — M.	+		+	
Magdalena Buv. — M. la Roche	+	+	+	+
Monsbeliardensis Ctj. — M.		+		
obsoleta Ctj. — M.	+	+	+	+
rhomboïdalis Ctj. — M.		+		+
subantiquata Rœm. — Bf.		+		
virgulina Th. — M.			+	+
Ostrea auriformis Gdf. — M. Bf.	+	+	+	+
bruntrutana Th. — partout	+	+	+	+
dubiensis Ctj. — Bf.	+	+		
gryphoïdes Th. — M.	+	+	+	+
Monsbeliardensis Ctj. — M.	+	+		
pulligera Gdf. — partout	+	+	+	+
Waldheimia humeralis Rœm. — partout	+	+	+	+
Terebratula cincta Cot. — M.		+		
subsella Leym. — partout	+	+	+	+
Serpula quinqueangularis Gdf. — M. Gr.		+	+	+
Bonanomi Et. — M.		+		
Pygurus jurensis Marc. — Gr. M.		+		+
Echinobrissus major Ag. — M.	+	+		
Clypeus acutus Ag. — S.		+		
Holectypus Meriani Des. — Gr. M.		+		
Pseudodiadema conforme Et. — Bf.		+		
mamillaris Ag. — Bf.		+		
Hemicidaris Agassizii Et. — Gr.		+		
Desorana Cot. — Gr.		+		
Stramonium Ag. — Bf.	+	+		+
Thurmanni Ag. — Bf. M.		+		
Pseudocidaris ovifera Ag. — M.		+		
Thurmanni Ag. — Bs.		+		
Psammechinus Contjeani Et. — M.		+		
Pseudosalenia aspera Et. — partout		+		
conformis Et. — M.		+		
neglecta Th. — M.		+		
tuberculosa Cot. — Bf.		+		
Wurtembergica Th. — S.		+		
Acrosalenia decorata Wright. — M.	+	+		+
Cidaris pyrifera Ag. — Bf. M.		+		
Flamandi Et. — M.	+	+		
Pentacrinus Desorii. Th. — Bf.	+	+		

	I	1	2	S
Cryptocœnia hexaphyllia d'Orb. — M.			+	
Stylina pratensis Et. — M.			+	
semitumularis Et. — M.	+		+	
Dendrogyra angustata Et. — M.		+	+	
Latimæandra Ctj. Et. — M.			+	
dumosa Et. — M.		+	+	
Cladophyllia calamiformis Et. — M.			+	+
suprajurensis Et. — M.			+	+
Montlivaultia cuneata Et. — Gr. M.			+	
Thamnastræa Sahleri Et. — M.			+	
Thurmanni Et. — M. Gr.			+	
Cœnastræa (?) Thurmanni Et.—Gr.			+	
Cerispongia multistella Et. — M.			+	

La faune du Ptérocérien comprend 235 espèces ainsi réparties : 16 céphalopodes, 55 gastropodes, 62 pélécypodes siphonés et 62 non siphonés, 3 brachiopodes, 2 serpules, 22 échinodermes, 12 polypiers et 1 spongiaire ; parmi ces espèces, 108, c'est-à-dire près de la moitié, proviennent de l'Astartien qui lui fournit : 3 céphalopodes, 32 gastropodes, 31 pélécypodes siphonés, 34 non siphonés, 2 brachiopodes, 5 échinodermes et 1 polypier.

VIRGULIEN

SYNONYMIE

Calcaires et marnes à Gryphées virgules pp. THIRRIA, 1883.

Étage jurassique supérieur pp. PARANDIER, 1839.

Couches à Exogyres. GRENIER, 1843.

Groupe des calcaires et marnes à Exogyres. BOYÉ, 1844.

Calcaires portlandiens pp. RENAUD-COMTE, 1846.

Groupe Portlandien, pp. MARCOU, 1848.

Marnes à *Exoyyra virgula*. PIDANCET, 1848.

Marnes de Salins et calcaires de Salins pp. MARCOU, 1856.

Calcaire à Mactres pp. Calcaires et marnes à virgules, calcaire à *Diceras*. CONTEJEAN, 1858.

Virgulien, ETALLON, 1862. ROLLIER, 1882. BERTRAND, 1883, 1885, 1887, KILIAN, 1883, 1891, 1894.

Groupe des calcaires et marnes à Exogyres. Résal, 1864.
Portlandien pp. Vézian, 1865, 1872, 1893. Boyer, 1877.
Marnes et calcaires marneux à *Ostrea virgula*. Ogérien, 1867.
Kimméridien pp. Jourdy, 1871. Boyer, 1888.
Kimméridien Bertrand, 1880, 1882.

Dans presque toute l'étendue de la région, sauf à Pontarlier et dans les environs de cette ville, les calcaires ptérocériens sont immédiatement recouverts par une assise marneuse, renfermant à profusion l'*Ostrea virgula*, qui est la base du Virgulien, l'un de nos niveaux les plus constants. Les strates qui la surmontent varient de constitution suivant les points où on les observe, et forment deux, trois ou un plus grand nombre de zones distinctes.

Dans l'ouest, à Gray, l'étage est composé de quatre masses : une première marneuse à la partie inférieure (2^m), une seconde calcaire (20^m), une troisième marneuse ou marno-calcaire tendre (10^m), enfin une quatrième calcaire (20 à 25^m). Cette même constitution se montre encore à Besançon, Avoudrey, Gilley et probablement aussi à Fuans, c'est-à-dire au centre de la région ; mais dans ces localités, les calcaires intercalés entre deux couches de marne sont beaucoup moins importants qu'à Gray. On observe un autre type du Virgulien à Montbéliard, à la Roche et à Devecey, points voisins de l'affleurement triasique du nord, et aussi à Lods, à Salins (la Nantillère) et à Montmahoux dans le sud ; en ces divers lieux, sa partie inférieure est formée d'une série de lits de calcaire et de lits de marne, alternant entre eux, et sa partie supérieure de calcaire compact. Dans l'est, à Morteau et à Mouthier, il est presque entièrement calcaire, avec un banc marneux de quelques centimètres à sa base. Au sud-est, à Pontarlier, cette mince zone marneuse disparaît elle-même, et l'étage est uniquement constitué par des calcaires.

On peut admettre, d'après ce qui vient d'être exposé, que l'étage est formé de deux séries de couches, l'une inférieure, en partie marneuse et en partie calcaire, l'autre supérieure, entièrement calcaire.

Les marnes qui entrent dans la composition de cette assise inférieure sont grises, feuilletées, assez souvent sableuses et

22

très facilement désagrégeables. Les calcaires sont blancs, tendres, quelquefois crayeux ou même oolithiques, comme nous le dirons plus loin, disposés en lits minces séparés ou non par des intercalations marneuses. Cette première masse virgulienne présente à Gray son épaisseur la plus considérable (32^m); elle se réduit beaucoup dans la vallée de l'Ognon, au nord de Besançon (12^m à Devecey), puis elle augmente ensuite en allant vers le nord et vers l'est. Elle mesure 30 mètres à Montbéliard, 28 à Besançon, 25 à Avoudrey; à partir de ces points, elle va en diminuant d'importance vers le sud (7^m à la Nantillère, 6^m à Montmahoux) et vers l'est (0^m40 à Morteau, Mouthier), ou, ce qui est plus exact, elle devient de plus en plus calcaire vers le sud et vers l'est, et l'est entièrement au sud-est, à Pontarlier.

Les marnes virguliennes renferment une riche faune plutôt répandue dans la partie marneuse que dans la partie calcaire; l'*Ostrea virgula* y est très abondante, et on y trouve avec elle principalement :

Aspidoceras longispinum, Pteroceras Oceani, Natica hemispherica, N. phasianelloïdes, Thracia incerta, Pleuromya donacina, P. Voltzii, Homomya hortulana, Pholadomya multicostata, P. Protei, Arcomya (?) helvetica, Isocardia striata, Cyprina Brongniarti, Cardium pesolinum, Lucina rugosa, Trigonia muricata, Ostrea bruntrutana, Terebratula subsella.

Les calcaires supérieurs, dont il nous reste à parler, ont été réunis au Portlandien par plusieurs géologues qui considèrent le Virgulien comme exclusivement constitué par une masse calcaire, comprise entre deux assises marneuses, tandis que les autres, et nous suivons leur exemple, lui rattachent en outre les calcaires blancs, tendres, un peu marneux, stratifiés en lits minces, qui renferment encore la même faune, et recouvrent immédiatement la dernière zone marneuse. Si la première de ces deux manières de comprendre l'étage concordait toujours avec les faits observés, on pourrait l'adopter sans grand inconvénient, parce qu'on obtiendrait ainsi une délimitation un peu artificielle, il est vrai, mais très nette et constante de sa partie supérieure. Mais en réalité, le Virgulien ne se présente pas partout sous cet aspect. Dans l'est, la formation calcaire envahit

les marnes les plus élevées, et la limite de l'étage par en haut
est tout aussi difficile à tracer qu'avec la deuxième interprétation. Celle-ci a pour elle, ce qui est un point important, une raison pétrographique, la grande analogie des calcaires intercalés
entre les marnes avec ceux qui les surmontent, et une raison
paléontologique, l'identité de leurs faunes. Dans la plus grande
partie de la région et en particulier dans l'ouest et dans le
centre, ces calcaires offrent les caractères que nous avons déjà
indiqués, ils sont blancs, tendres, un peu marneux et stratifiés
en lits minces ; dans l'est, ils deviennent plus durs, passent au
gris ou au jaunâtre, et se rapprochent de l'aspect des roches
portlandiennes. Les fossiles que nous avons déjà signalés dans
les marnes de la base se retrouvent ici ; l'*Ostrea virgula* forme
des lumachelles à différents niveaux ou se rencontre à l'état
isolé, et diverses Nérinées d'origine ptérocérienne, qui manquent dans les marnes, réapparaissent dans les calcaires, associées à d'autres qui annoncent déjà la faune du Portlandien,
Nerinea Salinensis entre autres. Citons parmi les premières
indiquées : *Nerinea bruntrutana, N. Gosæ, N. speciosa.*

L'assise supérieure du Virgulien est presque aussi puissante
à Gray que l'autre ; à Devecey, elle l'est beaucoup moins ; mais
partout ailleurs, elle s'est développée en raison inverse de l'assise inférieure. Le Virgulien entier mesure de 16 à 57 mètres ;
il présente à Gray sa plus grande épaisseur ; il est moins important à Montbéliard, Besançon et Lods, moins encore à Morteau,
à Mouthier, à la Nantillère et surtout à Devecey, comme l'indique le tableau suivant :

LOCALITÉS	Virg. inf.	Virg. sup.	TOTAL
Gray	32	25	57
Devecey	10	6	16
Montbéliard	30	15	45
Besançon	21	10	31
Avoudrey	24	20	44
Lods	8	24	32
Morteau	0,40	35	35,40
Mouthier	0,20	31	31,20
La Nantillère	7	25	32

Coralligènes du Virgulien. — Le Virgulien présente quelques dépôts coralligènes de peu d'importance, situés à diverses hauteurs. Nous avons observé aux Viellans, entre Pierrefontaine et Avoudrey, immédiatement au-dessus de l'assise marneuse inférieure à *Ostrea virgula*, un banc de 1 mètre de calcaire blanc, oolithique, avec Nérinées et débris organiques roulés, et aussi une couche semblable et de même épaisseur entre Lods et Longeville; enfin à Gilley, nous avons rencontré entre les deux assises marneuses, à la base de l'étage, une roche bréchoïde, d'origine probablement corallienne. C'est encore à ce niveau inférieur que se montrent à Besançon, Mouthier et Avoudrey des calcaires blancs, crayeux, qui se sont déposés à proximité de stations à Polypiers. Nous plaçons un peu plus haut, dans la masse inférieure de l'étage, les coralligènes signalés par M. Étallon aux environs de Gray, et un peu plus haut encore, les couches à oolithes des marnes supérieures à *Ostrea virgula* de Fresne-Saint-Mamès, indiquées par M. Thirria. Nous rangeons enfin dans les calcaires supérieurs du Virgulien la couche oolithique n° 27 de la coupe des Lavottes (AK, sect. 5 *j*), et les bancs à Polypiers de la zone à *Diceras* du Kimméridien de Montbéliard [1], comme ceux qui ont été signalés à la Nantillère, au-dessus des marnes à *O. virgula*. Quant à la couche 29 de la coupe des Lavottes, on peut la considérer comme appartenant au Portlandien, comme nous le dirons plus loin. Ces dernières formations coralliennes sont plus importantes que les précédentes, elles mesurent de 6 à 15 mètres, mais elles sont formées, celles de Fresne et de Montbéliard tout au moins, de minces bancs oolithiques séparés par des bancs compacts.

Ces coralligènes renferment une faune spéciale de Nérinées, de *Diceras*, d'Échinodermes et de Polypiers. On y trouve surtout :

Nerinea bruntrutana, *N. Gosæ*, *N. speciosa*, *Diceras suprajurensis*, très abondant en certains endroits, *Cardium corallinum*, *Trigonia truncata*, *Ostrea pulligera*, et divers Polypiers appartenant aux genres *Aplosmilia*, *Goniocora*, *Phylogyra*, etc.

1. Contejean, *Kimméridien*.

FAUNE DU VIRGULIEN

INDICATIONS DONNÉES PAR LES COLONNES : **I**, espèces provenant d'un niveau inférieur ; **1**, marnes et calcaires virguliens inférieurs ; **2**, calcaires virguliens
supérieurs ; **S**, espèces passant dans le Portlandien.

ABRÉVIATIONS : Av. = Avoudrey, Bs. = Besançon, Cons. = Consolation, Dbs. =
département du Doubs, Gr. = Gray, Hs. = Haute-Saône, Lav. = Lavottes
(Morteau), Lod. = Lods, M. = Montbéliard, Monc. = Moncey, Pier. = gisement entre Pierrefontaine et Avoudrey, S. = Salins, Val. = Valdahon.

	I	1	2	S
Ammonites Contjeani Th. — M. Gr.		+	+	
decipiens Sow. — M. Gr.	+	+		
Erinus d'Orb. — M.		+		
Eudoxus d'Orb. — Gr.		+		
Eumelus d'Orb. — M. Hs.		+		
Lallierianus d'Orb. — M. Gr.	+	+		
longispinus Sow. — partout	+	+		
mutabilis Sow. — M.		+		
orthocera d'Orb. — M.		+		
pseudo-mutabilis de Lor. — Char		+		
rotundus Sow. — Gr.	+	+		
Yo d'Orb. — M. Gr.	+	+	+	
Aptychus Flamandi Th. — M. Gr.		+	+	
Nautilus giganteus d'Orb. — M. Gr.	+	+		
inflatus d'Orb. — M. Gr.	+	+		
Moreausus d'Orb. — M. Hs.	+	+		
Bulla Dionysea Buv. — Gr.	+		+	
planospirata Th. — Gr.		+		
suprajurensis Rœm. — Gr.		+		
Rostellaria angulicosta Buv. — Gr.		+		
Wagneri Th. — Gr.	+	+		
Pteroceras carinata Ctj. — M.	+	+	+	
Gaulardea Buv. — M.	+		+	
Monsbeliardensis Ctj. — M.	+	+	+	
musca Desl. — Gr.		+		
Oceani Delab. — M. Lav.	+	+	+	+
Cerithium limæforme Rœm. — M. Gr.	+	+		
Nerinea bruntrutana Th. — M.	+		+	
cylindrica Voltz. — Hs.			+	
Elea d'Orb. — Bs.		+	+	+

	I	1	2	S
Nerinea Elsgaudiæ Th. — Pier. Val.	+	+	+	+
Gosæ Rœm. — M.	+		+	
Salinensis d'Orb. — Pier.			+	+	+
styloïdea Ctj. — M. Gr.	+	+	+	
speciosa Voltz. — M.	+		+	
subcylindrica d'Orb. — Bs. M.	+		+	
Chemnitzia Danæ d'Orb. — M. Gr.			+	
Delia d'Orb. — M. Gr. Av.	+	+	+	
gigantea Leym. — M. Gr.			+	
Natica Barottei P. de Lor. — Fré.		+		
dubia Rœm. — M.	+	+	+	
Eudora d'Orb. — M. Gr.	+	+		
Elea d'Orb. — M.	+	+		
gigas Bronn. — Bs. Gr.		+		
globosa Rœm. — S.	+	+		
grandis Munst. — Bs. Gr.	+	+		
hemisphærica d'Orb. — Lav. Gr. M.	+	+	+	
phasianelloïdes d'Orb. — Bs. Gr.	+	+		
pugillum Th. — Lav.	+	+		
Rupellensis d'Orb. — Dbs.		+		
turbiniformis Rœm. — M.	+	+	+	
Neritopsis delphinula d'Orb. — M.		+		
Nerita undata Ctj. — M.		+		
Turbo incertus Ctj. — M.		+		
Pleurotomaria Duboisana Per. — Gr.		+		
Phædra d'Orb. — Gr.	+	+		
reticulata d'Orb. — Gr.		+		
Mya decussata Ctj. — M.			+	
Mactra ovata Rœm. — Pier. M.	+	+	+	
sapientium Ctj. — M. Av.		+		
Thracia depressa Sow. — M.	+	+	+	
incerta Desh. — partout	+	+	+	+
suprajurensis Desh. — M.	+	+	+	
tenuistriata Desh. — Gr.		+		
Anatina caudata Ctj. — M. Gr.	+	+	+	+
expansa Ag. — M.	+	+	+	
solen Ctj. — M	+	+	+	
spathulata Ag. — Bs.		+		
Ceromya capreolata Ctj. — M.	+		+	
comitatus Ctj. — M.		+	+	
cornucopiæ Ctj. — M.		+	+	

	I	1	2	S
Ceromya excentrica Terq. — M.	+	+	+	+
inflata Ag. — M.	+	+	+	
orbicularis Rœm. — M.		+	+	
sphærica Ctj. — M.			+	
Pleuromya donacina Ag. — partout	+	+	+	
Gresslyi Ag. — M. S.		+		
tellina Ag. — Monc.	+	+		+
Homomya gracilis Ag. — Gr.	+	+	+	
hortulana Ag. — partout	+	+	+	+
Goniomya Cornuelana Buv. — Gr.			+	+
pudica Ctj. — Gr. M.	+	+		
subrugosa d'Orb. — Gr.			+	
Pholadomya Agassizii Ctj. — M.	+	+	+	
canaliculata Rœm. — Gr.	+		+	
cancellata Ctj. — M.	+	+		
compressa Ag. — M.	+	+		
depressa Ag. — Bs.	+	+		
echinata Ag. — Gr.	+	+		
multicostata Ag. — partout	+	+	+	+
paucicosta Ag. — partout	+	+	+	?
Protei Defr. — partout	+	+	+	
simplex Phill. — Hs.		+		
Arcomya (?) gracilis Ag. — Bs.	+	+		
helvetica Ag. — Av. Monc. Gr. M.	+	+	+	+
quadrata Ag. — M.	+		+	
robusta Desh. — Gr. M.	+	+	+	
Isocardia striata d'Orb. — Monc. Pier. Lav.	+	+		
Cyprina Brongniarti P. et R. — partout	+	+		+
cornucopiæ Ctj. — M. Gr.		+		
cornuta d'Orb. — Gr.	+	+		
lineata Ctj. — M.	+	+	+	
parvula d'Orb. — Gr.	+	+	+	
Cardium banneianum Th. — Gr.	+	+		
concinnum Ctj. — M.			+	
corallinum Leym. — M.	+		+	+
diurnum Ctj. — Pier.		+		
orthogonale Buv. — M. Gr.	+	+	+	
pesolinum Ctj. — M. Gr.	+	+	+	+
suprajurense Ctj. — M. Gr.	+	+	+	
Corbis subclathrata Buv. — Lav.	+	+		+
Lucina balmensis Ctj. — Bs.		+		

	I	1	2	S
Lucina plebeia Ctj. — M.	+	+	+	
rugosa Rœm. — partout	+	+	+	+
striatula Buv. — M.	+		+	
substriata Rœm. — M. Gr.	+	+	+	
Diceras suprajurensis Th. — M.	+	+	+	
Opis suprajurensis Ctj. — M.	+		+	
Astarte cingulata Ctj. — M. Gr. Bs.	+	+	+	
cuneata Sow. — M.		+		
Michaudiana d'Orb. — Bs.	+	+		
Monsbeliardensis Ctj. — M.	+	+	+	
patens Ctj. — M. Gr.	+	+		
pesolina Ctj. — M. Gr. Bs.	+	+	+	
regularis Ctj. — M.		+		
sequana Ctj. — M. Bs.	+	+	+	
suprajurensis d'Orb. — Gr. Av.	+	+		
supracorallina d'Orb. — M.	+		+	
Cardita astartina Th. — Bs.		+		
carinella Buv. — Dbs.	+	+		
Trigonia concentrica Ag. — M. S. Bs.	+	+	+	+
concinna Rœm. — Gr.	+	+	+	
Contjeani Th. — Gr. Lod. Monc.		+		
cymba Ctj. — M.		+		
gibbosa Sow. — Gr.	+		+	+
granigera Ctj. — M.	+		+	
muricata Rœm. — partout	+	+	+	+
papillata Ag. — Av.	+	+	+	
Parkinsoni Ag. — M.	+		+	+
pseudocyprina Ctj. — M.		+		
subconcentrica Et. — Bs.		+		
sublitterata Et. — Gr.		+		
suevica Qu. — Gr.			+	
suprajurensis Ag. — Gr. M.	+	+	+	
Thurmanni Ctj. — M. Bs.		+		
truncata Ag. — M. Lod.	+	+	+	
Voltzii Ag. — Bs.	+	+		
Leda Thurmanni Ctj. — M.			+	
Nucula Menckei Rœm. — Gr.	+	+		
Arca crucicata Ctj. — M.		+		
longirostris Rœm. — Gr. Bs.	+	+		
mosensis Buv. — M.	+		+	
nobilis Ctj. — Gr.	+	+		

	I	1	2	S
Arca Patrueli Desl. — Gr.			+	
retusa Ctj. — M.		+		
rhomboïdalis Ctj. — M. Gr. Bs.	+	+	+	
rugosa Ctj. — M.	+		+	
superba Ctj. — M.		+		
texta Rœm. — M. Gr. Monc.	+	+	+	
Pinna granulata Sow. — M.	+	+	+	+
intermedia Et. — Gr.		+		
pesolina Ctj. — M.			+	
socialis d'Orb. — Gr.		+		
Trichites Saussurei Desh. — M.	+	+	+	
Mytilus acinaces Leym. — M.	+	+	+	
corrugatus Ctj. — M.	+		+	
longævus Ctj. — M. Gr.	+		+	
pectinatus Sow.— M.			+	
perplicatus Et. — Gr.	+	+		
plicatus Sow. — M.	+	+	+	
striolaris Mer. — Hs.		+		
subpectinatus d'Orb. — Gr. Monc.	+	+	+	+
Thirriai Et. — Gr.		+		
virgulinus Et. — Gr.		+		
Inoceramus suprajurensis Th. — Gr.		+		
Gervilia kimmeridiensis d'Orb. — Gr.	+	+		
tetragona Rœm. — M. Bs. Gr.		+	+	+
Posidonomya suprajurensis Contj. — M.		+		
Avicula gervilloïdes Ctj. — M. Gr.		+		
Gesneri Th. — M. Gr.	+	+	+	
modiolaris Munst. — M.	+	+	+	
oxyptera Ctj. — M.			+	
plana Th. — M.	+	+	+	
Hinnites inæquistriatus Voltz. — Gr.	+	+	+	+
Pecten Bavouxi Ctj. — M.			+	
Benedicti Ctj. — M.	+	+		
Billoti Ctj. — Gr.	+	+		
Buchi Rœm. — Gr. Cons.	+	+		
Delessei Et. — Gr.		+		
Flamandi Ctj. — Gr.	+	+		
Grenieri Ctj. — M.	+	+	+	
Monsbeliardensis Ctj. — M. Gr.	+	+	+	
Parisoti Ctj. — M.		+		
sublævis Rœm. — M.	+	+	+	

	I	1	2	S
Pecten suprajurensis Buv. — M.	+	+	+	
Lima argonnensis Buv. — M.	+		+	
Contjeani Et. — Gr.		+		
dispunctata Rœm. — Gr.		+		
Halleyana Et. — Gr.			+	
Magdalena Buv. — Gr. M.	+	+		
obsoleta Ctj. — M.	+		+	
pygmæa Th. — Bs.	+	+		
radula Ctj. — M.		+		
rhomboïdalis Ctj. — Gr.	+	+		
spectabilis Ctj. — Gr.		+		
suprajurensis Ctj. — Gr.			+	+
virdunensis Buv. — M.			+	
virgulina Th. — M.	+	+	+	
Ostrea auriformis Goldf. — M.	+	+		
bruntrutana Th. — partout	+	+	+	+
catalaunica P. de Lor. — Bs.		+		
cotyledon Ctj. — M. Gr.	+	+	+	
intricata Ctj. — M.		+		
lapicida Et. — Gr.		+		
Monsbeliardensis Ctj. — M.	+	+		
pulligera Gdf. — M. Gr.	+	+	+	
Rœmeri d'Orb. — M.	+	+	+	
Thurmanni Et. — Gr.			+	
virgula Defv. — partout		+	+	?
Waldheimia humeralis Rœm. — M. Fré.	+	+		
Terebratula subsella Leym. — partout.	+	+	+	+
Rhynchonella corallina Leym. — M.	+	+	+	+
pullirostris Et — Gr.		+		
Lingula virgulina Et. — Gr.		+		
Heteropora virgulina Et. — Gr.		+		
Berenicea tenuistriata Et. — Gr.		+		
Serpula medusida Et. — Gr.		+		
quinqueangularis Gdf. — Gr.	+	+		
Pygurus Bonanomii Et. — Gr.		+		
jurensis Marc. — M. Gr.	+	+		
Echinobrissus Bourgueti Des. — Gr.		+	+	
Hemicidaris Lestoquei Th. — M.			+	
stramonium Ag. — M.	+	+		+
Hypodiadema Four. Et. — Gr.		+		
Stomechinus Monsbeliardensis Des. — M.			+	

	I	1	2	S
Acrosalenia decorata Wright. — Gr.	+	+		
Cidaris Quenstedti Des. — Gr.		+		
Rhabdocidaris Orbignyana Des. — Gr.		+		+
Apiocrinus similis Des. — M.		+	+	
sp. — Gr.		+	+	
Enallohelia elongata Fr. — Gr.		+		
Dendrohelia sequana (Fr.) Et. — Gr.		+		
Cyathophora Arcensis (Fr.) Et. — Gr.		+		
Stylina Bletryana Et. — M.			+	
hexaphyllia E. H. — M.			+	
kimmeridiana Fr. — Gr.		+		
Mustoni Et. — M.			+	
Phylogyra Fromentelli Et. — Gr.		+		
Dendrogyra arcensis Fr. — Gr.		+		
Favia Thurmanni Et. — M.			+	
kimmeridiana Fr. — Gr.		+		
sp. — M.			+	
Rhipidogyra sp. — M.			+	
Aplosmilia magnifica Fr. — Gr.		+		
Pleurosmilia Cæciliæ Et. — M.			+	
virgulina Et. — M.			+	
sp. — M.			+	
Goniocora kimmeridiana Fr. — Gr.		+		
Cladophyllia calamiformis Et. — M.	+		+	
suprajurensis Et. — M.	+		+	
Rhabdophyllia Flamandi Et. — M.			+	
kimmeridiana Fr. — Gr.		+		
Micheloti Fr. — Gr.		+		
Calamophyllia kimmeridiana Fr. — Gr.		+		
Montlivaultia sp. — M.			+	
Pareudea dumosa Et. — Gr.		+		
Goniolina geometrica Buv. — M.	+	+	+	

La faune du Virgulien comprend 265 espèces, dont : 16 céphalopodes, 41 gastropodes, 73 pélécypodes siphonés et 89 non siphonés, 5 brachiopodes, 2 bryozoaires, 2 serpules, 10 échinides, 1 crinoïde, 25 polypiers et 1 spongiaire ; de ces 265 espèces, 144 proviennent d'un niveau inférieur, Ptérocérien ou Astartien. Parmi ces dernières, on compte : 8 céphalopodes, 24 gastropodes, 53 pélécypodes siphonés et 50 non siphonés, 3 brachiopodes, 1 serpule, 3 échinides et 2 polypiers.

FAUNE DU QUATRIÈME GROUPE

L'Astartien renferme 292 espèces, dont 41 proviennent du Rauracien ; il en fournit 108 au Ptérocérien, qui en compte en tout 235. Le Virgulien comprend 265 fossiles, parmi lesquels 144 ont été signalés déjà, dans le Ptérocérien ou dans l'Astartien ; de ces 144, 65, le quart des espèces virguliennes, appartiennent aussi à l'Astartien et au Ptérocérien, et ce nombre est constitué comme il suit : 2 céphalopodes, 16 gastropodes, 20 pélécypodes siphonés, 23 non siphonés, 2 brachiopodes et 2 échinodermes. Ces indications suffisent pour montrer les relations intimes qui existent entre les trois termes de notre quatrième groupe.

CHAPITRE V

PORTLANDIEN

DIVISION

PORTLANDIEN . . . . . $\left\{\begin{array}{l} \text{PORTLANDIEN PROPREMENT DIT} \\ \text{PURBECKIEN} \end{array}\right.$

COUPES ET OBSERVATIONS RELATIVES AU GROUPE PORTLANDIEN

PREMIÈRE SECTION

a) FRESNE-SAINT-MAMÈS — GY — BUCEY

Le Portlandien ne se montre pas à découvert dans les districts de Port-sur-Saône et de Scey-sur-Saône, et c'est tout au plus si on peut lui attribuer quelques minces assises de calcaire grumeleux ou compact qui, à Fresne-Saint-Mamès et à Savoyeux, reposent immédiatement sur des couches renfermant l'*Ostrea virgula*. Aux environs de Gy et de Bucey-lez-Gy, cet étage révèle sa présence sous la terre végétale, par des fragments de dolomie jaune ou rosée, celluleuse ou même parfois spongieuse, des plaquettes feuilletées de même roche [1], et des débris de calcaire lithographique perforé qui apparaissent à la surface du sol. Dans quelques carrières abandonnées, on peut même voir des

---

1. Nous employons l'expression de dolomie pour nous conformer à l'usage, celle de *dolomitoïde* serait préférable; les roches ainsi désignées ne renferment que très peu de magnésie. *Voir plus loin.*

bancs portlandiens à nu sur une épaisseur de quelques mètres ;
ils sont constitués, les uns par des calcaires bréchoïdes se désagrégeant en fragments irréguliers, les autres par des calcaires
lithographiques, criblés de tubulures. Dans une exploitation à
l'entrée de Bucey, sur la route de Gy, on peut observer deux
assises de dolomie jaune avec taches rosées, l'inférieure massive mesure 2 mètres, la supérieure feuilletée 3 mètres, séparées par un lit de marne grise de 0,05 centimètres. On ne voit
nulle part à découvert la terminaison du Portlandien.

DEUXIÈME SECTION

a) GRAY

A Nantilly, à cinq kilomètres à l'ouest de Gray, les marnes à
Ostrea virgula sont recouvertes, comme nous l'avons vu précédemment (AK, sect. 2, V, 5), par des calcaires blancs, tendres,
sans fossiles, mesurant 20 mètres d'épaisseur, que nous considérons comme appartenant encore au Virgulien, et qui supportent les premières assises du Portlandien. Celles-ci sont constituées par des calcaires compacts, blancs, un peu argileux (6^m),
puis par des calcaires jaunâtres, lithographiques, renfermant
des îlots de teinte plus claire de calcaire marneux ou gréseux,
des *Nérinées* et des *Polypiers;* la structure de cette roche est
bréchoïde, elle est perforée de nombreuses tubulures (5^m). Ces
deux bancs s'observent aussi à Poyans, à l'ouest de Nantilly,
sous une faible épaisseur, l'inférieur est formé de calcaire compact sans perforations, le supérieur est bréchoïde, facilement
désagrégeable et criblé de tubulures. Ces couches plongent vers
le sud et vers l'est, et sont recouvertes, dans cette direction,
par d'autres strates d'aspect identique. Ces dernières se montrent à découvert dans les carrières de Mantoche, dont M. Perron a donné une coupe en 1860 [1].

1. *Réunion de la Société géologique à Besançon*, p. 40.

Les assises observables dans les carrières de Mantoche mesurent 20 ou 22 mètres, elles présentent partout les mêmes caractères pétrographiques, teinte jaunâtre, texture un peu grumeleuse, perforations très nombreuses, et diffèrent seulement par leur faune. A ce point de vue, M. Perron les a divisées en trois zones. L'inférieure (5m50) renferme *Hemicidaris purbeckensis, Stylina intricata, Thamnastræa dumosa*, et d'autres Polypiers de genre *Pleurosmilia* particulièrement ; elle est mal stratifiée, et est creusée, à sa partie supérieure, de larges cellules qui lui donnent un aspect très spécial ; nous y avons recueilli, en outre des fossiles déjà cités : *Pteroceras Oceani 3, Natica hemisphærica 5, Cyprina Brongniarti 4, Terebratula subsella 3, Rhynchonella corallina 3, Hemicidaris sp. aff. stramonium.* Sa division moyenne (1m50) est caractérisée par le *Thamnastræa portlandica*, et la supérieure (15m) par les : *Olcostephanus gigas, Pteroceras Oceani, Nerinea cylindrica, Elea, Mytilus portlandicus, subpectinatus*, etc., et beaucoup de Polypiers des genres *Stylina, Isastræa* et *Latimeandra.*

Ces couches sont recouvertes au nord-est, dans les tranchées du chemin de fer de Gray à Auxonne, par une dizaine de mètres de calcaire jaune, plus ou moins brun, se désagrégeant en nodules irréguliers anguleux, d'une grosseur un peu moindre que le poing et percés de tubulures. Ces calcaires s'inclinent légèrement vers le sud-est, et sont surmontés, près d'Essertenne, par d'autres d'un jaune plus clair, plus grumeleux, plus désagrégeables, contenant quelques Nérinées, *Nerinea trinodosa* entre autres.

Sur la rive gauche de la Saône, on voit encore, au-dessous d'Apremont, les couches de Mantoche, puis à une altitude plus élevée, aux environs de Germigney, les calcaires blanchâtres à *Nerinea trinodosa* qui contiennent en outre, d'après M. Perron : *Olcostephanus Gravesianus, Nerinea Erato, grandis, salinensis, subpyramidalis, Cardium Verioti, Pinna barrensis.*

Au sud de Germigney, on observe aussi des roches analogues, grumeleuses et désagrégeables lorsqu'elles sont exposées à l'air, et paraissant, lorsqu'elles constituent de grandes masses, formées d'éléments marno-calcaires d'apparence gréseuse, dispersés à l'état d'ilots dans un calcaire lithographique, percé de nombreuses tubulures ; par altération elles deviennent scoriformes, et se désagrègent en nodules irréguliers. Cette couche épaisse de 3 à 4 mètres termine le Portlandien. M. Perron a reconnu que sur certains points, cette assise est formée de « calcaire ocreux, quelquefois rougeâtre, dolomitique, rubané, tantôt à cassure vive, tantôt à structure scoriforme [1], » et il la désigne sous le nom de dolomie portlandienne. Elle supporte, d'après lui, un banc de 0^m15 de marne jaune sans fossiles, recouvert lui-même par les marnes néocomiennes à *Ostrea Couloni*.

M. Perron divise le Portlandien des environs de Gray en quatre zones :

1° Calcaires inférieurs à *Amm. rotundus*.

2° Calcaires moyens à *Hemicidaris purbeckensis, Stylina intricata, Ammonites gigas, Nerinea Elea*.

3° Calcaires supérieurs à *Pygurus Royerianus, Nerinea trinodosa, N. Salinensis*.

4° Dolomie portlandienne.

M. Etallon, qui a fait aussi une étude minutieuse de cet étage, dans les mêmes localités, le divise en deux groupes principaux, le PLEUROSMILIEN à la base, et le NÉRINÉEN au sommet. Le sous-étage inférieur se subdivise en Calcaire caverneux à *Serpula funicula* et Calcaire à *Hemicidaris purbeckensis*, qui correspondent respectivement aux Calcaires inférieurs et Calcaires moyens de M. Perron. Le sous-étage supérieur correspond tout entier aux Calcaires supérieurs de ce géologue. M. Etallon y distingue trois niveaux : 1° les Marnes à *Echinobrissus Perroni*, déjà signalées par M. Perron, à la base de ses Calcaires supérieurs, sous le nom de marnes à *Echinobrissus Royerianus*, elles renferment en effet cet Échinide, associé à quelques Nérinées, *Nerinea Salinensis, Elea*, etc. ; 2° les Calcaires à *Nerinea trinodosa ;* 3° les Calcaires à *Diceras Portlandicum*. Ces derniers ne peuvent être observés qu'à Essertenne, au sommet du Nérinéen ; ils ne doivent pas être confondus, croyons-nous, avec les

1. *Réunion de la Société géologique à Besançon, 1 860*, p. 41-42.

calcaires scoriformes de Germigney, que M. Perron assimile aux Dolomies portlandiennes.

L'assise portlandienne la plus inférieure des deux géologues graylois, Calcaires inférieurs à *Ammonites rotundus* de M. Perron, Calcaires à *Serpula funicula* de M. Étallon, peut être rangée dans le Virgulien, comme nous l'avons fait; elle repose immédiatement sur les marnes à *Ostrea virgula* et renferme cette petite Exogyre qui y forme des lumachelles à différents niveaux. Vers sa partie supérieure elle passe au Portlandien et présente quelques tubulures et quelques Polypiers, comme l'a déjà fait remarquer M. Perron.

D'après ce que nous venons d'exposer, et en nous aidant des indications fournies par les auteurs que nous avons cités, nous pouvons résumer ainsi qu'il suit, sous forme de coupe, la constitution du Portlandien de Gray.

1. Calcaire d'un blanc jaunâtre, grumeleux, caverneux, creusé de tubulures peu fréquentes à la base, mais augmentant de nombre à quelques mètres au-dessus du début de l'assise 25
Hemicidaris purbeckensis, Stylina intricata, Thamnastrœa dumosa, T. portlandica, etc.

2. Marne sableuse, jaunâtre, avec plaquettes de calcaire marneux suboolithique 1
Nerinea Salinensis, Elea, Cardium Verioti, Echinobrissus Perroni, Royerianus, etc.

3. Calcaire grumeleux, jaunâtre, perforé 25
Nerinea Elea, grandis, Salinensis, subpyramidalis, trinodosa, Diceras portlandica à la partie supérieure de l'assise, etc.

4. Calcaire grumeleux, bréchoïde, scoriforme, sans fossiles . 4

Ces divisions ont été instituées à la suite de recherches minutieuses, par des comparaisons établies entre plusieurs gisements, car la superposition des divers groupes ne peut être observée nulle part.

TROISIÈME SECTION

a) MONCEY

Entre Moncey et Thurey on observe la succession suivante :

COUPE N° I

1. Calcaire gris, compact, tendre, un peu marneux, désagrégeable en fragments irréguliers (assise inférieure de la carrière sous Thurey). 1
2. Calcaire marneux grisâtre, terreux 0,45
3. Calcaire blanc argileux, perforé de nombreuses tubulures, se désagrégeant en fragments irréguliers, visible dans la carrière sous Thurey et dans la tranchée du chemin entre les deux villages. 6

Natica hemisphœrica 3, Nerinea subpyramidalis, autres *Nérinées, Pleuromya tellina, Cyprina Brongniarti, Arca Laura, cf. texta, Mytilus cf. subpectinatus, Terebratula subsella.*

4. Même roche en partie recouverte. 5
5. Calcaire dur, structure bréchoïde très nette, fragments anguleux de calcaire lithographique liés par un ciment grossier . . . 4
6. Dolomie grisâtre, feuilletée, en bancs de 0,02 à 0,03 . . 2
7. Dolomie jaunâtre, désagrégée en partie 1
8. Dolomie jaune, dure, compacte, bréchoïde 0,50
9. Dolomie celluleuse, jaunâtre, criblée de perforations. Environ 2

Ces dernières couches se voient à la sortie de Thurey, sur le chemin de l'abreuvoir. La dernière est visible sur 2 mètres, puis elle disparaît sous la végétation.

b) DEVECEY

La coupe de Devecey, dont nous avons déjà donné le commencement, se continue ainsi (AK, sect. 3, VIII) :

COUPE N° II

Sur les marno-calcaires, appartenant au Virgulien, déjà indiqués :

Portlandien.

1. Calcaire compact, blanc, se désagrégeant en nodules irréguliers.   5

2. Calcaire compact, gris, lithographique.   7

18. Assise recouverte se terminant par des dolomies feuilletées en
plaquettes minces   4

19. Assise recouverte en partie, laissant voir de distance en distance, vers le sommet de la couche, des dolomies grises, grumeleuses
et celluleuses 10

20. Néocomien. Marnes grises à *Ostrea Couloni.*

c) MONCLEY

Sur le chemin de Geneuille à Moncley, à cent cinquante ou
deux cents mètres de ce dernier village, on peut observer le
contact du Jurassique avec le Néocomien, comme M. Lory l'a
déjà indiqué [1]. Le Portlandien se termine par une assise de
calcaire magnésien, celluleux, gris ou jaunâtre, séparé des
marnes grises à *Ostrea Couloni* par un banc de 0^m60 de marne
grise ou jaune par altération, renfermant quelques plaquettes
de dolomie cloisonnée et de minces lits de marno-calcaire, sans
aucun fossile [2]. A quelques mètres à l'est de ce point, au tournant du chemin, on voit affleurer une mince couche de marne à
Ostrea virgula, à la base d'une butte d'une vingtaine de mètres
d'élévation, couronnée par un calcaire magnésien celluleux,
identique à celui qui termine tout près de là le Portlandien, d'où
l'on peut conclure que la puissance de cet étage est de 20 ou
tout au plus de 25 mètres en ce point. Au sud de Moncley et
jusqu'à Pesmes, on ne rencontre plus que des lambeaux de
Portlandien dont il est facile d'indiquer les contours, mais qu'il
est impossible d'étudier et de mesurer ; à Pesmes, l'étage se
montre sur 20 ou 30 mètres, entre la partie basse et la partie

1. Lory, *Mémoires sur les Terrains crétacés du Jura*, p. 35.
2. Nous empruntons cette description à M. Lory, car la couche n'est plus visible aujourd'hui ; nous avons pu l'observer encore, il y a quelques années,
dans le fossé de la route, elle nous a paru formée d'une argile jaune rougeâtre, contenant de nombreux débris de dolomie cloisonnée.

haute de la ville, qu'il supporte, il est formé de calcaire compact, jaune, plus ou moins brun, percé de très nombreuses tubulures comme aux environs de Gray.

QUATRIÈME SECTION

a) BESANÇON

A Besançon, sur la route de Morre, les marnes à *Ostrea virgula* sont surmontées par des calcaires blancs, crayeux, tendres et un peu marneux, que nous avons placés dans le Virgulien (AK, sect. 4, XIII, 26); ils supportent à leur tour une masse puissante de 60 mètres environ de calcaire blanc ou jaunâtre, compact, lithographique par places, en bancs massifs de 1 à 5 mètres, formant une série de couches inclinées d'abord à 20°, puis de moins en moins, qui deviennent même horizontales à la partie supérieure de l'assise. Celle-ci appartient bien évidemment au Portlandien; elle est peu fossilifère et ne présente guère que des empreintes de Nérinées; on y remarque aussi quelques perforations. Une couche bien différente la recouvre, c'est un poudingue calcaire, dont les éléments arrondis, formés surtout de calcaire lithographique, varient de taille, depuis la grosseur d'une noisette au volume du poing, et sont reliés entre eux par un ciment calcaire rougeâtre et très dur. Ce poudingue, désigné par nos géologues sous le nom de poudingue de Trois-Chatels, a été considéré pendant longtemps comme tertiaire, mais aujourd'hui on doit le considérer comme Portlandien, par les raisons que nous exposerons plus loin. Cette formation mesure 4 ou 5 mètres d'épaisseur; elle termine aux environs de Besançon le système oolithique.

CINQUIÈME SECTION.

a) INDEVILLERS

M. Kilian a signalé l'existence à Indevillers, à douze kilomètres à l'est de Saint-Hippolyte, de poudingues analogues à ceux de Trois-Chatels et du même âge qu'eux [1]. On les observe au-dessous de la chapelle, au sud du village ; ils reposent en parfaite concordance de stratification, sur des calcaires blancs lithographiques, qui forment une masse de 40 à 60 mètres d'épaisseur ; ils sont constitués par des éléments arrondis de calcaire lithographique très dur, de volume variable, depuis la grosseur d'une noisette à celle des deux poings, liés entre eux par un ciment calcaire très dur.

b) CONSOLATION

Nous avons vu, qu'entre Consolation et Fuans, les marnes à *Ostrea virgula* sont recouvertes par des calcaires blancs tendres, surmontés eux-mêmes par 25 mètres de calcaires compacts ou marneux, blancs ou jaunes, série qui se termine par une assise de teinte feuille morte (AK, sect. 5 *f*, XIX, 53) que l'on peut suivre jusqu'au village de Fuans, où elle se montre à la base de la colline qui le domine au nord. En gravissant cette colline par le sentier situé derrière la maison de la douane, on voit reposer sur elle une masse d'aspect dolomitoïde, entrecoupée de quelques bancs de calcaire compact, jaunâtre, que l'on peut suivre jusqu'au sommet de la colline ; elle offre un caractère détritique très prononcé, elle ne renferme que peu de fossiles bien conservés, mais un très grand nombre de débris organiques, roulés et brisés, parmi lesquels il est facile de reconnaître des fragments de Nérinées et de Trigonies, elle présente de très nombreuses perforations qui s'entre-croisent en tous

---

1. *Notice explicative de la feuille de Montbéliard.*

sens, et la creusent de cavités irrégulières ; ce caractère est surtout prononcé dans les bancs qui forment le sommet de la colline, où nous avons recueilli : *Nerinea subpyramidalis* et *Natica athleta*, mal conservées et roulées, mais cependant reconnaissables. Cette couche, ou plutôt cette succession d'assises de calcaire feuille morte, et de calcaire grisâtre d'aspect dolomitoïde, ne mesure pas moins de 50 à 60 mètres d'épaisseur, et n'est pas recouverte dans les environs de Fuans. On peut encore l'observer sur le chemin de Fuans à Grandfontaine, et au sud de ce village dans diverses exploitations, et sur le chemin qui conduit au-dessus du mont de Grandfontaine ; partout elle présente la même constitution.

c) AVOUDREY

Dans la tranchée à l'ouest de la gare d'Avoudrey, les marnes virguliennes sont recouvertes par 20 mètres de calcaire blanc, puis par 10 ou 12 mètres de calcaire jaune, plus ou moins foncé, avec Nérinées indéterminables, enfin par 5 ou 6 mètres d'une roche détritique, grumeleuse qui se montre à la surface du sol, en divers endroits, aux environs d'Avoudrey. Cette roche est un calcaire grisâtre, d'aspect dolomitoïde, creusé de vacuoles et de sillons, offrant un caractère de charriage très prononcé, et qui rappelle beaucoup celle que nous avons vue en même situation, aux environs de Fuans. Elle appartient certainement au Portlandien ; en est-elle le début, il serait difficile de le dire, aucune séparation bien nette n'existant entre cet étage et le précédent. Cette roche, toutefois, n'offre pas les caractères de la dolomie celluleuse qui termine le Portlandien.

d) LAVOTTES — MORTEAU

La coupe relevée à partir du village des Lavottes, dans la direction de Morteau (voir AK, sect. 5, XXVIII), se continue ainsi au-dessus des calcaires épivirguliens.

Coupe N° III

Portlandien

31. Calcaire compact, blanc, devenant crayeux à la partie supérieure 30

32. Calcaire compact, plus ou moins marneux, de couleur blanc
jaunâtre, taché de jaune feuille morte, en bancs tendres, facilement
désagrégeables, ou durs, massifs et criblés de perforations, empreintes de fucoïdes à la partie supérieure 38

  Nerinea Salinensis 5, N. trinodosa 3, N. cf. Elea.

33. Calcaire compact, blanc, nombreux débris d'une petite exogyre. 1

  Ostrea virgula (?)

34. Calcaire compact, blanc, criblé de perforations et de traces de
fucoïdes 6,55

  Nerinea trinodosa.

35. Calcaire compact, blanc, jaune ou gris suivant les bancs   10

36. Calcaire jaunâtre, dolomitique, bréchoïde, renfermant des nodules de calcaire compact blanchâtre, liés par un ciment jaune, très
dur, se désagrégeant facilement et mettant les nodules en liberté.   9

  Pteroceras Portlandicus, Corbis subclathrata.

37. Dolomie blanche, compacte 21

38. Dolomie compacte, d'un blanc jaunâtre, en bancs de 0,10 à 0,15,
structure aréolaire, réseau à mailles de 0,03 à 0,04 de côté, la partie
qui forme le réseau est plus foncée 1

39. Dolomie compacte, feuilletée, blanche ou jaune clair, en bancs
de 0,05 à 0,15 10

40. Dolomie en partie compacte, d'un gris blanchâtre, en partie
celluleuse et alors jaunâtre, structure bréchoïde ; les parties compactes sont réunies par un ciment jaune-brun ; sur certains points la
roche est entièrement celluleuse. 19

41. Marnes de Purbeck recouvertes.

La partie supérieure du Portlandien se montre encore à découvert sur la route, entre Villers-le-Lac et Morteau, près de la
Combe-au-Geay. Ses assises s'y présentent ainsi :

Coupe N° IV

1. Calcaire blanc, jaunâtre, lithographique 10
2. Marne jaune, terreuse. 0,20
3. Dolomie marneuse, jaunâtre, compacte, massive . . . 3

4. Même roche entièrement désagrégée. 16
Cyrena Mytilus Tombecki.

5. Dolomie feuilletée, jaunâtre, en lits de 0,02 à 0,03 . . . 6

6. Dolomie jaunâtre, perforée, perforations remplies de cristaux de spath 4

7. Dolomie blanche 3

8. Dolomie celluleuse renfermant aussi des parties bréchoïdes et des géodes de carbonate de chaux 1

9. Dolomie blanche. 2,50

10. Argile jaune. 0,50

11. Dolomie gris brunâtre 1

12. Dolomie jaune, feuilletée et lamelles de 0,02 à 0,03 . . 4

13. Dolomie celluleuse se désagrégeant sur certains points, et donnant ainsi naissance à une argile jaune rougeâtre. 8

14. Roche bréchoïde, constituée par des fragments de calcaire lithographique, liés entre eux par un ciment dolomitique rougeâtre 3

15. Dolomie compacte, dure, grise ou jaune, structure celluleuse. 5

16. Marnes de Purbeck recouvertes.

On peut observer aussi la partie supérieure du Portlandien et le Purbeckien, à Villers-le-Lac, dans différentes carrières, sur la rive gauche et sur la rive droite du Doubs, et dans les tranchées d'un chemin au nord-ouest du village. Les assises les plus inférieures du Portlandien sont exploitées dans plusieurs carrières sur la rive gauche du Doubs au bord même de la rivière, elles sont formées de calcaire compact jaune brunâtre, nous y avons recueilli : *Nerinea Salinensis, N. trinodosa, Natica Marcousana, Mactra sapientium, Thracia incerta, Anatina caudata, Isocardia Cottaldina* (?), *Cardium pesolinum, Trigonia Boloniensis*, et M. A. Jaccard indique comme provenant du même niveau [1] : *Corbicella Barrensis, Plectromya rugosa, Cardium Dufresnoyum, Mytilus Icaunensis.* Cette couche est recouverte par une autre de calcaire feuilleté renfermant *Pleuromya tellina* et *Cardium pesolinum*, qui est elle-même surmontée par un banc de Dolomie, avec empreintes de *Cyrena*, visible au niveau du cours d'eau. Ce banc supporte une série de calcaires et de dolomies qui se

1. *Jura vaudois et neuchatelois*, p. 183.

présentent ainsi dans un ravin au-dessus des carrières et sur le chemin au nord-ouest de Villers.

Coupe N° V

1. Calcaire lithographique. Environ.   4
2. Dolomie saccharoïde, désagrégation en prismes . . .   1,80
3. Dolomie grise, feuilletée, en lames minces   2
4. Même roche massive   1,50
5. Dolomie marneuse, désagrégée   1
6. Même roche, massive   6
7. Même roche, structure bréchoïde, désagrégation en nodules   1,50
8. Dolomie grise, compacte.   6
9. Même roche, structure bréchoïde, désagrégation en nodules   1
10. Recouvert.
11. Même que 9.
12. Dolomie feuilletée, gris jaunâtre.   6
13. Dolomie saccharoïde, se désagrégeant en prismes . .   2
14. Dolomie feuilletée, d'aspect gréseux   2
15. Dolomie celluleuse, visible sur   3

Cette dernière couche est recouverte, sur la rive droite du Doubs, par les marnes de Purbeck.

e) GILLEY — MONTBENOIT

Au sud de Gilley, dans la tranchée du chemin de fer, les marnes à *Ostrea virgula* (AK, sect. 4 k, XXX) sont recouvertes par des couches dont il est impossible d'évaluer la puissance, parce qu'elles sont coupées très obliquement par la voie ferrée. Aussi nous bornerons-nous à indiquer leur ordre de succession, en continuation de la coupe précitée, ainsi qu'il suit.

Coupe N° VI

Calcaire gris blanchâtre appartenant au Virgulien N° 8 de la coupe précitée.
9. Calcaire jaune.

10. Calcaire compact, jaune verdâtre, massif, marqué de taches feuille morte ; empreintes de fucoïdes.

11. Calcaire blanc, compact, massif.

12. Calcaire compact, gris jaune, empreintes de fucoïdes très nombreuses.

13. Calcaire compact, blanc.

14. Calcaire jaunâtre, structure noduleuse.

15. Calcaire blanc, structure noduleuse, texture grumeleuse et oolithique par places. Aspect coralligène. Cette assise a 10 mètres.

Nérinées. Polypiers.

16. Dolomie grise, un peu marneuse.

Trigonia subconcentrica.

17. Dolomie jaune clair, taches feuille morte, structure bréchoïde, texture grumeleuse.

Cardium Verioti.

18. Dolomie jaune, en plaquettes de 0,01.

19. Dolomie gris jaunâtre, grumeleuse.

20. Marne grise de Purbeck formant combe, en partie recouverte.

21. Calcaire Néocomien.

La puissance de cette masse portlandienne est considérable et dépasse cent mètres.

En suivant toujours la voie du chemin de fer, on voit reparaître, à une certaine distance, les mêmes couches, plongeant en sens inverse, et on peut apprécier ici l'épaisseur de quelques-unes d'entre elles.

Coupe N° VII

1. Calcaire bréchoïde.

2. Calcaire blanc jaune, massif 8

3. Calcaire blanc jaunâtre, massif, un peu oolithique, oolithes disséminées dans la pâte, mais devenant confluentes sur certains points 1

Nerinea Salinensis, N. subpyramidalis, N. trinodosa, Polypiers.

4. Recouvert. Environ 50

5. Dolomie grise, grumeleuse, bréchoïde, marneuse par places. 24

6. Dolomie grise, bréchoïde, marneuse par places. Fossiles nombreux 20

Natica Marcousana, Mactra sapientium, Thracia incerta, Cardium pesolinum 3, Lucina rugosa, Anomia suprajurensis.

7. Dolomie feuilletée, jaunâtre 4

8. Recouvert 1

9. Dolomie compacte, grise. 7

10. Dolomie compacte, blanche, se désagrégeant en fragments. prismatiques. 3

11. Dolomie celluleuse 2

La coupe se termine vis-à-vis du hameau des Auberges, le Purbeckien n'y est pas visible, mais on peut l'observer, à découvert, à trois kilomètres et demi au sud de ce point, à l'entrée de la tranchée qui précède la gare de Montbenoît, où il se présente ainsi :

Coupe N° VIII

1. Dolomie jaune, cloisonnée du Portlandien.

2. Marne grise, terreuse, avec nodules de marne dure, gris ou blancs 0,40

3. Dolomie jaune, celluleuse, cloisonnée 0,80

4. Marne grise, terreuse, comme 2 0,40

5. Dolomie jaune, celluleuse 0,50

6. Marne grise 0,40

7. Dolomie jaune, celluleuse 1

8. Marne jaune, terreuse, et fragments de dolomie jaune celluleuse 3,60

9. Marne grise, tendre, et nodules de marne blanche. . . 1,50

10. Dolomie jaune, celluleuse et sableuse. 0,50

11. Marne jaune, terreuse 1,80

12. Marne grise, feuilletée 1

13. Marne terreuse, grise. 1,80

14. Alternance de couches de marne grise, feuilletée ou terreuse, en lits de 0,40, avec des bancs de calcaire gris dur, dégageant une odeur bitumineuse, épais de 0,30 5,50

15. Marne jaune, terreuse 0,50

16. Calcaire jaune, grenu, feuilleté 1

17. Calcaire jaune rougeâtre, oolithique, massif, appartenant au Néocomien.

SIXIÈME SECTION

a) LODS — LONGEVILLE

La coupe entre Lods et Longeville (AK, sect. 5 *b*, XXXIV) se continue ainsi au-dessus du Virgulien :

COUPE N° IX

Portlandien.

30. Calcaire gris blanc, dolomitoïde, criblé de perforations à la partie inférieure 4

31. Calcaire blanc, crayeux. 3,

32. Calcaire argileux, grisâtre, véritable liais passant au calcaire lithographique jaune verdâtre 15

33. Calcaire gris-jaune rougeâtre, quelques oolithes 1

34. Calcaire blanc, oolithique, oolithes miliaires 1

35. Calcaire dolomitique, jaunâtre, avec taches plus foncées, couleur feuille morte, désagrégation en nodules irréguliers . . . 5

36. Calcaire dolomitique, grisâtre 10

37. Calcaire dolomitique, feuilleté en lamelles minces de 0,01 à 0,05. 10

38. Dolomie grisâtre, devenant jaunâtre et celluleuse à la partie supérieure 5

Purbeckien.

39. Marne noire, terreuse, avec calcaire gris bleuâtre à odeur bitumineuse, intercalé entre les couches de marne, en partie recouverte 1,50

Ce mince affleurement de marnes purbeckiennes se retrouve encore à un kilomètre au sud de ce point, à l'entrée du village de Longeville, où il est entamé par la route, dans le sens du nord-ouest au sud-est; il forme là une petite masse marneuse de 3^{m}50 à 4 mètres, reposant immédiatement sur les dolomies celluleuses jaunâtres du Portlandien, et recouverte par les calcaires blancs oolithiques du Néocomien. Cette marne est grise, tachée de jaune, stratifiée en lits de 0^{m}10 à 0^{m}15, mais se désagrège rapidement à l'air, et devient terreuse par altération.

SEPTIÈME SECTION

a) LA NANTILLÈRE

A la Nantillère, près de Mouchard (AK, sect. 7 *c*), le Virgu-lien calcaire, zone 26 de la coupe du Frère Ogérien, est re-couvert par le Portlandien (zone 25-24), formant trois masses : l'inférieure puissante de 15 mètres de calcaire compact, jau-nâtre, très dur, à *Nerinea trinodosa*, *Polypiers* et *Fucoïdes*, la moyenne épaisse de 10 mètres, de calcaire compact, jaunâtre, criblée de tiges de Fucoïdes; la supérieure, mesurant 15 metres, de calcaire dolomitique, compact, jaunâtre, en bancs de 0,30 à 0,80, présentant une structure feuilletée.

b) PONTARLIER

L'absence du niveau à *Ostrea virgula*, aux environs de Pon-tarlier, rend très difficile la distinction en étages de la grande masse calcaire du jurassique supérieur. Celle-ci constitue la colline qui supporte le fort de Joux, et elle mesure environ 300 mètres à partir de l'Astartien supérieur jusqu'aux dernières assises du Portlandien. Aux Argillis (AK, sect. 7, XLIV), la pré-sence de quelques fossiles rend les divisions relativement plus faciles à établir; la première assise fossilifère que l'on y ren-contre, au-dessus de l'Astartien marneux, est la couche N° 6, qui nous paraît encore astartienne, tandis que la seconde, la couche 9, est vraisemblablement déjà ptérocérienne, ce qui donne 30 mètres environ pour la puissance de l'Astartien supé-rieur. Le Kimméridien nous semble se terminer avec l'assise 16 ou l'assise 17, ce qui porte son épaisseur à 33 ou à 36 mètres, et celle du Portlandien à plus de 200 mètres. Aux Argillis, les premières assises de cet étage se présentent ainsi :

Coupe N° X

17. Calcaire jaune, rubané, aspect dolomitique, empreintes de Fucoïdes 3

18. Calcaire grisâtre, un peu marneux, Nérinées très nombreuses 6

Nerinea Salinensis, N. Santonensis, N. trinodosa.

19. Même roche, partie supérieure recouverte.

Nerinea subpyramidalis.

La partie moyenne, qui n'est pas directement observable et forme une masse très puissante, mesurant bien certainement plus de 100 mètres, est constituée par des calcaires compacts ou lithographiques, blancs ou jaunâtres, en bancs épais, sans fossiles, que l'on peut observer dans les tranchées du chemin de fer de Pontarlier à Neuchâtel, au-dessous du château de Joux ou sur les chemins qui accèdent à la forteresse, du côté de l'est. Dans les tranchées de la voie ferrée, l'étage se termine ainsi :

COUPE N° XI

1. Dolomie jaune, grisâtre ou verdâtre, en bancs massifs alternant avec des bancs feuilletés 6

2. Dolomie grise, structure bréchoïde, désagrégation en fragments noduleux irréguliers 7

Cette couche peut être suivie du côté opposé de la cluse, sur le flanc du Larmont, où nous avons recueilli :

Homomya hortulana, Cardium Verioti.

3. Dolomie jaune, feuilletée, structure en lamelles de 0,02 à 0,03. 3

4. Dolomie jaune tendre, comme pulvérulente 2

5. Dolomie blanche d'aspect saccharoïde, se désagrégeant en prismes 6

Les dernières couches du Portlandien ne se montrent pas à découvert en ce point, mais elles sont peu puissantes, et leur épaisseur ne dépasse pas une dizaine de mètres. L'assise n° 5, formée de dolomie blanche, saccharoïde, se désagrégeant en prismes, constitue un excellent niveau que l'on retrouve dans toute la haute montagne.

DESCRIPTION

PORTLANDIEN

SYNONYMIE

Calcaires portlandiens. THIRRIA, 1833.

Étage jurassique supérieur pp. PARANDIER, 1839.

Portlandien. GRENIER, 1842. BOYÉ, 1843. PIDANCET, 1848. PERRON,
1856, 1860. ETALLON, 1862. RÉSAL, 1864. JOURDY, 1871. BENOIT, 1879.
BERTRAND, 1870, 1872, 1883, 1885, 1887. ROLLIER, 1882. KILIAN, 1883,
1891, 1894. BOYER, 1888.

Calcaires portlandiens pp. RENAUD-COMTE, 1846.

Groupe portlandien pp. MARCOU, 1848.

Calcaires de Salins, MARCOU, 1856.

Calcaire à Diceras, CONTEJEAN, 1858, 1862.

Portlandien pp. VÉZIAN, 1865, 1872, 1893. OGÉRIEN, 1867. JACCARD,
1869. BOYER, 1877. MAILLARD, 1884, 1885.

DIVISION

PORTLANDIEN { INFÉRIEUR OU CALCAIRES PORTLANDIENS.
SUPÉRIEUR OU DOLOMIES PORTLANDIENNES.

Le Portlandien est formé de deux masses qui se distinguent
facilement l'une de l'autre; l'inférieure est constituée par des
calcaires compacts et des roches dolomitoïdes, la supérieure par
des calcaires un peu plus riches en magnésie, que l'on désigne
improprement sous le nom de dolomies.

Portlandien inférieur. — La limite inférieure de l'étage est
très difficile à tracer, il succède en effet aux calcaires blancs du
Virgulien supérieur, dont il diffère par son aspect, sa texture et
son mode de stratification. Les calcaires épivirguliens sont
crayeux et tendres, divisés en lits minces, les calcaires portlandiens sont durs, lithographiques et disposés en bancs épais. En
bien des endroits, à Morteau entre autres, cette distinction ne
peut être faite, les deux étages sont constitués par des roches

identiques, et il est impossible de tracer une séparation entre eux. Les fossiles, d'un autre côté, sont assez rares et ne donnent pas d'indications précises : l'*Exogyra virgula* passe dans les assises portlandiennes, où elle est, il est vrai, peu répandue et à l'état isolé, et parmi les Nérinées caractéristiques, *Nerinea Salinensis*, la plus commune de toutes, apparaît déjà dans le Virgulien (Viellans), et les autres *Nerinea trinodosa*, *N. subpyramidalis*, *N. grandis*, *N. cylindrica* ne se montrent guère vers la partie la plus inférieure du Portlandien, mais seulement un peu plus haut.

Le sous-étage inférieur est formé surtout par des calcaires compacts, durs, à pâte fine, assez souvent lithographiques, à cassure conchoïde, d'apparence éburnée, leur teinte varie du blanc grisâtre au blanc jaunâtre plus ou moins foncé, et atteint même la nuance feuille morte; ils présentent de nombreuses perforations ou tubulures, dont il sera question plus loin, et sont stratifiés en couches épaisses de 0^{m}60 à 1^{m}20 environ. Ces caractères généraux présentent quelques variations partielles et locales qu'indiquent nos coupes détaillées; certains bancs deviennent tendres et plus ou moins marneux, et passent même sur quelques points à de véritables marnes, toujours en lits peu épais; d'autres prennent en se désagrégeant un aspect bréchoïde que n'offre pas la roche intacte, ou fraîchement entamée (Moncey). Quelquefois les calcaires de la base revêtent l'apparence dolomitique, mais ce caractère est plus répandu dans l'est, où il est même normal pour les couches supérieures de ce sous-étage. Celles-ci sont ordinairement stratifiées en bancs épais, comme les précédentes, mais elles sont plus marneuses, plus tendres, plus facilement désagrégeables; assez souvent, leurs bancs massifs sont séparés par des zones délitées; en certains endroits même, quelques-unes de leurs assises présentent la structure feuilletée en lames minces; leur couleur est jaune-brun ou grisâtre, elles offrent enfin cet aspect dolomitique, qui les distingue assez bien, mais qui n'est pas en rapport avec la quantité de magnésie qu'elles renferment.

La faune du Portlandien inférieur lui vient en grande partie du Kimméridien; on y remarque en effet :

Pteroceras Oceani, Nerinea Salinensis, Natica hemisphærica, Thracia incerta, Ceromya excentrica. Pleuromya tellina,. Homomya hortulana, Arcomya helvetica, A. quadrata, Cyprina Brongniarti, Cardium pesolinum, Corbis subclathrata, Lucina rugosa, Trigonia concentrica, T. muricata, Mytilus subpectinatus, Hinnites inæquistriatus, Exogyra virgula, Terebratula subsella, Rhynchonella corallina.

A ces fossiles, originaires des couches sous-jacentes, il faut en ajouter d'autres qui apparaissent ici pour la première fois : *Nerinea grandis, N. Santonensis, N. subpyramidalis, N. trinodosa, Natica athleta, N. Marcousana, Trigonia Barrensis, T. Boloniensis, Modiola Thirriæ, Mytilus portlandicus, M. Tombecki, Hemicidaris purbeckensis.* Pour citer seulement les espèces les plus répandues et les plus intéressantes.

Cette faune n'est pas uniformément répandue partout, et n'apparaît pas à toutes les hauteurs; elle ne se montre guère à la base du sous-étage, et certaines localités sont absolument dépourvues de fossiles.

Portlandien supérieur. — Le Portlandien supérieur est constitué par une série de roches d'aspect dolomitique, plus ou moins prononcé, qui ne sont pas de véritables dolomies, mais seulement des calcaires légèrement magnésiens. Ceux, en effet, qui en renferment le plus, en contiennent 10 %, d'autres 1 à 2 %, la plupart moins de 1 % d'après les analyses de M. Duparc [1], tandis que diverses roches jurassiques, calcaires ou marnes, que l'on n'a jamais considérées comme des dolomies, en possèdent jusqu'à 4 % [2]. Quoi qu'il en soit, ce nom de dolomie,, employé d'abord par M. Marcou, a été accepté par tous les géologues du Jura, et il sert à désigner aujourd'hui, et les dolomitoïdes du sommet du sous-étage inférieur, dont nous avons déjà parlé, et surtout ceux du sous-étage supérieur tout entier. Celui-ci est composé, lorsqu'il est bien développé, comme dans l'est, de trois couches qui sont, d'après les dénominations de

1. Duparc, *Composition des calcaires portlandiens.*
2. Muston, *Notices géologiques.* Voir p. 23 une analyse des marnes astartiennes du Grammont.

24

M. Auguste Jaccard [1], les « Calcaires à plaquettes, » la « Dolomie saccharoïde » et la « dolomie celluleuse. »

La division inférieure est formée d'un calcaire faiblement magnésien, très dur, grisâtre ou jaune clair, avec arborisations ferrugineuses, divisé en lamelles de 0^m01 à 0^m02, constituées elles-mêmes par de minces feuillets accolés. Cette assise est très constante, on la rencontre dans presque toute l'étendue de la région, mais elle en supporte une autre, la Dolomie saccharoïde, qui ne s'observe guère que dans l'est. Celle-ci est d'un blanc éclatant, sa cassure est plane, elle laisse échapper, quand on la brise, une poudre blanche farineuse ; elle se divise par désagrégation en petits parallélipipèdes assez réguliers ; elle présente bien enfin l'aspect caractéristique indiqué par sa dénomination. La dolomie celluleuse lui succède ou repose directement sur les calcaires à plaquettes, lorsqu'elle fait défaut, c'est une roche grumeleuse, jaunâtre ou rougeâtre, criblée non de perforations comme les bancs inférieurs du Portlandien, mais de véritables cavités cellulaires ; elle présente par places une structure aréolaire, comme si sa surface émergée avait été desséchée et fendillée, par suite de son exposition à l'air et au soleil, puis recouverte ensuite par de nouveaux sédiments. Cette formation est des plus constantes, on la retrouve à peu près partout avec les mêmes caractères, comme aussi les calcaires à plaquettes, mais la dolomie saccharoïde ne s'observe pas dans l'ouest ni au centre, elle n'est d'ailleurs qu'un faciès de l'une ou de l'autre des deux assises, inférieure et supérieure, du sous-étage. Ces dernières couches se développent en raison inverse l'une de l'autre ; dans les lieux où elles sont en contact immédiat, elles semblent représenter deux phases de la même formation, qui n'auraient pas eu partout la même durée, la seconde ayant commencé sur certains points plus tôt que sur d'autres.

Ainsi compris, le sous-étage supérieur correspond à une division des plus naturelles de notre Portlandien, et se distingue très nettement du sous-étage inférieur.

L'apparition des calcaires en plaquettes, que l'on rencontre

1. *Jura vaudois et neuchâtelois.*

presque partout, indique certainement une modification importante dans les conditions sédimentaires qui avaient régné jusqu'alors. MM. de Loriol et Jaccard, en 1865 [1], pensèrent même
que ces couches sont de formation saumâtre, en raison de leur
faune, et qu'elles doivent être réunies au Purbeckien. On y a
recueilli, en effet :

Corbula inflexa, *Anisocardia veneriformis*, *A. Legayi*, *Cyrena
rugosa*, *Protocardia Purbeckensis*, *P. Vassiacensis*, *Lucina
Goldfussii*, *Corbicella Moreana*, *C. Pellasi*, *Gervilia arenaria* [2].

Cette faune a vécu vraisemblablement dans des eaux sau-
mâtres, elle indique le mélange des eaux douces aux eaux sa-
lées, et le passage d'une formation marine à une formation
lacustre ; mais presque tous ses fossiles sont d'origine jurassique, et se rencontrent déjà dans les dépôts supérieurs du système oolithique, comme l'a établi M. Maillard, et il nous paraît
plus rationnel de ranger les dolomies dont il est question dans
le Portlandien, comme il l'a fait lui-même et comme l'avaient
fait avant lui MM. Struckmann et Ch. Mayer.

Tel est le type de notre Portlandien, quand il présente son
développement le plus complet; c'est ainsi qu'il se montre dans
l'est de la région, où sa puissance est considérable ; il mesure,
en effet, 150 mètres à Morteau, à peu près autant à Gilley, environ 200 mètres à Pontarlier; mais on le voit diminuer graduellement d'importance à mesure que l'on s'avance vers l'ouest, il
n'atteint plus que 79 mètres à Lods, 60 ou 70 à Montmahoux,
65 à Besançon, où peut-être il n'est pas complet, 40 mètres à la
Nantillère, près de Salins, 26 à Devecey, et 20 à Moncey. Dans
ces deux dernières localités, situées dans la vallée de l'Ognon,
il présente une constitution analogue à celle des grandes masses
de la montagne, et est formé de deux assises : l'inférieure compacte et bréchoïde en partie, la supérieure dolomitique; celle-ci
feuilletée en bas, et celluleuse et grumeleuse en haut. Au sud-
ouest, à Moncley; à l'ouest, à Bucey-lez-Gy, à Gy et jusqu'à moitié chemin entre Gy et Gray, l'étage se termine par des dolomies

1. *Étude sur Villers.*
2. MAILLARD, *Invertébrés du Purbeckien*, p. 124.

feuilletées surmontées de dolomies celluleuses ; mais aux environs de Gray et plus au sud, à Essertenne et à Germigney, le Portlandien supérieur présente un facies différent ; il est constitué par des calcaires compacts, criblés de perforations qui renferment des Polypiers et des Nérinées, mais ne présentent pas, même au voisinage immédiat du Néocomien, le véritable aspect des dolomies de la montagne, auxquelles M. Perron les comparait, à tort croyons-nous ; ces calcaires ne contiennent qu'une très faible quantité de magnésie [1]. M. Etallon a désigné cette assise supérieure du Portlandien sous le nom de couche à *Diceras portlandica*; elle possède aussi quelques autres fossiles, et parmi eux :

Nerinea Elea, Natica Hebertana, Pteroceras Oceani, P. multicostata, Thracia portlandica, Cyprina Brongniarti, C. Grayensis, Cardium pigrum, Diceras portlandica, etc., et trois espèces de Polypiers.

Cette zone correspond-elle aux dolomies du sous-étage supérieur? nous ne saurions le dire ; sa faune lui vient du niveau inférieur et est exclusivement marine, on ne peut donc la comparer avec celle des dolomies qui est saumâtre, ni avec celle de la zone à *Cyrena rugosa* de la Haute-Marne, avec lesquelles elle n'a pas de fossiles communs ; cette espèce elle-même [2] se trouve dans les calcaires à Nérinées situés au-dessous de la couche à Diceras, mais manque dans cette couche. Elle ne ressemble guère plus à la faune de l'assise à *Pinna suprajurensis* de l'Yonne, qui renferme bien, à la vérité, comme elle, *Cyprina Brongniarti*, et peut-être *Thracia incerta* [3]; mais ces bivalves se rencontrent aussi, dans les deux endroits, à un niveau inférieur. Nous nous bornerons à faire remarquer que cette formation est, en raison de ses Polypiers, le coralligène portlandien

1. 0,36 % d'après une analyse faite par M. Baudin, pharmacien expert à Besançon. Les dolomies feuilletées de Gy en renferment davantage.

2. M. Etallon (*Jura graylois*) cite cette espèce sous le nom de *Cyprina fossulata* que M. de Loriol indique comme synonymie de *Cyrena rugosa*. (*Jurass. sup. de la Haute-Marne*, p. 212.)

3. M. Etallon (*loc. cit.*) ne cite pas à ce niveau *Thracia incerta* mais *Th. portlandica Et.*, qu'il considère comme voisine de la première, et n'en différant guère que par une taille un peu plus petite.

supérieur du Jura graylois, et que, dans l'est, les bancs à madrépores supérieurs de l'étage sont situés au-dessous des dolomies,
comme nous le dirons plus loin. Peut-être pourrait-on conclure
de là que le district de Gray a émergé à la fin de l'époque
portlandienne inférieure. Ajoutons enfin que, à Gray et au sud
de cette ville, la masse recouverte par la zone à *Diceras portlandica* est perforée d'innombrables tubulures, et renferme beaucoup de fossiles, parmi lesquels se retrouvent la plupart des
espèces rencontrées jusqu'ici dans l'est.

A Besançon, le Portlandien mesure environ 60 mètres, il est
formé de calcaires compacts ou lithographiques en bancs épais,
sur lesquels repose, en concordance parfaite de stratification,
une assise de 5 mètres de poudingues, composés d'éléments de
calcaire lithographiques pour la plupart, variant de volume,
depuis la grosseur du poing à celle d'une noix, mais tous régulièrement arrondis, mélangés et empâtés dans un ciment de
calcaire compact, gris ou rougeâtre. Ces poudingues se voient à
Trois-Chatels et à Montfaucon, dans la banlieue de la ville; on
les a signalés aussi à Auxon-Dessus, à huit kilomètres au nord-
ouest. Depuis longtemps, on les considérait comme tertiaires,
lorsqu'en 1881, M. M. Bertrand émit l'avis qu'ils pourraient être
plus anciens, peut-être même purbeckiens [1]; dix ans plus tard,
M. Kilian découvrit à Indevillers, à l'est de Saint-Hippolyte, des
poudingues identiques à ceux de Besançon recouvrant comme
eux des calcaires lithographiques en strates épaisses, appartenant au Portlandien et qu'il rangea dans cet étage [2]. Ces formations n'ont pu prendre naissance que dans l'une des conditions
suivantes : établissement dans la région du régime fluviatile,
comme le pensait M. Bertrand; émersion et érosion des roches
portlandiennes inférieures; ou soulèvement suffisant du fond de
mer, pour permettre à des érosions sous-marines de se produire.
Ces conditions n'ont pas été réalisées avant l'époque du dépôt
des dolomies, mais elles l'ont été à ce moment-là; l'eau douce
arrivait alors dans le nord du bassin jurassien, et le sol se sou-

1. M. BERTRAND, *Bull. S. G. F.*, 3ᵉ série, t. X, p. 120.
2. KILIAN, *Notice explicative de la feuille de Montbéliard.*

levait graduellement de l'ouest à l'est, pour aboutir à l'émersion, à l'époque purbeckienne, de tout l'ouest de la région ;
elles l'ont encore été pendant cette dernière période, et il peut
paraître difficile de décider, en l'absence de preuves directes, si
ces poudingues doivent être classés dans le Portlandien ou dans
le Purbeckien. Nous les rapportons cependant au premier de
ces deux étages, parce que les cailloux qui les constituent sont
surtout formés de calcaires lithographiques, et que nous n'avons
rencontré parmi eux, à Besançon, ni à Indevillers, aucun débris
de roche dolomitoïde, ce qui indique qu'ils ont été formés aux
dépens des assises du Portlandien inférieur, avant le dépôt des
dolomies ; ces galets sont de diverses tailles, intimement mélangés, leur forme est ellipsoïde, très régulière, ce qui dénote bien
plutôt l'action des vagues que le charriage par un courant ;
enfin leurs gisements sont assez éloignés des limites assignées
au lac Purbeckien de notre région, par M. Maillard [1], pour que
nous croyions devoir les attribuer à la mer portlandienne. Pour
ces diverses raisons, nous plaçons ces poudingues sur le même
horizon que les dolomies, dont ils occupent d'ailleurs le niveau
stratigraphique.

La puissance du Portlandien, en divers points de la région,
est indiquée dans le tableau ci-dessous.

LOCALITÉS	Port. infér.	Port. sup.	TOTAL
Gray	»	»	54
Moncey	16,50	5,50	22
Devecey	16	10	26
Besançon	60	5	45
Morteau	123	30	153
Lods	64	15	79
La Nantillère	25	15	40
Pontarlier	»	»	200

Comme on le voit, l'étage est peu développé dans le voisinage
du pointement triasique du nord (Moncey, Devecey), sa puissance est moyenne dans le centre (Besançon, Lods) et dans

1. *Loc. cit.*

l'ouest (Gray), et il présente sa plus grande épaisseur dans l'est et le sud-est (Morteau, Pontarlier), puis il diminue vers le sud aux environs de Salins (La Nantillère).

Coralligènes du Portlandien. — Le Portlandien renferme des dépôts coralligènes, analogues à ceux des derniers étages que nous avons étudiés, ils y occupent de moindres étendues, mais forment en général des masses plus puissantes. On trouve à Morteau, tout à fait à sa base, une assise oolithique de 1 mètre d'épaisseur que l'on rencontre aussi à Gilley, où elle renferme beaucoup de Nérinées et de Polypiers, mais n'est pas plus importante. A Gray, les Polypiers se montrent aussi à la partie inférieure, dans une couche de calcaire compacte épaisse de 20 mètres ; ils y sont au nombre de 38 espèces, appartenant à 15 genres. Une autre station corallienne s'observe encore à un niveau plus élevé, à Gilley, où elle mesure 10 mètres, et à Lods, où elle se réduit à 2 mètres, elle est située à la partie supérieure du sous-étage inférieur, au-dessous de dolomitoïdes qui la terminent. A Gray, où les dolomies font défaut, le Portlandien supérieur est constitué par des calcaires compacts de 15 à 20 mètres de puissance, contenant quelques Polypiers (6 espèces) et des Nérinées.

Perforations des roches. — Les innombrables perforations qui criblent les roches du Portlandien, et en particulier du Portlandien de Gray, ont attiré depuis longtemps l'attention des géologues, qui ont donné diverses explications de ce phénomène. Avant de les examiner, nous ferons observer que ces tubulures ne sont pas spéciales à cet étage, et qu'on en rencontre à peu près à tous les niveaux du système oolithique ; qu'elles sont plus fréquentes dans l'oolithe supérieure, et plus dans le Jura graylois que partout ailleurs. Ce que nous allons exposer au sujet de ces perforations sera donc applicable à celles que l'on observe dans les assises des autres étages.

En 1825, M. Desnoyers avait déjà attribué les excavations tubulaires des roches calcaires à la destruction des Polypiers

lamellifères [1], et en 1849, M. Duvernoy expliqua celles du Kimméridien de Porrentruy et de Montbéliard par la présence
des Nérinées dans cet étage [2], puis M. Nodot, en 1851, rapporta
celles du Portlandien graylois à la constitution même de la
roche, renfermant des taches plus tendres et des cavités préexis-
tantes, qui sont élargies plus tard par le passage des eaux aci-
dulées [3]. M. Perron reprit pour son compte, en 1857, l'opinion de
M. Desnoyers et donna quelques preuves à l'appui de son dire [4].
M. Contejean, en 1859, pensa que la disparition des spongiaires
pouvait expliquer ces perforations [5], et M. Etallon, en 1863, les
mit sur le compte de la destruction des formes xyloïdes [6]. Ces
différentes hypothèses sont toutes vraies, croyons-nous, ou du
moins peuvent l'être toutes ; beaucoup de ces excavations sont
dues à la disparition des Nérinées, on en voit à tous les niveaux,
portant encore très nettes, à leur surface, les traces des fossiles
qu'elles avaient contenus ; beaucoup sont dues à la disparition
de Polypiers, nous en avons observé plusieurs exemples, aussi
probants que pour les Nérinées, dans le Rauracien de Vercel et
le Portlandien de Mantoche, en particulier. Nous n'avons rien
constaté au sujet des xyloïdes et des spongiaires, mais le fait
nous paraît vraisemblable, parce que nous pensons qu'une
cause spéciale domine tout le phénomène, le défaut d'homogé-
néïté de la roche, et la pénétration de l'eau dans son intérieur.
Le fossile n'a pas toujours identiquement la même composition
chimique, ni la même constitution physique que le calcaire en-
veloppant ; nous avons observé des nids de marne tendre dans
des calcaires compacts, durs (Ptérocérien de Consolation entre
autres), ce sont les taches tendres de Nodot, nous avons reconnu dans le Portlandien de différents lieux, et de Fuans en
particulier, l'existence de parties sableuses, tendres et de teinte
plus foncée que le reste de la roche qui l'encadre. Ces parties

1. Desnoyers. *Ann. Sc. Nat.*, 1825, IV, p. 371.
2. Duvernoy, *Acad. des Sciences*, XXIX, 1849.
3. Nodot, *Bull. S. G. F.*, VIII, 1851, p. 552.
4. Perron, *Sur l'étage Portlandien. Bull. S. G. F.*, t. XIII, 1856.
5. Contejean, *Kimméridien*, p. 31.
6. Etallon, *Jura graylois*, p. 59.

tendres sont remplies de grains divers et de débris de coquilles, attestant leur origine détritique. Sur le sommet de la colline qui domine la maison de douane de Fuans, on peut voir à la surface du même banc des parties sableuses et tendres telles que nous venons de les indiquer, à côté de tubulures complètes et de petites excavations incomplètes, creusées aux dépens de ces parties tendres. Celles-ci sont facilement attaquées, dissoutes ou délayées, et entraînées par les eaux de pénétration, qui agissent moins rapidement sur les parties dures. De là des perforations ou des cavités plus ou moins profondes, suivant la durée de l'action de l'eau et la plus ou moins grande consistance des taches tendres. Les procédés de destruction des roches par les agents atmosphériques sont trop connus pour qu'il soit utile de les rappeler ici.

FAUNE DU PORTLANDIEN

INDICATIONS DONNÉES PAR LES COLONNES : **I**, espèces provenant d'un niveau inférieur ; **1**, Portlandien inférieur ; **2**, Portlandien supérieur.
ABRÉVIATIONS : Aub. = Les Auberges, Bs. = Besançon, Cons. = Consolation, Dbs. = département du Doubs, Es. = Essertenne, Fré = Fresne-Saint-Mamès, Fu. = Fuans, Gr. = Gray, Gy = Gy, Hs. = Haute-Saône, Lod. = Lods, Monc. = Moncey, Mort. = Morteau et environs, Mt. = Mantoche, Vil. = Villers-le-Lac.

	I	1	2
Ammonites giganteus. Sow. — Gr.		+	
gigas Ziet. — Mt. Gr.		+	+
Gravesianus d'Orb. — Gr. Athose. Chevigney.		+	+
Irius d'Orb. — Charquemont.		+	
lunuliformis Et. — Gr.			+
Nautilus Marcousanus d'Orb. — S.		+	
Bulla cylindrella Buv. — Gr.	+	+	
Rostellaria barrensis Buv. — Gr.		+	
Dionysea Buv. — Gr.		+	
Raulinea Buv. — Gr.		+	
Ptéroceras Neptuni Et. — Gr.			+
Oceani Delab. — partout	+	+	+
portlandicus Coq. — Fuans. Mort.		+	+
Cerithium clavulus Buv. — Gr.			+

	I	1	2
Cerithium inerme Buv. — Gr.			+
supracostatum Buv. — Gr.		+	+
Nerinea cylindrica Voltz. — Mort. Gr. Mt. Es.		+	+
depressa Voltz. — Pont. Monc. Hs.	+	+	+
Elea d'Orb. — Gr. S. Mt. Es.	+	+	+
Erato d'Orb. — Gr.	+		+
Eudora d'Orb. — S. Gr.		+	
grandis Voltz. — partout.		+	+
punctata Brom. — Hs.		+	
salinensis d'Orb. — partout	+	+	+
Santonensis d'Orb. — Pont.		+	
subpyramidalis Munst. — partout.		+	
trinodosa Voltz. — partout		+	
Chemnitzia Clioïdes Et. — Mt.			+
portlandica Et. — Gr. S(?)		+	
Natica athleta d'Orb. — partout.		+	
barrensis Buv. — Gr.		+	
Hebertana d'Orb. — Gr.		+	+
hemispherica d'Orb. — Gr. Mt.	+	+	+
Marcousana d'Orb. — partout		+	+
suprajurensis Buv. — Gr.		+	
Veriotina d'Orb. — Gr.		+	
Turritella portlandica Et. — Gr.			+
Nerita sp. — Mt.		+	
Turbo personatus Et. — Mt.		+	
Phasianella portlandica Th. — S.		+	
Ditremaria mantochensis Et. — Mt.		+	
mastoïdea Et. — Mt.		+	
Cf. quinquecincta Buv. — Mt.		+	
Dentalium Cornueli Et. — Gr.		+	
Gastrochæna sp. — Mort.			+
Neæra mosensis Buv. — Mt. Gr.		+	+
Corbula contorta Et. — Gr.		+	
Grayensis Et. — Mt. Gr.		+	+
inflexa Rœm. — Pont. Mort.		+	
Perroni Et. — Gy.			+
Mactra sapientium Ctj. (?) — Fu.	+	+	
Thracia incerta Desh. — Aub. Gr.	+	+	
Analina caudata Ctj. (?) — Mort.	+	+	
cf. gibbosa Et. — Mort.		+	
quadrata Et. — Gr.		+	

	I	1	2
Ceromya excentrica Terq. — Mort.	+	+	+
Pleuromya Alduinii Brug. — Mort.	+	+	
dubiensis H. Coq. — Bs.		+	
tellina Ag. — Mort. Gr.	+	+	
Mactromya rugosa Rœm. — Mort.			+
Homomya hortulana Ag. — Pont.	+	+	
portlandica Et. — Gr.		+	
Goniomya barrensis Buv. — Mt. Gr.		+	+
Cornuelana Buv. — Gr.	+	+	
Pholadomya multicostata Ag. — Fu.	+	+	
cf. paucicosta Rœm. — S.	?	+	
Arcomya helvetica Ag. — Fu. Gr. Mt.	+	+	+
quadrata Ag. — Mt.	+	+	
Tellina barrensis Buv. — Mt. Gr.		+	+
Cytherea gyensis Et. — Gr.			+
Isocardia carinata Voltz. — Hs.		+	
Cottaldina de Lor. — Mort.			+
Anisocardia veneriformis de Lor. — Mort.			+
Legayi de Lor. — Vil.			+
Cyprina Brongniarti P. et R. — Mt. Es. Gr.	+	+	+
fossulata R. B. — Gr.		+	
tumidicornis Et. — Gr.		+	
Cyrena rugosa de Lor. — Mort. Vil.			+
suevica Et. — Mort.		+	
Protocardia purbeckensis de Lor. — Mort. Vil.			+
vassiocensis de Lor. — Vil.			+
Cardium Dufrenoyi Buv. — Gr. Mt. Mort.			+
Morriseum Buv. — Gr.		+	+
pigrum Et. — Gr.		+	
pesolinum Ctj. — Aub.	+	+	
villersense de Lor. — Mort.			+
Verioti Buv. — Gilley. Pont. Gr.		+	+
Corbis crenata Ctj. — Gy.	+	+	
subclathrata Buv. — Remonot.	+	+	
Corbicella barrensis Buv. — Mort. Vil.			+
Moreana Buv. — Vil.			+
Pellati de Lor. — Vil.			+
Lucina Goldfusii Desh. — Vil.			+
grayensis Et. — Gr.		+	+
perstriata Et. — Gr.		+	
rugosa Rœm. — Aub.	+	+	

	I	1	2
Lucina valentula de Lor. — Lods		+	
Diceras portlandica Et. — Mt. Es.		+	
Astàrte undulata Coq. — Gy		+	
Trigonia barrensis Buv. — Gr.		+	+
boloniensis de Lor. — Mort.		+	
concentrica Ag. — S.	+	+	
Etalloni de Lor. — Fu.		+	
gibbosa Sow. — Gr. Mt.	+	+	
muricata Rœm. — Fu. Gr.	+	+	
Parkinsoni Ag. — Bs.	+	+	
Perroni Et. — Gr.		+	
subconcentrica Et. — Fu. Gilley		+	
truncata Ag. — Mort.		+	+
Arca grayensis Et. — Gr.		+	
Laura d'Orb. — Monc.	+	+	
portlandica Et. — Mt.		+	
semitexta Et. — Gr.		+	+
Pinna barrensis Buv. — Gr.			+
granulata Sow. — Gr.	+	+	
suprajurensis d'Orb. — Gr.		+	
Lithophagus gracilis Et. — Gr.			+
umbonatus Et. — Gr.		+	
ventricosus Et. — Gr. Mt.		+	
Modiola cuneata Sow. — Hs.		+	
subæquiplicata Gdf. — Fré. Hs.	+	+	
Thirriai Voltz. — Hs.		+	
Mytilus æquistriatus Et. — Gr.		+	
Cornueli Et. — Gr.		+	
Icaunensis de Lor. — Mort.			+
portlandicus d'Orb. — Mt. Gr.	+	+	+
Rœmeri Et. — Gr.		+	+
subpectinatus d'Orb. — Mt.	+	+	+
Tombecki de Lor. — Mort.			+
Perna concentrica Et. — Gr. Mt.		+	
mytiloïdes Gmel. — Hs.	+	+	
obliquata Et. — Mt.		+	
Gervilia arenaria Rœm. — Vil.			+
linearis Buv. — Gr.		+	+
tetragona Rœm. — Hs.	+	+	
Avicula Marcou Et. — Mt. Gr.		+	
Perroni Et. — Gr.		+	

	I	1	2
Pecten lamellosus Sow. — Mt. Gr.	+	+	
mantochensis Et. — Mt.		+	
nudus Buv. — Mt. Gr. Fu.		+	
Hinnites inæquistriatus Voltz. — Gr.	+	+	
Lima biradiata Et. — Mt. Gr.		+	
semicostata Et. — Mt. Gr.		+	
suprajurensis Ctj. — Gr.	+	+	
Anomia ararica Et. — Mt.		+	
percrassa Et. — Gr.			+
suprajurensis Buv. — Gr. Aub.			+
Ostrea bosuntrutana Th. — Gr. Mt. Mort.	+	+	+
subhastellata Et. — Mt.		+	
suprajurensis Et. — Gr.		+	
virgula Defr. (?) — Gr. Mort. Fré.	+	?	
Terebratula subsella Leym. — Gr. Mt. S.	+	+	
grayensis Et. — Mt. Gr.		+	+
Rhynchonella corallina Leym. — Mt. Gr.	+	+	
Thecidium portlandicum Et. — Gr. Mt.		+	
Stomatopora elongata Fr. — Gr.		+	
Heteropora gibbosa Fr. — Mt. Gr.		+	+
Berenicea portlandica Fr. — Gr.		+	
Spiropora simplex Et. — Mt.		+	
Petricella (?) portlandica Et. — Gr.		+	
Serpula funicula Et. — Gr. Mt.		+	
Pygurus jurensis Marcou. — S.	+	+	
Royeranus Cott. — Gr.		+	
Echinobrissus Perroni Et. — Gr.		+	
Holectypus araricus Et. — Gr.		+	
Pseudodiadema Thirriai Et. — Gr.		+	
Diplopodia Micheloti Et. — Gr.		+	
Hemicidaris mantochensis Et. — Mt.		+	
purbeckensis Forb. — Gr. Mt.		+	
aff. stramonium Ag. — Mt.	+	+	
Pseudosalenia aspera Et. — Gr.	+	+	
Rhabdocidaris Orbignyana Des. — Gr.	+	+	
Cidaris elegans Goldf. — Hs.		+	
grayensis Et. — Gr.		+	
Convexastræa portlandica Fr. — Gr.		+	
Holocœnia arachnoïdes Fr. — Mt. Es.		+	+
dendroïdea Fr. — Gr.		+	
explanata Fr. — Mt.		+	

	I	1	2
Stylina Bucheti Fr. — Mt.		+	
Flottei Fr. -- Mt. Gr.		+	
granulata Fr. — Gr.		+	
grayensis Fr. — Gr.		+	
inflata Fr. — Mt.		+	
intricata Fr. — Mt. Gr.		+	
Perroni Fr. — Mt.		+	
Peplosmilia portlandica Fr. — Mt.		+	
Pleurosmilia cylindrica Fr. — Mt.		+	
elongata Fr. — Mt.		+	
graciosa Fr. — Mt.		+	
grandis Fr. — Mt.		+	
irradians Fr. — Mt.		+	
portlandica Fr. — Mt.		+	
scaphium Fr. — Mt.		+	
stylifera Fr. — Mt.		+	
Trismilia triangularis Fr. — Mt.		+	
Pleurophyllia trichotoma Fr. — Mt.		+	
Rhabdophyllia grandis Fr. — Gr. Mt.		+	
portlandica Fr. — Mt.		+	
Latimæandra Etalloni Fr. — Mt.		+	
linearis Fr. — Gr.		+	
Pelissieri Fr. — Mt.		+	
Perroni Fr. — Gr.			+
Sequana Fr. — Gr.			+
Isastræa foliacea Fr. — Mt. Es.		+	+
Gourdani Fr. — Mt. Gr.		+	
oblonga Fr. — Mt.		+	
portlandica Fr. — Gr.			+
Cœnastræa triangularis Fr. — Mt.		+	
Septartræa dispar Fr. — Gr.			+
Thamnastræa Bouri Fr. — Mt.		+	
dumosa Fr. — Mt.		+	
Perroni Fr. — Gr.		+	
portlandica Fr. — Mt. Gr.		+	
Microsolena portlandica Fr. — Mt. Gr.		+	
Pareudea brevis Et. — Mt.		+	
Cerispongia mantochensis Et. — Mt.		+	

Les 216 espèces que comprend la faune du Portlandien se répartissent ainsi : 6 céphalopodes, 38 gastropodes, 107 pélé-

cypodes, 4 brachiopodes, 5 bryozoaires, 1 serpule, 13 échinides
et 42 polypiers. Parmi les pélécypodes, on compte 55 siphonés
et 52 non siphonés, dont 14 monomyaires seulement ; 46 de ces
espèces sont originaires d'un niveau inférieur, ce sont : 7 gastropodes, 16 pélécypodes siphonés et 17 non siphonés, 2 brachiopodes et 4 échinides ; 33 d'entre elles proviennent du virgulien, 11 signalées dans le Ptérocérien n'ont pas été rencontrées
dans le Virgulien, et 2 qui ont apparu déjà dans l'Astartien
n'ont pas été vues dans le Kimméridien.

PURBECKIEN

SYNONYMIE

Wealdien. LORY, 1857.
Marnes de Villers. RENEVIER, 1857. MARCOU, 1859.
Dubisien. DESOV et GRESSLY, 1859.
Purbeckien. VÉZIAN, 1865. JACCARD, 1869, 1870, 1893. BENOIT, 1879.
    MAILLARD, 1884, 1885. KILIAN, 1894.

Après le travail très complet du regretté Gustave Maillard sur
le Purbeckien du Jura, il nous semble peu utile de parler longuement de cette formation ; aussi nous bornerons-nous à résumer ce qui, dans son étude, se rapporte plus spécialement à
notre région, en y ajoutant quelques considérations tirées de
nos propres observations.

En 1847, M. Pidancet reconnut l'existence constante, dans les
chaînes du Jura, d'une assise marneuse intercalée entre le Portlandien et le Néocomien, et, en 1849, M. Lory recueillit des fossiles d'eau douce dans cette assise. Pareille découverte fut faite,
aux environs de Morteau, par M. Choppart, en 1855, puis, vers
la même époque, par M. Sautier, dans la vallée des Rousses, par
M. Etallon à Saint-Claude, par le docteur Germain près de Jougne,
enfin par M. Jaccard à Villers-le-Lac. Les fossiles recueillis par
M. Jaccard furent étudiés par M. Renevier, qui publia, en 1857,
une « note sur les fossiles d'eau douce inférieurs au terrain crétacé dans le Jura [1], » où il établit que les marnes de Villers ap-

1. *Bull. Soc. Vaudoise Sc. Nat.*, V, p. 259.

partiennent au Purbeckien. Depuis cette époque, plusieurs travaux ont paru sur ce sujet, parmi lesquels nous citerons seulement la notice de MM. Jaccard et de Loriol [1] en 1865, et la récente publication de M. Maillard [2] en 1884.

Le gisement de Villers-le-Lac, étudié par MM. Jaccard et de Loriol en 1865, peut être pris comme type de notre Purbeckien ; cet étage y est formé de deux masses superposées aux dolomies portlandiennes, que nous ne lui attribuons pas. L'inférieure ou sous-groupe des marnes à gypse présente à sa base une assise marneuse de 3 mètres, surmontée d'un banc de calcaire cloisonné verdâtre ou brun foncé ; la supérieure ou sous-groupe des calcaires d'eau douce, est constituée par une série, épaisse de 5 mètres, de couches de calcaire renfermant des fossiles d'eau douce, séparés par des lits de marno-calcaire ou de marne fossilifère. Une assise de 0ᵐ70 de calcaire oolithique, schistoïde, à faune saumâtre, termine l'étage.

Les marnes à gypse sont grises, blanches, noirâtres ou verdâtres ; elles renferment des cristaux de quartz, des veines charbonneuses et du gypse impur, mais pas de fossiles. Sur certains points, le gypse forme des amas exploitables comme à Mont-de-Laval, à Orchamps, à Vanclans, au nord-ouest de Villers, à la Ville-du-Pont, à Morteau, à la Rivière, etc. ; ailleurs, il fait défaut ou à peu près, comme à Villers même, à Longeville, à Montbenoit. Les calcaires cloisonnés qui surmontent ces marnes ne sont pas sans analogie avec les dolomies celluleuses du Portlandien, et on peut se demander si à Montbenoit (Po, sect. 5 e, VIII), les bancs de calcaire jaune celluleux que l'on observe à la base du Purbeckien, alternant avec des marnes noires, sont encore des dolomies portlandiennes ou déjà des calcaires cloisonnés.

Le sous-groupe supérieur est formé, comme nous l'avons dit, de marnes noirâtres et de calcaires gris ou noirâtres, dégageant, lorsqu'on les brise, une odeur bitumineuse caractéristique. Cette assise est riche en fossiles d'eau douce : *Auricula Jaccardi*, *Phyza Wealdiana*, *P. Bristovi*, *Planorbis Loryi*, *P. Coquandia-*

---

1. *Etude géol. et paléont. sur la formation d'eau douce infra-crétacée du Jura, etc.*

2. *Invertébrés du Purbeckien.*

nus, Paludina elongata, P. Sautieriana, etc. Indépendamment de ces fossiles, on recueille encore dans ces couches des cailloux noirs, gros comme des pois, des noisettes ou même des œufs de pigeon. Dans notre région, les fossiles n'ont guère été rencontrés qu'à Villers-le-Lac, et les cailloux noirs sont moins abondants que dans le Jura méridional.

Les calcaires oolithiques à faune saumâtre qui terminent l'étage sont nettement séparés à Villers des couches d'eau douce, mais ailleurs, en dehors de notre région, il est vrai, ils alternent, à leur partie inférieure, avec les derniers lits de ces assises. On rencontre dans le banc oolithique, associés à des dents de poissons, *Gyrodon* et *Pycnodus*, et à des écailles de *Lepidotus : Cerithium villersense, Corbula Forbesiana, Cyrena villersense*, etc.

Les dépôts purbeckiens s'observent seulement dans l'est de la région, au sud et à l'est d'une ligne passant par la Chaux-de-Fonds, le Russey, Laval, Vuillafans, Montmahoux et Dournon. A proximité de cette ligne, le Purbeckien est moins développé que plus à l'est et plus au sud; à Longeville, il ne mesure pas plus de 4 mètres, tandis que sa puissance à Villers-le-Lac est de 9 à 10 mètres.

L'étage est-il encore représenté à l'ouest de cette ligne, M. Lory le croyait, et il a même signalé, sinon l'existence, au moins la probabilité de l'existence de dépôts lui appartenant, à Baume-les-Dames et à Gray. Les formations secondaires les plus récentes; que l'on observe à Baume et dans ses environs, sont astartiennes, le Néocomien, le Purbeckien et le Portlandien y font donc absolument défaut; et M. Perron a montré qu'à Germigney, près de Gray, la marne jaune néocomienne à *Rhynchonella depressa* recouvre immédiatement la partie supérieure du Portlandien [1]. Dans la vallée de l'Ognon, à Moncley, M. Lory a indiqué la présence, entre les marnes bleues à spatangues du Néocomien et les dolomies celluleuses portlandiennes, d'une assise marneuse qu'il rapporte au Purbeckien [2]. Cette marne

1. *Réunion de la Société géologique à Besançon en 1860*, p. 42.
2. *Mémoire sur les terrains crétacés du Jura.*

que nous avons pu observer nous-même, lors du creusement d'un fossé au bord du chemin de Moncley à Geneuille, est de couleur jaune, et renferme, en grande abondance, des débris de calcaire jaune cloisonné, identique à la dolomie celluleuse sur laquelle elle repose, mais elle ne contient aucun fossile. Cette couche est-elle réellement purbeckienne, ou ne représente-t-elle pas plutôt le banc marneux de Germigney à *Rhync. depressa*, il est bien difficile de le dire actuellement, en raison de l'excessive rareté des affleurements qui permettent d'observer à découvert le passage du Portlandien au Néocomien. Si elle était d'âge purbeckien, elle représenterait une formation de marais, déposée en dehors du grand lac, dans une dépression du sol émergé.

CHAPITRE VI

CONSIDÉRATIONS DIVERSES

SUR LE

SYSTÈME OOLITHIQUE DE LA FRANCHE-COMTÉ SEPTENTRIONALE

———

Application à la région des divisions paléontologiques générales. — Bien que nous n'ayons pas l'intention de comparer ici le système oolithique de la Franche-Comté septentrionale avec celui des autres régions, nous désirons montrer cependant qu'il rentre entièrement dans les divisions paléontologiques établies, en ces derniers temps, par MM. Munier-Chalmas [1] et de Lapparent [2].

L'échelle stratigraphique générale, adoptée par ces géologues [3], divise notre Oolithe inférieure, qu'ils nomment le Jurassique moyen, en deux étages, le Bajocien et le Bathonien. Le Bajocien comprend cinq zones qui sont :

1° Zone à *Ludwigia (Harpoceras) Murchisonæ*, etc.

2° Zone à *Ludwigia (Harpoceras) concava, Hyperlioceras (Harpoceras) discites.*

3° Zone à *Witchellia corrugata.*

4° Zone à *Sphæroceras Sauzei, Cœloceras polyschides, Sonninia patella, propinquans, Sowerbyi, deltafalcata, Witchellia romani*, etc.

---

1. *Étude préliminaire des terrains jurassiques de Normandie.* — *Bull. Soc. géol.* Séance du 5 décembre 1892.

2. *Traité de géologie*, 3e édition, 1893.

3. MUNIER-CHALMAS et DE LAPPARENT, *Note sur la nomenclature des terrains sédimentaires.* — *Bull. Soc. géol.*, t. XXI, p. 438 et suiv., 1894.

5° Zone à *Cosmoceras garantianum, C. subfurcatum, Cœloce-ras (Stephanoceras) Humphriesianum, Parkinsonia Parkinsoni.*

La première zone correspond très exactement à notre Oolithe ferrugineuse, qui se subdivise elle-même en deux assises secon-daires, l'inférieure à *H. Murchisonæ* et la supérieure à *H. cornu.* La seconde zone forme en général la base de notre Calcaire à entroques ; mais ce sous-étage comprend, en outre, la troisième et la quatrième zone, et sur certains points même, une partie de la cinquième; on a recueilli, en effet, *H. concavum* à sa base, et plus haut *Sonninia (Hammatoceras) propinquans* et *Cœloceras polyschides,* et même, en quelques endroits, *Stepha-noceras (Cœloceras) Humphriesianum* à sa partie supérieure. Il ne serait pas impossible même que dans quelques localités, il correspondît à l'assise à *H. cornu;* le faciès à entroques ayant bien pu débuter plus tôt en certains lieux, comme il s'est pro-longé plus longtemps en d'autres.

Notre Calcaire à Polypiers représente certainement la cin-quième zone; on y rencontre *C. Humphriesianum ; Parkinsonia Parkinsoni,* il est vrai, n'y a pas été recueilli et l'a été à un ni-veau plus élevé, mais cette ammonite monte d'ailleurs partout, jusqu'au sommet du Bathonien [1].

Le Bathonien comprend deux zones :

1° Zone à *Oppelia fusca, Morphoceras polymorphum* et *Peri-sphinctes zig-zag.*

2° Zone à *Oppelia aspidoïdes, Œcotranstes serrigerus, Hecti-coseras retrocostatum, Oxynoticeras discus,* etc.

Aucune de ces ammonites caractéristiques n'a été trouvée chez nous, mais notre Bathonien n'en correspond pas moins pour autant au Bathonien classique, toute question de faciès mise de côté. Il est compris comme lui entre la cinquième zone bajocienne, ainsi que nous venons de l'indiquer, et la zone à *A. macrocephalus;* il présente à sa base l'horizon à *Ostrea acu-minata* que l'on observe à la même place à peu près partout, et si sa masse supérieure est pauvre en céphalopodes, elle ren-ferme cependant *Parkinsonia ferruginea,* qui est de la seconde

1. DE LAPPARENT, *Traité de géol.,* 3ᵉ édition, p. 992.

zone, et un *Perisphinctes* très voisin d'*arbustigerus*; celui-ci
appartient à la partie supérieure de la première et à la partie
inférieure de la seconde, ou même à un niveau intermédiaire
entre les deux.

MM. Munier-Chalmas et de Lapparent dénomment Jurassique
supérieur tout l'ensemble compris entre le Bathonien et le Crétacé, c'est-à-dire notre Oolithe supérieure, qu'ils divisent en
six étages : Callovien, Oxfordien, Rauracien, Séquanien, Kimméridien et Portlandien. Nous avons adopté cette division, sauf
en ce qui concerne le Purbeckien, qu'ils font rentrer dans le
Portlandien et que nous avons décrit comme un étage distinct.

Le Callovien comprend trois assises :

1° Zone à *Cosmoceras Garantianum*, *C. calloviense*, *Macroce-*
phalites macrocephalus, c'est notre Cornbrash.

2° Zone à *Reineckia anceps*, *Stephanoceras coronatum*; elle
correspond à la couche inférieure de notre Callovien proprement
dit.

3° Zone à *Peltoceras athleta*, *Cardioceras Lamberti*, *C. Mariæ*,
elle ne diffère pas non plus de la couche supérieure de notre
Callovien proprement dit.

La base de l'Oxfordien est formée par la zone à *Cardioceras*
(*Amalteus*) *cordatum*, *Peltoceras Eugenii*, *P. arduennense*, qui
est identique à notre Oxfordien inférieur à *Oppelia Renggeri*,
où nous avons signalé l'existence de ces mêmes fossiles. Entre
cette assise et le niveau à *Perisphinctes Achilles* du Séquanien,
qui se retrouve très nettement chez nous, et correspond à notre
Astartien inférieur, les auteurs de l'échelle stratigraphique générale admettent l'existence des couches suivantes :

1° Zone à *Card. cordatum*, *C. Villersense*, *Aspidoceras faus-*
tum et grands *Perisphinctes*.

2° Zone à *Perisphinctes Martelli* et *Ochetoceras* (*Harpoceras*)
canaliculatum.

3° Zone à *Peltoceras bimammatum* et *Oppelia Haufflana*.

Chez nous, le *Perisphinctes Martelli* se rencontre, dans les
localités à faciès franc-comtois, c'est-à-dire dans presque toute
l'étendue de la région, à la partie supérieure de l'assise à *Pho-*
ladomya exaltata et à la partie inférieure du Glypticien. Par

suite, la deuxième zone que nous venons d'indiquer correspond à la fois à notre Oxfordien supérieur et à notre Rauracien inférieur, et la première embrasse le sommet de la couche à *Op. Renggeri* et la base de la couche à *Ph. exaltata*. Quant à la zone à *Pelt. bimammatum*, elle est représentée par les couches supérieures du Glypticien et par le Dicératien tout entier. La zone à *Oppelia tenuilobata*, qui la recouvre en certains endroits, en dehors de notre territoire, est simplement un faciès de la zone à *P. Achilles;* le synchronisme de ces deux dépôts est aujourd'hui reconnu. Dans l'est et le sud-est de la région, le *P. Martelli* se montre à toutes les hauteurs de l'Oxfordien à faciès Argovien, et le Rauracien, assez réduit, ne représente plus alors que la zone à *Pelt. bimammatum*, bien qu'il soit encore composé de deux assises distinctes.

Le Séquanien, notre Astartien, est compris tout entier dans le niveau de *P. Achilles*, et le Kimméridien est constitué par deux assises : 1° Zone à *Perisphinctes Cymodoce* et *Reineckia pseudomutabilis*, qui correspond exactement à notre Ptérocérien ; 2° Zone à *Aspidoceras orthoceras, A. Lallierianum, A. longispinum* qui s'identifie avec notre Virgulien.

Le Portlandien est formé de deux sous-étages :

1° Le Bononien ou zone à *Stephanoceras gigas*, etc., dont notre Portlandien inférieur tient certainement la place.

2° L'Aquilonien qui renferme : *Perisphinctes bononiensis, P. triplicatus, P. giganteus, Trigonia gibbosa*, et qui a pour équivalent saumâtre et lacustre le Purbeckien.

Ce sous-étage est certainement représenté, dans l'est de notre région, par les dépôts purbeckiens, mais il est difficile de décider s'il existe réellement dans l'ouest et le centre, où ils font défaut. On a recueilli à Gray *Perisphinctes giganteus* et *Trigonia gibbosa*, mais associés à *Steph. gigas* et dans la partie inférieure du Portlandien; bien plus *Steph. gigas* a été rencontré dans le même district, vers le sommet de cette formation.

La faune considérée d'une manière générale. — La présence des Ammonites, dans les diverses assises de notre système oolithique, nous a permis d'y établir les divisions générales admises aujourd'hui par tous les géologues, et de le distribuer en zones paléontologiques que l'on peut suivre à de grandes distances, et retrouver partout, dans la Franche-Comté septentrionale et en dehors d'elle. Ces céphalopodes cependant ne sont pas très abondants dans la région, et surtout n'y sont pas répandus d'une manière régulière. Les Ammonites sont assez nombreuses dans le Bajocien inférieur (12 espèces), et dans les bancs à la base du Bajocien moyen (14), mais elles font à peu près défaut dans le Bajocien supérieur (une seule), et dans tout le Batho- nien (3) ; elles reparaissent un peu moins rares dans le Corn- brash (5), et deviennent réellement abondantes dans le Callovien proprement dit (37), et surtout dans l'Oxfordien inférieur (51) ; dans l'Oxfordien supérieur leur nombre se réduit (12), il dimi- nue encore dans le Glypticien (6), et devient nul dans le Dicéra- tien. On en rencontre bien peu dans l'Astartien inférieur (2), et aucune dans les deux divisions supérieures de l'Astartien. Le Kimméridien est plus riche ; on en compte un certain nombre dans le Ptérocérien (13), où elles se répartissent à peu près également dans les deux assises de cet étage, et à peu près autant (12) dans le Virgulien, mais ici la plupart restent grou- pées dans les marnes de la base, et deux seulement passent dans les calcaires du sommet. Le Portlandien en renferme moins encore (5), mais on en trouve dans ses deux sous-étages (1). A partir du Kimméridien, les Ammonites se montrent cantonnées dans certains districts et font presque absolument défaut ail- leurs ; on les recueille principalement aux environs de Gray, dans l'ouest de la Haute-Saône et dans le pays de Montbéliard, mais dans le centre de la région, elles manquent complètement ou du moins sont des plus rares. Ce que nous disons ici des Ammonites peut également s'appliquer aux bélemnites et même aux céphalopodes en général.

Il semble exister une sorte d'antagonisme entre ces mollus- ques et les formations coralligènes oolithiques, qui excluent ab- solument les céphalopodes. Dans le Bajocien inférieur, dans le Callovien et dans l'Oxfordien inférieur on ne rencontre pas de polypiers, et dans les assises oolithiques du Bathonien, du Cornbrash, de l'Astartien supérieur et surtout du Dicératien, on n'observe pas d'Ammonites; et les formations coralliennes marneuses du Calcaire à Polypiers, du Glyplicien et de l'Astartien inférieur n'en renferment qu'un petit nombre.

Les bryozoaires et les spongiaires sont trop peu nombreux, et se montrent dans un trop petit nombre de couches, pour que l'on puisse tirer de leur présence ou de leur absence dans un dépôt une indication utile, mais il en est autrement pour tous les autres fossiles. Ceux-ci, gastropodes, pélécypodes, brachiopodes, échinides, crinoïdes et serpules, sont répandus d'une façon assez régulière dans l'Oolithe inférieure, le Cornbrash, l'assise inférieure du Callovien proprement dit, le Glyplicien, l'Astartien, le Kimméridien et le Portlandien. On trouve à tous les niveaux de ces diverses formations des représentants des mêmes familles et des mêmes genres, en nombre plus ou moins grand, suivant que la couche où ils sont renfermés possède une faune plus ou moins riche. Les gastropodes sont rares dans l'Oolithe inférieure, mais à partir du Rauracien ils deviennent plus communs; ils appartiennent surtout aux groupes des tænio‑glosses, siphonostomes (Plérocères, Nérinées, Cérithes) et holos‑tomes (Chemnitzies, Natices), et des aspidobranches (Turbo Pleurotomaires). Les pélécypodes sont de beaucoup les fossiles les plus nombreux et les plus répandus; on rencontre en effet des siphonés dans toutes les assises précitées; la grande fa‑mille des Pholadomyés est représentée à tous ces niveaux; par‑tout aussi on observe des Cyprinidés, des Cardidés et des Astartes. Parmi les lamellibranches dépourvus de siphons, les Trigonies se montrent dans toutes ces couches, et les Nucules et les Arches dans presque toutes; on peut en dire autant des My‑tilidés et des Aviculidés; enfin les genres *Pecten*, *Lima*, *Ostrea*, offrent la même répartition dans toutes ces zones. Parmi les Brachiopodes, les genres *Waldheimia*, *Terebratula* et *Rhyncho‑nella* se comportent de la même façon. L'Oxfordien inférieur à *Am. Renggeri* présente une faune différente, très uniformément répandue partout, qui est caractérisée par l'abondance des cé‑phalopodes, la petite taille de la plupart des gastropodes et des pélécypodes, l'absence de siphonés parmi ces derniers et le petit nombre des monomyaires, l'extrême rareté des échinides,

et le manque absolu de polypiers. Le Callovien supérieur à *Am.
athleta* offre les mêmes caractères, même richesse en céphalopodes, même pauvreté en échinides, même défaut de polypiers,
mais il est encore plus dépourvu de gastropodes et de pélécypodes. Quant au Dicératien oolithique, il n'a pas une seule ammonite,
ne possède pas de pélécypodes siphonés et guère plus de monomyaires, d'échinides, de crinoïdes et de serpules, mais il contient en revanche beaucoup de gastropodes, de Nérinées surtout
et de polypiers. Il ne diffère pas d'ailleurs des formations coralliennes que nous avons signalées à divers niveaux, où elles s'intercalent au milieu de dépôts d'origine différente, il n'est en
réalité qu'un coralligène plus développé que les autres ; il renferme un certain nombre d'espèces glypticiennes, aussi pensons-
nous qu'il s'est déposé dans les mêmes conditions de sédimentation que les assises désignées en premier lieu.

Il en est autrement sans doute pour l'Oxfordien inférieur et
le Callovien supérieur, et il nous semble qu'au point de vue des
conditions de dépôt, la période oolithique peut se diviser en
trois époques, une initiale et une terminale, pendant lesquelles
ces conditions ont été les mêmes, et une intermédiaire représentée par les deux assises que nous venons de nommer, au
cours de laquelle elles ont été différentes. Cette différence doit-
elle être attribuée à un affaissement ou à un soulèvement du fond
de la mer ? nous ne le croyons pas ; parmi les fossiles de la zone
à *Am. athleta,* et parmi ceux de la zone à *Am. Renggeri,* nous
trouvons plusieurs espèces qui ont vécu avant ou après le
dépôt de ces couches, et parmi celles qui ne sortent pas de ces
niveaux, la plupart appartiennent à des genres représentés
dans les autres étages ; par suite il paraît légitime de croire que
les conditions de la vie, dans les mers de ces âges, ne pouvaient
pas différer essentiellement de celles des âges précédent et
suivant. D'ailleurs, l'apport, par des courants marins, de sédiments boueux sur notre région, peut rendre compte et de la
constitution pétrographique du Callovien supérieur et de l'Oxfordien inférieur, et de la disparition de certaines espèces, notamment des polypiers, et de l'arrivée des céphalopodes dans
nos parages. Ces mollusques, comme les Nautiles de nos jours,

vivaient au large, et leurs coquilles, surtout après la mort de l'animal, étaient transportées au gré des vents et des courants.

Les coralligènes du Système oolithique. — Les coralliaires ont rempli un rôle important pendant la période oolithique, en édifiant leurs polypiers et en donnant naissance, par suite, aux formations coralliennes. Nous avons déjà étudié ces dépôts dans chacun des étages où ils se montrent, mais nous pensons qu'il est utile de jeter sur eux un coup d'œil d'ensemble et de rappeler leur constitution, pour rechercher ensuite dans quelles conditions ils se sont formés.

Le type le plus complet de ces formations est le Rauracien, coralligène plus vaste et de plus grandes proportions que les autres ; c'est donc lui que nous prendrons comme point de comparaison. Nous n'avons pas l'intention de revenir ici sur notre description antérieure, mais nous résumerons en quelques mots sa constitution pétrographique. Ses deux sous-étages sont composés de roches diverses ; le Glypticien est en grande partie constitué par des calcaires gris ou noirâtres, plus ou moins marneux ou grumeleux, devenant oolithiques par places, et renfermant presque partout quelques polypiers, plus ou moins altérés, quelquefois même entièrement transformés en calcaire saccharoïde. Ceux-ci seraient absolument méconnaissables si on ne pouvait, en certains cas, surprendre, pour ainsi dire, la transformation sur le fait et suivre pas à pas la série des modifications qui changent un polypier bien caractérisé, comme fossile sinon comme espèce, en une masse saccharoïde qui se distingue à peine du reste de la roche. Cette transformation se reconnaît encore dans les calcaires crayeux du Dicératien (Maiche) et dans des calcaires compacts divers, car le polypier ne passe pas toujours au calcaire saccharoïde, mais prend souvent l'aspect de la roche enveloppante, avec laquelle il n'est bientôt plus possible de le distinguer. La formation oolithique domine dans le Dicératien ; elle se présente sous divers aspects, suivant le volume des grains oolithiques et la couleur du calcaire qui empâte les oolithes ; celui-ci est généralement blanc et plus ou moins crayeux. A chacun de ces deux faciès pétrographiques, marno-calcaire et oolithique, correspond une faune spéciale, en dehors des fossiles que l'on rencontre dans tous les deux. Des polypiers et des gastropodes, appartenant aux mêmes genres, se trouvent dans les roches marneuses et dans les roches oolithiques, mais il y a peu d'espèces communes, et certains genres, comme les Nérinées, très répandus dans les secondes, sont rares dans les premières. Les marno-calcaires renferment en particulier quelques céphalopodes, des pélécypodes très nombreux, des siphonés sinupalliés surtout, des asiphonés monomyaires plus nombreux encore, des brachiopodes, des serpules, des échinides et des crinoïdes très abondants partout. Les calcaires oolithiques ne contiennent que peu d'échinides, très peu de crinoïdes et de céphalopodes, pas de serpules, un très petit nombre de brachiopodes et de pélécypodes de tous ordres, à l'exception des siphonés intégripalliés des genres *Cardium*, *Corbis*, *Diceras* et *Astarte*, qui y sont bien représentés ; mais ils sont plus riches en gastropodes, surtout en Nérinées, que les marno-calcaires. Ces caractères sont beaucoup plus faciles à observer dans le Rauracien que dans les autres étages, mais on les retrouve partout.

Le sous-étage inférieur du Bajocien contient-il des dépôts d'origine corallienne proprement dite ? Nous ne saurions ni l'affirmer ni le nier, mais nous en doutons, bien qu'il présente quelques bancs oolithiques, mais il manque de polypiers et il renferme, comme le Calcaire à entroques, au sujet duquel nous formulons les mêmes réserves, d'innombrables articulations de crinoïdes. Or on tend à admettre aujourd'hui que la présence de très grandes quantités de ces débris dans une roche doit faire exclure pour elle l'idée d'un dépôt madréporique proprement dit. Quant au Calcaire à Polypiers, il est, comme le Glypticien marno-calcaire, le type des coralligènes vaseux, mais il offre aussi des calcaires blancs oolithiques et même, sur certains points (Salins), des agglomérations de polypiers. Dans le nord de la région, entre Vesoul, Belfort et Baume, le Fullers-earth est oolithique avec stations de polypiers sur quelques points (Calmoutier Pont-les-Moulins) ; dans l'ouest et le sud-ouest, il est marneux et sans madrépores, mais dans l'est, il est en partie

grumeleux et marno-calcaire en partie oolithique, et coralligène
dans les deux cas ; le grand massif du nord a émis des prolon-
gements à diverses hauteurs vers l'est et le sud. La Grande
Oolithe proprement dite est partout une assise corallienne qui
s'élève, vers Belfort, jusqu'au contact du Cornbrash, tandis
qu'ailleurs elle en est séparée par le Forest-Marble, couche
d'origine incertaine qui renferme quelques polypiers, quelques
lits oolithiques et même quelques bancs de charriage. Le Cornbrash est partout oolithique, plus ou moins, et partout il contient des polypiers. Le Callovien et l'Oxfordien n'en renferment
aucun. Les Coralliaires ont-ils réapparu dans l'Argovien du sud,
avant le Rauracien? Nous le croyons, sans pouvoir l'affirmer
absolument. Le Rauracien est, avons-nous dit, le coralligène
par excellence ; le Glypticien est oolithique autour du pointement triasique du nord, et marno-compact en dehors de ces
points, le second facies entourant le premier; le Dicératien est
oolithique partout, à sa partie inférieure tout au moins, et ses
formations à polypiers débordent à l'est, au sud-est et au sud,
celles du Glypticien. Sur certains points, le dépôt de ces assises
a duré plus longtemps que sur d'autres, et l'oolithe dicératienne
s'y élève jusqu'à l'Astartien inférieur. Après le Rauracien, l'importance des dépôts coralliens diminue ; on les retrouve bien
encore à tous les niveaux plus élevés de l'Oolithe supérieure,
mais ils ne forment plus guère que des îlots séparés, de peu
d'épaisseur. C'est ainsi qu'ils se présentent dans les deux horizons de l'Astartien inférieur, dans les marnes astartiennes, dans
les calcaires de l'Astartien supérieur, à deux ou même à trois
hauteurs différentes ; dans les marnes à ptérocères, et aussi à
deux niveaux distincts, dans les calcaires ptérocériens. Le Virgulien montre quatre stations à polypiers superposées et le
Portlandien deux. Les coralligènes de l'Astartien présentent, en
certains points, le facies vaseux, et ailleurs le facies oolithique ;
sur le même horizon, le premier apparaît cependant plus rarement que le second ; le banc à coraux des marnes ptérocériennes
de Levier, comme aussi les couches portlandiennes de Gray, appartiennent à ce même facies vaseux ; partout ailleurs, au-dessus
du Rauracien, les formations coralliennes sont oolithiques.

Les dépôts madréporiques de l'Oolithe inférieure offrent une extension plus générale et une puissance plus considérable que ceux de l'Oolithe supérieure. Le Calcaire à Polypiers, la Grande Oolithe et le Cornbrash recouvrent toute la région ; le Vésulien coralligène en occupe une grande partie ; le Rauracien montre encore des polypiers sur presque toute son étendue, mais à partir de ce niveau, les formations coralliennes ne sont plus représentées que par des lambeaux de peu d'épaisseur, groupés seulement sur quatre points de la région. Le pays de Montbéliard, dans le nord-est, forme l'un de ces centres de groupement ; les environs de Gray en constituent un second ; le troisième se trouve au sud d'une ligne menée de Dole à Quingey, Ornans et Maisons-du-Bois, et le quatrième forme une sorte d'île comprise entre Mamirolle, Morteau, Pierrefontaine et Saules. Le second et le quatrième centre renferment des coralligènes de tous les niveaux ; le premier, de tous, excepté du Portlandien qui n'y affleure pas ; le quatrième, de l'Astartien et du Ptérocérien seulement.

Les bancs à polypiers de l'Astartien présentent une extension topographique beaucoup plus grande que ceux du Ptérocérien, qui sont à leur tour plus étendus que ceux du Virgulien et du Portlandien, les derniers étant plus restreints encore que les avant-derniers. Cette diminution de l'importance des dépôts coralligènes, à mesure que l'on s'élève dans la série des étages de l'Oolithe supérieure, est bien réelle et ne tient pas, comme on pourrait le croire, à une apparence due aux effets des érosions. Celles-ci ont, sans doute, fait disparaître beaucoup moins d'Astartien que de Ptérocérien, et surtout que de Virgulien et de Portlandien, mais elles n'ont eu aucune influence sur l'épaisseur de ces dépôts, situés au milieu des strates demeurées intactes. Or, cette épaisseur, sauf pour ce qui concerne le Portlandien de Gray, s'atténue, à mesure que l'on monte dans la série stratigraphique, à partir du Rauracien. L'importance de la formation corallienne a augmenté jusqu'à cette époque, puis elle a diminué ensuite ; les dépôts qui la représentent atteignent de 10 à 30 mètres dans le Bajocien, de 20 à 70 dans le Bathonien, de 30 à 90 dans le Rauracien, mais ils restent compris entre

0,40 centimètres et 15 mètres dans l'Astartien, entre 0,40 centimètres et 10 mètres dans le Ptérocérien et le Virgulien, et entre
1 et 10 dans le Portlandien, et même à Gray, dans cet étage, ils
ne dépassent pas 20 mètres.

Les stations coralligènes sont réparties en quatre groupes,
mais dans chacun d'eux, les assises à polypiers ne sont pas
placées exactement les unes au-dessus des autres, il semble
même qu'elles se déplacent de l'ouest à l'est, à mesure que
l'on s'élève dans la série, cela est du moins bien évident pour
l'îlot central qui constitue le quatrième groupe. Le coralligène
astartien s'étend de Mamirolle aux Combettes, le ptérocérien
d'Étalans à Gilley, le virgulien d'Avoudrey vers Morteau, et le
portlandien de Gilley à Morteau.

Le premier groupe des stations à polypiers est situé à proximité du prolongement triasique du nord de la région ; or, il est
à remarquer que la formation oolithique atteint, au voisinage
de cet affleurement, plus d'importance que partout ailleurs, du
côté de l'est surtout. C'est là que le Vésulien présente le facies
coralligène complet (Calmoutier, Belfort, Baume), que la
Grande Oolithe présente le même facies sur toute sa hauteur
(Belfort), que le Glypticien est oolithique (Montbozon, Esprels,
l'Isle, Vougeaucourt), et que se rencontrent dans les deux niveaux de l'Astartien inférieur, dans l'Astartien supérieur, dans
le Ptérocérien et dans le Virgulien inférieur, les coralligènes
les plus typiques et les plus puissants de la région.

Le centre de la région, et plus particulièrement dans les environs de Besançon, est dépourvu d'assises coralliennes supérieures au Rauracien, mais on y trouve, exactement au niveau
occupé dans les autres districts par ces dépôts, des bancs de
calcaire blanc, crayeux, qui se relient aux coralligènes. Ces
bancs sont des expansions à distance, des couches oolithiques
formées au voisinage des coraux ; sous l'influence des courants,
les sédiments crayeux ont été entraînés au loin, tandis que les
oolithes, moins légères, sont restées au voisinage des polypiers. On rencontre ces couches crayeuses, à la base de l'Astartien supérieur, à la base des calcaires ptérocériens, et dans
l'intercalation calcaire du Virgulien marneux.

Les Coralliaires, qui ont donné naissance à ces formations, vivaient-ils à l'état isolé, édifiaient-ils des polypiers séparés les uns des autres, ou bien construisaient-ils des récifs? Ces deux opinions ont été exprimées et comptent aujourd'hui des partisans; elles sont, croyons-nous, vraies toutes les deux. A de certaines époques, le fond de la mer oolithique a été recouvert uniquement par des polypiers isolés, il est même probable qu'il en a été ainsi à toutes les époques, sur une partie plus ou moins grande de la région, mais sur quelques points et à certains moments, pendant que se déposaient, par exemple, le calcaire à Polypiers, le Vésulien, la Grande Oolithe et surtout le Rauracien, les polypiers ont constitué des agglomérations analogues, mais peut-être pas absolument identiques aux récifs des mers actuelles. M. Marcou a déjà, en 1857 [1], comparé les assises à polypiers des glacis du fort Saint-André aux récifs de la Floride, qu'il avait explorés. M. Marcou comparait deux formations qu'il avait lui-même vues et étudiées, ce qui donne à son avis un très grand poids. Nous avons signalé, en 1882 [2], l'existence près de Montécheroux d'une masse de coraux enchevêtrés, appartenant à diverses espèces (voir plus haut : OR, sect. 5 b), et M. Marcel Bertrand a fait connaître, en 1883, un dépôt analogue aux environs de Levier [3]. Nous pourrions citer encore, dans notre région, d'autres gisements où les polypiers se trouvent accumulés en grand nombre, tels que le massif qui affleure entre Trepot, Foucherans et Tarcenay, le Dicératien de la Mouille, de Maiche, etc., que nous avons indiqués déjà, en parlant du Rauracien. Si nous voulions sortir de notre région, il nous serait facile de trouver des exemples plus probants encore. Notre homonyme et ami, M. Abel Girardot, a montré aux membres de la Société géologique de France en 1885 [4], dans les environs de Chatelneuf (département du Jura), plusieurs îlots à polypiers, identiques aux récifs en forme de champignon des mers actuelles (coteaux de Taraillène et du Taureau, coupe

1. *Lettres sur les roches du Jura*, p. 32.
2. *Mém. Soc. d'Emul. du Doubs*, p. 240.
3. *Bull. Soc. géol.*, 3ᵉ série, t. XI, p. 190-191.
4. *Bull. Soc. géol.*, 3ᵉ série, t. XIII, p. 710 à 740.

de Sanges), et aussi une couche à végétaux terrestres (Pillemoine, Crozets) à *Pinus, Brachyphyllum, Zamites, Strachypteris*, dont la présence en ce point ne peut être expliquée que par l'existence, en un lieu très voisin, d'un récif émergé que nous retrouvons non loin de là dans l'agglomération de polypiers de Pillemoine. Les membres de la Société géologique de France, présents à l'excursion de 1885 dans le Jura méridional, ont observé bien d'autres faits de même ordre, et la plupart d'entre eux ont été convaincus de l'origine récifale des coralligènes de cette région. Tous les géologues, cependant, n'ont pas voulu accepter cette interprétation, ils pensent que les nombreux polypiers observés en certains endroits proviennent de l'accumulation par les vagues de coraux morts et déracinés, et que les animaux qui les accompagnent, les échinodermes, entre autres, n'auraient pu vivre dans un récif, mais qu'ils ont été jetés après leur mort, au milieu des polypiers amoncelés par les flots. La forme en champignon des agglomérations des environs de Chatelneuf, que nous avons indiquées plus haut, ne peut résulter de l'accumulation par les vagues de polypiers morts et déracinés, et les mollusques et les échinodermes que l'on rencontre au milieu d'eux ont pu tout aussi bien être amenés par les flots, dans les anfractuosités d'un récif vivant, qu'au milieu des polypiers roulés.

Les coralligènes du Jura méridional se présentent dans tous les étages supérieurs à l'Argovien, mais ils sont, d'une façon générale, beaucoup moins développés que chez nous, dans le Rauracien, et beaucoup plus dans les assises plus élevées ; toutefois leur puissance, quel que soit leur niveau, ne dépasse jamais celle de nos dépôts rauraciens. L'aspect des uns et des autres est le même, ils sont peuplés par les mêmes genres, et parfois par les mêmes espèces de gastropodes, de bivalves, d'échinodermes et de polypiers ; ceux-ci appartiennent pour la plupart aux groupes constructeurs des Astræacés, des Fungiés et des Oculinacés. Dès lors, si l'on admet l'existence de récifs pour le Jura méridional, ce qui ne peut guère être mis en doute, il faut aussi l'admettre pour notre région. Dans ces deux pays, les récifs, ceux de l'Oolithe supérieure, tout au moins, n'ont pas

été édifiés partout à la même époque ; dans le nord de la Franche-Comté, ils sont surtout d'âge rauracien ; dans le sud, ainsi
que dans le département de l'Ain, ils sont en général de daté
plus récente.

Les agglomérations de polypiers ont exercé une certaine influence sur la faune des époques pendant lesquelles elles ont
existé. Tout autour d'elles, l'eau était continuellement agitée,
et des courants parcouraient les espaces qu'ils recouvraient ; la
texture oolithique des roches et les zones de charriage que nous
y avons signalées en sont une preuve. Le milieu, ainsi constitué, était propice au développement de certaines espèces, qui
les ont peuplées, mollusques à test épais, *Acteonina*, *Nerinea*,
Diceras, *Corbis*, *Cardium corallinum*, etc., mais il était défavo-
rable à d'autres et aux céphalopodes en particulier, soit parce
que leurs coquilles fragiles se brisaient contre les polypiers,
soit parce que les mouvements de l'eau les tenaient éloignés.

Aux formations coralligènes se rattachent indirectement la
plupart au moins des dépôts siliceux que l'on rencontre dans
les différentes assises du système oolithique, où ils occupent
des niveaux constants, et qui présentent par suite une certaine
importance stratigraphique. Ces dépôts siliceux se montrent
sous forme de nodules de plaques et d'amas lenticulaires plus
ou moins réguliers, comme nous l'avons indiqué déjà dans le
Bajocien supérieur, où ils sont très répandus, dans le Vésulien
à titre exceptionnel, dans le Cornbrash à Ornans et dans le sud,
entre Rochefort et Champvans, dans l'Oxfordien supérieur sur
tous les points de la région et dans le Glypticien, où ils apparaissent seulement en quelques localités ; mais ils ne s'élèvent
pas au-dessus de ce niveau. Le silice qui les constitue semble
provenir des polypiers qui se trouvent dans les couches à silex,
ou plutôt encore dans les assises immédiatement sus-jacentes.
Quant au mécanisme de formation de ces amas siliceux, il est
trop connu pour qu'il soit utile de le rappeler ici ; il avait été
indiqué déjà par M. Thirria en 1833 [1].

1. *Statistique*, p. 170.

Puissance des couches. — Nous indiquons dans le tableau suivant l'épaisseur des étages du système oolithique en divers points de la région.

LOCALITÉS	Bj.	Bt. C.	K. O.	R.	As.	Ki.	Po.	TOTAL
Nord de la Haute-Saône . . .	36	80	56	32	83	45	20	352
Corcelle	»	»	»	50	»	»	»	»
Sud-ouest de la Haute-Saône.	»	»	55	52	73	52	70	»
Belfort	66	53	40	»	90	»	»	»
Montbéliard.	50	65	»	25	134	96	»	»
Clerval et Baume.	»	106	»	36	80	»	»	»
Laissey	68	160	»	»	»	»	»	»
Besançon	65	161	75	52	91	59	75	578
Dole et Amange	35	131	48	71	37	»	»	»
Feule	50	80	»	»	»	»	»	»
Saint-Hippolyte	»	85	60	100	»	»	»	»
Glère	»	»	26	80	»	»	»	»
Maîche	»	42	25	88	»	»	»	»
Vercel, Pierrefontaine . . .	»	»	»	73	109	»	»	»
Consolation, Fuans	»	»	50	100	121	»	86	»
Morteau	»	»	»	49	147	100	153	»
Quingey	63	170	»	»	»	»	»	»
Ornans	»	»	70	115	104	»	»	»
Lods	»	»	»	»	100	90	79	»
Salins et environs	45	140	55	42	30	36	25	373
Montmahoux	»	»	»	54	31	29	80	»
Pontarlier [1].	»	»	»	18	»	»	200	»

On peut voir par l'inspection de ce tableau que, d'une façon générale, les couches du système oolithique présentent leur moindre épaisseur aux environs du prolongement triasique du nord de la région, du côté de l'ouest comme du côté de l'est, et que, à partir de ce point, elles vont en augmentant dans les directions de l'est, du sud-est et du sud, puis diminuent ensuite en approchant d'une ligne passant par Dole, Salins et Levier. Du côté de l'ouest, l'augmentation est aussi manifeste, mais elle est moins considérable. Les réductions qui se produisent dans

1. A Pontarlier l'Astartien et le Kimméridien réunis mesurent 153 mètres.

SCHÉMA DU SYSTÈME OOLITHIQUE ENTRE GRAY ET MORTEAU

Ouest — Est

GRAY — PIN — BESANÇON — LDAHON ETALANS — GILLEY MORTEAU

Po, Ki, As, R, O, Bt, Bj

pb, Po, Ki, As, R, O, Arg, Cr.S, Bt, Bj

Calcaire compact.

Marne et marno-calcaire

Coralligène compact

Coralligène oolithique

pb = Purbeckien.
Po = Portlandien.
Ki = Kimméridien.
As = Astartien.
R = Rauracien.
O = Oxfordien et Callovien.
Arg = facies Argovien.
Bt = Bathonien et Cornbrash.
Cr. S = facies Calcaire roux sableux
Bj = Bajocien.

EXPLICATION DU SCHÉMA

Nous résumons, pour ainsi dire, dans cette figure schématique, où les diverses assises sont représentées avec leur épaisseur relative entre Gray et Morteau, les traits principaux de la stratigraphie du système oolithique : l'augmentation générale de la puissance des étages dans la direction de l'ouest à l'est; la diminution, dans le même sens, de quelques couches marneuses (marnes virguliennes, zone à *Ph. exaltata*, Callovien proprement dit); les changements de facies qui se produisent dans l'est (passage du Portlandien marin au Purbeckien, de l'Oxfordien franc-comtois à l'Argovien, du Glyptcien corralligène au Gylptcien marneux, du Forest-Marble au Calcaire roux sableux, etc.); les formations coralliennes qui envahissent toute une portion d'étage (Dicératien, Rauracien oolithe, etc.) ou constituent seulement des dépôts isolés (coralligènes du Portlandien, du Virgulien, du Ptérocérien, de l'Astartien, du Forest-Marble, etc.).

l'épaisseur de certaines couches sont largement compensées par l'accroissement de puissance d'autres assises. Le schema ci-contre rend d'une manière très sensible cette augmentation de la puissance des couches dans la direction de l'ouest à l'est [1].

LA RÉGION PENDANT LA PÉRIODE OOLITHIQUE

Pendant la plus grande partie de la période oolithique, au cours des époques initiale et terminale dont nous avons parlé plus haut, les mêmes genres de mollusques, d'échinodermes et de polypiers vécurent, sur toute l'étendue de la région, dans la mer qui la recouvrait; preuve que, pendant tout ce temps, les conditions de vie restèrent les mêmes dans cette mer, et que, par suite, sa profondeur ne varia pas sensiblement. Nous avons montré aussi que les changements survenus dans la faune pendant l'époque intermédiaire s'étaient produits sans modification notable de la profondeur de la mer, d'où il résulte que cette profondeur est demeurée la même ou à peu près, pendant toute

---

1. Dans une note publiée dernièrement (*Mém. Soc. d'Émul. de Montbéliard, 1895*), et dont nous avons eu seulement connaissance pendant l'impression de ce travail, M. Kilian a exposé les résultats d'un sondage effectué près de Valentigney, qui a traversé l'Oolithe supérieure presque dans sa totalité, et permis d'apprécier, avec une exactitude suffisante, la puissance de ses différents étages; nous en donnons les chiffres ci-dessous.

Ptérocérien	25ᵐ30	Rauracien	76ᵐ30
Astartien sup.	48ᵐ85	Oxfordien	132ᵐ »
Astartien moy.	32ᵐ35	Callovien p. d.	1ᵐ45
Astartien inf.	15ᵐ05	Dalle nacrée	15ᵐ55

Ces chiffres font ressortir surtout l'accroissement très rapide de l'épaisseur de l'Oxfordien et de celle du Rauracien dans la direction de l'est; Valentigney est en effet à six kilomètres au levant de Montbéliard. La masse des deux étages n'a pu être, jusqu'ici, mesurée directement aux environs immédiats de cette ville; elle a été estimée à 50 ou 55 mètres par M. Contejean, pour le premier, et nous a paru de 25 ou de 30 mètres pour le second; il est d'ailleurs certain que l'Oxfordien ne dépasse pas 40 mètres à Belfort, et que le Rauracien atteint à peine 25 mètres à l'Isle-sur-le-Doubs.

Les indications fournies par le sondage de Valentigney prouvent que c'est en ce point, et non vers Besançon, comme nous l'avions indiqué, que l'Oxfordien présente sa plus grande épaisseur, et que c'est à partir de là qu'il s'amoindrit dans toutes les directions.

(Note ajoutée pendant l'impression.)

la durée de la période oolithique. Pour qu'il ait pu en être ainsi, il a fallu nécessairement que le fond s'abaissât graduellement, à mesure qu'il se recouvrait de nouveaux sédiments, et de toute la hauteur atteinte par ceux-ci. La mesure de la puissance des couches nous donne ainsi la valeur de l'affaissement correspondant; nous voyons, par les chiffres cités plus haut, qu'il a été très prononcé dans l'est et le sud-est, moins dans l'ouest, le sud, le nord-est et surtout le nord.

Cet affaissement a été vraisemblablement graduel et très lent, et il a dû éprouver des interruptions qui ont permis aux animaux lithophages de se fixer sur les roches du fond, et aux érosions sous-marines de se produire. Ainsi peuvent s'expliquer l'existence des surfaces taraudées, que nous avons signalées dans l'Oolithe ferrugineuse et dans le Calcaire à entroques des environs de Besançon, et dans le Cornbrash de divers lieux entre Belfort, Dole et Ornans; les marques d'érosion si manifestes que nous avons indiquées dans les marnes du Cornbrash et dans l'Astartien inférieur de Dole; enfin, la présence de cailloux roulés à divers niveaux. Des cailloux de cette sorte se rencontrent dans l'Oolithe ferrugineuse à Besançon, dans le Forest-marble au même endroit, dans le Cornbrash à Belfort, à Besançon, à Laissey, à Ornans, à Dole et jusqu'aux environs de Champagnole, en dehors de notre région. Les oolithes oviformes que M. Thirria avait observées dans le Cornbrash de la Haute-Saône, et que l'on retrouve dans la même assise à Champlitte, à Dole et un peu partout, sont de véritables cailloux roulés; il en est de même pour les oolithes glypticiennes de Fontenois-lez-Montbozon, qui atteignent le volume du poing et forment des amas comparables à des poudingues. Nous avons fait connaître aussi la présence de ces cailloux dans l'Astartien inférieur de Consolation; et nous avons parlé longuement des galets portlandiens de Trois-Chatels et d'Indevillers.

Ces faits démontrent que la mer oolithique était peu profonde dans notre région, à certains moments tout au moins; et l'examen de sa faune nous révèle, en outre, qu'une faible profondeur de la mer fut une condition générale pendant toute la durée de la période oolithique. On rencontre dans tous les étages, sauf dans le Callovien proprement dit et dans l'Oxfordien, des polypiers appartenant au groupe des constructeurs de récifs, c'est-à-dire aux espèces qui ne peuvent vivre à plus de 25 ou 30 mètres de profondeur. Les caractères fournis par les mollusques confirment ceux que donnent les polypiers ; partout, en effet, se trouvent représentés les genres *Cerithium*, *Natica*, *Mytilus*, *Ostrea* ; et on rencontre, dans plusieurs étages et sur divers points éloignés les uns des autres, des espèces appartenant aux genres *Pteroceras*, *Phasianella*, *Patella*, *Modiola*, *Lithodomus*, *Anomia*, qui tous dénotent des eaux peu profondes ; quant aux autres fossiles, ils n'infirment en rien cette indication. Notre faune oolithique est donc une faune littorale, et nos sédiments sont des dépôts de rivage. Parler de rivage, c'est laisser entendre que pendant la période oolithique il y avait une terre émergée à proximité de notre territoire ; et cette terre émergée plusieurs raisons nous portent à la chercher sur l'emplacement de la région vosgienne.

Nous savons, comme l'a fait remarquer dernièrement encore M. Kilian [1], qu'il n'existe aucune preuve directe de l'émersion d'un point de cette région pendant la période oolithique ; mais, à défaut de preuves directes, nous pouvons invoquer quelques considérations en faveur de cette hypothèse. Tout d'abord, la présence dans tous les étages oolithiques, qui renferment des polypiers, de formations coralliennes importantes autour du pointement triasique du nord, prolongement de la région vosgienne, qui rappellent sinon les ceintures de récifs, au moins les récifs barrières de notre époque ; puis la rencontre faite à différents niveaux et par divers géologues de débris de végétaux terrestres bien conservés, tels que les frondes de fougères du Calcaire à Polypiers de Pont-les-Moulins et de Besançon, les *Clathropteris meniscoïdes* Brong. de l'Oolithe inférieure de Pagnoz, près de Salins [2], le *Carpolites Thurmanni* Étall. de l'Astartien de Gray [3] et les fruits de Pandanées, connus sous le

---

1. *Contribution à la connaissance de la Franche-Comté septentrionale.* — *Annales de géographie*, 15 avril 1894.
2. Marcou, *Jura salinois.*
3. Etallon, *Jura graylois.*

nom de *Goniolina geometrica*, recueillis par nous dans l'Astartien, sur divers points, et signalés par M. Étallon dans le Virgulien de Gray. A ces considérations il faut ajouter tout ce que nous avons dit plus haut sur les phénomènes de rivage observés, dans la région, à différents niveaux et en particulier sur les amas de « grosses oolithes » de Fontenois-lez-Montbozon et les poudingues de Trois-Chatels et d'Indevillers. Tous ces faits seraient difficilement explicables si l'on n'admettait pas l'existence, pendant la période oolithique, d'une terre émergée sur un point de l'emplacement actuel du massif vosgien, peu éloigné de notre région.

BIBLIOGRAPHIE

LISTE DES PRINCIPALES PUBLICATIONS

CONCERNANT

LA CONSTITUTION ET LA FAUNE DU SYSTÈME OOLITHIQUE

DANS LA FRANCHE-COMTÉ SEPTENTRIONALE

———

ARCHIAC (D'). Histoire des progrès de la géologie, t. VI, p. 608 et suiv., 1856.

BENOIT (E.). De l'extension géographique et stratigraphique du Purbeckien dans le Jura. — B. S. G., 3e s., t. VII, 1879.

BERTRAND (M.). Notices explicatives des feuilles de Gray, Besançon, Lons-le-Saunier et Pontarlier de la carte géologique détaillée de la France, 1880-1887.

— Le Jurassique supérieur et ses niveaux coralliens entre Gray et Saint-Claude. — B. S. G., 3e s., t. XI, 1883.

BOURGEAT (l'abbé). Quelques mots sur l'Oxfordien et le Corallien des bords de la Serre. — B. S. G., 3e s., t. XXI, 1893.

BOYÉ (Numa). Importance de l'étude des fossiles pour la reconnaissance géologique des terrains. — Mém. Soc. d'émul. du Doubs, 1842-1843.

— Géologie du Doubs. — Mém. Soc. d'émul. du Doubs, 1843.

— Fossiles des terrains jurassiques. — Mém. Soc. d'émul. du Doubs, 1843.

BOYER (Georges). Le mont Poupet. — C. A. F. Annuaire, 1877.

— Notice explicative de l'Atlas orogéologique du Doubs, 1888.

BRONN (Hein.-Georg.). Lethea geognostica (passim), 1835-1837.

CHOFFAT (Paul). Le Corallien dans le Jura occidental. Arch. des Sc. Genève, 1875.

— Sur les couches à *Amm. acanthicus* dans le Jura occidental. — B. S. G., 3e s., t. III, 1875.

CHOFFAT (Paul). Lettre relative à ses recherches géologiques dans le Jura en 1876. — C. A. F. Section du Jura. Bull. n° 5, 1877.

— Note sur les soi-disant calcaires alpins du Purbeckien. — B. S. G., 3e s., t. V, 1877.

— Mélange d'horizons stratigraphiques par suite des mouvements du sol; colonies dans le terrain jurassique français. — Compte rendu du Congrès international de géologie de Paris en 1878, paru en 1880.

— Esquisse du Callovien et de l'Oxfordien dans le Jura occidental et dans le Jura méridional, suivi d'un supplément aux couches à *Amm. acanthicus* dans le Jura occidental. — Mém. Soc. d'émul. du Doubs, 1878.

— Position du terrain à *Chailles* dans la série des terrains jurassiques. — Rev. géol., XIV, 1883.

CLAUDET (M.). Salins et ses environs, 1878. Article de J. Marcou indiquant les principaux gisements fossilifères des environs de Salins.

CONTEJEAN. Étude de l'étage Kimméridien dans les environs de Montbéliard. — Mém. Soc. d'émul. du Doubs, 1859.

— Esquisse d'une description physique et géologique de l'arrondissement de Montbéliard, 1862.

— Additions et rectifications à l'étude du Kimméridien des environs de Montbéliard. — Mém. Soc. d'émul. de Montbéliard, 1866.

COQUAND (H.). Description de quelques espèces nouvelles de coquilles fossiles découvertes dans la chaîne du Jura. — Mém. Soc. d'émul. du Doubs, 1855.

— Analogie entre le terrain Wealdien du Jura et celui des deux Charentes. — Act. Soc. helv. des sc. nat., Chaux-de-Fonds, 1855.

— Question de priorité au sujet des terrains lacustres qui surmontent la formation portlandienne. Observations sur une notice relative aux mêmes terrains, insérée dans l'Annuaire du Doubs. — Mém. Soc. d'émul. du Doubs, 1858, p. III-IV.

— Sur une excursion au plateau d'Alaise. — Mém. Soc. d'émul. du Doubs, 1856, p. XIII-XIV.

COTTEAU. Note sur les Échinides portlandiens et kimméridiens de la Haute-Saône. — B. S. G., 2e s., t. XVII, 1860.

— Sur le synchronisme et la correspondance du Coral-rag inférieur de l'Yonne avec celui des environs de Besançon. — B. S. G., 2e s., t. XVII, 1860.

DEECKE (W.). Les Foraminifères de l'Oxfordien des environs de Montbéliard. — Mém. Soc. d'émul. de Montbéliard, 1886.

DELBOS et KŒCHLIN-SCHLUMBERGER. Description minéralogique et géologique du département du Haut-Rhin, 1867.

DESOR et GRESSLY. Études géologiques sur le Jura neuchatelois. — Mém. Soc. des sc. nat. de Neuchatel, t. IV, 1859.

DESOR. Sur l'étage Dubisien synonyme de Purbeckien. — Mém. Soc. des sc. nat. de Neuchatel, t. VI, 1864.

ÉTALLON. Description des crustacés fossiles de la Haute-Saône et du haut Jura. — B. S. G., 2ᵉ s., t. XVI, 1858.

— Rayonnés du Jurassique supérieur des environs de Montbéliard. — Mém. Soc. d'émul. de Montbéliard, 1860.

— Recherches géologiques sur la chaîne du Jura. Préliminaires à l'étude des polypiers. — Arch. des sc. Genève, 1860.

— Recherches paléontostatiques sur la chaîne du Jura, 1860.

— Paléontostatique du Jura. Jura graylois, faune du terrain jurassique moyen. — Soc. d'agriculture, Histoire naturelle et Arts utiles de Lyon, 1860.

— Paléontostatique du Jura. Faune de l'étage corallien. — Actes Soc. jurass. d'émul. Porrentruy, 1860.

— Note sur les crustacés jurassiques du bassin du Jura. — Bull. Soc. d'agriculture de la Haute-Saône, 1861.

— Études paléontologiques sur le Jura graylois, terrains jurassiques moyens et supérieurs. — Mém. Soc. d'émul. du Doubs, 1863.

FROMENTEL (E. DE). Sur les polypiers fossiles de l'étage Portlandien de la Haute-Saône. — B. S. G., 2ᵉ s., t. XIII, 1856.

— Polypiers coralliens des environs de Gray. — Mém. Soc. Lin. de Normandie, 1864.

GERMAIN (Dr). Aperçu géologique sur la gorge de Salins. — Annuaire du Jura pour 1854.

GIRARDOT (Dr Albert). Le terrain à *Chailles* dans le Doubs et la Haute-Saône. C. A. F. Section du Jura, Annuaire, 1881.

— L'étage Corallien dans la partie septentrionale de la Franche-Comté. — Mém. Soc. d'émul. du Doubs, 1882.

— Compte rendu de l'excursion de la Société géologique de France aux environs de Besançon, le 21 août 1885. — B. S. G., 3ᵉ s., t. XIII, 1885.

— Note sur les coralligènes supérieurs au Rauracien dans le Jura du Doubs. — B. S. G., 3ᵉ s., t. XVI, 1887.

— Note sur l'Oolithe inférieure de la Franche-Comté septentrionale. 1891.

— Formations coralligènes jurassiques du Doubs et de la Haute-Saône. — Associat. franc. pour l'avancement des sciences; compte rendu de la 22ᵉ session. Première partie, 1893.

GRENIER. Recherches géologiques sur la disposition de la Chapelle-des-Buis, près de Besançon. — Mém. Soc. d'Émul. du Doubs, 1843.

GREPPIN (J.-B.). Description géologique du Jura bernois et des districts adjacents. — Matériaux pour la carte géologique de la Suisse, 1870.

HENRY (J.). Bathonien supérieur des environs de Besançon. — Mém. Soc. d'Émul. du Doubs, 1880.

— Note sur le Bathonien supérieur dans la Franche-Comté. — C. A. F., section du Jura, Annuaire, 1881.

JACCARD et DE LORIOL. Étude géologique et paléontologique sur la formation d'eau douce infracrétacée du Jura, et en particulier de Villers-le-Lac. — Mém. Soc. de phys. et d'hist. nat. de Genève, t. XVIII, 1865.

JACCARD (Auguste). Étude géologique des couches de l'étage Purbeckien. — Mém. Soc. de phys. et d'hist. nat. de Genève, t. XVIII, 1865.

— Description géologique du Jura vaudois et neuchatelois. — Matériaux pour la carte géologique de la Suisse, 1869.

— Supplément à la description géologique du Jura vaudois et neuchatelois. — Matériaux pour la carte géologique de la Suisse, 1870.

— Le Purbeckien du Jura. — Arch. des sc., t. XI, 1884.

— Le grand lac Purbeckien du Jura. — La Nature, t. XII, n° 591, 1884.

— Gisement corallien fossilifère de Gilley (Doubs). — Arch. des sc., 1892.

— Deuxième supplément à la description géologique du Jura vaudois et neuchatelois. — Matériaux pour la carte géologique de la Suisse, 1893.

— Excursion géologique dans le Jura central. — Livret-guide géologique dans le Jura et les Alpes de la Suisse, 1894.

JOURDY (E.). Étude de l'étage Séquanien aux environs de Dole (Jura). — B. S. G., 2e s., t. XXIII, 1865.

— Sur une nouvelle classification des terrains jurassiques des monts Jura. — B. S. G., 2e s., t. XXVIII, 1871.

— Explication de la carte géologique du Jura dolois. — B. S. G., 2e s., t. XXVIII, 1871.

KILIAN et W. DEECKE. Description géologique des environs N. de Maîche. — Mém. Soc. d'émul. de Montbéliard, 1884.

KILIAN. Description géologique des environs de Glère et de Brémoncourt (Doubs) et de Suarce (territoire de Belfort). — Mém. Soc. d'émul. de Montbéliard, 1885.

KILIAN. Notices explicatives des feuilles de Ferrette, Montbéliard et Ornans de la carte géologique détaillée de la France, 1885-1894.

— Sur une Ammonite nouvelle du Callovien de Mathay (Doubs). — Mém. Soc. d'émul. de Montbéliard, 1890.

— Note sur un sondage exécuté à la ferme des Buis, près de Valentigney (Doubs). — Mém. Soc. d'émul. de Montbéliard, 1895.

KILIAN et PETITCLERC. Notice stratigraphique sur le Bajocien inférieur dans le nord de la Franche-Comté. — Mém. Soc. d'ém. de Montbéliard, 1894.

KŒCHLIN-SCHLUMBERGER. Études géologiques dans les environs de Belfort (Haut-Rhin). — B. S. G., 2e s., t. XIV, 1856.

LAMBERT (J.). Note sur quelques oursins bajociens des environs de Vesoul. — Mém. Soc. d'émul. de Montbéliard, 1894.

LAPPARENT (de). Traité de géologie (passim), 1re, 2e et 3e éditions, 1883, 1885 et 1893.

LEBLANC. Coupes géologiques prises à Pont-de-Roide. — B. S. G., 1re s., t. IX, 1838.

LORIOL (P. DE). Étude géologique et paléontologique de la formation d'eau douce de Villers-le-Lac. — Mém. Soc. de phys. et d'hist. nat. Genève, t. XVIII, 1865.

LYELL (Ch.). Éléments de géologie (passim). Traduction de GINESTOU, 1864.

MAILLARD (G.). Étude de l'étage Purbeckien dans le Jura, 1884.

— Monographie des invertébrés du Purbeckien du Jura. — Mém. Soc. paléontologique suisse, t. XI, 1884.

— Quelques mots sur le Purbeckien du Jura, 1885.

— Supplément à la monographie du Purberkien du Jura. — Mém. Soc. paléontologique suisse, t. XII, 1880.

MARCOU (J.). Sur l'existence des groupes Portlandien et Kimméridien dans les monts Jura. B. S. G., 2e s., t. IV, 1846.

— Recherches géologiques sur le Jura salinois. — B. S. G., 2e s., t. III, 1846.

— Notice sur les différentes formations des terrains jurassiques dans le Jura occidental. — Mém. Soc. des sc. nat. de Neuchatel, t. III, 1846.

— Réponse à M. Boyé sur la non-existence des groupes Portlandien et Kimméridien dans les monts Jura. — B. S. G., 2e s., t. IV.

— Recherches sur le Jura salinois. — Mém. Soc. géol. de France, 2e série, t. III, 1848.

MARCOU (J.) Lettres sur les roches du Jura et leur distribution dans les deux hémisphères, 1857, 1860.

MUSTON (Dr). Notices géologiques, 1881.

OGÉRIEN (le Frère). Histoire naturelle du Jura et des départements voisins. Géologie, 1867.

OPPEL. Die Juraformation Englands Frankreichs und des südwest-lichen Deutschlands (passim), 1856-1858.

— Ueber die Zone des *Ammonites transversarius* (passim), 1866.

ORBIGNY (D'). Paléontologie française. Terrains jurassiques, 1842-1849.

— Prodrome de paléontologie stratigraphique, 1850.

PARANDIER. Réunion géologique à Besançon. (Compte rendu de la réunion de la Société géologique des monts Jura et de la Société géologique du Doubs. — *Impartial du Doubs et de la Franche-Comté,* numéro du 10 octobre 1835.)

— Résumé d'une description géognostique et paléontologique du Cornbrash des environs de Besançon. — Compte rendu de la 8e session du congrès scientifique de France, tenu à Besançon en 1840.

— Géologie de l'arrondissement de Dole. — Statistique historique de l'arrondissement de Dole, par M. Marquiset, 1840-1841. Réimprimé à Arbois en 1885.

PARISOT (L.). Esquisse géologique des environs de Belfort. — Mém. Soc. d'émul. de Montbéliard, 1863.

— Supplément à l'esquisse géologique des environs de Belfort, 1868.

PERRON (E.). Notice géologique sur l'étage Portlandien dans les environs de Gray (Haute-Saône) et sur la cause des perforations des roches de cet étage. — B. S. G., 2e s., t. XIII, 1856.

— Sur la nécessité de former un étage spécial sous le nom de Séquanien, des calcaires à Astartes. — B. S. G., 2e s., t. XVII, 1860.

— Compte rendu des excursions de la Société géologique de France aux environs de Gray en 1860. — B. S. G., 2e s., t. XVII, 1860.

PETITCLERC (Paul). Note sur les couches Kelloway-Oxfordiennes d'Authoison. — Bull. Soc. d'agricult., sc. et arts de la Haute-Saône, 1883.

— Couches à *Ammonites Renggeri* de Montaigu. — Bull. Soc. d'agricult., sc. et arts de la Haute-Saône, 1885.

— Oolithe ferrugineuse de Pisseloup (Haute-Saône). — Bull. Soc. d'agricult , sc. et arts de la Haute-Saône, 1885.

PETITCLERC (Paul). Note sur les Calcaires à Ptérocères et les calcaires et marnes à *Ostrea virgula* (étage Kimméridien) de Mont-Saint-Léger (Haute-Saône). — Bull. Soc. d'agricult., sc. et arts de la Haute-Saône, 1885.

— Sur une espèce nouvelle de crustacés du terrain à chailles (étage Oxfordien) de Dampierre-sur-Linotte (Haute-Saône). — Bull. Soc. d'agricult., sc. et arts de la Haute-Saône, 1885.

— Faune kimméridienne de la rive gauche de la Saône, partie comprise entre Charriez et Vellexon. — Bull. Soc. d'agricult., sc. et arts de la Haute-Saône, 1888.

— La faune du Bajocien inférieur dans le nord de la Franche-Comté. — Mém. Soc. d'émul. de Montbéliard, 1894.

PIDANCET (Just). Tableau général des formations du Jura, 1863.

RENEVIER. Note sur les fossiles d'eau douce inférieurs au terrain crétacé. — Bull. Soc. Vaudoise, 1857.

— Sur les couches de Purbeck du Jura. — B. S. G., 2e s., t. XVII.

RÉSAL. Statistique géologique, minéralogique et minéralurgique du département du Doubs, 1864.

RIGAULT. Notice explicative de la feuille de Langres de la carte géologique détaillée de la France. 1885.

ROLLIER (L.). Formations jurassiques des environs de Besançon. — Actes de la Société jurassienne d'émulation réunie à Porrentruy en 1882.

— Les faciès du Malm jurassien. — Eclog. géol. helvét. V. I, 1888.

— Sur la composition et l'extension du Rauracien dans le Jura.— Eclog. géol. helvét. V. III, 1892.

STUDER. Geologie der Schweiz, t. II, 1853.

THIRRIA. Notice sur le terrain jurassique du département de la Haute-Saône. — Mém. Soc. d'hist. nat. de Strasbourg, 1830.

— Statistique minéralogique et géologique du département de la Haute-Saône, 1833.

TRIBOLET (DE). Notice géologique sur le mont Châtelu. — Mém. Soc. d'émul. du Doubs, 1873.

— Sur le véritable horizon stratigraphique de l'Astartien dans le Jura. — Mém. Soc. d'émul. du Doubs, 1875.

— Sur les terrains jurassiques de la Haute-Marne comparés à ceux du Jura suisse et français. — B. S. G., 3e s., t. IV, 1876.

VÉZIAN (A.). Compte rendu des excursions de la Société géologique de France aux environs de Besançon en 1860. — B. S. G., 3e s., t. XVII, 1860.

— Prodrome de géologie (passim), 1862-1865.

VÉZIAN (A.): Le Jura franc-comtois. — Mém. Soc. d'émul. du Doubs, 1872, 1873.

— Les cailloux calcaires du terrain Dubisien. — C. A. F., section du Jura, Bull. nº 6, 1878.

— Revue de géologie jurassienne (que faut-il entendre par l'expression Vésulien ?). Les horizons à polypiers dans le terrain jurassique du Jura. — C. A. F., section du Jura. Bull. nº 7, 1879.

— Géologie du Jura. — Association française pour l'avancement des sciences. — Besançon et Franche-Comté, 1893.

TABLE DES MATIÈRES

BESANÇON. — IMPRIMERIE ET STÉRÉOTYPIE PAUL JACQUIN.

www.ingramcontent.com/pod-product-compliance
Lightning Source LLC
Chambersburg PA
CBHW060956220326
41599CB00023B/3739